国家重点研发计划"新型研发机构创新服务平台技术研发与应用
（2021YFF0901100）"项目资助
广东省科学院发展专项资金"广东省科学院管理信息系统
（2018GDASCX-1101）"项目资助

智慧科研的架构与实践
——科研机构数字化转型之道

奉继承 周舟宇 李烨 娄洪伟 钟旭 乔慧芬 等著

电子工业出版社
Publishing House of Electronics Industry
北京·BEIJING

内 容 简 介

本书系统地阐述了科研机构在数字化转型领域的基本概念,并结合新一代信息技术,提出了智慧科研的设计理念和创新思路。利用 TOGAF 架构的基本框架,本书详细介绍了智慧科研的业务架构、应用架构、技术架构、数据架构、安全架构等领域设计方案。此外,还提出了智慧科研的架构治理与数字化转型的实施方法,对于科研机构和新型科研机构开展数字化转型具有重要的指导意义。

未经许可,不得以任何方式复制或抄袭本书之部分或全部内容。
版权所有,侵权必究。

图书在版编目(CIP)数据

智慧科研的架构与实践 : 科研机构数字化转型之道 / 奉继承等著. -- 北京 : 电子工业出版社, 2024. 11.
ISBN 978-7-121-50165-4

Ⅰ. G322.2

中国国家版本馆 CIP 数据核字第 2025GE2902 号

责任编辑:马学政
印　　刷:三河市良远印务有限公司
装　　订:三河市良远印务有限公司
出版发行:电子工业出版社
　　　　　北京市海淀区万寿路 173 信箱　　邮编:100036
开　　本:787×1092　1/16　印张:27.25　字数:700 千字
版　　次:2024 年 11 月第 1 版
印　　次:2024 年 11 月第 1 次印刷
定　　价:109.00 元

凡所购买电子工业出版社图书有缺损问题,请向购买书店调换。若书店售缺,请与本社发行部联系,联系及邮购电话:(010)88254888,88258888。
质量投诉请发邮件至 zlts@phei.com.cn,盗版侵权举报请发邮件至 dbqq@phei.com.cn。
本书咨询联系方式:(010)88254137,maxz@phei.com.cn。

谨以本书

献给这个伟大的创新时代

【作者名单】

奉继承	深圳市科南软件有限公司总经理，博士，教授级高工
周舟宇	广东省科学院副院长，博士，研究员
李　烨	中国科学院深圳先进技术研究院数字所所长，博士，研究员
娄洪伟	中国科学院长春光学精密机械与物理研究所先进计算研究中心主任，正高级工程师
钟　旭	广州实验室办公室副主任，高级工程师
乔慧芬	光明实验室资产财务部部长，高级会计师
徐　超	广东省科学院综合办公室副主任，博士，高级工程师
肖　捷	广东省科学院综合办公室信息化主管，博士，高级工程师
林子珺	广东省科学院综合办公室网络安全主管
陈　斌	浙大城市学院科研处处长
李　飞	浙江大学杭州国际科创中心、中国科教战略研究院副研究员、博士生导师
张　睿	中国科学院深圳先进技术研究院数字所助理研究员
陈润格	中国科学院深圳先进技术研究院数字所科研秘书，助理研究员

【主要作者简介】

奉继承

博士，教授级高工（计算机软件），享受政府特殊津贴专家，国家级领军人才。在学术研究和产业化方面都有卓越建树，在软件理论、数字化转型和信创方面都有深入研究。

作为科研人员，曾担任国家科技重大专项"核高基"中间件项目负责人；承担了3项国家"863"计划重大专项第一负责人、重点项目牵头人，目前在研国家重点研发计划1项。作为资深架构师，曾带领团队研发了国内第一套高端ERP软件、第一套国产中间件基础软件，在一系列领域解决"卡脖子"问题，打破了国外软件的垄断。在科研数字化转型领域，参与研发中国科学院新一代ARP系统，实现了对Oracle EBS的替代。在科技创新数字化领域潜心研究十余年，为推动这一领域的进步做出了重要贡献。

周舟宇

中山大学理学学士和硕士，日本东北大学工学博士，研究员。现任广东省科学院党委委员、副院长，兼任广东留学人员联谊会·广东欧美同学会第一届理事会常务理事、兼职副秘书长；广州市科学技术协会第十届委员会委员。历任珠海市生态环境局环境科学研究所副所长、中国科学院广州能源研究所科技处处长、中国科学院广州分院与广东省科学院科技与教育处处长、广东省科学院科研管理部主任。主要从事废弃物资源化利用、生物质能源、清洁发展机制（CDM）及低碳发展战略、科技管理与政策等研究工作。

李烨

博士，研究员，博士生导师，现任中国科学院深圳先进技术研究院数字所所长，生物医学信息技术研究中心主任。英国工程技术学会会士（IET Fellow），英国皇家公共卫生学会会士（RSPH Fellow），国家发展和改革委员会健康大数据国家地方联合工程技术研究中心主任，中国科学院健康信息学重点实验室副主任，中国科学院大学健康医疗大数据国家研究院副院长，广东省科技创新领军人才，深圳市鹏城学者，深圳市海外高层次人才A类。

娄洪伟

中国科学院长春光学精密机械与物理研究所先进计算研究中心主任，正高级工程师。主要研究领域为涉密信息系统集成、原生系统开发与实现、国产软件研发、信息安全、人工智能医疗等研究方向，曾在国家"卡脖子"重大工程专项中担任软件平台分系统负责人、主任设计师、总体架构师、质量师，荣获中国科学院关键支撑人才奖。

钟旭

中山大学计算机技术专业硕士，高级工程师，广东省网络安全等保定级评审专家。现任广州实验室办公室副主任，曾先后在中国科学院广州生物医药与健康研究院、生物岛实验室等科研单位负责信息化建设工作多年。

乔慧芬

光明实验室资产财务部部长，高级会计师，曾担任深圳大学计划财务部副主任。1989年毕业于南开大学，1994年进入深圳大学工作，长期从事财务管理工作，对事业单位财务管理工作有着丰富的经验，曾被评为深圳市先进会计工作者。

序

科技创新是国之利器,国家赖之以强,城市赖之以兴。

新型科研机构作为深入实施创新驱动发展战略和深化科技体制机制改革的重要抓手,不仅是基础研究和应用研究融通发展的重要结合点,而且是聚集高端创新资源、提升"0-1"原始创新能力、开展"1-10"产业技术研发、加速"10-∞"成果转化的重要载体和策源地,在创新型国家和世界科技强国建设中发挥着重要作用。

作为中国科学院、深圳市人民政府、香港中文大学三方共建的新型科研机构,中国科学院深圳先进技术研究院(简称"深圳先进院")自2006年成立之日起,便践行着"工业研究院"的使命,坚持"面向世界科技前沿、面向经济主战场、面向国家重大需求、面向人民生命健康",在推动行业发展、突破关键核心技术、培养科技人才等方面做出了重要贡献,硕果累累。

深圳先进院是深圳首支科研国家队,自成立之日起就以"深圳速度"步入发展快车道。尤其是在过去十年间,深圳先进院肩负着"科技自立自强"的使命,已经成长为国家战略科技力量,在深圳这片科技创新热土上发挥着引领示范作用。这十年,为创新而生的深圳先进院,已然成为我国新型科研机构的一面旗帜,并探索出了科技创新的"蝴蝶模式"。

自科技部2019年发布《关于促进新型研发机构发展的指导意见》之后,新型科研机构的发展进入加速期。作为广东省地方性法规的《广东省科技创新条例》,明确提出支持建设投入主体多元化、管理制度现代化、运行机制市场化、用人机制灵活化的新型科研机构,引导其聚焦科学研究、技术创新、成果转化和研发服务。

深圳先进院在新型科研机构的建设与发展的探索过程中,一直非常重视数字化建设与发展。深圳先进院在中国科学院新一代ARP的研发建设成果基础上,率先构建了一体化的智慧科研管理与服务平台,该平台对支撑深圳先进院的管理创新与科研发展起到了不可替代的作用。

在推进新型科研机构数字化转型方面,科技部在国家重点研发计划中进行了专项支持,设立了"新型研发机构创新服务平台技术研发与应用"项目。深圳先进院基于其在新型科研机构的数字化基础,牵头承担了此项目。

重点研发计划的项目组成员们，基于课题攻关的成果，撰写了《智慧科研的架构与实践——科研机构数字化转型之道》一书，对新型科研机构的建设与持续发展，具有非常重要的意义。

新型科研机构在我国科技体制改革中，是新生事物，尚有很多议题需要在发展中不断探索和完善，数字化是其中不可或缺的部分。数字化转型，将为培育和发展新质生产力注入强劲动力。

樊建平
中国科学院深圳先进技术研究院创院院长
深圳理工大学创校校长

前　言

科技创新从来没有像今天这样，既是国家战略发展的核心领域，又是社会发展和大众关心和热议的话题，更是经济和社会发展最重要的驱动力量。

数字化转型和数字技术应用正在以前所未有的速度改革人们的生活方式、工作模式和科研范式。随着科技体制的改革深入，科研机构的建设和发展面临新的挑战。数字化转型是促进科研机构的发展，保障科研活动的有效开展，支撑科研机构的规范运营等方面最有效的举措之一。

人们常说造化弄人。我自小的理想就是长大后能当老师，初中毕业就曾报考中师，因身材过于瘦小担心三年中师毕业还没有讲台高，于是只能上普通高中。我曾报考师范大学，但阴差阳错上了理工大学。之后，我继续读书，然后来到深圳，从码工开始干起，一直在IT行业摸爬滚打。但多读点书，将来能当老师，这个想法一直在心里某个角落不曾离去。当然，我从最初期望通过上中师当小学老师，到后来希望上师大当中学老师，再到博士毕业后期望当大学老师，我的教书对象随着学识的增加而不停地改变。虽然最终还是没有当上老师，但当老师的理想，一直激励着我不断学习，促成了我成为一个兼职的科研工作者。

因工作原因，我不仅在企业从事研发和技术管理，还幸运地有机会与高校和科研机构合作，一直在承担和参与国家和省市的科技计划项目，从事一些科研工作。从国家"863"计划到科技重大专项，包括核高基重大课题的承担，使我有机会参与到科技创新的前沿中来。也就有了后来的机缘，与中国科学院的领导和专家有了深度的合作。当中国科学院的信息化平台需要实现替代Oracle ERP的重大需求，需要有这方面的工程经验和科研经历的架构师能参与这个重大工程时，我有幸成为一名核心成员。从2014年8月起，深度参与中国科学院新一代ARP的研发，有机会与中国科学院的老师们一起，开展了科研机构数字化转型的一系列具有挑战性的工作。

在这几年中，我走访了中国科学院在北京、广州、南京、上海、长春、合肥、武汉等地的重要研究院所，有幸与国家实验室、省实验室及其他各类新型科研机构的院长、所长和主任们，以及PI和科研人员，还有科研管理、财务资产、采购保障、实验室管理等职能线的领导和职员进行了许多交流和探讨。在新的时代，如何通过新一代信息技术，赋能科研管理与科研活动，如何利用数字技术支撑科学实验与科学研究分析，利用大数据与人工智能的新技术转变科研范式。对相关问题的思考、系统架构的规划设计，以及在科研机构的实施运用，创造 IT 价值，同时也带来了新的课题。中国科学院新一代 ARP 工程的实施，对科研数字化有了系统性的研究和提炼，逐步形成了智慧科研的框架与方法论。

作为国家创新发展战略的一部分，新型科研机构得到蓬勃发展。在发展过程中，新型研发机构面临着管理理论体系有待总结和完善的问题，信息技术推动机构管理和成果转化的效率也有待加强，机构之间的协同创新并形成全国互动的共同体还有待推进。基于此，科技部在国家重点研发计划中提出"新型研发机构创新服务平台技术研发与应用"示范课题。中国科学院深圳先进技术研究院、北京大学、中国科学院科技战略咨询研究院、深圳市科南软件有限公司等优秀团队联合承担了项目实施攻关。通过"产学研"的协作，我们对新型科研机构的建设、运行、发展等理论模型与标准范式进行了进一步的研究，并研发新一代信息技术实现新型科研机构的数字化转型与协同服务平台，为新型科研机构的规模化和高质量发展进行赋能。

广东省科学院作为我国最大的地方科研机构，围绕广东省构建"基础研究＋技术攻关＋成果转化＋科技金融＋人才支撑"全过程创新生态链，正在建设成为广东实施创新驱动发展的重要战略科技力量。广东省科学院也积极投入数字化转型的探索之中，并布局专项进行研发与应用实践。

本书就是在这些工作成果的基础上，在国家和广东省相关科技计划的支持下，由多方团队协同创新完成的。

付梓之时，我们要感谢在这些年积极参与智慧科研理论与实践探索的同行们，包括本书的联合作者，以及未署名但一直支持这项事业的专家学者们。本书在写作和出版过程中，得到了大量优秀的科研机构领导者和管理者的帮助，人数众多，无法一一列举。他们的探索和实践，是我们知识的真正源泉。本书的许多内容是在结合国内外许多高校和科研机构的实践成果基础上，提炼和总结出来的，我要向那些先行者和探索者表示由衷的敬意。

欢迎各位读者对本书提出批评指正或者共同探讨交流，作者的联系方式如下：
fjc@conow.cn。

奉继承

2024 年 10 月于深圳南山

目 录

第 1 章 智慧科研的基本概念 ··· 1
1.1 科研机构的发展 ··· 2
1.1.1 科研范式的发展 ··· 2
1.1.2 世界科研机构的发展 ·· 6
1.1.3 我国科研机构的发展 ·· 9
1.1.4 新型科研机构的趋势 ·· 12
1.2 智慧科研的概述 ··· 15
1.2.1 智慧组织的概念 ··· 15
1.2.2 智慧科研的内涵 ··· 18
1.2.3 智慧科研的外延 ··· 21

第 2 章 智慧科研的设计理念 ··· 27
2.1 智慧科研平台的内容与目标 ·· 28
2.1.1 智慧科研平台的内容 ·· 28
2.1.2 智慧科研平台的目标 ·· 29
2.2 智慧科研平台的重点与关键点 ·· 32
2.2.1 业务架构的规划设计 ·· 33
2.2.2 科研管理特色的专业化架构设计 ·································· 34
2.2.3 服务化和驱动业务的数据架构和数据治理 ························· 35
2.2.4 规划和研发平台化的技术赋能平台 ······························· 36
2.3 智慧科研平台的难点分析 ·· 38
2.3.1 多级管控与多模式的统一管理 ···································· 38
2.3.2 智慧科研平台与其他系统的集成 ·································· 39
2.3.3 技术架构和基础平台的信创全栈适配和支持 ······················· 40
2.3.4 智慧科研平台与科技业务治理体系的协调 ························· 41
2.4 解决方案的路线选择 ·· 42
2.4.1 科研机构数字化转型面临的问题与挑战 ··························· 42
2.4.2 可选的路线分析 ··· 44
2.4.3 信息化的发展趋势分析 ·· 46
2.4.4 科研数字化需要专业化和一体化 ·································· 47
2.5 智慧科研的设计思路 ·· 51
2.5.1 业务功能的专业化 ·· 51
2.5.2 应用架构的一体化 ·· 52
2.5.3 使用体验的人本化 ·· 53

2.5.4　基础平台的信创化···55
　　2.5.5　网络安全的多域化···57

第3章　智慧科研的业务架构···61
3.1　智慧科研的架构框架···62
　　3.1.1　智慧科研数字化平台的架构框架·····································62
　　3.1.2　基于EA/TOGAF的架构规划··63
　　3.1.3　基于DDD的设计方法··67
3.2　智慧科研的业务分析···67
　　3.2.1　科技创新的组织体系···67
　　3.2.2　科技创新的项目体系···69
　　3.2.3　平台业务的服务对象···71
　　3.2.4　智慧科研的业务范围···73
3.3　智慧科研的价值链···73
　　3.3.1　科研机构的价值链模型···73
　　3.3.2　战略与定位分析···74
　　3.3.3　价值链业务分析···78
　　3.3.4　职能支撑分析···81
　　3.3.5　智慧科研的效能分析···82

第4章　智慧科研的应用架构···87
4.1　智慧科研应用架构概述···88
4.2　统一门户平台···93
　　4.2.1　概述与门户应用架构···93
　　4.2.2　门户工作台···95
　　4.2.3　科研与服务门户···97
　　4.2.4　协同创新门户···98
　　4.2.5　专家门户···99
　　4.2.6　供应商门户···99
4.3　科研选题与立项管理··100
　　4.3.1　科研项目与应用架构··100
　　4.3.2　科研规划与指南管理··101
　　4.3.3　项目在线申报··103
　　4.3.4　专家在线评审··106
　　4.3.5　项目立项管理··114
　　4.3.6　项目经费下达··115
4.4　科研项目实施管理··116
　　4.4.1　科研项目管理应用架构··116
　　4.4.2　项目开题管理··117
　　4.4.3　项目库管理··118

  4.4.4　任务与进度管理 ……………………………………………………………118
  4.4.5　项目月度总结 …………………………………………………………………122
  4.4.6　项目变更管理 …………………………………………………………………122
  4.4.7　科研项目过程监管 ……………………………………………………………122
  4.4.8　项目结题与验收 ………………………………………………………………123

4.5　型号研制与试制生产管理 ……………………………………………………………127
  4.5.1　基于项目型的试制生产模式 …………………………………………………127
  4.5.2　项目型研制的业务架构 ………………………………………………………131
  4.5.3　型号研制与试制生产 …………………………………………………………132

4.6　科研成果与产业管理 …………………………………………………………………136
  4.6.1　科研成果与产业管理应用架构 ………………………………………………136
  4.6.2　科研成果发表申请与审批管理 ………………………………………………137
  4.6.3　科研成果登记 …………………………………………………………………137
  4.6.4　专利与知识产权管理 …………………………………………………………139
  4.6.5　科研成果评价与鉴定 …………………………………………………………142
  4.6.6　科研成果转移转化 ……………………………………………………………142
  4.6.7　科技经纪与企业孵化 …………………………………………………………142
  4.6.8　产业培育与监管 ………………………………………………………………143

4.7　知识管理与工程 ………………………………………………………………………145
  4.7.1　知识库与知识图谱技术应用 …………………………………………………145
  4.7.2　自然语言处理技术应用 ………………………………………………………153
  4.7.3　科研大数据处理技术应用 ……………………………………………………157

4.8　组织与人才管理 ………………………………………………………………………167
  4.8.1　业务应用的架构设计 …………………………………………………………167
  4.8.2　组织架构与人员管理 …………………………………………………………172
  4.8.3　人才入职选拔 …………………………………………………………………177
  4.8.4　时间管理 ………………………………………………………………………183
  4.8.5　薪酬管理 ………………………………………………………………………187
  4.8.6　人才发展管理 …………………………………………………………………189
  4.8.7　人力资源分析 …………………………………………………………………193

4.9　预算管理与财务管理 …………………………………………………………………196
  4.9.1　预算与财务的架构设计 ………………………………………………………196
  4.9.2　预算管理 ………………………………………………………………………204
  4.9.3　经费收入管理 …………………………………………………………………215
  4.9.4　经费转拨 ………………………………………………………………………216
  4.9.5　经费支出与成本管控 …………………………………………………………218
  4.9.6　会计核算与账务管理 …………………………………………………………227
  4.9.7　银行互联与回单智能处理 ……………………………………………………231

4.10 采购与合同管理 247
4.10.1 采购模式与采购流程 247
4.10.2 供应商管理 251
4.10.3 固定资产采购 253
4.10.4 无形资产采购 256
4.10.5 耗材采购管理 257
4.10.6 服务采购管理 258
4.10.7 采购业务全过程跟踪 258
4.10.8 与竞价采购平台集成 259
4.10.9 与电商采购平台集成 260
4.10.10 合同管理 260

4.11 资产与耗材管理 264
4.11.1 业务应用的架构设计 264
4.11.2 固定资产管理 267
4.11.3 无形资产管理 271
4.11.4 耗材管理 272
4.11.5 危化品管理 273
4.11.6 仪器设备共享服务 275

4.12 行政与办公管理 277
4.12.1 业务应用的架构设计 277
4.12.2 公文管理 279
4.12.3 信息发布 281
4.12.4 会议管理 282
4.12.5 行政审批与督办 285
4.12.6 后勤管理 287
4.12.7 外事管理 288
4.12.8 档案管理 290

4.13 决策与监管平台 292
4.13.1 概述与应用架构 292
4.13.2 监察与审计 293
4.13.3 科研绩效评估 295
4.13.4 统计分析与决策 296

第5章 智慧科研的系统架构 301
5.1 技术架构设计 302
5.1.1 微服务与原生云应用架构 302
5.1.2 系统可靠性设计 303
5.1.3 系统高性能设计 306
5.1.4 移动应用架构设计 308

5.1.5　基础设施规划 ··· 311
5.2　系统部署方案设计 ··· 313
　　5.2.1　系统部署架构 ··· 313
　　5.2.2　部署方案1：分散式部署 ·· 314
　　5.2.3　部署方案2：多实例集中部署 ··· 315
　　5.2.4　部署方案3：单实例集中部署 ··· 316
　　5.2.5　部署方案的选择 ··· 318
5.3　数据架构设计 ··· 318
　　5.3.1　数据标准与规范 ··· 318
　　5.3.2　数据生命周期管理 ··· 319
　　5.3.3　数据分类管理方案 ··· 321
　　5.3.4　关系型数据库的分布式方案 ·· 325
　　5.3.5　NoSQL数据库的分布式方案 ·· 329
5.4　安全架构设计 ··· 330
　　5.4.1　总体安全架构设计 ··· 330
　　5.4.2　多域网络安全 ··· 332
　　5.4.3　终端安全 ··· 335
　　5.4.4　基础架构安全 ··· 336
　　5.4.5　用户隐私安全 ··· 337
　　5.4.6　业务应用安全 ··· 337
　　5.4.7　基于角色的数据安全隔离 ··· 338
　　5.4.8　安全管理与三员管理 ··· 339
5.5　平台与应用开发 ··· 342
　　5.5.1　应用支撑架构与治理 ··· 342
　　5.5.2　传统开发平台的挑战 ··· 346
　　5.5.3　前后端分离的开发模式 ··· 348
　　5.5.4　基于业务的模型驱动开发模式 ··· 349
　　5.5.5　无代码与低代码的编程模型 ·· 350
　　5.5.6　应用架构的组件化 ··· 353
5.6　智慧科研的集成架构 ··· 353
　　5.6.1　集成系统与分析 ··· 353
　　5.6.2　集成应用技术 ··· 356
　　5.6.3　集成接口规范建议 ··· 367

第6章　智慧科研的治理体系 ··· 373
6.1　智慧科研的架构治理 ··· 374
　　6.1.1　数字化转型治理的重要性 ··· 374
　　6.1.2　智慧科研的架构治理挑战 ··· 376
　　6.1.3　架构治理的需求与目标 ··· 378

	6.1.4 架构治理的策略	380
	6.1.5 架构治理的技术体系	382
	6.1.6 架构实现的治理策略	383
6.2	智慧科研的治理方法	385
	6.2.1 项目实施的组织管理	386
	6.2.2 项目管理体系	391
	6.2.3 项目风险管理	392
	6.2.4 项目质量管控	394

第 7 章 智慧科研的实施方法 · 397

7.1	项目建设的方法	398
	7.1.1 项目实施能力部署	398
	7.1.2 项目实施方法论	399
7.2	实施路径与架构融合策略	401
	7.2.1 统一的平台与基础架构	402
	7.2.2 核心业务一体化建设	403
	7.2.3 学科专业系统迭代开发	404
	7.2.4 专用系统的集成	404

第 8 章 智慧科研的应用实践 · 405

8.1	广东省科学院 GAOP 平台	406
	8.1.1 广东省科学院简介	406
	8.1.2 广东省科学院数字化转型背景	407
	8.1.3 广东省科学院数字化转型总体规划	407
	8.1.4 广东省科学院数字化转型的主要成果	408
8.2	中国科学院深圳先进技术研究院智慧科研平台	410
	8.2.1 中国科学院深圳先进技术研究院简介	410
	8.2.2 中国科学院深圳先进院数字化转型背景	411
	8.2.3 中国科学院深圳先进院数字化规划与策略	412
	8.2.4 中国科学院深圳先进院数字化转型应用成果	413
8.3	光明实验室一体化智慧科研平台	415
	8.3.1 光明实验室简介	415
	8.3.2 光明实验室信息化建设背景	416
	8.3.3 光明实验室信息化建设规划与策略	416
	8.3.4 光明实验室信息化建设成果	418

参考文献 · 420

第1章
智慧科研的基本概念

1.1 科研机构的发展

1.1.1 科研范式的发展

科学研究是人类认识世界和社会发展进步的重要推动力。早期人类基于对大自然的各种现象的好奇，试图理解自然而最先产生了原始宗教。一般认为，科学是在思想家与哲学家的引导下，通过观察自然并结合逻辑思辨而逐渐发展起来的。

据说英国剑桥大学的科学史家、科学家威廉姆·胡威立创造了"科学家"这个名字，如果一个人通过观察和实验等方法研究物质世界和大自然的结构，那么这个人就可以被称为"科学家"。从事科学研究的人员，从兴趣、爱好或宗教使命出发，逐渐产生了职业科学家。

职业科学家队伍的不断壮大，政府和社会的需要推动了从事科学研究的专门机构在18世纪的欧洲产生。

科学家进行科学研究大致遵循类似的方法。但不同时期，由于科学研究的手段、工具、知识积累的视野不同，导致了科学研究的方法各不相同。为了对科学研究的方式方法进行研究，人们提出了范式理论。

美国著名科学哲学家托马斯·库恩在《科学革命的结构》（*The Structure of Scientific Revolutions*，1962）中提出了范式（Paradigm）的概念和理论。

所谓范式从本质上讲是一种理论体系、理论框架。在这个体系或框架之内，该范式的理论、法则和定律都被人们普遍接受。开展科学研究、建立科学体系、运用科学思想的坐标系、参照系与基本方式，科学体系的基本模式、基本结构与基本功能。

对于科学研究范式比较有影响力的是图灵奖得主、关系型数据库的鼻祖——吉姆·格雷。他提出了"实验归纳、模型推演、仿真模拟和数据密集型科学发现（Data-Intensive Scientific Discovery）"等4个范式理论。

1. "实验科学"（第一范式）

人类早期的科学研究主要以记录和描述自然现象为特征，这种研究方式称为"实验科学"（第一范式），古代科学和近代科学基本上就是实验科学。中国的四大发明，以及牛顿力学、哥白尼和伽利略等天文学，都是基于实验观察，总结规律，形成的科学理论。

2. "理论科学"（第二范式）

科学家们设计实验模型，然后通过演算进行归纳总结，这就是第二范式，也称"理论科学"范式。随着数学的发展，特别是微积分理论的成熟和现代数学的建立，通过数学模型的建立，来解析甚至预测科学理论，然后再进行实验的验证，成为现代科学的最基本研究方式。例如，爱因斯坦的相对论、杨振宁的"宇称不守恒"理论、薛定谔的量子力学理论、霍金的黑洞辐射理论等成为经典的科学范例。这些科学家以理论研究为主，凭借超凡的头脑思考和复杂的计算超越了实验设计思路，极大地推动了科学的进步。

3. "计算科学"（第三范式）

20世纪中叶，冯•诺依曼提出了现代电子计算机架构，利用电子计算机对科学实验进行模拟仿真的模式得到迅速普及。人们可以对复杂现象通过模拟仿真，推演出越来越多复杂的现象，典型案例如模拟核试验、天气预报等。随着计算机仿真越来越多地取代实验，逐渐成为科研的常规方法，即第三范式，也称"计算范式"。

从模拟仿真计算方向来看，现有可商业化技术已经覆盖了除人以外的几乎所有自然、物理、工程等领域：太阳黑子爆发模拟、大气运动模拟、城市三维地图等。

4. "大数据科学"（第四范式）

未来科学的发展趋势是随着数据的爆炸性增长而变化的。计算机将不仅能做模拟仿真，还能进行分析和机器学习，得到理论。数据密集范式从第三范式中分离出来，成为一个独特的科学研究范式。也就是说，过去由牛顿、爱因斯坦等科学家从事的工作，很多的科学规律或特征都可以由计算机来实现。这种科学研究的方式，被称为第四范式。特别是在生物信息领域，中国科学院生物所破解埃博拉病毒入侵机制；海量DNA数据认识生命，一次性高通量基因测序可以产生几个TB的数据，这些技术在精准医疗、癌症筛查等领域产生重大成果；在1万亿个事例中发现了上帝粒子——希格斯粒子。

2013年诺贝尔化学奖由美国三位科学家Martin Karplus、Michael Levitt和Arieh Warshel获奖，其主要成果就是"为复杂化学系统创立了多尺度模型"，该成果让传统的化学实验走上了信息化的快车道。化学家们让计算机做"帮手"来揭示化学过程。例如，在模拟药物如何同身体内的目标蛋白耦合时，计算机会对目标蛋白中与药物相互作用的原子执行量子理论计算；而使用要求不那么高的经典物理学来模拟其余的大蛋白，从而精确掌握药物发生作用的全过程。

2024年诺贝尔物理学奖和诺贝尔化学奖均颁发给了人工智能领域的科学家，医学奖颁发给计算与数据分析相关的科学家是标志性事件。

2024年诺贝尔物理学奖授予了美国科学家约翰•霍普菲尔德和加拿大科学家杰弗里•辛顿，表彰他们"通过人工神经网络实现机器学习的基础性发现和发明"。两位物理学奖得主利用物理学工具开发了强大的机器学习的基础方法。约翰•霍普菲尔德创造了一种联想记忆，可以存储和重建图像及其他类型的数据模式。杰弗里•辛顿发明了一种能够自主发现数据属性的方法，从而执行识别图片中特定元素等任务。

2024年诺贝尔化学奖授予了三位科学家，其中，一半授予美国华盛顿大学的大卫•贝克，以表彰其在计算蛋白质设计方面的贡献，另一半则共同授予英国伦敦人工智能公司谷歌 DeepMind 公司的丹米斯·哈萨比斯和约翰·乔普两位"程序员",以表彰其在蛋白质结构预测方面的贡献。三位诺贝尔化学奖得主破解了蛋白质惊人结构的密码。化学奖得主大卫·贝克成功完成了几乎不可能完成的任务,制造出了全新的蛋白质。共同获奖者丹米斯·哈萨比斯和约翰·乔普开发了一种人工智能模型 AlphaFold2 来解决一个 50 年前的问题:预测蛋白质的复杂结构。这些发现具有巨大的潜力。

2024 年诺贝尔生理学或医学奖授予了科学家维克托·安布罗斯和加里·鲁夫昆,表彰他们发现了微小 RNA(也可称 microRNA 或 miRNA)及其在转录后基因调控中的作用。基于此研究背后的产业链,也离不开大数据与人工智能的支持。

大数据与人工智能的技术和方法,通过学习、模拟、预测和优化自然界的各种现象和规律,从而推动科学发现和科技创新。可以预测,未来将有更多的诺贝尔物理、化学、医学、经济学等奖项是出自大数据与人工智能的研究成果。

第四科学范式作为一股不可忽视的力量,正在加速推动科学研究的范式转变。

如同信息技术改造工业化 4.0 一般,信息技术推动计算密集型和数据密集型科研的出现,大数据科研即将成为促进科学和科技创新的新范式(见图 1.1)。

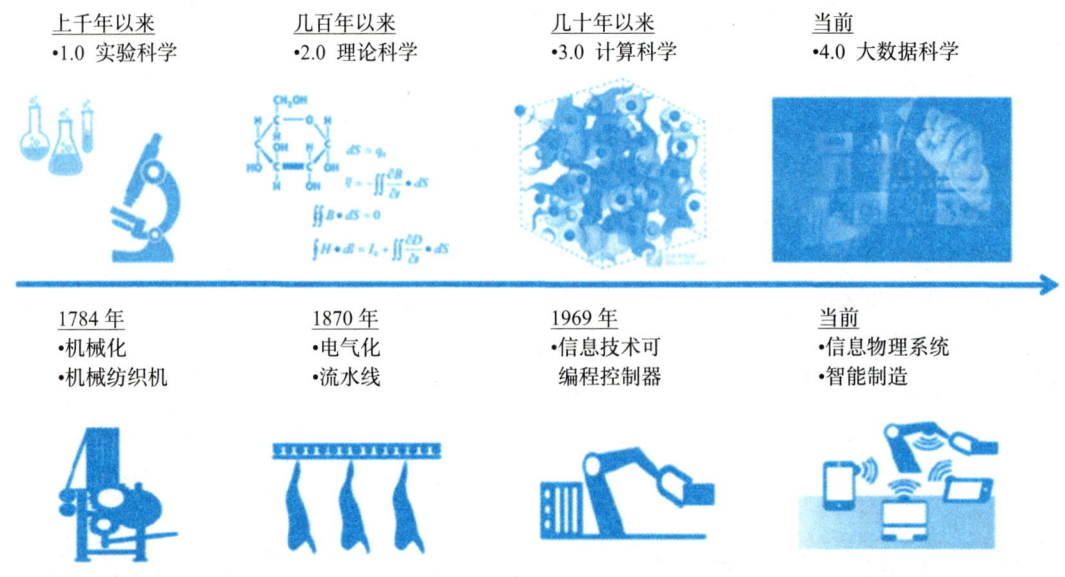

图 1.1　科研范式的发展

随着大数据范式成为科学研究越来越重要的形式,IT 就成为重大的科研基础设施。

美国能源科学网络(ESnet)是连接美国能源部及其下属所有国家实验室、相关大学和其他部分国家科研机构的多环网(见图 1.2),旨在促进资源共享与各实验室间的协同能力。能源科学网具有在基础设施方面的高连通性和数据传输方面的高可靠性、高效性等优点。

图 1.2　ESnet 的数据量变化

ESnet 上的服务主要分为 3 类：网络架构服务、认证与安全服务和会议服务。ESnet 建设的目标就是成为世界领先的网络基础设施、能力和工具。

美国能源部依托 ESnet 聚合计算和存储资源，构建了面向国家重大任务的一流科研信息化基础设施体系。

著名的马普学会分别就信息化基础设施、高性能计算、信息检索与提供、科学数据处理等领域设置了独立的服务机构，为马普各研究所的科研人员服务（见表 1.1）。

表 1.1　马普学会信息技术服务机构及其服务内容

机构名称	服务内容
马普数字图书馆	数字化基础设施、信息服务、出版物和研究数据管理
信息检索服务工作组	按需检索咨询服务、文献计量研究与引证分析、科学数据库
加兴计算机中心	超级计算、数据管理、数据获取
哥廷根科学数据处理协会	存储、E-mail、服务器、网络、应用、IT 安全

基础学科和前瞻领域研究工作特点鲜明，对信息化的需求主要集中在基础设施、基础应用和数据文献（见图 1.3），以求为科研人员提供必要的工具和工作环境支持。在这样的环境中，数据和算力成为科研创新的重要手段。

图 1.3　数据成为科研设施与资源

1.1.2　世界科研机构的发展

自工业革命促进英国成为全球性强国之后，世界各国不断意识到科学研究对经济和社会发展具有不可替代的价值。特别是 20 世纪新的科技革命，在军事科技发展、医学健康、制造业振兴等关键领域，发起了激烈的竞争。

世界上最早的科学机构可以追溯到 1660 年在英国的"伦敦皇家学会"（伦敦皇家自然知识促进学会）创立，其宗旨是促进自然科学的发展，该学会得到了英国皇室的大力支持。在 18 世纪、19 世纪的工业革命过程中，英国政府进一步认识到自然科学的发展对国家经济发展的重要作用，开始重视并资助科研机构的建设。19 世纪末至 20 世纪初，在英国科研机构中占主导地位的是大学实验室，并且多数由优秀的科学家组织建立。例如，著名的"卡文迪许实验室"（后为剑桥大学物理学系）就在这个时期组建成立，这种模式顺应了当时科技发展的需要，很好地促进了科学的发展。"卡文迪许实验室"前后共培养出 26 位诺贝尔奖获得者，其中包括波尔、卢瑟福、布莱克特等著名科学家。

自 20 世纪初到 20 世纪中叶，英国政府对科研事业的支持进一步加强，建立了一系列国家研究实验室，开始在国家层面有组织地发展科技事业，并将工业研究提上议事日程。该时期内建立的著名科研机构有"英国国家物理实验室""英国国家工程实验室"等。"英国国家物理实验室"创建于 1900 年，坐落在英国伦敦特丁顿的 Bushy Park。它是英国国家测量基准研究中心，也是英国最大的应用物理研究组织之一。它的研究方向涉及电气科学、材料应用、力学与光学计量、数值分析与计算机科学、量子计量、辐射科学与声学等领域，并取得了丰富的科学成果。此外，英国国家物理实验室还提出了大量的有关环境保护等议题的政策建议。

美国的科学技术一直位居世界前列,人类今天使用的很多先进技术,其发明都源于美国。经过多年的积累及多项计划和改革的实施,美国的科技水平得到了突飞猛进的发展,在火箭技术、武器研究、材料科学、医学、生物工程和计算机等许多领域都处于世界领先地位。这得益于美国在科研上的巨大投入与卓有成效的科研机构的建设。在科技水平发达的美国,各学科方向的研究机构数量繁多,主要包括政府科研机构、大学研究机构、企业研究机构和其他非营利机构。

政府科研机构是美国科研活动的基础力量。美国的政府科研机构大约有700多家,政府支持的科研机构隶属于20多个不同的政府部门,但没有类似中国的科学技术部这样的政府部门。美国的科学院、工程院等不从事具体的科学研究。科研活动关系最为密切的是美国的国防部、能源部、农业农村部、商务部,以及美国国家航空航天局(见图1.4)、美国国立卫生研究院和国家科学基金会等。

图1.4 美国国家航空航天局(NASA)

大学是美国科学研究的中坚力量,主要从事基础科研工作,在美国4 000余所高等院校中,有条件从事科研的研究型大学有700多所。美国的很多国家实验室、多领域杰出研究中心等都设立在大学内,由相关部门和大学共同管理。

美国的跨国企业在研发投入上也相当惊人,而且许多企业研究机构的科研实力比许多国家的政府科研实力还要强。

AT&T即后来分拆出的朗讯科技的贝尔实验室(Bell Laboratory)(见图1.5),贝尔实验室就是其中的佼佼者。贝尔实验室是晶体管、激光器、太阳能电池、发光二极管、数字交换机、通信卫星、电子数字计算机、C语言、UNIX操作系统、蜂窝移动通信设备、长途电视传送、仿真语言、有声电影、立体声录音,以及通信网等许多重大发明的诞生地。自1925年以来,贝尔实验室共获得25 000多项专利。现在,平均每个工作日获得不止3项专利。一共获得8项(13人)诺贝尔奖(其中7项物理学奖,1项化学奖)。

图 1.5　贝尔实验室

IBM 是一家著名的信息技术跨国公司，从事多项研究，包括但不限于计算机输入/输出技术、生产性研究、数学、物理等多个领域。IBM 研究实验室也叫 IBM 研究部，共有研究人员 3 500 人，专门从事基础科学研究，并探索与产品有关的技术，其特点是将这两者结合在一起，对全球计算科学的发展起到了巨大的推动作用。研究部下属四个研究中心：位于美国纽约的 Thomas J.Watson 研究中心（简称 IBM 沃森研究中心）（见图 1.6），位于美国加州的 Almaden 研究中心，瑞士 Zurich 研究中心，日本东京研究中心。IBM 的专利申请量长期排名全球首位。IBM 研究中心历史上诞生了两届诺贝尔物理学奖得主：一是发明扫描隧道显微镜的宾尼格与罗勒尔，二是发现金属氧化物的高温超导电性的柏诺兹和缪勒。

图 1.6　IBM 沃森研究中心

这些研究机构的建立与发展标志着国家对科技发展方向、发展内容的引导与调控，使得科学技术优先服务于国家亟须发展的领域，从而使科技发展能够更有力地服务社会，同时催生了一个完整的现代科技管理体制。

进入新世纪，英美大学特别重视科研成果转化，造就了众多英美等国的科技公司，为全球培养了众多的科技精英，这也为其提供了源源不断的创新力量。

英美等国的科研机构的形成、发展与变革是政府科技发展策略的侧面反映，也是生产力与生产关系相互作用的结果。这些经验值得我们在科研机构改革、科技发展政策制定时加以借鉴。

在科研机构的运作与治理模式方面，不同时期也在不断变化之中。在世界主要国家，特别是发达国家，对科研机构都有相应的法律进行规制。

在美国，与国家实验室直接相关的法律主要是机构法、授权法和专项法。联邦法典第5卷《政府机构与雇员法》详细规定了政府机构的组织结构、权利与义务、运作、行为，雇员的雇用与管理等。该法为政府机构的通法，每个联邦政府机构及其下属机构在成立时都必须经过法律程序。关于某机构成立的法律一般都以该机构的名称命名，如《国家标准与技术研究院法》和《国立卫生研究院法》等，更具体地规定了该机构的职能、组织结构、人员数量、机构负责人的职责等。

在日本，政府对国家科研机构也是以相应的法律、政令来进行管理的。政府在成立某一研究机构时，均相应地制定一项具体的法规。例如，《航空宇宙技术研究所组织规则》《理化学研究所法》《理化学研究所法施行令》《理化学研究所法施行规则》等。多数国家的国立科研机构采用政府创建、主管部门直接管理的模式。其中，有些国立科研机构本身就是政府职能部门的一部分，例如，美国卫生与人类服务部的国立卫生研究院等，主管部门对它们的管理基本上与对其他职能部门的管理一样。

德国、日本、韩国等部分政府研究机构采用政府创建的自主管理的方法。德国的亥姆霍兹联合会包括16个国家大研究中心，这些研究中心均由政府创建，但其组织则以各种民间机构的形式出现，以公司形式成立的有生物技术研究所、环境与健康研究所、数理信息处理研究所、Julich核能研究所、核子科学研究所、HMI核能研究所、重离子研究所等；以团体法人形式出现的有极地海洋研究所、同步辐射加速器研究所、癌症研究中心；以社团法人方式出现的有航空太空研究所等。德国国立研究机构之所以能够与高等院校和企业保持密切的联系，原因之一是这种民间机构的组织形式。

采取"政府资助"这一方式，是为了将政府的财务监察等干预减到最低限度，为研究所创造一个较为宽松自主的研究环境，使它们具有灵活适应外部需求的能力。韩国科学技术研究院、韩国原子能研究所、能源研究所等，均属这种管理模式。

政府创建并委托民间团体管理的这种管理模式主要是在美国的部分国家实验室实行。大部分由政府各部门直接管理，但约有40个分属于能源部、国防部、国家航空航天局、国家科学基金会及卫生和人类服务部的实验室，通常被称为联邦资助研究与发展中心。这些研究中心大部分是政府为某种特定的研究目标而建立的大型研究机构，它们的经费绝大部分来自主管部门。这些部门以合同形式将它们的行政管理分别委托给高等院校、企业和非营利机构管理。

1.1.3　我国科研机构的发展

与世界各国的发展路径类似，我国的科研机构最初也是由政府设立，而且主要是从中央政府即国立机构发展起来的。中华人民共和国成立后就开始组建新的中国科学院。

国立科研机构由国家建立并资助，围绕国家战略需求有组织、规模化地开展跨学科、跨领域的交叉融合性科研活动，是国家创新体系的重要组成部分。

此后，大学科研机构和国企科研机构的高速发展，为国家建设和经济振兴提供了强大的动力。各省市的大学、专门科研机构或科研平台在各个科研专项资金支持下得到蓬勃发展。从20世纪80年代开始，国家先后建立了重点实验室、工程研究中心和工程技术研究中心等，以加强国家发展重点领域和学科的科技力量。

国家重点实验室计划于1982年由国家计划委员会（以下简称国家计委）开始酝酿制定，1983年形成草案，1984年正式组织实施，旨在支持我国的基础研究、应用基础研究和培养高层次人才。自实施以来，国家重点实验室计划得到了我国科技界和教育界的赞同与支持，并引起了巨大反响。据不完全统计，仅中国科学院、教育部、农业农村部、国家卫生健康委员会及国家药品监督管理局等所属建有的重点实验室就约有700个。国家重点实验室计划实施之后，一些发达省、市也相应建立了地方重点实验室。这些重点实验室一般在高校中建立，如北京市、湖北省、陕西省、江苏省和广东省等。

继重点实验室计划实施之后，为了加快科研成果转化，更好地实现科技与经济的有机结合，增强我国产业自主开发能力和市场竞争能力，客观上要求我们要重视并加强工程化研究，解决企业所需的共性技术、关键技术问题。为此，国家计委在1988年又提出国家工程研究中心建设的思路，并且通过试点逐步形成建设计划，至1999年底，国家发展计划委员会（现称国家发展和改革委员会）建设有36个工程研究中心。由于工程中心这一形式适应了社会主义市场经济体制下科技与经济结合的需要，抓住了科研成果转化问题的关键，又能在各个行业的适用技术上较快地切入重要工艺环节，从而得到了企业的大力支持和真诚合作，也取得了各方面的共识。

为加强科研成果向生产力转化的中心环节，面向企业规模生产的实际需要，提高现有科研成果的成熟性、配套性和工程化水平等，1993年2月国家科学技术委员会（以下简称国家科委）又发布了《国家工程技术研究中心暂行管理办法》。目前，由科技部支持与地方共建的工程技术研究中心已达300多家，部署在农业、通信、材料、工业、自动化、环保、医药及矿产等领域。在国家重点实验室和工程中心的影响带动下，地方的"工程研究中心""工程技术研究中心"及企业的"技术中心"也逐步建立起来。

改革开放后，民营企业的发展促进了新型科研机构的崛起，特别是华为研究院等高科技创新企业的科研机构，在新一代信息技术、生物医药工程等领域，为国家的科技创新提供了新的力量。

纵观世界主要国家的科技体制与改革的调整，均涉及了对国家科技政策的主要执行者，即国立科研机构的改革。主要集中体现在以下4个方面。

1）体制和组织机制深化改革

通过重组强化跨学科领域的交叉研究机制，集中资源针对优先领域推进研究。例如，中国科学院实施分类改革与率先行动计划。

2）完善公共科研预算与财务管理体制

通过强化竞争性研究经费，进一步提高政府研发资金的使用效率。

3）强化对科研机构的评估监管

通过规范的国际性评估推进科学研究工作。定期对科研机构进行评估，研究单位的经费和人力资源需求，科研人员的招聘、晋升、科研成效等方面提出建议。评估过程通常是评估专家组首先审阅研究人员或研究单元提交的研究活动报告，然后进行实地考察和座谈会，随后专家组进行封闭讨论形成评估报告提交。

4）积极推进科研机构的技术转移工作

通过推进技术贸易及研究人员创业促使科研成果商业化。为了把研究成果广泛地向社会推广，政府进一步鼓励科研人员以专利权为代表的知识产权向产业界进行技术转移的努力，并对转让的经济收益进行奖励。

科技创新是现阶段社会经济发展的强大引擎。在新一代信息技术的驱动下，科技创新活动呈现以大数据和密集计算为核心的科学范式。通过数字化的支撑，科研机构的深化改革和科技创新活动的管理都需要科研信息化的创新。

随着我国科研体制改革的深化及新一代信息技术的强劲发展，越来越迫切地要求科研机构对科研管理信息化作出变革。《深化科技体制改革实施方案》提出要聚焦实施创新驱动发展战略，以构建中国特色国家创新体系为目标，全面深化科技体制改革，推动以科技创新为核心的全面创新，推进科技治理体系和治理能力现代化，营造有利于创新驱动发展的市场和社会环境，激发大众创业、万众创新的热情与潜力，主动适应和引领经济发展新常态，加快创新型国家建设步伐，为实现发展驱动力的根本转换奠定体制基础。

深化科研机构和科研体制机制改革，构建符合创新规律、职能定位清晰的治理结构，完善科研机构运行管理机制，加强分类管理和绩效考核，增强知识创造和供给能力，筑牢国家创新体系的基础。改革科研项目和资金管理，建立符合科研规律、高效规范的管理制度，也是国家科研体制改革的核心内容之一。

最早关于科研机构的分类尝试，源自科研机构经费的分类管理。国家根据不同类型科学技术活动的特点，实行科研机构经费的分类管理，从而将科研机构自然划分为全额拨款科研机构、差额拨款科研机构、自收自支科研机构3种类型。

关于科研机构的分类，另一种传统的做法是根据科研机构项目及其成果的公益性与非公益性，将科研机构简单划分为两类：社会公益类与技术应用型。其中，技术应用型科研机构由于缺乏社会公益服务属性且具有较强的自我发展能力，大多已转制为企业，依靠市场发展，自负盈亏。简言之，这部分科研机构已不属于事业单位范畴。而社会公益类科研机构因其突出的公益服务属性，被划归为事业单位，主要由政府提供财政支持。

作为科学技术的科研机构，其研究项目及成果的公益性与非公益性的划分本身就具有相对性，因此，科学技术研究的公益性与非公益性难以准确界定。上述分类方法仅对社会公益类科研机构作出了外延列举式的定义，略显片面，不仅忽视了一部分技术应用型科研机构的公益性，还未将一部分涉及公共利益且消费无法排他又无法计量的科研产品的研发列入公益性范围。

以科学分类为基础，以深化体制机制改革为核心，总体设计、分类指导、突出创新、稳妥推进，进一步增强科研机构活力，促进创新型国家建设。

改革的总体目标是建立起结构合理、规范高效、充满活力的科研管理体制和运行机制。要在对科研机构合理分类的基础上，使科研机构在财政投入、人事分配、机构编制等改革方面取得明显进展；在治理结构建设等改革有较大突破，使科研机构与企业、高校等主体的科技创新作用协同发挥，为实现改革的总体目标奠定坚实基础。

就不同类型的科研机构而言，对于技术应用型科研机构，改革的方向是更完善的市场化，不断提升科技企业在市场中的竞争力。而对于社会公益类科研机构，改革的大方向已经基本明确，下一步改革的目标是科学划分科研机构的类别，全面优化科技力量布局和科技资源配置，面向市场的科研机构坚决向企业化转制，确需政府支持的，按非营利性科研机构管理和运行，加大支持力度，加强社会公益科研工作，强化提升其提供公共物品和公共服务的能力。

1.1.4　新型科研机构的趋势

进入 20 世纪 90 年代，伴随着以信息技术为代表的新兴技术发展，重新认识基础研究与应用研究之间的关系，成为众多研究者热衷探讨的问题。对线性创新模型的批评逐渐成为科技政策研究的共识。受巴斯德象限理论的影响，应用导向的研究活动而不是纯粹的基础研究，成为政策关注的重点。

斯托克斯根据追求基础知识推进程度和服务于应用目标程度这两个维度，将科学研究活动分为以下 4 类（见表 1.2）。

表 1.2　斯托克斯的科学研究活动"四象限"

		服务于应用目标程度	
		低	高
追求基础知识推进程度	高	玻尔象限 （基础研究）	巴斯德象限 （基础研究和应用研究）
	低	一般辅助研究	爱迪生象限

玻尔象限：这种研究完全基于对自然现象的基础研究，不涉及任何实际应用或具体目标。

巴斯德象限：这种研究既要面向知识探索，同时也考虑了应用前景，是基础研究和应用研究的结合体。

爱迪生象限：这种研究直接面向实际应用问题，旨在解决具体问题，不考虑理论拓展。

一般辅助研究：这种研究没有明确的探索或应用目标，主要是为了系统了解某一特定现象，如对某种罕见疾病的基础调查。

巴斯德象限理论对于重新认识政府和市场在科研机构建设和管理中的角色与作用，也有着深刻的启示和借鉴意义。自20世纪90年代末开始，世界主要国家纷纷启动对科研机构的改革，强调将面向交叉与前沿学科的基础研究与服务支撑国家战略需求相结合，促使科研机构更加深刻地嵌入经济体制，使其成为国家创新体系的重要组成部分。

中国科学院于1998年启动了"知识创新工程"试点，旨在重构中国科学院作为中国最高科研机构的知识创新能力。特别是新建了若干研究所，探索协同基础研究和应用研究的新科研机构模式。

巴斯德象限理论推动了新型科研机构的发展。

从"战略—组织—流程"与信息技术的模型来分析理解新型科研机构，主要包括以下4个特点。

1）战略体系的特点

新型科研机构将与传统的科研事业单位的发展理念不同，新型科研机构将形成"前沿基础研究—应用基础研究—产业技术研究—产业转化"的全链条创新模式，建立开放创新、协同共享的新机制；实现国家战略需求与科技创新的深度融合。

与传统科研机构难以适应产业发展需求不同，新型科研机构从诞生开始就具有非常明确的创新目标和研发导向，与产业需求紧密结合在一起，实现创新链与产业链无缝对接。研发并不局限于服务科技创新活动的某个环节，而是逐渐演变成从上游源头创新到下游产业化的全产业链创新体系，突破了传统创新链各个环节独立性强、容易"断链"的弊端，保证了科研成果产业化整个链条的通畅，以及产业发展对科研的反哺。

2）研究内容的特点

在研究内容和领域的选择上，新型科研机构所从事的往往是"巴斯德象限"的研究。既具有显著的科技前沿性，又具备明确的应用目的性，面向产业和市场需求，将立足科技前沿探索与形成产业创新源头联系起来，致力于发展引领未来的、有可能导致产业代际转移的原始性创新技术，孕育和引领未来产业，引领新的产业链和创新价值链，发挥着源头创新作用。

在研发目标定位上，新型科研机构结合了进行科技研发和从事创新创业两种目标。其本质在于科技创新与创业的结合，借助创新而创业、通过创业而实现创新。新型科研机构一方面开展前沿研究、应用研究和基础研究，形成科研成果并转化为现实生产力；另一方面,具有以探索性需求为导向的定位特点,希望衍生和孵化一批企业,带动一个(或若干)产业乃至一个区域的发展。研发成果的目的不在于为科研而科研,而在于更好地克服科技与经济"两张皮"的问题,包括以孵化企业、院企合作和衍生企业的创业方式直接推进科研成果转化。

3)组织体系的特点

作为新型科研机构,需要创新型人才。因此,需要快速大量引进各类高层次人才,采用全职、双聘和兼职等市场化用人体制,使组织架构快速调整,适应创新和基础科学研究的需求。此外,人才的薪酬与多元激励措施实现个性化和国际化。

传统科研机构基本上是事业单位的运作体制,而新型科研机构将灵活采用事业单位、民办非企业单位(以下简称"民非")、企业等多种体制融合,打破传统科研事业单位的组织体系与用人机制(见表1.3)。

表1.3 新型科研机构与传统科研机构的区别

对比类型	新型科研机构	传统科研机构
体制类型	事业单位(无级别、无编制)、企业、民非等	科研事业单位(定级别、定编制)
资金来源	政府资助、社会募集、捐赠、市场化科研成果转让等收益	财政拨款为主
社会分工	知识传播、技术转移	国家战略需求,政府主导的社会需求
研究内容	目标导向性研究、市场需求导向研究,应用基础研究、产业化技术、市场孵化	基础科学研究为主,自由探索性研究
技术转移类型	市场驱动	政府驱动
组织人事与治理架构	社会化、市场化;理事会管理,主要领导采用遴选制	参照公务员的人事管理;上级政府部门主管,主要领导由上级党委组织部门任命

新型科研机构采用灵活的运行和管理机制。在运行和管理方面,无论新型科研机构的隶属关系是事业单位、民非还是企业,它们都区别于传统的科研机构和传统事业单位。通过体制机制创新,实行一定程度的"企业化运作"模式和"非营利机构管理"模式。

4)管理流程的特点

在运作模式上,新型科研机构更注重技术创新与商业模式的结合,推进创新链、产业链、资金链紧密融合。新型科研机构引入金融资本,建立"政策+创新+产业基金+VC/PE"的新机制,实现"科研+产业+资本"的良性互动。一方面能够为实现科研成果产业化提供资金支持,另一方面通过形成"资金—科研—企业—资本市场—资金"的增值循环链,解决了长期发展的资金问题。

对外提供科技创新服务,推动高科技企业的衍生和孵化,促进科研成果转化。与传统科研机构不同,新型科研机构不仅可以通过衍生企业而创业,而且往往具有高科技企业孵化功能。其衍生和孵化的高科技企业的成果既可以是来源于本身的研发成果,也可以是来源于其他渠道的寻求孵化服务的科研成果。凭借自身研发实力,新型科研机构可以有效解决信息不对称问题,便于通过引入天使投资、风险投资等方式积极介入资本运作,使众多有前景的科研成果获得转化所需的资源,使有前景的科研成果能够通过中试阶段,进而形成产品,实现商品化、产业化,从而跨越"死亡谷"。同时,创业型科研机构的孵化收益能够反哺其自身的科研活动,形成良性循环。

新型科研机构立足于推进科研成果产业化,促进新兴产业发展和产业转型升级。在项目上,它们加强了与国际知名企业、高校及科研机构的合作,实现了新兴产业在关键技术上的突破,促进了相关产业的形成和发展。不仅在全球范围内吸引和培养国际顶尖人才,而且在项目开展上也积极加强国际合作。

1.2 智慧科研的概述

1.2.1 智慧组织的概念

智慧组织的概念在一定程度上受到了 IBM 在 2008 年提出的"智慧地球"理念(见图 1.7)的启发,之后相继提出"智慧电力"、"智慧医疗"、"智慧城市"、"智慧交通"、"智慧供应链"和"智慧银行"等一系列与"智慧"相关的概念和解决方案。系统性论述智慧地球在中国的应用,集中体现在 IBM(公司)商业价值研究院 2009 年发布的《智慧地球赢在中国》的白皮书。

图 1.7　IBM 智慧地球概念

不管是智慧地球还是智慧企业，其核心是以一种更智慧的方法通过利用新一代信息技术来改变政府、科研机构和人们交互的方式，以便提高交互的明确性、效率、灵活性和响应速度。如今信息基础架构与高度整合的基础设施的完美结合，使得政府、企业和个人可以作出更明智的决策。智慧方法具有以下 3 个方面的特征：更透彻的感知、更广泛的互联互通、更深入的智能化。

随着新一代信息技术的深入应用和智慧组织建设的推进，所谓智慧组织的核心内涵包括以下 3 个方面。

1）全面感知

全面感知是指利用任何可以随时随地感知、测量、捕获和传递信息的设备、系统或流程，通过传感器实现设备的智能化。通过使用这些新的传感装置，从人的血压、体温、脉搏、心电等各种健康数据到仪器设备与制造装备的工况，到环境中的温度、湿度、可燃气体浓度、PM2.5 的指标等环境参数，这些信息都可以被快速获取并进行分析。这样便于立即采取应对措施和进行长期规划。

2）互联互通

互联互通是指通过各种形式的高带宽或低延时的通信网络，将制造现场、设计实验室、使用现场、运营办公室等各种场景中的智能终端、设备、人员等连接起来，实现分散信息的收集、储存、处理、交互和多方共享。从而更好地对环境和业务状况进行实时监控，从全局的角度分析形势并实时解决问题，使得工作和任务可以通过多方协作来得以远程完成，从而彻底地改变了业务的运作方式。

3）智能处理

智能处理是指深入分析收集到的数据，通过先进处理技术（数据挖掘和分析工具、科学模型和功能强大的运算系统、机器学习算法系统）来处理复杂的数据分析、汇总和计算，以便整合和分析海量的跨地域、跨行业和职能部门的数据和信息，并将特定的知识应用到特定行业、特定场景及特定解决方案中，从而更好地支持业务活动、运作流程与决策。

而智慧科研则是利用信息网络系统实现科研机构的科研活动、人才培养、运作管理等业务活动与物理世界的融合，以实现组织的目标与价值。

要准确定义智慧科研，不同的角度、不同的研究方式和不同的对象，对此有不一样的概念。要准确定义一个新的概念，我觉得分析其内涵和外延还是非常好的一种方式。

下面我们分析和研究一下智慧科研的内涵与外延（见图 1.8）。

图 1.8　智慧科研的内涵与外延

科研机构的数字化总体目标是建设"智慧科研",其核心内涵和理念如下。

1) 科学研究协同化

建立科研协作与知识管理信息化平台,创新科研协作与学术研究模式,提升科学研究水平。

2) 工程研制智能化

建立智能化的产品型号数据管理体系,实现研制过程的自动化与智能化,提升产品质量与体系的智能化。

3) 业务管理数字化

科研机构的各种资源的数字化、精细化管理,推动科研生产与产业发展的协同创新能力。

4) 基础设施国产化

宽带、融合、安全、国产的信息基础设施基本建设,基础设施实现信创化(国产化),体系化实现信息安全和产业安全。

5) 信息安全多域化

网络与信息安全可控,重要信息资源安全得到切实保障,根据涉密级别不同,分别部署涉密网、内网、互联网等不同的网络安全领域。

6）园区服务便捷化

基本建成以人为本的服务体系，实现园区设施与服务安全、绿色、智能和便捷。

因此，科研机构的数字化建设必须充分利用新一代信息技术，通过智慧平台实现"人机物"与"运管服"的有机融合（见图1.9）。

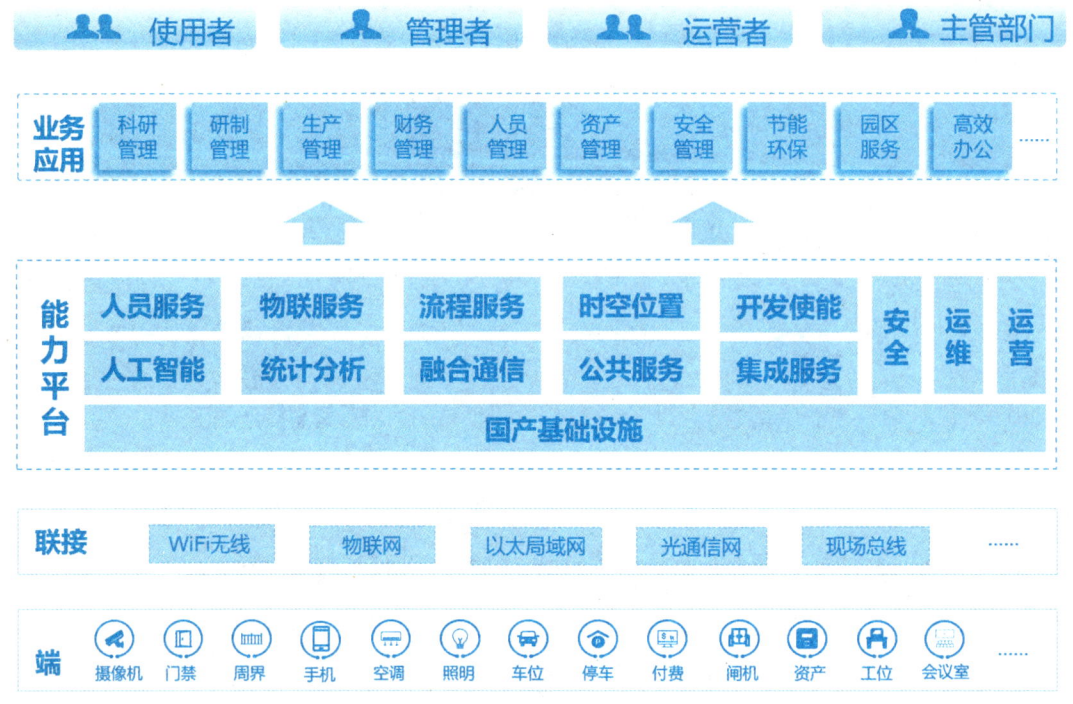

图1.9　智慧科研的技术融合

1.2.2　智慧科研的内涵

智慧科研需要实现业务数字化、流程自动化、数据实时化、信息共享化、管控智能化。

1. 智慧科研平台的关键要素

1）"人机物"融合的全面感知科研网络

科研人员、科研仪器设备与科学装置、计算机及其网络通过"人机物"融合的物联网与传感系统，形成全面感知的科研网络。

通过科研互联网构建全方位支持科研、保障和战略管控的网络布局；实现跨地域、跨学科、跨机构的科研与管理虚拟统一环境，促进全球化的科研协同。

2）海量的科研大数据：数字化的科研范式

科研活动通过数据计算，结合各类科学模型实现科学理论的模拟、科学过程的仿真、科研分析的计算，支持数据化的科学研究新范式。科研管理、知识及成果的数字化与资产化，推动了业务流程与办公管理的数字化运作，实现了无纸化办公；科研档案与知识管理也实现了数字化。通过物联网，仪器设备实现了互联互通，构建了一个智能化和数字化的工作环境，为科研管理提供了大数据支撑，依托大数据的分析，我们能够形成智慧的科学决策。

3）基于人工智能与大数据的智能算法：以智能化管理为战略发展服务

通过智能化提升业务效率，例如，管理过程中单据智能识别与导入；利用机器人流程自动化（RPA）提高业务流程的规范化水平；通过数据智能分析为科研选题、投资决策、绩效考核等提供量化依据。

建设智慧院所，需要结合科研机构的科研业务特殊性，借鉴国内领先的科研机构信息化的成功经验。我们应充分利用新一代信息技术的发展，建设符合新时代科研机构需求的全新业务数字化、管理智慧化的信息平台。该平台以流程标准化为基础，依托科研 ERP 系统支撑，推动科研机构范围内的信息共享、风险管控与资源优化配置。

2. 科研机构的数字化与智慧化的平台建设

科研机构的数字化与智慧化的平台建设，将面向以下两个战略支点（见图 1.10）。

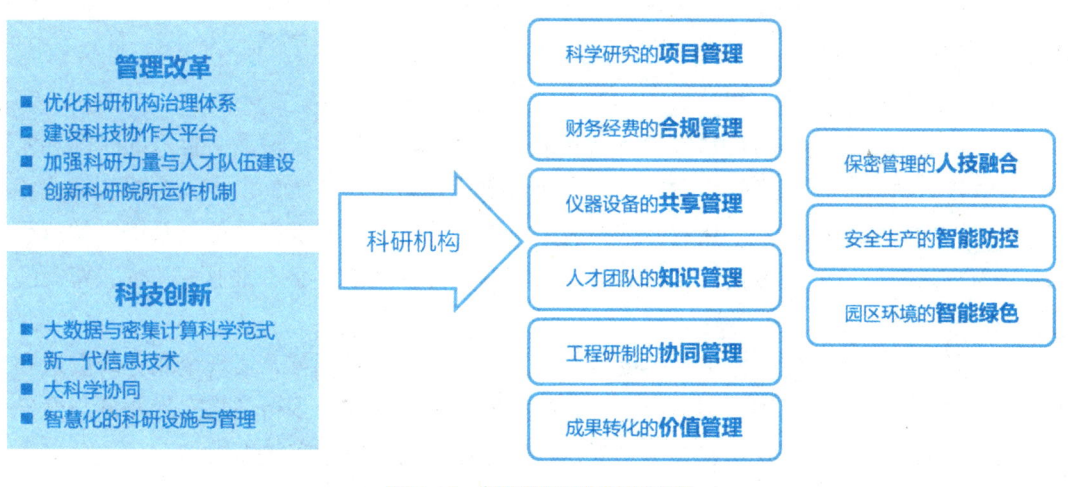

图 1.10 智慧科研的驱动因素

1）管理改革

智慧科研将面向优化科研机构治理体系、建设科技协作大平台、加强科研力量与人才队伍建设，以及创新科研院所运作机制。

2）科技创新

智慧科研将充分利用当今的大数据与密集计算科学范式、新一代信息技术、大科学协同、智慧化的科研设施与管理等先进科技。

智慧科研的建设内容包括以下 9 个方面。

① 科学研究的项目管理。
② 财务经费的合规管理。
③ 仪器设备的共享管理。
④ 人才团队的知识管理。
⑤ 工程研制的协同管理。
⑥ 成果转化的价值管理。
⑦ 保密管理的人技融合。
⑧ 安全生产的智能防控。
⑨ 园区环境的智能绿色。

3. 智慧科研平台建设将达到以下效果

1）管理基础规范化

管理基础规范化是业务模型与业务流程的标准化、规范化。智慧科研平台将支撑科研机构实现管理制度化、流程化和信息化；建立规范的各类编码、分类及基础数据体系；支持产品的系列化、模块化和标准化管理；逐步实现管理模型、业务流程、业务管控需求的固化，并将其落地到信息系统中。

2）显著提升运作效率

一线科研与业务人员的日常流程审批和事务办理烦琐、耗时，浪费了宝贵的时间和精力，导致投入科研生产一线的资源不足。智慧科研平台就是将传统的由人工跑腿、寻找签字的模式转换到电子化审批，让数据多跑路；将业务分散在不同部门和信息系统中的流程事务，为科研与业务人员提供一站式服务，彻底解决传统纸质签字审批业务"难、繁"的问题，以及数据重复录入等难题。

智慧科研平台将适应业务单元的灵活业务流程配置和变化调整，实现全业务线贯通和横向一体化协同的运营管理体系，促进资源的协同管理。同时，平台还将实现业务与财务一体化，实现业务信息与核算、成本、资金、预算及绩效管控的实时集成。

3）支撑科研管理的数字化

科研项目相关联的人、财、物等资源管理分散于不同部门，资源信息多头分散，无法全面掌握项目的信息；职能服务与管理人员忙于从事信息采集、台账核对等重复性劳动，浪费太多资源，智慧科研平台就是通过信息化手段将多头分散管理的资源数据集中规范起来，建立唯一准确的资源库和数据管理机制，实现项目统计、分析即时性，重点、重大项目的进展、节点、成果等动态感知和预警。

4）实现创新活动管理的知识化

科研档案、科研成果、科技文献都是管理中非常重要的数据，通过档案管理与科研管理的过程融合，实现档案管理的数字化和自动化，并通过知识的积累，为科研活动和行政事务提供知识化的过程支持。

5）提升业务运营的合规性

在科研与设施建设的管理过程中，包括项目的立项过程、费用预算与支出、资产及仪器设备与材料的采购、外协与合作、各类报销等管理事务，以及业务风险控制及过程监管，从国家、主管部门到科研机构到下属科研单元都有一系列的规章制度。只有通过信息化实现流程自动化、业务规则智能化、合规审计动态化，才是保障运作合规性最有效的措施。

6）实现决策依据科学化

各级领导决策依据缺乏统一、客观、及时的数据支撑。领导决策信息主要依赖各部门的汇报，但由于汇报人的分析角度各异、工作背景存在局限性、数据汇总的实时性不足，导致领导难以获得来自一线的准确信息，从而难以快速、精准、便捷地作出科学的决策。希望以顶层管理的全新视角建立科学的决策分析模型，形成智能化的决策数据采集整理机制，提供实时准确的综合管理报表和指标，从而为各领域决策提供科学的数字支撑手段。

纵向贯通，全局可见，异常监控，实时预警；将合规和风险控制融入业务流程中，确保组织绩效、风险的实时监控与可控；支持从科研机构到研究单元乃至业务实体的数字神经系统。

基于上述需求，利用信息化建设实现无纸化办公、档案资源共享化、管理工作协同化、工作流程规范化、决策依据科学化、资源配置最优化，最终推动科研机构的高质量发展。

1.2.3 智慧科研的外延

智慧科研涵盖的范围，即外延，包括了科研机构运行的各个方面，总结起来包括智慧科研活动、智慧人才培养、智慧科研管理、智慧科研园区等4个方面。

智慧科研活动和智慧人才培养是科研机构的智能和价值的主要活动，而智慧科研管理与智慧园区是实现科研价值的主要支撑手段和条件保障。

1. 智慧科研活动

科学研究（Scientific Research），一般是指利用科研方法和装备，为了认识客观事物的内在本质和运动规律而进行的调查研究、实验、试制等一系列的活动，为创造发明新产品和新技术提供理论依据。

科学研究工作是科学领域中的检索和应用，包括对已有知识的整理、统计，以及对数据的搜集、编辑和分析研究工作。

在第四范式的科研活动中，知识的表现形式是数字化和数据化的，分析和模型的建立也更多的是依靠数字（Digital）和数据（Data），以及基于数据和计算的机器学习与数据模拟。科学成果的表达形式包括数字化的文档与数据，以及相关的知识模型。

智慧科研活动的表现形式有以下 3 种。

1）科研仪器设备和物理化学参数的数字化

科研仪器设备，特别是对科研对象的状态测量，如温度、湿度、光谱、质量、速度、磁场和电场等各类物理参数，通过传感器进行数字化的采集与记录，并实现数字化的存储与后期恢复。

电子显微镜，简称电镜（Electron Microscope，EM），经过 50 多年的发展已成为现代科学技术中不可缺少的重要工具。光学显微镜的分辨率达到 0.2 μm，而透射电子显微镜的分辨率达到 0.2 nm，电子显微镜已经在物理学、化学、生物学、医学、地质学与考古学、微电子学等科学领域得到广泛的应用。

电子显微镜的观测数据是大数据应用的典型场景，电镜实验产生的数据，存储和处理都需要各类图像处理操作，如校平、3D 视图、截面分析、滤波除噪、统计分析、频域分析、图像输出等。这些过程都需要大数据的处理、存储及分析等 IT 基础设施。

基因测序技术，又称 DNA 测序技术，始于 20 世纪 70 年代中期，是分子生物学研究中最常用的技术之一，它的出现极大地推动了生物学的发展。通过荧光自动测序技术将 DNA 测序带入数字化和自动化的测序时代。目前，高通量、低成本的新一代基因测序技术，一次可以完成多个基因组测序，以及宏基因组测序；一次上机可以产出 TB 级别的数据量。

随着基因测序技术的发展和临床转化的不断深入，临床检测市场未来的增长空间极大。在医学研究、临床诊断和疾病筛查等方面应用越来越广泛，也在环境污染治理、生物多样性保护、农牧业育种、司法鉴定等多个领域逐步得到更深入的应用。

基因测序所需的计算量非常大，部分应用需要大内存的节点，且数据访问量巨大，因此对存储性能、容量的要求很高。这就需要研发更多专业的分析软件，以实现基因测序工作流程的自动化（见图 1.11）。

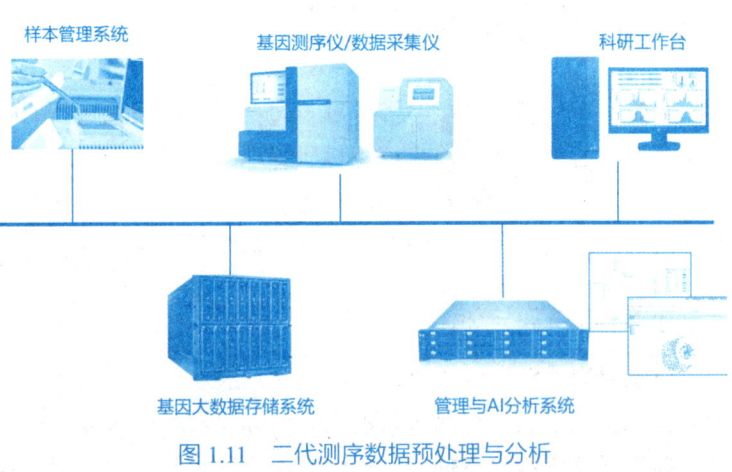

图 1.11　二代测序数据预处理与分析

2)科学大装置与野外观测台站的智能化

大科学装置是指通过较大规模投入和工程建设来完成,建成后通过长期的稳定运行和持续的科学技术活动,实现重要科学技术目标的大型设施。大科学装置的科学技术目标面向国际科学技术前沿,为国家经济建设、国防建设和社会发展作出战略性、基础性和前瞻性贡献。作为国家可持续发展的支撑条件,我国正在构建宏大的创新体系。建立科技基础条件平台是国家创新体系建设中的重要内容,大科学装置则是这一平台的重要组成部分。

在大科学装置立项、建设和运行过程中,科学数据系统都是不可或缺的部分。在大科学装置的数据资源来源、收集、整合,以及科技资源挖掘、产品加工推广、数据共享和利用等方面,需要实验装置数据中心的新型设施保障。这包括构建并维护一个集成各个实验的多种异构资源的数据计算平台。资源汇聚、软件研发、标准规范、组织架构的建立,共同促进了各个科学领域大装置实验过程和实验数据的利用、共享的自动化和规范化。

野外科学观测研究台站是研究实验基地的有机组成部分,是国家科技基础条件平台建设和科技创新体系的重要内容。它们涉及生态、环境、农业、海洋、地球物理、天文、空间、金属腐蚀等研究领域,并在服务国家和地方发展、生态建设、环境治理、资源可持续利用、灾害防治等方面发挥着重要作用。随着互联网和移动网络技术的发展,野外观测台站的计算机自动数据采集、台站运行的环境检测和自动管理系统通过新一代信息技术,可以实现台站的无人值守。通过智慧台站,实现数据质量的管理,野外观测环境、野外观测仪器设备、数据传输条件的智能化。

3)科研报告与文献的数字化与知识化

科研数据、科技文献、科研档案都是科研活动中产生的非常重要的数据,通过数据管理与科研管理的过程融合,实现科研文献情报和实验数据的数字化和自动化,并通过知识的积累,为科研活动和行政事务提供知识化的过程支持。

2. 智慧人才培养

科教融合是世界一流大学与科研机构的核心理念。经过30多年的发展,中国大学逐渐从单纯教学转向科教并重的模式,而科研机构也在科研活动中更注重与高层次人才培养(硕士和博士研究生等)的结合。

人才培养领域,从教学活动、教学管理和人才评价等各方面,通过新一代信息技术与人工智能的结合,形成了智慧教育。从黑板到投影仪,再到PPT,直到智慧教室与教学技术的应用,是传统教学模式的重大变革。

新一代的智能教育以学习者为中心,教学资源大数据为基础,虚拟交互为桥梁,以学习者需求为导向,培养学习者思维能力、创造能力的教育。

1)教学过程与活动的智慧化

将智能技术应用到教学过程中,遵循教学规律,创新教学过程;改善知识传授方式,采用人机结合进行教学;改革课堂课程设计,采用线上线下相结合的方式,线上学习可陈述知识，线下开展研讨式教学，教师与学生共同研习、相互启发。

2）智能化的教学资源

通过新一代信息技术重新定义人才培养方案、教学大纲，创新人才培养目标和教育内容；通过将智能技术融入教学，实现知识和技术的结合，加强交互，创新教学方法。让教师更好地组织、表达、展示，让学习者高效接受、个性学习、实时交互、综合反馈，让教育教学提质增效。从过去简单的 PPT 到多媒体的 PPT，从 MOOC 到云平台等，教学资源实现了数字化、智能化和个性化。

3）智能化的教学管理与评价

在教学管理上，通过智能化设备，进行教情、课程、教务、人员等方面的管理，使教育管理更有针对性，提升管理水平。在教学服务上，借助人工智能服务学生的生活（吃、住、行）、教师的教学、科研机构的运行。

在教学评价上，通过大数据分析进行多维度个体数据画像、学生认知诊断等。

智能教育以数字化为基础，网络化、多媒体化为手段，最终走向智能化。科教融合，未来科研机构的人才培养将走向智能教育，将更加关注人机结合的制度体系与思维体系，关注核心素养导向的人才培养，关注个性化、多样化和适应性的学习，关注人机协作的高效教学。这将形成一个全新的教育形态和模式，建设人人皆学、处处能学、时时可学的智慧型教学环境。

3. 智慧科研管理

智慧科研管理是指在科研项目的全过程及其支撑体系的服务方面，实现从数字化、信息化到智慧化的过程。

利用信息化建设实现无纸化办公、档案资源共享化、管理工作协同化、工作流程规范化、决策依据科学化、资源配置最优化，最终推动科研机构的高质量发展。

1）科研项目全生命周期管理

智慧科研管理系统覆盖科研项目从申报、评审、开题、实施、执行监控到结题验收的全生命周期。通过平台，科研人员可以方便地提交项目申请，系统则利用智能化审批流程确保评审的高效与公平。在项目执行过程中，系统实时跟踪进度，自动提示关键时间点，确保项目按计划推进。同时，系统还提供财务合规性管理与服务，使科研资金的分配与使用变得清晰可控，提高资金管理的效能与安全性。

2）科研成果管理与转化

系统对科研成果进行全面管理，包括成果登记、分类归档、展示推广等。科研人员可以在系统中记录论文、专利、软件等科研成果，并通过系统提供的检索和分享功能，方便其他研究人员查阅和使用。此外，系统还积极促进科研成果与产业界的对接，加速知识的传播与实践应用，为科研成果的广泛应用与价值实现铺设快车道。

3）科研资源与条件保障

智慧科研管理系统整合科研资源，包括知识资源、实验仪器设备、专家资源、科研经费等，构建一个资源共享、条件保障的资源协作体系。通过在线协作工具，团队成员可以轻松实现资料共享、任务分配、实时沟通，提升团队合作的效率与深度。这种跨学科、跨领域的合作模式有助于激发新的科研灵感，促进科研创新。

4. 智慧科研园区

科研园区是科研机构的工作与生活的载体，是科研发展的最重要基础设施与条件保障，是构建智慧科研的基础。

科研园区与一般的工业园区、商业园区不同，科研园区内大量的高端科研装置、仪器设备等对环境要求很高，很多实验区域存在危险、易爆、易燃、辐射等实验材料、环境的场所。

许多科研机构从事涉军涉密的科研计划，对环境的人员、场所和设备的保密管理，对科研和研制的安全生产管理，都有更全面和精细化的管理需求。

传统科研园区的管理，往往是按照职能与功能分工进行各自建设，数字化程度低，数据不互通，业务难融合，长期面临着服务体验差、综合安防弱、运营效率低、管理成本高、业务创新难等痛点。

智慧园区是物理与信息的深度融合体。园区由各种元素构成，包含有生命的人，无生命的建筑、设施设备和环境空间；包含科学研究活动，科研机构管理；包含人群交流与协作产生的联系；包含园区运作的数据、创造的劳动价值等。智慧科研园区内的科研人员、支撑人员、仪器设备与装置、科研与业务活动不再是孤立隔离的个体，各种元素像一个整体一样彼此交互、作用和影响，系统间的协同、信息的交互、业务的融合成为智慧的科研环境。

智慧科研园区通过 ICT 技术使融合体系得以实现。例如，通过摄像头、传感器等物联网设备，深度感知科研园区内的人、机、物、空间等静态及动态的信息和变化，并在数字空间形成实时精准的数字园区映像，实现相互之间无缝对接与协同。

从科研和支撑人员的视角，围绕以人为本、绿色高效和业务增值的目标，分别从综合安防、便捷通行和设施管理等 7 个维度，勾勒科研园区的智慧化场景和服务设计（见图 1.12）。

图 1.12 智慧科研园区总体架构

（1）综合安防：构建全园区的安全风险告警中心，通过视频巡更、视频调阅、周界管理、稽查布控、涉密场所的综合安全技防。

（2）便捷通行：对科研园区不同用户角色（科研人员、支撑人员、学生、访客等）进行人员和访客等的管理，并制定相应的通行策略，实现人员通行、车辆通行、办公室门禁、通行设施管理等功能于一体的通行服务，打造安全、无感、便捷的通行体验。

（3）设施管理：对园区内的设施进行集中信息管理，建立设施事件中心，提供历史告警查询功能。构建设备告警工单、实施运行监控和智能数据中心等设施的智能运营中心，以立体化、可视化方式展示园区动态。

（4）资产管理：对科研园区内的仪器设备和装置等资产进行档案管理，实现资产使用、资产盘点、资产运行监控、仪器设备共享等物联网的一体化管理。

（5）环境能效：实现主要设备系统运行状态和参数大部分数据可采集和监测，构建能耗告警中心和用电需量预测，实现能效工单、用电核算、环境监测等业务的融合管理，构建绿色环保的环境。

（6）智慧服务：在科研园区内提供移动通信服务、机器人配送、物业智能服务、智能消费等综合物业服务。

（7）安全生产：通过消防监控、消防巡查、消防预警等功能实现消防设备的互联互通，达成智慧消防目标；对特种设备、危化品管理、辐射管理进行有效管控，并做好应急救援工作，保障安全科研实验与生产的顺利进行。

第 2 章
智慧科研的设计理念

2.1 智慧科研平台的内容与目标

2.1.1 智慧科研平台的内容

智慧科研的建设需要数字化平台实现各项科研创新和科研管理的需求，包括业务数字化、流程自动化、数据实时化、管控智能化。

1. 业务数字化

智慧科研数字化的基础就是业务的数字化运作。业务数字化包括各项科研与管理活动的数字化，实现科研工具、知识、成果的数字化和资产化。业务数字化首先实现科研项目的全数字化管理，包括数字化的项目选题、数字化的项目申报、数字化的项目评审、数字化的立项与开题、数字化的项目实施管理及数字化的验收与结题。同时，实现科研档案与知识管理的数字化；科学研究的实验实现数据化和计算化，仪器设备的数字化，从而可以实现物联网的互联互通。

数字化的好处，在于可以全方位支持科研、保障科研活动，以及进行战略管控的网络布局。实现跨区域、跨学科、跨法人的集团化科研与办公的虚拟统一环境；实现移动终端的随时随地访问；实现互联网的安全接入、全球化的科研协同。

2. 流程自动化

科研机构的各项科研管理、人才管理、条件保障和行政办公，都是通过业务流程进行管理。通过数字化和网络化的流程，实现业务流程自动化和无纸化，提高流程的效率，确保管理的业务合规性。

业务流程与科研管理相结合，通过规则的定义，在数字化流程引擎的支撑下，可以实现业务流程的自动流转，提高工作效率。同时，通过智能引擎和机器人引擎，可以实现业务流程的自动处理。例如，科研经费的自动归集，业务规则下的智能审核，实验仪器设备的自动调度等。

3. 数据实时化

无论是科研业务管理与条件保障管理，还是科研仪器设备的使用和实验数据的采集，通过网络化和数字化，能够实现数据的安全采集与版本管理，既方便科研团队的协同研究和分析，也便于实现科研数据与档案的自动归集。

4. 管控智能化

通过智能化提升业务效率,将很大部分需要人工处理或人为判断的决策依据变为数据分析,通过深度学习实现系统的智能决策。例如,发票的智能识别与导入;通过机器人流程自动化提升业务流程的规范化;数据智能分析为科研选题、投资决策、绩效考核等提供量化依据。

建设智慧科研机构,就是要结合科研机构的科研业务特殊性,在借鉴国内领先的科研机构信息化成功经验的基础上,充分利用新一代信息技术的发展成果,以及在自主可靠的信息安全策略指导下,建设符合科研机构需求的全新业务数字化、科研智慧化的信息平台。以流程标准化为基础,依托科研ERP系统支撑,推动科研机构范围内的信息共享、风险管控与资源优化配置。

2.1.2 智慧科研平台的目标

智慧科研平台的目标(见图2.1)就是要面向科研与工程核心业务,构建全流程管控、体系化融合、一体化协同、平台化赋能的智慧平台,规范科研机构的组织发展,构建科研机构的特色业务模式,打造科研机构的创新范式。

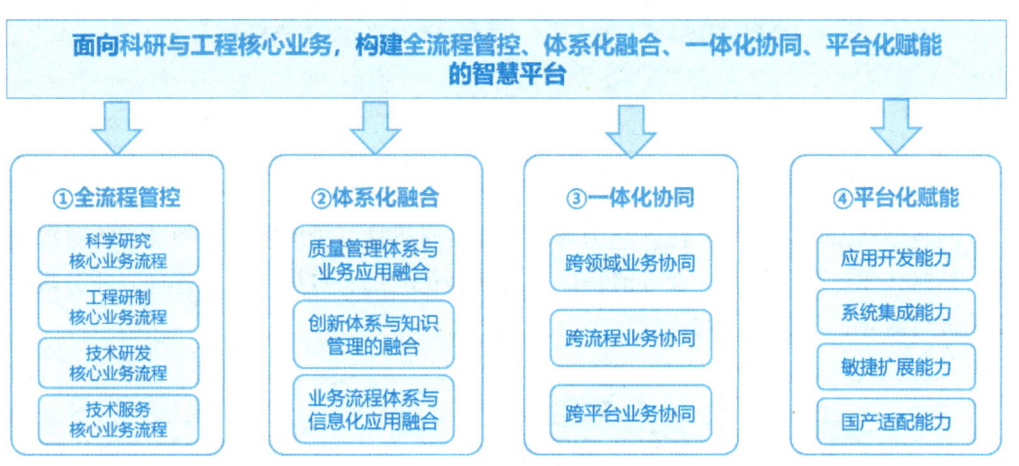

图 2.1 智慧科研平台的目标

1. 全流程管控

面向科研机构,特别是新型科研机构的核心业务流程,实现全业务的数字化、流程化的管理,实现核心业务流程端到端的集成。科研机构的核心业务流程是科研项目的生命周期管理流程,包括项目选题与规划、项目申报与评审、项目立项与开题、项目实施的过程与服务、项目结题与验收。

在科研项目管理过程中，实现科研要素全面管控，包括预算与经费管理、资产与耗材、采购与合同、支出与成本控制、知识与文档、进度与计划等。

为支撑科研项目的开展，需要统筹科研力量，包括人才引进与选拔、岗位管理与团队组建、人才发展、知识与赋能等。

为保障科研的质量和降低风险，需要对科研活动进行体系化的管控，包括涉密管理、质量管控、安全生产与职业健康、绩效与评价、实验与伦理等科研治理流程（见图2.2）。

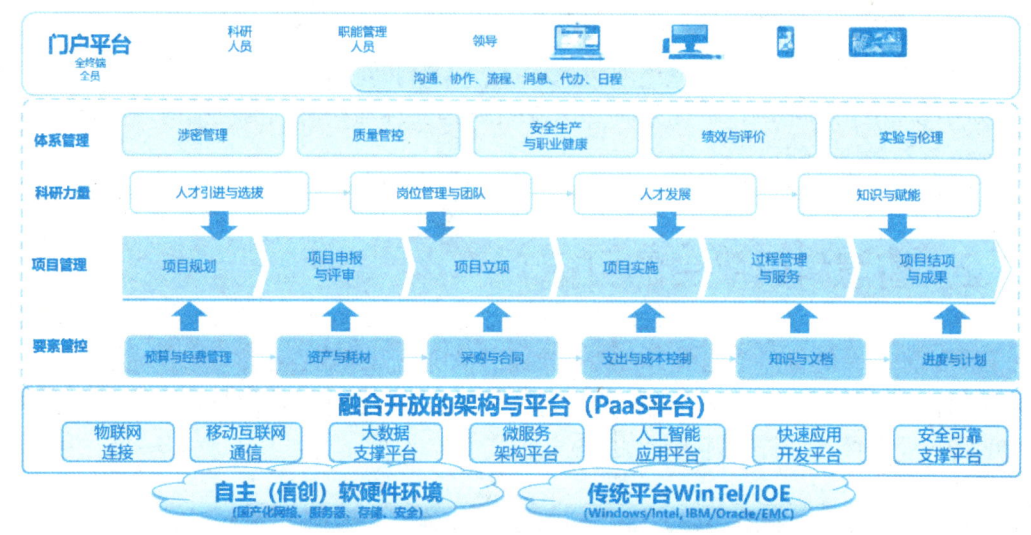

图2.2　科研机构的全流程管控

2. 体系化融合

面向智慧科研规划目标，以问题为导向，在科研机构主价值链业务领域，将科研创新体系、新时代质量管理体系、业务流程体系与信息化应用、数据与知识管理、业务规范与制度等进行融合，形成统一的智慧化平台（见图2.3）。

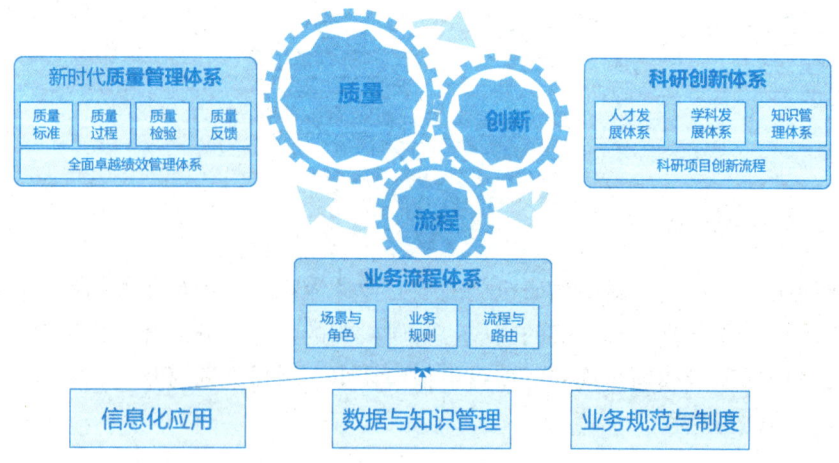

图2.3　典型科研机构的体系化融合

（1）新时代质量管理体系与业务应用融合：风险管理、过程管控、技术状态、客户满意、持续改进、知识管理等质量管理工作将贯穿从科学研究、技术开发、产品论证、研制到生产、试验、交付等型号研制生产的各个流程阶段、过程和环节的业务应用中，实现型号产品全寿命周期的全面质量控制。

（2）业务流程体系与信息化应用融合：围绕业务需求，智慧科研要作为信息化的底座，实现与梳理后的主价值链中的科研、研制生产业务流程的契合，并将抽象的业务模型固化落地，实现各业务系统的无缝集成、流程活动的健全高效、数据链条的全域贯通、资源管理的全程可控的运行效果。

3. 一体化协同

实现智慧科研的一体化业务协同。
（1）跨领域业务协同。
（2）跨流程业务协同。
（3）跨平台业务协同（异构系统协同）。

打通不同业务域、业务流程之间的协同壁垒，将散落在各处碎片化的业务流程整合起来，在业务域、业务流程之间建立一体化敏捷响应机制，使其紧密融合，实现多业务应用的连接集成、融合共享、联动响应，使整个业务协同体系呈现出"横向到边、纵向到底"的融合发展态势，提升业务协同的效率、效果和质量（见图 2.4）。

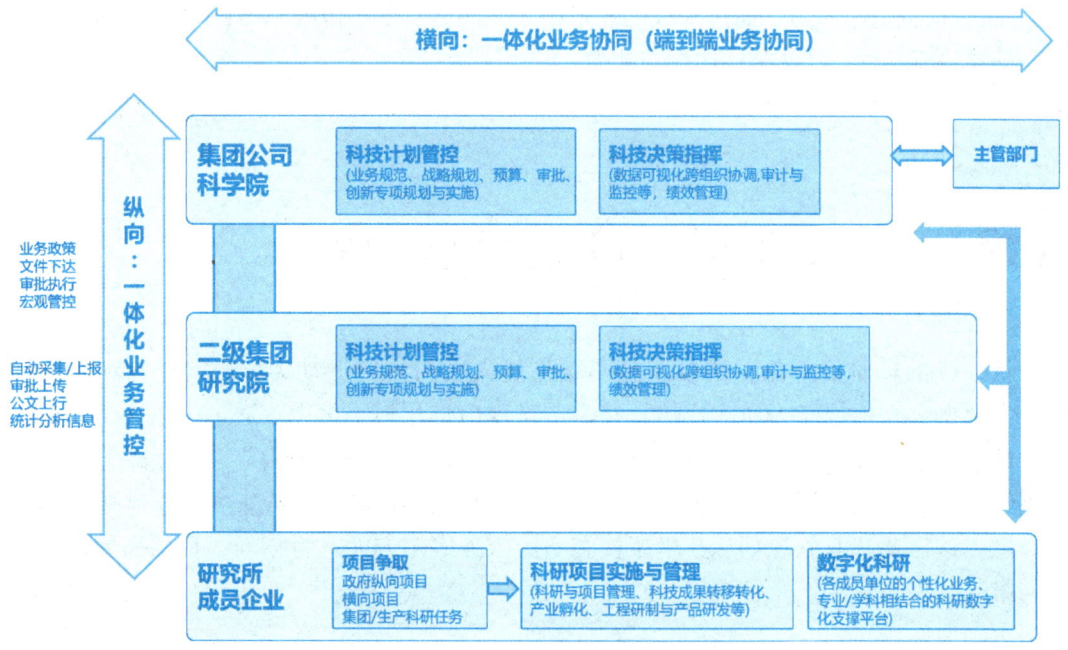

图 2.4　典型科研机构的一体化业务协同

（1）跨业务域协同联动：实现科研、产品研制等业务域之间各业务流程的横向贯通与数据衔接。

（2）跨流程协同联动：实现不同层级业务流程之间的纵向承接与数据衔接。

（3）一体化敏捷响应机制：实现项目、计划、任务、人员、设备设施、物料等科研、型号研制生产全要素的网络化连接，构建一体化的敏捷响应机制，实现跨部门、跨层级、跨岗位的协同联动。

4. 平台化赋能

为确保科研机构智慧科研的可持续发展，除数字化转型应用服务外，建立可持续发展的能力平台，是最重要的目标之一。通过平台，大规模地快速、低成本研发信息化和数字化转型的应用，支撑智慧科研的应用构建与系统持续优化。

（1）应用开发能力。平台提供业务建模工具、组件开发平台、低代码开发与应用构建的平台与工具，可以快速开发业务应用模块与服务。

（2）系统集成能力。在核心业务一体化平台基础上，平台提供交互界面、业务流程、应用接入、数据共享等各层级的集成和架构整合能力，将不同技术架构、不同生产厂商提供的专用系统实现互联互通的集成能力。

（3）敏捷扩展能力。平台提供的业务与应用，能够随着业务需求的变化，随需应变适应业务流程的变化、组织架构的调整、业务规则的改变、数据结构的更新，从而可以敏捷适应和扩展。

（4）信创适配能力。通过开放的技术路线，能够实现对传统 WinTel/IOE 与国产信创平台的异构兼容性，具备全栈适配的能力。

2.2 智慧科研平台的重点与关键点

新一代的科研信息化，是以满足一线科研人员的科研活动为核心，充分利用云计算、大数据、人工智能等新一代信息技术，实现信息化随手可得；通过一体化、行业化与个性化的业务及应用来构建科研管理的业务流程；凭借新型架构与开发模式，实现大数据管理和原生云应用部署；依靠自主可控的基础设施与技术路线来实现安全可靠的信息环境。这需要从业务规划、技术架构和实施服务等多方面进行创新，提供高质量的系统与服务。

2.2.1 业务架构的规划设计

新一轮科技管理体制的变革,其中一个重点就是实现管理的规范化和专业化,提高科研创新的战略性、科学性、协调性和执行力,同时要提高科技管理业务运作的效率,释放并激发科研和管理人员的创新活力。现代管理思想也需要在集中管控与业务灵活性之间达成平衡,需要通过现代化的数字技术与流程管理设计,实现业务规范化和可视化管理。

设计业务架构时,要考虑到各单位的业务自主性和以科研与项目为核心的科技管理业务处理流程,还要考虑到相关部门的协同,实现业务协作和资源共享。主管部门对各单位和各项业务的规范性进行风险防范和风险控制。

科技创新管理是围绕科研团队与科研活动,以项目管理为主线的管理模式,涉及人员组织、科研经费、预算控制、成本核算、成果统计等各项业务管理,都是以项目或课题为管理维度。

根据科研经费管理办法,各项费用的支出以预算为依据,按照项目核算。而审计对合规性和预算匹配度要求越来越高,包括专款专用、以收定支的财务管理制度等。科研活动(含工程研发与技术攻关)应兼具灵活性与规范性,既要协作、灵活,同时也要满足保密、安全和质量管控要求。以科研能力为核心的人才管理、以科研机构的建设与安全管理、仪器设备的共享使用为核心的科研条件保障,既要提高运作效率,在合规管理与符合监管要求上,也需要有更加规范的管控体系。

传统意义上,专业的科研机构需要精细化进行科研项目的过程管理与服务,科学研究是科研机构的核心业务,科研人才是科研机构的员工主体,科研成果是科研机构的主要产出,因此,科研管理是科研机构的数字化核心。此外,大量的科研人员和科研平台,分布于科研单元之中,解决科研活动过程中的科学问题和技术攻关,并应用先进技术进行技术创新。

科研机构的大量科学和技术攻关课题,需要以开放课题或横向委托、揭榜挂帅等形式,与国内外的科研机构和高校进行协同创新,需要对立项进行论证、任务进行管理、对协同科研机构的科研过程进行监管。

许多新型研发机构比一般的科研机构要更复杂。其科研项目的立项和管理流程、科研项目的来源、科研项目的组织方式、科研经费管理办法等需要在全组织范围内进行体系化的设计,进而探索出科研机构的科技管理体系的范式和业务模式。合理的业务梳理和抽象,归纳总结为高层级的模型,是数字化转型建设的核心问题和难点问题。这些业务咨询服务内容的核心,也是整个业务架构设计最重要的工作内容(见图2.5)。

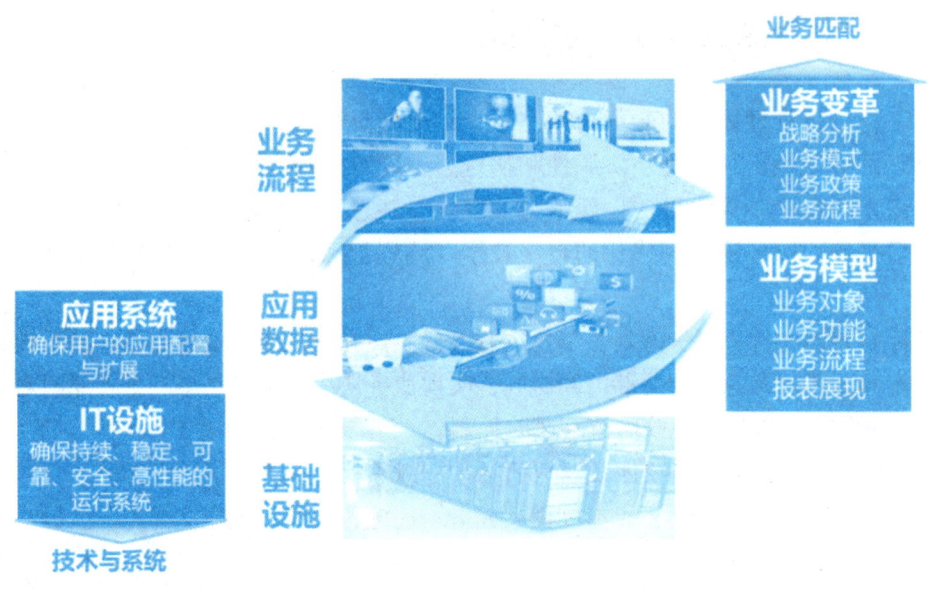

图 2.5　数字化转型需要业务变革与技术架构的配合

2.2.2　科研管理特色的专业化架构设计

智慧科研数字化平台在科技创新体系中，架构设计需要考虑的两个核心需求就是横向科技管理业务端到端的一体化融合，纵向集团化多层级组织的管控与协同一体化。

1. 统一与个性化的融合原则

遵循信息化建设的统一原则，即统一规划、统一标准、统一设计、统一投资、统一建设、统一管理。但大型科研机构既有专业的科研机构，也有总部科技管理部门，还有各个科研单元需要管理和实施国家纵向科研项目、自主创新基金项目、技术攻关项目。各种来源和不同类型的科研项目的组织模式和管理规范各不相同，其核心业务流程和管控模式也各有差异。科研项目中既有基础研究、应用基础研究，又有产业技术攻关、人才发展、科研平台等科研资源的建设项目，也需要有针对性的管理流程和精细化程度。因此，统一建设不是僵化的唯一标准，而是在统一架构和平台基础上，需要结合不同组织模式、不同学科特色、不同层级的科研单元提供可以个性化扩展和灵活配置的管理体系，实现软件定义科技创新。

2. 多层级管控与协同

对一些院所两级或集团化企业的科技管理，总部部门和科研单元对科技项目的分层级管控，就需要充分考虑每个层级，根据其业务类型、在层级中的地位来进行应用架构的部署。

每个层级需要实现的业务类型包括：管理本层级承担的科研项目的实施和过程管理，管理下级科研单元的项目申报和评审及过程监管，为上级机构提供相关的监管数据和业务汇报，管理同级或其他单元、外部科研机构的科研项目协同创新。

在设计应用架构和技术架构时，需要实现平台统一应用和数据集中存储，通过云计算的多租户模式，保证项目管理的整体一致性。

3. 与统建系统的集成

智慧科研数字化平台不是孤立的系统，也不应该成为新的信息孤岛。因此，智慧科研平台需要在用户身份、安全认证、应用导航、主数据与基础资料、相关业务的数据共享和流程贯通等方面，以及平台与其他统建系统之间，实现门户、数据、业务流程的集成，实现互联互通。

2.2.3 服务化和驱动业务的数据架构与数据治理

以科研力量、科研项目、科研资源、科研成果、实验数据等数据资源为基础，形成科技管理数据模型和驱动科研管理与科研活动的应用，进而形成科技管理数据空间，将"数据要素 x 科技创新"的国家行动计划落地。

传统信息化架构是基于功能设计，满足部门级应用需求。在缺乏整体规划、没有 IT 治理体系配套、信息化架构没有实现顶层设计的情况下，根据各部门或业务线的"需求"构建不同的业务"系统"；数据与应用系统是紧密结合的，离开了应用，数据是"不可视"的；数据在不同系统之间是独立构建的，组织不存在数据的"全局视图"；系统与平台是紧耦合的，"孤岛"现象严重；相同的数据以不同格式存在于不同的系统之中。

建立现代化的数据架构设计是智慧科研平台的核心。新一代科技管理数据架构的设计包括以下 4 个方面。

1. 数据资产目录

通过分层架构表达对数据的分类和定义，厘清数据资产，建立数据模型。科技管理数据资产包括了科研成果（论文、专利、教材、报告、专著等）、科技管理数据（软件设计文档、软件代码、实验数据等）、管理文档（人事档案、管理制度、业务流程等）等。

2. 数据模型

通过 E-R 建模（实体—关系建模）实现对数据及其关系的描述，指导 IT 开发，是应用系统的基础。科技管理数据既包括了结构化的科研项目数据，也包括非结构化的科研文档与实验数据，以一个统一的模型，利用分布式大数据技术来实现一体化的管理。

3. 数据标准

业务定义的规范和数据的编码标准是一体化平台的基础。统一描述语言，消除歧义，为数据资产梳理提供标准化的业务含义和规则。在这个架构中，主数据的集中统一管理，是消除信息孤岛、保持数据质量的关键。特别是核心主数据，包括组织架构、人员、用户账户、预算科目、财务数据、资产数据、物料数据、科研项目数据等必须是在一体化架构中，保持单一数据存储，各业务应用和服务集中访问相同的数据源，是一体化平台的重要特征和需求。

为实现数据和信息资产价值的获取、控制、保护、交付及提升，对政策、实践和项目所做的计划、执行和监督。满足利益相关者对数据可用性、数据质量和数据安全的需求，持续改进数据和信息质量，保证隐私性和机密性，并阻止对数据和信息的未授权或不适宜的使用，最大化数据和信息资产价值的有效利用。

4. 数据分布与应用

数据在流程和 IT 系统上流动的全景视图，识别数据的"来龙去脉"，定位数据问题的导航。在此基础上，实现科技管理数据的可视化，以及数据分析和智能化应用，并驱动业务流程，实现基于数据的嵌入式智能管理。

2.2.4 规划和研发平台化的技术赋能平台

传统信息化架构对于复杂的套装软件结合咨询与实施的模式，造成信息孤岛很多、实施周期长，需要复杂的 SOA 集成来实现互联互通。这种模式，特别是 SOA 架构，是一种亡羊补牢的做法，是无法持续发展的。随着新一代信息技术的发展，科研信息化需要的不是固化甚至僵化的所谓实践，科研创新尤其需要灵活性、快速变化和个性化的需求，追求个性化和独特竞争优势，快速响应科研活动的需求。

这需要新的 IT 架构来实现新一代的信息化。云计算技术和微服务架构，就成为面向未来的新型 IT 架构的核心，通过微服务架构构建一个统一的平台，然后在这个平台上实现数据架构的独立，并实现微服务化、个性化的应用。

事实上，插件化或者组件化的 IT 架构这个概念，从很早就被提出。在 SOA 架构时代，粗颗粒度的服务封装且没有统一的数据架构，使得系统无法实现快速的灵活性，直至微服务架构的出现，才能基本解决这个长期没有解决的问题。

架构融合的平台一体化的主要特征如下。

1. 基础平台的一体化

通过基于服务计算和云计算的技术，实现所有业务应用和微服务共享同一个基础架构平台，包括系统支撑平台（中间件、数据库、操作系统与基础设施等）的一体化。

2. 核心业务引擎与基础服务一体化

包括数据引擎、前端交互引擎、流程引擎、报表引擎、业务规则引擎、安全引擎，以及统一的组件开发工具，为端到端的业务融合提供基础支撑。

3. 数据存储与管理的一体化

架构平台的一体化还表现在业务数据的存储方面，不同应用或者服务访问必须是同一个数据源。不能相同的数据在不同的系统中有多份拷贝，数据库的一致性就很难保障，管理运维成本也非常高。保持不同应用或服务（不同模块）之间的数据同步，需要内部集成来实现的，就不是一体化平台。

未来满足移动互联网和云计算的新特性的新应用，即原生云应用。原生云应用的核心是基于微服务架构构建、部署及运维。

微服务架构在某种程度上对传统"黑匣子"系统进行从业务和技术层面的解耦，而解耦后的微服务，将从应用层面、容器层面、连接层面、数据库存储层面通过多实例部署，包括应用实例，也包括数据管理实例。每个实例运行在一个虚拟机或者一个容器里，才能真正发挥云架构的弹性计算、资源池动态分配，大规模部署负载均衡的作用。

微服务架构前端一定是针对不同的终端，包括移动终端、平板、智能终端等。通过BFF 服务框架（Backend for Frontend Service）实现一套代码、一个运行引擎适应各种终端操作系统环境与终端屏幕尺寸、布局风格，实现全终端的自适应。

微服务使得大型复杂软件应用解耦为多个轻量级的微服务。系统中的各个微服务可被独立部署，各个微服务之间是松耦合的。微服务之间的共性业务可以通过共性的组件或微服务提供调用，通过业务原子性设计，就可以高效地实现端到端的业务流程可配置。

4. 安全可靠的基础设施全栈适配

我国在电子政务、企业数字化转型等领域正在大力推进国产化替代工程，深入实施安全可靠战略，切实保障国家信息安全与产业安全。科研信息化的安全可靠需求，因科研信息化面临的信息安全挑战而越来越得到重视。

系统性解决安全可靠的问题，以实现科研信息系统的安全应用，需要攻克以下三大难题。

1）软硬件环境适配问题（可行问题）

从 WinTel/IOE 架构的技术路线，迁移到对国产安全可靠 CPU、操作系统、中间件、数据库的全技术栈适配。因历史包袱，牵涉到巨大的开发工作量和时间上的挑战，几乎需要重构全部应用系统。

合理的方案是完全开放的技术路线，即采用开放路线，不依赖于特定的封闭标准和特定的供应商，从底层和平台层面就要摆脱 WinTel/IOE 的技术路线。通过抽象出统一的编程模型与运行中间件平台，将国产自主可控环境与国际主流的 WinTel/IOE 架构融合到一个新的架构体系中。

2）应用解耦与分布式架构（可用问题）

解决应用现代化问题，需要将单体架构的软件，利用云环境，实现微服务架构部署。因为国产硬件平台单机性能不高，运行高端软件必须具备分布式和负载均衡的横向扩展能力以适应这一情况。

解决这个问题，牵涉到整体技术架构，需要从业务架构、应用架构、数据架构和技术架构等全方位进行技术升级。新一代的技术平台必须融合以互联网为核心的新一代信息技术的应用，包括前端移动终端与智能终端的泛在连接。后台基于原生云计算的可扩展架构，实现大规模分布式负载均衡设计，以及应用与数据的可伸缩性，通过资源池的动态分配技术，在高并发和大数据量的负载情况下，实现系统的实时处理。基于微服务架构可以有效地解决应用耦合、性能和灵活性问题。

综合利用新一代的数据管理技术，融合运用 SQL、NoSQL 和 MPP 分布式数据库技术，内存数据库和缓冲数据库技术，通过多实例和分布式方式，实现大数据集和大并发处理的扩展能力，并可以实现大数据的深度处理与分析。

3）涉密与安全应用（合规问题）

涉密应用中的用户管理、三员管理、日志安全、安全审计、身份鉴别、涉密信息流向控制等方面，或多或少存在因功能缺陷导致的保密及安全问题。

2.3 智慧科研平台的难点分析

智慧科研数字化平台的建设，牵涉到整体技术架构，需要从核心架构、基础组件、功能开发等方面进行系统改造，将面临一系列的难点和重大挑战。

2.3.1 多级管控与多模式的统一管理

科技管理与资源共享涉及总部部门、科研单元、科技项目分层级管控，每个层级需要实现的业务类型各不相同，如管理本层级承担的科研项目的实施和过程管理，管理下级科研单元的项目申报和评审及过程监管，为上级主管部门提供相关的监管数据和业务汇报，管理同级或其他单元、外部科研机构的科研项目协同创新（见图2.6）。

科技管理与资源共享不仅需要建设统一规范的业务体系和数字化平台，还需要满足各层级科研单元和不同类型的组织体系的需求，如专业科研机构、实验室与科研单元。不同类型的科研项目都需要个性化的业务流程和业务规则的可定义、可配置。

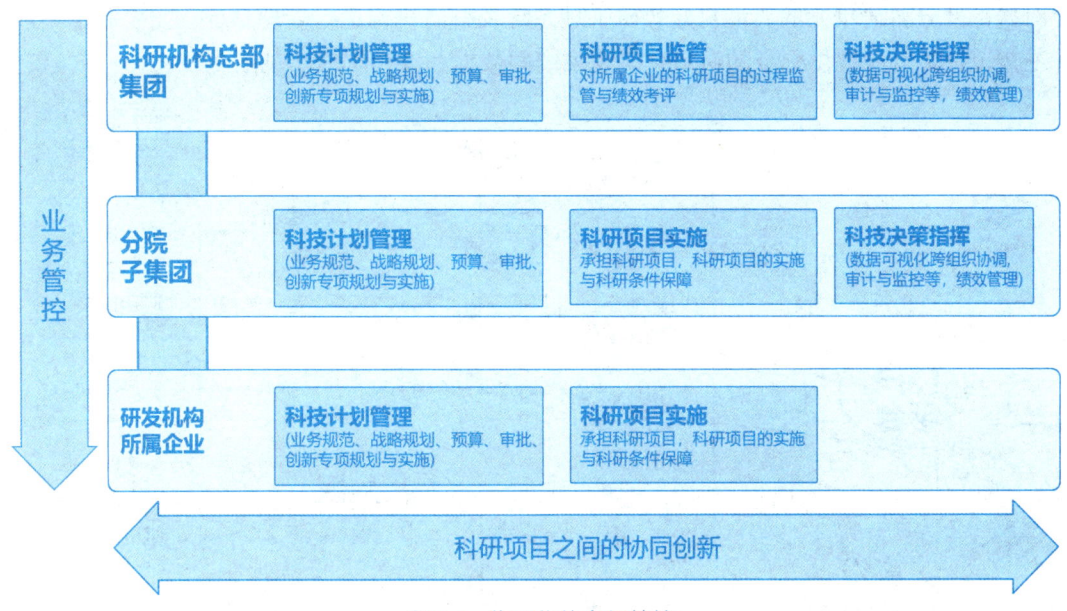

图 2.6　集团化的多级管控

这就需要充分考虑到每个层级都需要根据其业务类型、层级中的地位来进行应用架构的部署。在设计应用架构和技术架构时，需要实现平台统一应用和数据集中存储，通过云计算的多租户模式，保证项目管理的整体一致性。

2.3.2　智慧科研平台与其他系统的集成

科研信息化缺乏基于顶层设计的架构规划。对实施大型科研机构和领先的创新科研单位而言，需要在信息化的架构设计和技术选型上，形成统一的标准，以解决长期以来信息化只是作为科研成果统计和满足上级单位各类数据上报工具的问题，对科研课题组的任务管理与支撑，缺乏有效的解决方案。

在研究单位内部，人事、财务、科研、资产、耗材和行政办公的管理，采用不同的软件，数据相互隔离，流程被阻断，很难满足一线科研人员对管理效率提升的要求。解决信息孤岛问题，打通数据和流程，达到端到端的共享，是新一代科研信息化的重大挑战。

特别是企业科研机构的数字化平台，需要采用集团统一建设的 ERP、财务系统、公共数据编码平台、人力资源管理系统、合同管理系统、投资项目一体化管理平台、统一身份认证系统、档案管理系统、标准化业务管理平台、短信平台、即时通信系统、电子邮件系统等。

需按照信息化项目建设集成要求，设计对外集成接口方案及标准规范，按照规范进行接口开发、测试、验证及上线应用，保障接口的安全性、稳定性、传输效率及可复用性。

针对内部部分科研单元的典型自建科研管理系统及科研机构运行管理系统，需要制定集成标准规范，设计并提供标准的接口，实现系统间数据和流程集成（见图2.7）。

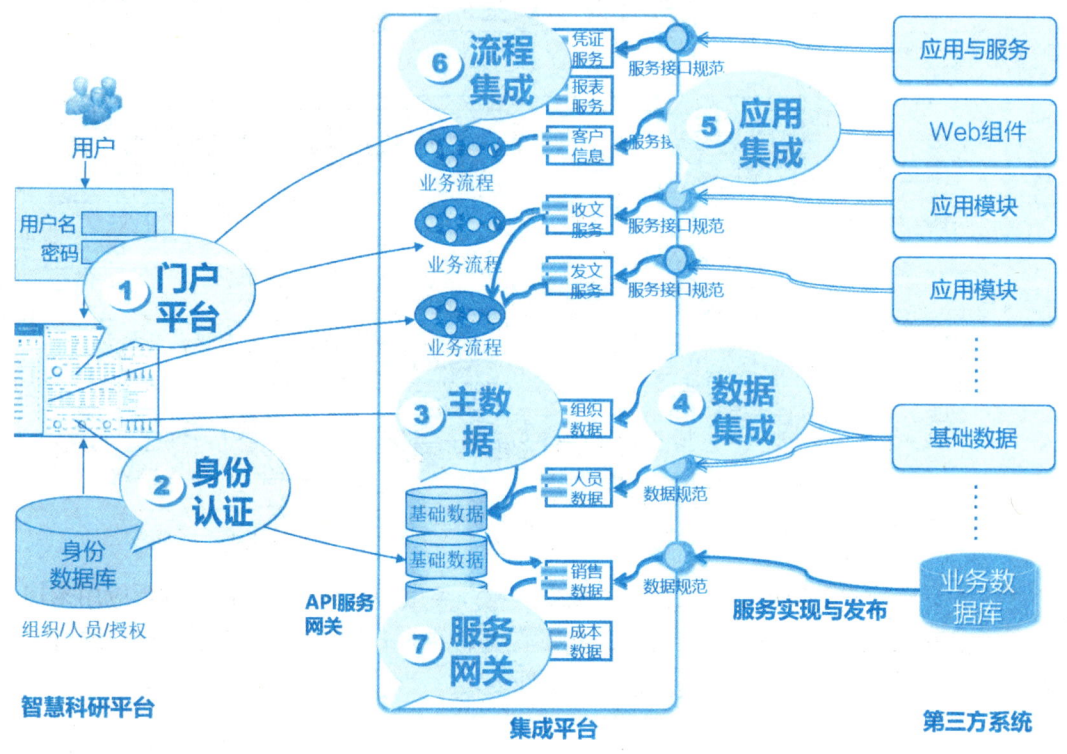

图2.7 科研管理平台的集成架构

2.3.3 技术架构和基础平台的信创全栈适配与支持

传统信息化基于 WinTel/IOE 架构，导致技术路线的开放性不够，对平台的依赖性较大。技术架构基本上是基于单体架构（传统 C/S 或 B/S 架构），前端依赖 Windows/Intel 架构的 PC 终端；后台的平台，是紧耦合的应用服务、单实例数据库、单一 SQL 技术、共享磁盘阵列，通过 SOA 进行孤岛整合，导致软件开发周期长，无法在云计算架构上进行灵活的部署。

新一代科研信息化需要支持安全涉密科研项目在自主可控软硬件平台上运行，支持涉密信息系统的三员管理和信息安全保密等。同时，利用云计算与大数据技术，实现科研项目管理与科技文档、实验数据等大规模、非结构化的数据的集中统一管理。这就需要新一代科研信息化支持微服务架构，以原生云应用架构支撑私有云或公有云的部署模式和扩展能力。

2.3.4 智慧科研平台与科技业务治理体系的协调

智慧科研是将现代信息技术与先进的管理理念相融合，转变组织的科研方式、管理方式、业务流程，重新整合组织内外部资源，从而提高效率和效益、增强竞争力。

但数字化治理和信息化系统分属不同层面。同时治理和管理又是一个硬币的两面，缺了谁也不行。简单地说，管理解决的是如何把事情做好，治理决定的是要做哪些事，谁来做这些事，以及决策机制如何建立、监控的问题。

数字化治理概念的提出，一方面是因为信息化资产已经成为科研机构最为宝贵的资产之一，IT在科研机构已经扮演一个影响到组织全局、影响到治理层面的角色；另一方面与全球瞩目的焦点难题——组织治理亦有着深刻的渊源。

IT治理是科研机构的信息及信息系统的运营，确定信息化目标及实现此目标所采取的行动；而数字化治理是指最高管理层利用它来监督管理层在信息化战略上的过程、结构和联系，以确保这种运营处于正确的轨道之上。可见，IT治理就是在既定的数字化治理模式下，管理层为实现战略目标而采取的行动和运行的环境。

数字化治理规定了整个科研信息化运作的基本框架，IT治理则是在这个既定的框架下驾驭实现其既定目标。缺乏良好数字化治理模式的组织，即使有"很好"的信息化系统，也会像一座地基不牢固的大厦；同样，没有信息化系统体系的畅通，单纯的治理模式也只能是一个美好的蓝图，而缺乏实际的内容。

在数字化建设中，科技管理的数字化治理能否得到落实，既是重点也是难点。

（1）IT应该跟上并配合业务发展：科技管理与资源共享平台要从单纯的信息化管理手段转变成驱动科技管理支持的强有力的发动机，更好地助力科研业务发展。

（2）需要考虑不同需求的优先级：结合信息化实施的轻重缓急，遵循统一规划、分步实现的原则，制定切实可行的优先顺序，充分考虑不同需求的优先级，分步落实。

（3）IT上的投资回报率：采用新型技术手段，通过优化技术与实施保障，最大程度地提升IT投入产出比。

（4）确保关键业务部门的决策者和管理者参与到数字化治理体系中：智慧科研平台在充分考虑提升业务能力支撑需求的同时，也要一并提升所有层面的科研人员、管理人员、决策领导等用户的使用便捷性和合理性，切实提升科研工作效率、提升科研成果产出。

（5）确保有足够信息来支持管理决策：要采用云计算、大数据等相应的先进技术，让智慧科研平台在运行中积累沉淀数据，并进行有效的业务分析，为管理决策提供可信可靠的一手数据。

在原有的IT建设中，主要注重对科研工作信息化管理支撑的需求。根据目前实施的大规模改革的要求，在今后的信息化建设中，逐步加强数字化治理体系建设。实现业务和管理双管齐下，落实到数字化转型工作中。

2.4　解决方案的路线选择

2.4.1　科研机构数字化转型面临的问题与挑战

科研机构传统的信息化相对起步比较晚，由于科研是一个比较细分的领域，市场容量不大，因此一直没有专业的科研管理系统。许多科研机构就采用通用的企业 OA（办公自动化系统）系统和财务系统进行集成，然后通过一些 OA 系统中的表单与流程定义功能，进行二次开发实现科研和业务管理功能。

一般来说，传统 OA 在科研机构建立的初期，对于实现单位的信息化管理，规范办公流程起到一定的作用，但随着科研业务开展和单位规模不断壮大，各种问题也凸显出来。

OA 的局限性在于模拟无纸化办公，无法实现精细化、智能化的业务管理与数据关联。同时维护性和扩展性也存在局限。

在信息化领先的机构中，OA 一般作为核心业务系统 ERP（企业资源计划）的外围，解决 ERP 在流程可视化、灵活的审批及移动终端的支持方面的不足，起到补充作用（见图 2.8）。

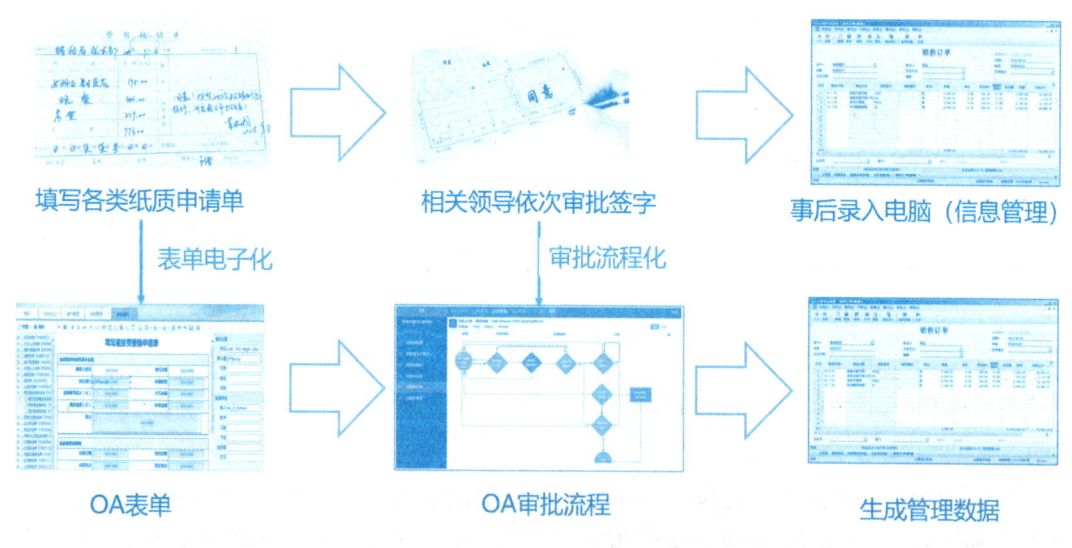

图 2.8　典型的 OA 处理流程

传统 OA 的表单是一种电子的单据，起到无纸化的作用，实现了从纸质单据到电子审批单，从人工签字到电子化审批的转变，但在业务数据的关联性、对业务规则的控制，以及管理对象的数据关联性方面，在实现业务精细化管控上就无能为力。

综上所述，建设一个统一的、充分满足科研管理业务需求的平台是一个迫在眉睫的工作，传统的 OA 系统已经越来越满足不了实际业务需求。

传统的科研管理系统是以 OA 为中心、财务事后管理的模式，OA 与财务尚未有效集成，处于比较初级的阶段。迫切需要向业界比较先进的以 ERP 为核心、OA 为边缘的模式转变，优选策略是发挥信息后发优势，直接规划实施 ERP 与 OA 融合为一体化平台。

从技术层面来说，信息孤岛系统的每个模块都有自己独立的基础引擎和门户，并且有独立的组织、人员、基础资料、数据字典和主数据。由于大量信息孤岛的存在，系统的复杂度持续增加，但 SOA/ 中台架构不仅不能彻底解决核心问题，还会造成更大的复杂性。SOA/ 中台架构是亡羊补牢的方法，是应对历史包袱而产生的，鲜有成功的案例（见图 2.9）。

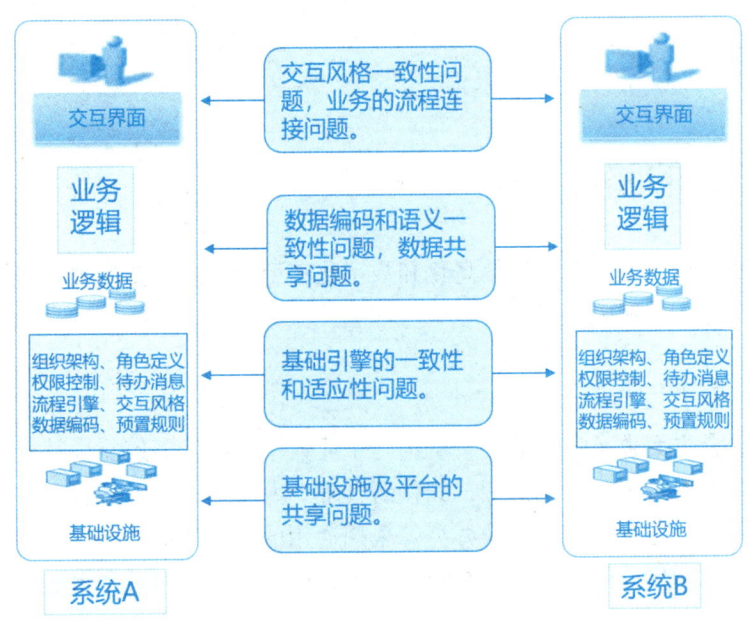

图 2.9　系统孤岛的问题分析

异构系统中台集成技术路线适用于大量遗留系统和已有投资、历史包袱重的企业场景，新建系统一般不建议采用。

低代码定制开发适合于小模块和边缘业务的扩展，不适合核心业务的大系统开发。从专业化的大型软件工程来看，在整体系统的人员投入和成本构成中，相较于系统的工程管理、需求分析、系统设计，低代码开发在代码编写工作中所占的比例约为 20%，因此通过低代码开发来提升整体应用系统的开发效率，起到的作用没有想象得那么大。软件开发工具的改进在整个软件工程项目中所起的作用往往被夸大了。低代码与其说提升了代码开发效率，不如说降低了代码开发的门槛。需求和设计一直是企业数字化转型的最大风险和难点（见图 2.10）。

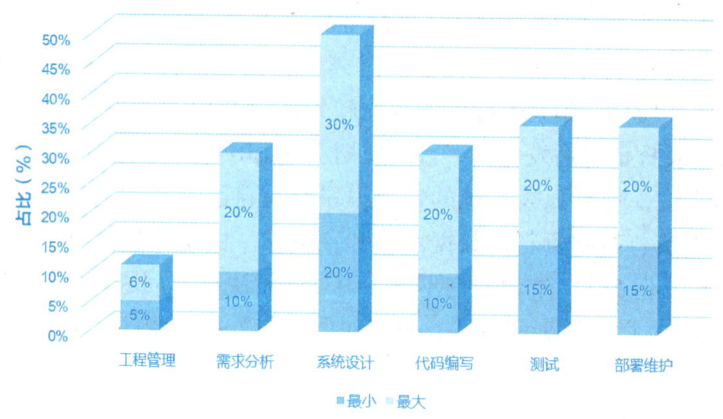

图 2.10 低代码的开发效率提升被夸大

2.4.2 可选的路线分析

根据综合的分析，结合国内外信息化和数字化转型的实践，要实现科研机构的数字化平台，基本上存在 3 种解决方案。

1. 异构系统中台整合方案

异构系统整合方案也是大多数科研机构与企业数字化的发展道路。其核心特点是，信息化应用的各业务系统模块分别选型，如科研管理、人力资源、财务管理、资产管理、耗材管理、采购管理、合同管理、行政办公等采用通用的套装软件产品（见图 2.11）。由于各产品技术平台依赖供应商架构，各系统成为信息孤岛，只能通过中台实现各系统之间的整合，完成端到端的流程。

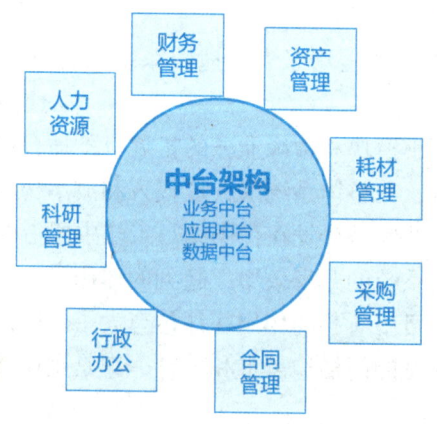

图 2.11 异构系统中台整合技术路线

2. 低代码定制开发方案

许多科研机构的数字化转型在 OA 平台和企业财务管理软件基础上，通过 OA 系统的低代码开发平台，将科研机构需要的行政办公、人力资源、资产管理、物料管理、采购管理、合同管理、项目管理等业务应用。参照 OA 系统的业务与应用架构开发模型，通过定制表单和审批流程实现核心业务的定制开发模式（见图 2.12）。

图 2.12　低代码定制开发技术路线

3. 智慧科研平台的一体化方案

近年来，传统信息化发展遇到比较大的问题，通过探索和实践，逐步形成了智慧科研平台的一体化新模式。其特点是：业务功能专业化（科研）；应用架构一体化，避免信息孤岛；基础平台信创化；统一基础平台赋能应用扩展；基于行业应用实践（见图 2.13）。

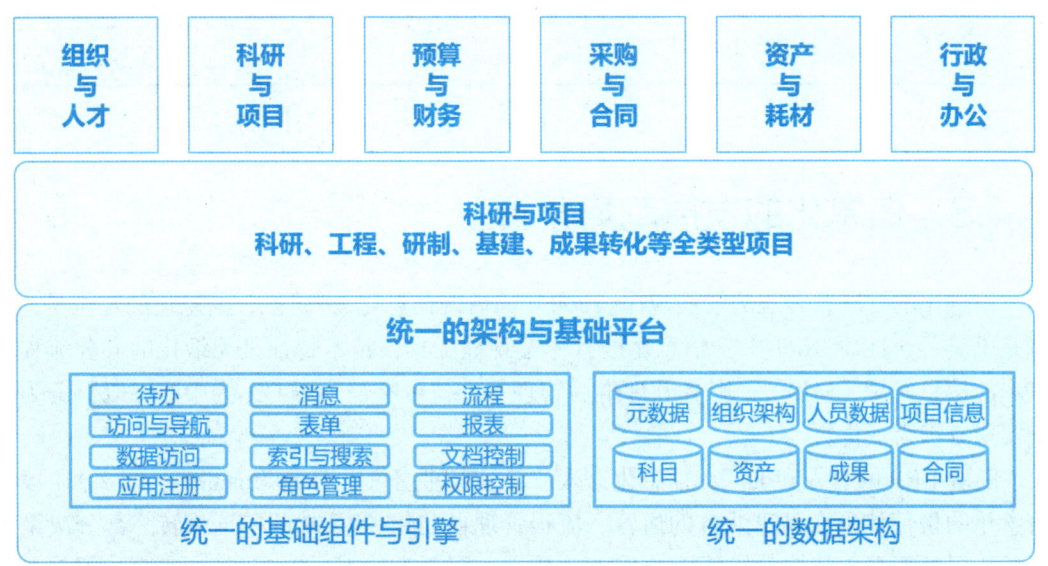

图 2.13　智慧科研平台的一体化技术路线

3 种方案的优缺点如下（见表 2.1）。

表 2.1　3 种方案的优缺点

方案	优点	缺点
方案一：异构系统中台整合	（1）投资决策简单； （2）各部门可以快速部署和实现	（1）大量的系统集成开发，牵涉多家供应商的协调； （2）不能从根本上解决信息孤岛问题，集成的效果无法达到一体化系统的平滑； （3）临时性的，不是从根本性和结构性上解决问题，未来还是要进行系统架构的再升级
方案二：低代码定制开发	（1）能够快速定制简单的表单与审批流程； （2）系统一体化整合； （3）模式固定，可以快速见效	（1）开发量大，开发周期长，预算控制难； （2）基于 OA 和低代码开发，系统扩展性很差，模式比较固定，无法实现精细化的管控要求； （3）短时间内开发大量核心业务系统，应用的专业性和业务的理解很难契合发展需求
方案三：智慧科研平台的一体化	（1）整体规划设计，彻底解决系统架构的整合问题； （2）利用专业化系统，有利于业务和系统的可用性与未来扩展； （3）减少多家系统的不协调、不集成的信息孤岛问题； （4）快速将数字化提升到现代化的领先水平	（1）投资决策难度加大； （2）需要从长期、全局的角度进行数字化治理体系的配套，单个部门无法实施全局性的项目，项目管理难度加大

2.4.3　信息化的发展趋势分析

信息化的发展有客观的发展规律。2000 年前后的信息化 1.0 阶段，信息化的定位是"IT 就是工具"（IT as Tools），信息化被看作是管理工具，技术特征是无纸化的办公流程、基本的信息管理（MIS）、财务软件事后管理等。技术特征为以 OA 为中心、以财务为基础实现流程无纸化。

随着 ERP 的引入和推广，信息化进入"IT 支撑业务"（IT as Business）的 2.0 阶段。信息化的价值体现在基于业务的运营、流程管理自动化、PC 端的单据流转、部分决策支持、数据处理等。其技术特征是以 ERP 为核心、财务为基础、OA 为外围实现流程与业务控制。

传统 OA 会流行主要是两个方面的原因。一方面是国内企事业单位管理的不规范，严格的流程管理阶段并没有有效建立起来，不规范的流程，行政式的管理模式，审批是管理者的主要手段，使得在国外嵌入核心业务流程的处理与管理控制，在国内必须通过行政式审批和发文来实现，这就客观上造成了所谓的"需求"。

另一方面是国内传统的 ERP 系统，仍主要定位于事后的单据管理和结果信息的记录，没有改变 MIS（管理信息系统）的本质，仍然是结构化数据的记录式管理。在流程治理和角色协同层面，鲜有系统能实现将业务场景、业务过程、与现场管理、领导审批进行有机整合。而且用户体验较差，系统性能无法满足全员使用。因此，OA 成为入口和领导们工作的平台，割裂了业务流程处理与领导审核、风险管理。这是中国信息化的独特场景。

目前，信息化的效用价值正发展到"IT 驱动战略"（IT as Strategy）的 3.0 阶段，实现 IT 驱动业务模式的发展、重塑组织的核心竞争力、改变组织架构，形成数据驱动的组织、改变工作模式和人际关系等。技术显著特征为一体化应用平台，涵盖全员服务、全过程、全要素集成，可实现流程、业务关联与数据融合（见图 2.14）。

	信息化1.0(第一代：MIS)	信息化2.0(第二代：ERP)	信息化3.0(第三代：智慧平台)
战略定位	~2000年 **IT就是工具** IT as Tools	2000年~2020年 **IT支撑业务** IT as Business	2020年~ **IT驱动战略** IT as Strategy
技术特征	无纸化的办公流程 基本的信息管理（MIS） 财务软件事后管理	基于业务的运营 流程管理自动化 PC端的单据流转 部分决策支持 数据处理	IT驱动业务模式的发展 IT重塑组织的核心竞争力 IT改变组织架构，形成数据驱动的组织 IT改变工作模式和人际关系 云计算、移动互联、大数据的应用
应用模式	以OA为中心 为财务为基础 （流程无纸化）	以ERP为核心 财务为基础 OA为外围 （流程+业务控制）	一体化应用平台 全员服务、全过程、全要素集成 （流程+业务关联+数据融合）
	传统科研是以OA为中心，财务事后管理的模式，OA与财务尚未有效集成，处于比较初级阶段	业界比较先进的是以ERP为核心，OA为边缘	发展趋势是ERP与OA融合为一体化智慧平台

图 2.14　信息化发展阶段与趋势

2.4.4　科研数字化需要专业化和一体化

以一个差旅申请及报销单的业务为例，来说明一下传统 OA 和智慧科研平台的巨大区别。

传统 OA 差旅申请就是一个差旅申请的表单（有些还模拟纸质单据的格式）和一个审

批流程，报销单也是一个报销单据的表单和一个审批流程，表单之间的业务关联和业务规则控制难以实现（见图 2.15）。

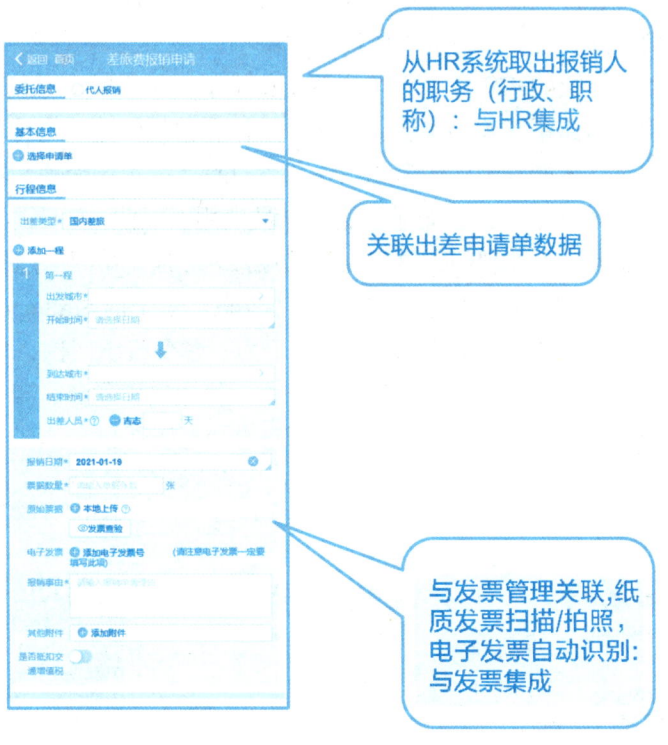

图 2.15 传统 OA 差旅申请

而一体化平台的差旅报销时，将会自动从 HR 系统中取出报销人的职务（行政级别或专业技术职务/职称），这就需要与 HR 系统实现一体化，后续人员的级别与其报销的标准是直接挂钩。如果差旅报销需要关联出差申请单和审批单，系统会自动实现将出差申请单的数据直接关联过来，达到降低差旅报销时录入工作量的目的；报销系统的发票与发票管理进行关联，实现纸质发票的扫描或拍照，电子发票的上传和自动识别（传统 OA 未实现）（见图 2.16）。

根据出差的目的地区域和 HR 系统中带出的职务等级，一体化平台系统通过后台的规则引擎，根据规则计算报销额度和报销标准，对超标的事项进行警示（传统 OA 需要审批人人工判断）（见图 2.17）。

如果用户在出差前事先有借款，则可以选择借款单据进行自动核销，这就需要与财务系统进行一体化设计（传统 OA 只管人工审批）。

▶ 第 2 章 智慧科研的设计理念

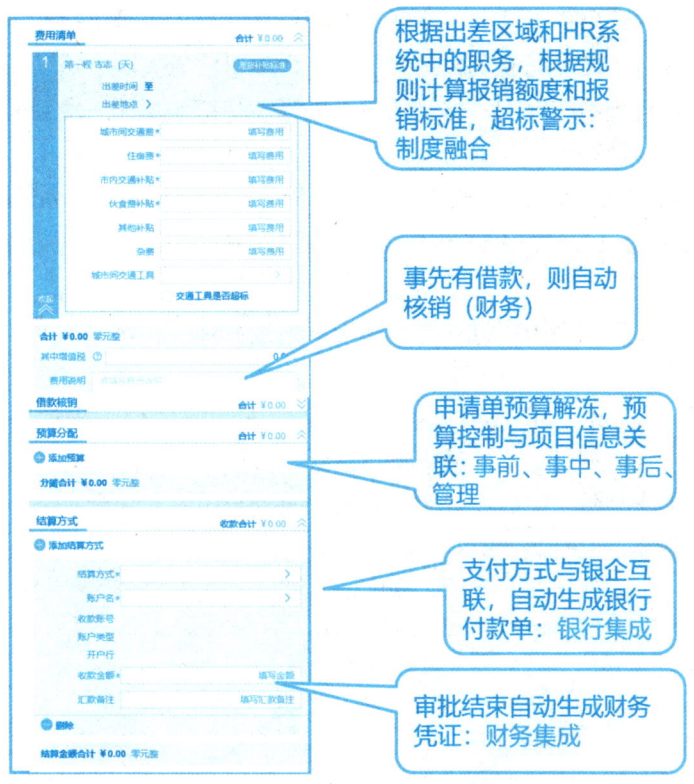

图 2.16　一体化平台的差旅报销

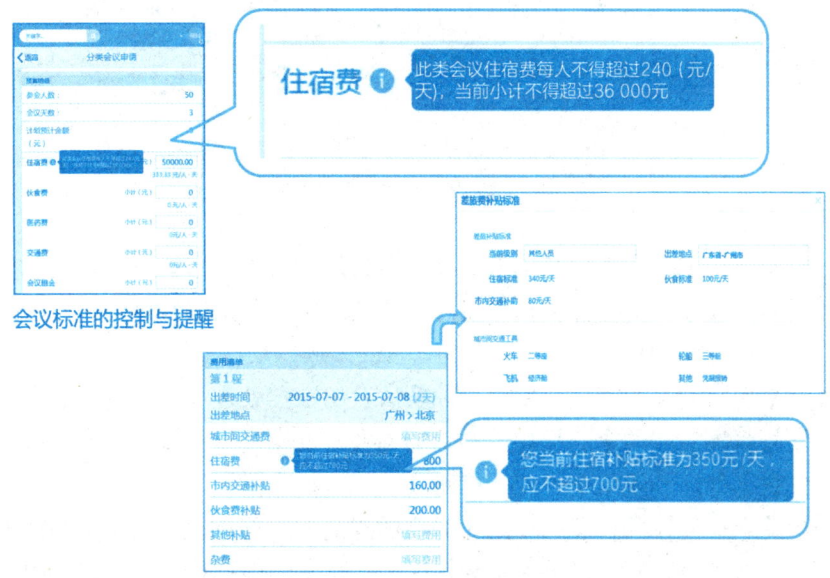

图 2.17　基于规则引擎的业务场景及预警

智慧科研平台实现财务事项的科研项目维度核算，差旅报销单会在审批时，自动对申请单冻结的预算进行解冻，同时实现预算控制并与项目信息关联，这就需要与财务预算管理系统和科研项目管理系统实现一体化的业务处理（传统OA无法做到财务实现基于项目的无事前冻结和闭环管理）。

智慧科研平台需要设置支付方式与银企互联，系统会根据HR系统中登记的员工银行卡信息，自动生成银行付款单（传统OA的差旅报销流程与付款流程不关联，或人工付款）。

智慧科研平台在差旅报销审批结束自动生成财务凭证（传统OA审批完成之后，需要财务手工制作凭证，人工录入财务系统）。

从差旅报销审批的一个流程可以看出，传统OA只是实现了审批单据和流程的无纸化，而智慧科研平台实现了差旅报销审批全流程、全要素的一体化处理，实现了精细化管理、业务规则的智能判断、前后业务关联单据的自动带出、避免数据的重复录入、自动进行非合规事项预警等（见图2.18）。

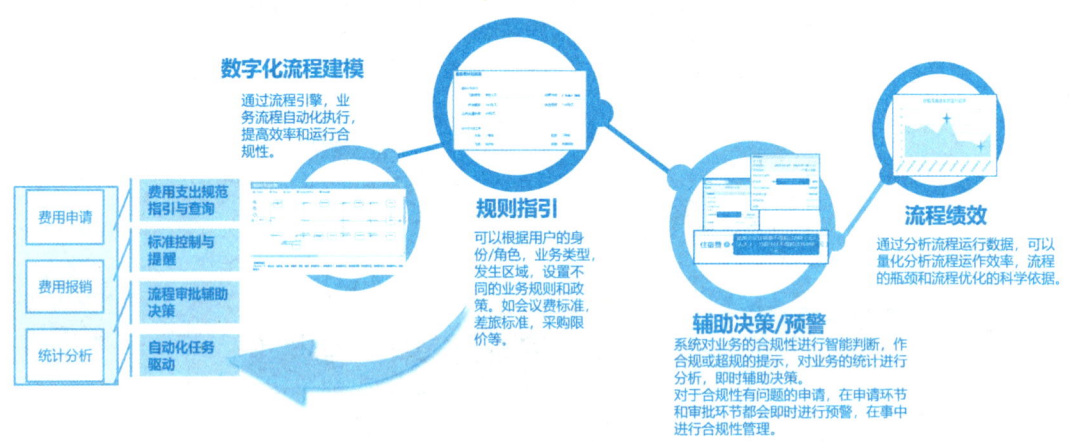

图2.18　数字化内控体系的应用场景

同时，智慧科研平台还可以对累积的业务流程进行智能分析，对流程运行的效率、瓶颈的分析等可以为流程的智慧优化提供量化的依据，实现智能的管理优化。这些都是传统OA无法实现的（见图2.19）。

而一体化平台将OA的审批与单据，以及后台的数据处理、业务控制、专业账簿管理进行融合，而且将端对端的全流程相关的数据与业务规则进行集成，实现精细化的业务管理、自动化的数据处理、规则化的业务控制。

综上，随着企业规模的扩展、规范化程度的提高，对信息化提出了更高的要求，必须要整体规划，系统性升级目前的OA＋财务＋二次开发的信息化平台，改进建设模式，即构建智慧科研平台。

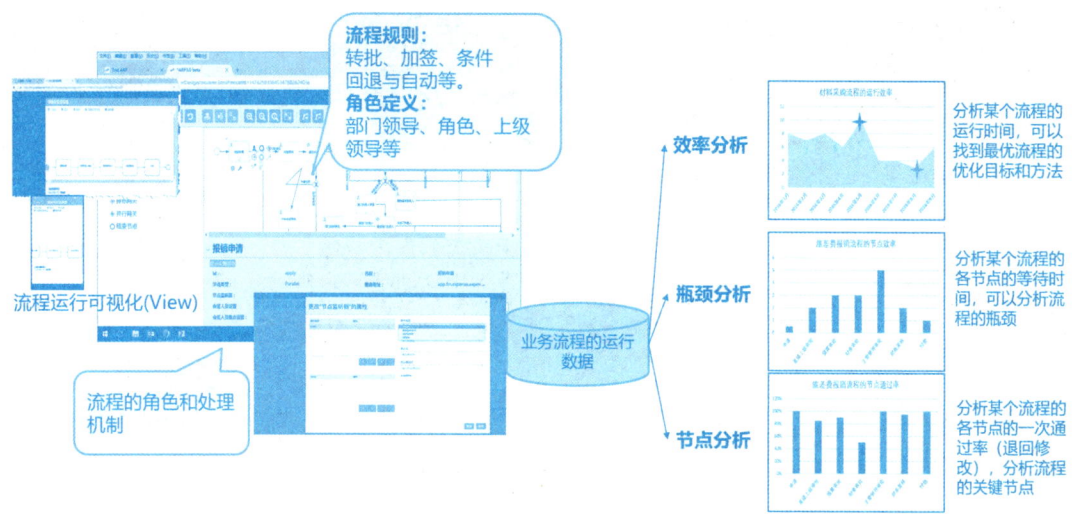

图 2.19　流程绩效的应用场景

2.5　智慧科研的设计思路

2.5.1　业务功能的专业化

科研信息化与政府信息化、企业信息化相比，在业务模式、应用架构和业务流程上都表现出独特的个性化需求。一直以来，科研信息化建设既有基于数字化办公为基础的政务模式，也有基于通用 ERP 为基础的企业模式。针对科研事业单位的特殊管理模式与个性化需求，一直缺乏专业性的解决方案。

科研事业单位使用的企业 ERP 系统，无法满足行业的深度应用需求，难以实现精细化和高效的运作。传统企业 ERP 是面向制造业的管理模式。传统企业 ERP 系统在核心架构上，与科研事业单位的管理体系是不一致的。而目前大部分软件企业的解决方案都是基于企业通用财务管理与 OA 办公系统集成来实现（见图 2.20）。

因此，要解决信息化的深度应用需求，就需要专门针对科研单位的管控模式、业务需求、功能应用等行业化特色与个性化需求提供一体化专业解决方案，并在新一代信息技术基础上，实现业务与技术的整体升级换代。

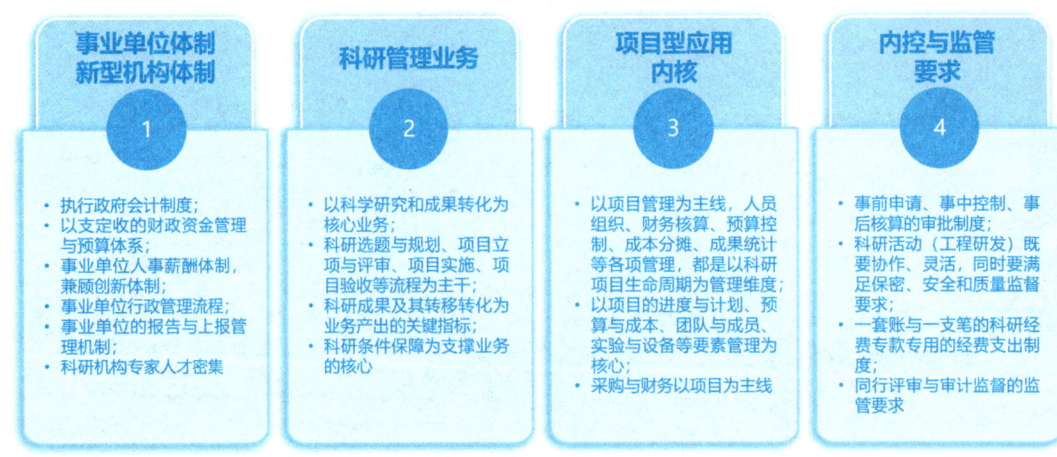

图 2.20　业务应用的专业性描述

2.5.2　应用架构的一体化

新一轮管理体制的变革,其中一个重点就是实现管理的规范化和专业化,提高科研创新的战略性、科学性、协调性和执行力,同时提高业务运作的效率,释放并激发科研和管理人员的创新活力。现代管理思想需要在集中管控与业务灵活性之间达成平衡,通过现代化的互联网技术与流程管理系统,实现业务规范化和数字化管理。

设计业务架构时,要考虑到各单位的业务自主性和以科研与项目为核心的业务处理流程,以及相关部门的协同,实现业务协作和资源共享,同时上级主管部门要对各单位和各项业务的规范性进行风险防范和风险控制。

科研机构的管理是围绕科研,以项目管理为主线的管理模式。科研机构的科研管理、人力资源、财务管理、物资保障、协作与知识、体系与监管等各项管理,都是以科研与项目为管理维度。根据科研经费管理办法,各项费用的支出以预算为依据,按照项目核算。而审计对经费使用的合规性和预算匹配度要求越来越高,如专款专用、以收定支的财务管理制度等。科研活动需要兼顾灵活性与规范性,就科研活动(尤其是型号研制)而言既要协作、灵活,还要满足保密、安全和质量管控要求。以科研能力为核心的人事管理和以仪器设备的共享使用为核心的资产管理,不仅要提高运作效率,在合规管理和满足监管要求方面,更需要有更加规范的管控体系(见图 2.21)。

一体化架构的核心业务实现就是要实现纵向管理与横向业务协作的一体化。

纵向一体化通过云计算架构,实现从主管部门到实体单位(科研单元)的纵向业务融合,达成业务服务与管控的自然对接。一线的应用服务以科研活动的开展和业务服务为主体,不再是为了上级的统计分析需要而填写和上报各种数据或报表,从而减轻一线科研人员的管理负担。管控需求通过业务流程的服务，实现审批和监管的功能，并与服务流程进行融合。

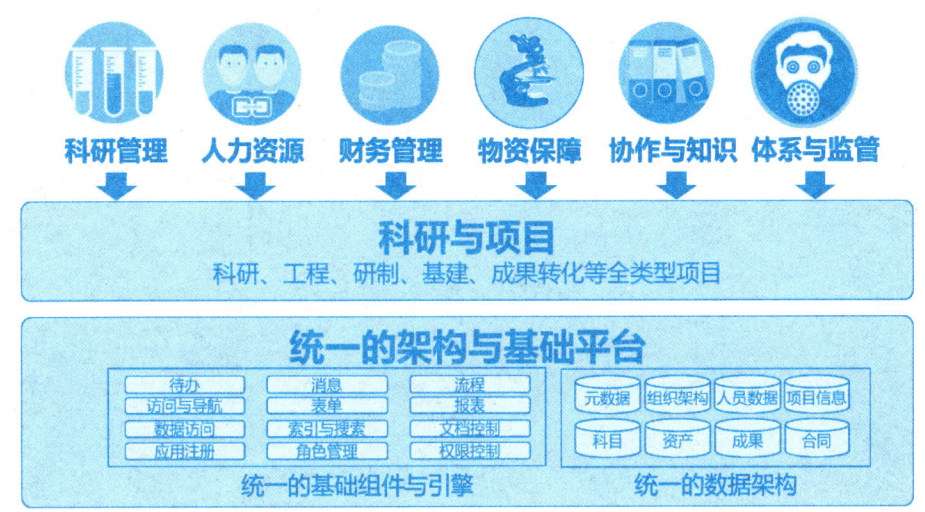

图 2.21　业务应用的一体化架构

传统信息化模式造成了大量信息孤岛，复杂度持续增加，但 SOA/中台架构，不能彻底解决核心问题，还造成更大的复杂性。SOA/中台架构是亡羊补牢的方法，是应对历史包袱而产生的，鲜有成功的案例。

传统信息孤岛呈现"烟囱"模式，每个模块有自己独立的基础引擎和门户，有独立的组织、人员、基础资料、数据字典和主数据。

要实现信息孤岛的互联互通，需要复杂的集成架构，实现数据的互联互通和数据编码转换。

数据仓库层，所谓的数据仓库或中台与业务运营脱节，无法解决数据的实时性和质量问题。

因此，科研机构作为新设立的机构，没有历史包袱，没必要重复别人的弯路，最好按照新的一体化架构进行规划建设。

2.5.3　使用体验的人本化

在一体化架构下，通过一线的业务过程与服务流程积累的数据，使得报表和统计分析可以直接在大数据的支持下进行数据分析和提取，减少了一线大量的表格填写和上报的工作量，同时大幅提高了统计分析与决策支持的效率，保证数据的准确性，降低一线科研人员的数据采集工作量。

传统 ERP 以职能管理为中心，在现代互联网和云计算时代，IT 运行以"角色"为中心，增进人与人之间的协作关系。基于角色与信息关联的联结、聚合，提高业务协作效率和知识创新。一体化架构平台将融合社交化和业务服务，搭建一体化的深度业务协作平台（见图2.22）。

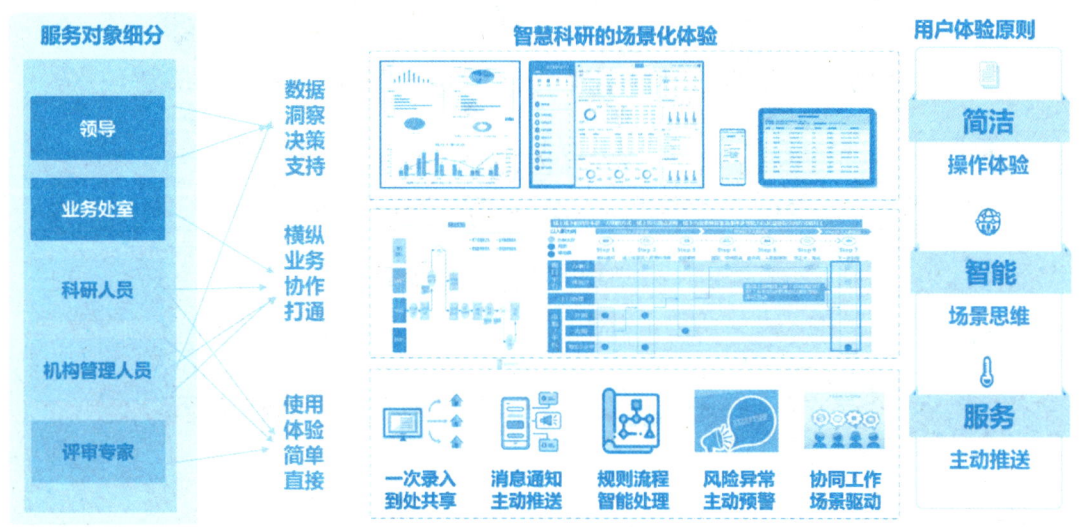

图2.22　以人为本的应用场景

以人为中心体验一体化的设计要点有以下6个方面。

（1）身份管理一体化。

系统实现统一的用户身份管理，包括跨法人、跨部门的用户身份与角色的统一管理，改变传统系统基于软件模块的身份及授权管理。

（2）终端体验一体化。

系统将支持多终端的访问，包括国产保密计算机及安全移动终端，对各种终端提供自适应的应用框架，一致的操作风格，相同的用户体验。

（3）消息与推送的一体化。

针对端到端的业务应用与流程服务，系统的消息推送与待办和流程实现融合，用户只需要在一个统一的交互入口，就可以集中处理各种应用的业务操作和审批、查询系统通知、获取相关报表、掌握业务动态，通过推送机制，实现"事找人"的业务处理模式，大大提高工作效率。

（4）个性化的交互应用。

一体化角色导航，按照用户权限进行的应用导航；一体化日程管理，按照用户角色，以日期为线索的各项事务和流程、待办、提醒的汇集和导航；一体化待办，通过统一的待办实现业务流程处理的自动化和自动提醒，实现事找人的处理机制；一体化的消息通知，系统自动发出的通知、消息可以通过手机App、邮件等方式推送到用户端。

（5）基于业务场景的协作。

在各种应用和流程环境，都可以让参与人员进行对话（包括文字、照片、语音等），并且自动提供业务场景上下文的提示和关联，形成基于业务场景的协作。

（6）基于"我的"角色的信息、应用、流程的集中统一，实现以人为中心的信息集聚、个性化推送和业务的自主办理。

2.5.4　基础平台的信创化

我国科研信息化、电子政务、企业数字化转型等正在大力发展国产化替代工程，实施安全可靠战略，以保障国家信息安全与产业安全。经过国家科技计划多年的大力支持，在国产 CPU、国产计算机/服务器、国产操作系统、数据库等基础平台的核心技术上取得不错的成果，单项产品基本上达到国外相当的技术水平。

系统性解决安全可靠的问题，以实现基础平台的信创化，需要解决以下三大难题（见图 2.23）。

图 2.23　基础平台信创化架构

1. 软硬件环境全栈适配问题（可行问题）

从 WinTel/IOE 架构的技术路线，迁移到对国产安全可靠 CPU、操作系统、中间件、数据库的全技术栈适配。

因历史包袱，牵涉到巨大的开发工作量和时间上的挑战，几乎需要重构全部应用系统，解决这个问题主要是成本障碍。

在研发高端软件时，采取的技术路线策略就是不能绑定 WinTel/IOE 架构，这就需要一直遵循完全自主开发的技术路线。同时，自主可控的技术路线不能是一个封闭的体系，自我隔绝于国际主流的技术标准体系也是不可取的。

一个完整的开放平台，需要具备3个条件。

（1）完全开放的技术路线。

即采用开放路线，不依赖于特定的封闭标准和特定的供应商，从底层和平台层面就要摆脱 WinTel/IOE 的技术路线。通过抽象出统一的编程模型与运行中间件平台，将国产自主可控环境与国际主流的 WinTel/IOE 架构融合到一个新的架构体系中。

（2）协议与接口的标准化。

采用标准的 JSON 数据封装，Web Service 或 RESTful 的接口与服务调用协议，并实现前后端分离的开发模式与软件架构。系统与组件之间是基于标准协议和开放接口的，如 JSON、Web Service 等，使用标准 SQL。

（3）组件的开放性。

系统不能使用无源码的商业组件或模块，以免造成系统升级和安全的隐患。如果要使用第三方的组件，必须是开源组件。智慧科研平台系统在后台的引擎、组件上，实现完全的源代码级的可控。系统内部的数据架构、组件架构和应用之间的耦合，必须是透明开放的，可以进行业务配置和动态变化，可以进行系统扩展和二次开发。基于开放组件（不能使用平台依赖的插件技术，如 ActiveX、Flex 等组件），组件拥有全部源代码。

2. 分布式架构的高性能支持（可用问题）

解决应用现代化问题，需要将单体架构的软件，升级到微服务架构部署。因为国产硬件平台单机性能不高，运行高端软件必须具备分布式和负载均衡的横向扩展能力。

解决这个问题，牵涉到整体技术架构，需要从业务架构、应用架构、数据架构和技术架构等全方位的架构升级，几乎需要重构全部基础平台。

3. 涉密与安全应用（合规问题）

涉密应用中的用户管理、三员管理、日志安全、安全审计、身份鉴别、涉密信息流向控制等方面或多或少存在功能缺陷，导致保密问题、安全问题。

牵涉到整体技术架构，需要从核心架构、基础组件、功能开发等方面进行系统改造。解决这个问题，几乎需要重构全部基础平台与应用系统。

应用系统自身提供的安全防护功能是保证应用系统数据安全的核心和主动安全的基础。

与应用系统开发的代码相关的内容有以下5个方面。

（1）密级标识：涉密信息应有相应的密级标识。

（2）身份鉴别：统一身份与认证（CA 系统），对用户的证书和用户身份进行有效性验证。

（3）访问控制：采用基于角色的访问控制模型（功能授权、数据授权、组织范围授权)。

(4) 输入输出控制:控制数据的导入、导出、打印,保证数据输入输出可控。

(5) 安全审计:对三员的管理操作、用户登录退出操作、业务对象的关键操作进行审计。

一般商用信息系统只涉及(2)和(3),其他的安全控制的策略都比较弱,或者没有,解决这个问题主要存在技术障碍。

2.5.5 网络安全的多域化

作为科研机构面向国际科技竞争的创新基础平台,是保障国家安全的核心支撑,是突破型、引领型、平台型一体化的大型综合性研究基地,注重基础研究与产业发展并重。因此,数字化平台必须支撑基础研究、工程研发、型号研制、成果转移转化的一体化。

新型科研机构既要开展开放式创新,部署大量的开放式课题,吸引大量的科研人员参与到协同创新体系之中。同时,对于涉密科研应用涉密信息系统的部署,需要涉密网、内网、互联网等多安全域的管理与控制,还需要开放系统与信创平台的有机融合。

针对不同科研类型的科研机构,不同业务系统共享计算网络资源,而每个业务系统同样面临资产价值、安全威胁、安全弱点等不同问题,为避免某一业务系统的安全问题影响到其他业务系统,不同业务系统间也需要做好安全域划分,实现网络安全隔离和防护。

针对不同人员、不同的业务应用、不同的使用场景,根据安全级别和风险等级,从物理网络设施、应用管理和数据管理等方面采取安全措施,设置多个安全域(见图 2.24)。

图 2.24 网络安全多域化的架构

安全域是一个网络的逻辑范围或区域,同一安全域中的信息资产具有相同或相近的安全属性,如安全级别、安全威胁、安全弱点、风险等,同一安全域内的系统有着较高的互信关系,并具有相同或者相近的安全访问控制策略。通过在网络和系统层面安全域的划分,将基础设施、业务系统、安全技术有机结合,形成完整的防护体系,这样既可以对同一安全域内的设备、资源进行统一规范的保护,又可以限制安全风险在网内的任意扩散,从而有效控制安全事件和安全风险的传播。

1. 安全域划分的原则

对计算网络进行安全域划分，应以智慧科研的具体应用为导向，充分考虑计算平台系统生命周期内从网络系统规划设计、部署、维护管理到安全管理全过程中的各因素。

网络安全域划分的基本原则包括以下 5 个方面。

（1）业务保障原则。安全域划分的根本目标是能够更好地保障网络上承载的业务。在保证安全的同时，还要保障业务的正常运行和运行效率。

（2）结构简化原则。安全域划分的直接目的和效果是要将整个网络变得更加简单，简单的网络结构便于设计防护体系。如安全域划分并不是粒度越细越好，安全域数量过多过杂可能导致安全域的管理和实际操作过于复杂和困难。

（3）等级保护原则。安全域划分和边界整合遵循业务系统等级防护要求，使具有相同等级保护要求的数据业务系统共享防护手段。

（4）生命周期原则。安全域的划分和布防不仅要考虑静态设计，还要考虑不断的变化。另外，在安全域的建设和调整过程中要考虑工程化的管理。

（5）立体协防原则。安全域的主要对象是网络，但是围绕安全域的防护需要考虑在各个层次上立体防守，包括在物理链路、网络、主机系统、应用等层次。同时，在部署安全域防护体系的时候，要综合运用身份鉴别、访问控制、检测审计、链路冗余、内容检测等各种安全功能实现协防。

2. 安全域划分的方法

根据以下原则，结合科研项目及科研管理的业务特色，平台划分为 3 个网络安全域。

（1）互联网安全域。互联网安全域主要面向外部用户，包括参与开放课题申报的科研人员、项目评审的外部专家，以及采购供应商（包括仪器设备、耗材和服务外包的供应商人员）。

互联网安全域内的计算机需通过互联网接口区进行互联，具体原则如下。

①来自互联网的访问请求需通过部署在互联网接口区的设备进行处理或转发，将不同类型的数据映射到云计算平台内部对应域。互联网设备不能直接访问云计算平台的核心生产区。

②互联网接口区与互联网之间需要通过防火墙进行防护。

③核心应用区与互联网接口区之间需要通过防火墙防护，实现双层异构防火墙防护。

（2）办公内网。办公内网主要是面向内部员工的业务管理与行政办公中的非涉密信息的处理。办公内网局域网内部的办公计算机可以访问办公内网的服务器，包括数据和应用。办公内网不能直接从外部互联网进行访问，但可以通过 VPN 在安全通信情况下进行应用访问。

（3）涉密网。涉密网络信息系统是指传输、处理、存储含有涉及国家秘密的计算机网络系统。涉密网络的物理设施（布线）与其他非涉密网络布线之间需要实现物理隔离。涉密信息和涉密应用必须在涉密网中进行，涉密网与办公内网之间的数据交换必须符合保密的相关规定。

第 3 章
智慧科研的业务架构

3.1 智慧科研的架构框架

3.1.1 智慧科研数字化平台的架构框架

智慧科研数字化平台的架构框架设计。需要从宏观规划、中观设计、微观实现等不同角度建立智慧科研数字化平台的架构框架（见图3.1）。

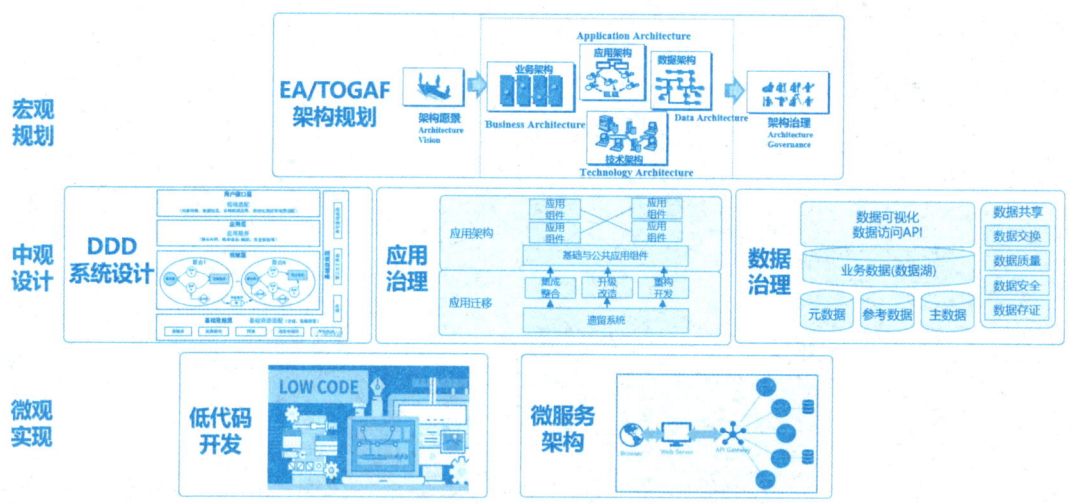

图3.1 智慧科研数字化平台的架构框架

1. 宏观规划

宏观层面的整体规划，包括全局性的整体分析，到中长期发展的战略规划，是科研机构数字化转型的出发点。

很多科研机构在数字化转型或信息化过程中走了弯路，因为它们没有从整体和全局出发，而是根据各部门的问题解决局部需求，并且只着眼于临时的应急需求而忽视了长远发展。

没有整体架构设计，容易导致的问题包括以下4个方面。

1）系统异构

各个系统独立运作，缺乏统一架构和实施策略，导致各自的软硬件环境差异巨大，系统间的信息共享十分困难。从业务层面来看，由于系统的异构性，端到端的业务流程被割裂了。

2）数据异构

各个系统因规划设计的架构和技术路线的差异，数据格式缺乏统一标准，不同系统间的接口也没有统一规范，这使得各自的数据也就很难被其他系统共享和利用。在应用体验上，因数据不能共享导致数据需要重复录入，增加了工作量并降低了效率。此外，数据的不一致还会引起信息的偏差，进而影响业务和相关决策。

3）寿命异构

各个系统极少有具备快速调整、灵活扩展的能力，这导致系统的生命周期很短，即使在不断更新换代，也很难适应业务的快速发展。

4）基础设施异构

由于众多应用系统的软硬件环境的不一致性，导致组织的整个应用系统环境异常复杂，管理和维护的成本大幅增加。

如何解决宏观层面的全局和长期的规划发展相匹配的问题？业界最重要的理念之一就是 EA 架构的思维。

2. 中观设计

架构设计是将整体架构和愿景进行技术实现之间的桥梁。架构设计是将相应的业务架构、应用架构等通过设计方法和框架，进行具体化和模型化的过程。

应用现代化需要架构设计的现代化。业界先进的架构设计方法之一是领域驱动设计（DDD）。DDD 通过对业务、应用和计算机软件实现之间的模型与领域进行分析，确保业务与技术实现的一致性。同时，需要将宏观设计的长期布局进行落地，将系统建设、运维、持续发展相关的体制与技术进行匹配，特别是将数据治理和应用治理的平台与方法，以及持续运维的发展进行统一。

3. 微观实现

在微观实现上，充分利用新一代信息技术的成果，利用低代码开发、微服务架构进行软件开发与部署，以及采用信息化实施方法论进行工程的敏捷实现。

3.1.2　基于 EA/TOGAF 的架构规划

智慧科研的架构设计将按照 EA 架构的思路，遵循 TOGAF 架构设计的方法与框架，按照业务架构、应用架构、数据架构、技术架构与安全架构 5 个领域进行，并考虑时间轴上从智慧科研项目到数字化转型工程、到未来的智慧科研机构总体架构上的演进关系；从组织维度上，考虑科研机构数字化转型工程与院所其他系统之间的集成、融合关系。

EA 架构（见图 3.2）规划方法的本质是将数字化发展不仅仅视为技术问题，也不仅仅局限于信息技术的应用层进行系统的规划设计,而是从组织的价值链和业务战略出发,将业务架构进行规划,再映射到应用架构。根据实现业务与应用的特征,选择合适的技术架构,并全面规划整体的数据架构。从架构治理的角度来看,通过组织与决策模式的结合,形成有组织的数字化发展策略与技术实现路径。

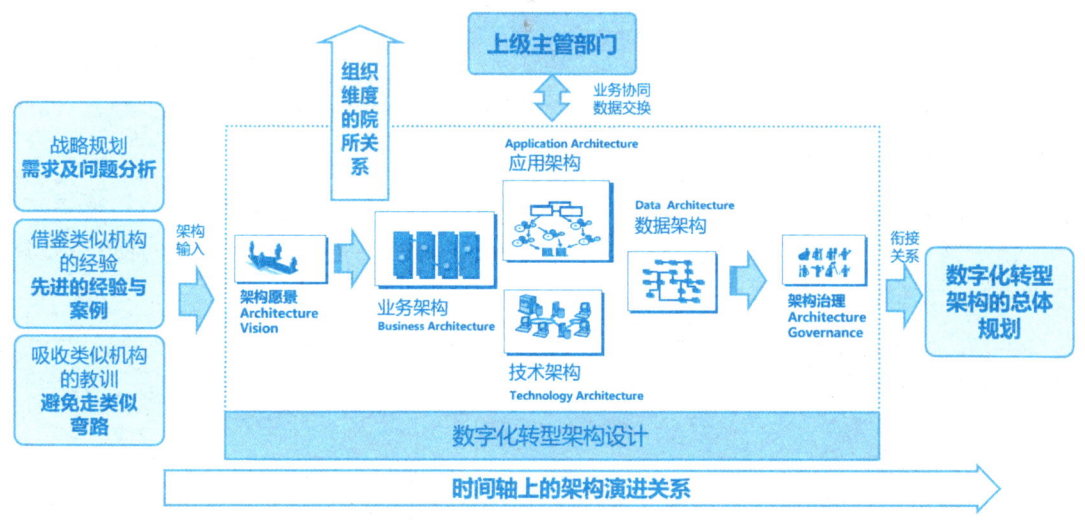

图 3.2 智慧科研的 EA 架构

EA 架构分解为以下 6 个重要的架构内容。

(1)架构愿景(Architecture Vision):架构愿景是指面向科研机构的战略规划体系,实现高层在科研机构信息化规划体系中的定位和高层的管理需求。

(2)业务架构(Business Architecture):业务架构是指智慧科研平台所解决的业务问题,涵盖的业务领域及业务流程的处理方式,是业务价值的体现。它需要面向各级用户,以达成业务目标。业务机构需要描述业务的价值、关联关系、业务的流程、业务变更的情况。

(3)应用架构(Application Architecture):应用架构是指面向最终用户(系统使用者)如何使用智慧科研平台的架构设计,包括终端、入口、用户体验、应用模块和应用的内部结构。

(4)数据架构(Data Architecture):数据架构是指面向业务对象的数据表示、数据输入输出、数据存储和数据分析的实现方式,数据最终是业务价值的承载者。传统的信息化系统没有单独的数据架构,数据架构完全依赖于应用系统。智慧科研平台需要设计独立的数据架构体系。数据架构识别出系统的关键数据类型、数据的容量、数据的增长情况、数据的安全级别和保护措施、元数据的使用方式、主数据的分发方式,以及业务数据的存放和管理关系。

(5)技术架构(Technology Architecture):技术架构是指面向系统内部的技术组成、

基础设施的配置与方案、应用系统如何开发和实现机制。技术架构需要满足 IT 部门在技术路线和技术发展趋势上的需求。技术架构识别出满足系统关键性能、稳定性、扩展性的技术决策方案、部署方案、集成方案、系统间的通信协议、数据的分布方案、集群等各种技术方面的重大决策。系统安全技术包括了满足系统可靠性的连续运行的能力及如何实现，包括了对最终用户的身份识别和授权访问，包括了未授权用户的入侵如何防范，如何防止信息在不授权情况下的访问，确保信息安全。

（6）架构治理（Architecture Governance）：架构治理是指面向内外部的监管与合规性，同时实现 IT 与业务实现的匹配与融合，需要相应的业务规范和保障机制，是智慧科研平台发挥价值的制度保障。

要实现和构建起智慧科研的 EA 架构，需要有一套架构开发的方法论，这就是架构开发方法（ADM）（见图 3.3）。ADM 是一种以需求（产品）管理为核心的架构开发方法，通过架构愿景、业务架构、信息系统架构、技术架构、机会及解决方案、迁移规划、实施管理、架构变更管理等多个相关联的环节，改进整体架构的开发。

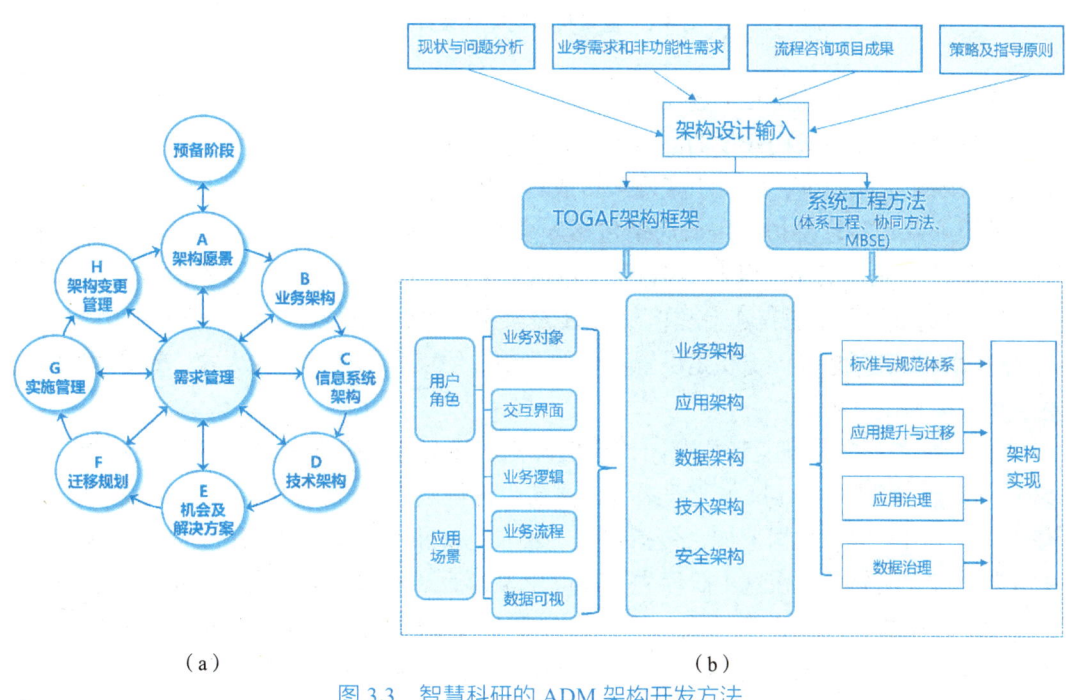

图 3.3 智慧科研的 ADM 架构开发方法

架构开发方法为实现和执行组织的 EA 架构提供完整的指导。该过程包括闭环中的多个连续阶段。

结合数字化转型工程的实际架构规划，设计智慧科研架构（见图 3.4）。

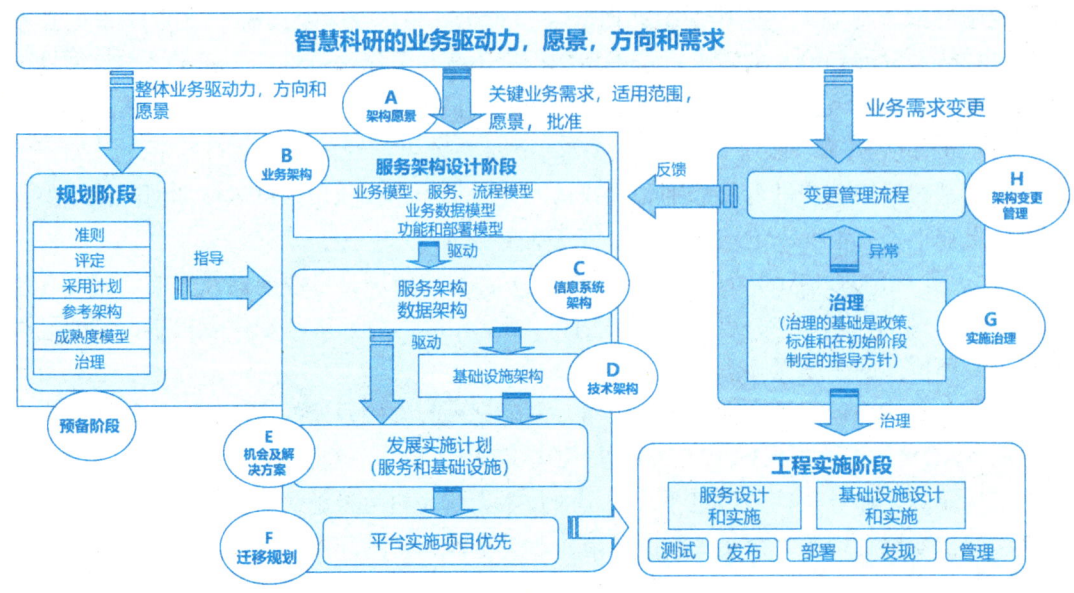

图 3.4　智慧科研的架构设计方法

整体的架构开发包括几个迭代的阶段。

预备阶段主要做架构开发的准备工作，包括建立架构开发组织，确定架构开发方法、工具，明确架构原则等，为组织架构项目成功开展做好准备。

架构开发和管理维护的生命周期包括 8 个阶段：阶段 A 是架构愿景；阶段 B 是业务架构；阶段 C 是信息系统架构；阶段 D 是技术架构；阶段 E 是机会及解决方案；阶段 F 是迁移规划；阶段 G 是实施治理；阶段 H 是架构变更管理。

阶段 A：架构愿景，主要是设置项目的范围、约束和期望，形成大家一致认可的架构愿景和架构工作声明。

阶段 B、C、D 是开发架构蓝图，输出架构定义文件。阶段 B 是开发业务架构，包括现状（as-is）和目标（to-be）业务架构，并初步进行差距分析。阶段 C 是开发信息系统架构，包括应用架构和数据架构，包括现状（as-is）和目标（to-be）应用架构、数据架构，并初步进行差距分析。在这个阶段先开发应用架构后开发数据架构，或者先开发数据架构后开发应用架构，以及并行开发等几种方式都是可以的。阶段 D 是开发技术架构，包括现状（as-is）和目标（to-be）技术架构，并初步进行差距分析。

阶段 E 和 F 是制定架构实施路径，输出架构路线图。阶段 E：机会及解决方案主要是进行差距分析，形成工作包和项目。阶段 F：迁移规划，主要是进行成本收益分析和风险评估，明确过渡架构和里程碑，制定详细的实施与迁移计划。

阶段 G：实施治理，主要是在架构实施过程中开展架构治理和管控，开展架构合规性审查，及时发现和纠正偏差，保证架构实施中的各个项目遵循架构蓝图，做到一张蓝图绘到底。

阶段 H：架构变更管理，确保架构在发生变化时响应科研机构的需求。小的变更是对现有架构进行调整维护，而对于大的变更，则需要判断是否有需要启动新的一轮架构设计周期并重新制定架构蓝图。

方法论的核心是需求管理：架构开发和管理维护的生命周期的 8 个阶段都要围绕架构需求管理开展，以需求为架构开发的基础，用需求来验证架构方案，并通过实施来满足需求。

3.1.3 基于 DDD 的设计方法

智慧科研平台可以采用 DDD 的战略设计方法来进行应用架构的优化设计，并利用 DDD 的设计方法来进行领域模型设计。

DDD 是一种处理高度复杂域的设计思想，与数据驱动设计、面向过程设计等方法的显著区别在于：DDD 倡导从业务域模型直接构建应用程序，在研究和解决业务问题时，DDD 会按照一定的规则将业务领域进行细分，领域细分到一定的程度后，DDD 会将问题范围限定在特定的边界内，并在这个边界内建立领域模型，进而用代码实现该领域模型，解决相应的业务问题，可以有效地处理智慧科研的复杂性。

各独立的业务应用和服务支撑独自的一块业务。当某一业务的需求发生变化时，只需要对这一应用的领域模型进行迭代升级，并不影响其他业务应用的正常使用，将系统升级的影响降到最低，从而使智慧科研具备一定的敏捷开发、动态适应、持续迭代升级的能力，有效应对业务需求的优化和变更。

3.2 智慧科研的业务分析

3.2.1 科技创新的组织体系

我国主要的科技创新的组织体系包括专业的科研机构（事业单位）、央企、国企等科技企业的科研机构。

大型科研组织架构体系，按照集团（科学院）—专业公司（分院）—所属企业（科研机构）的多层管控、多级法人的管理体系。

通过多年实践，形成和完善了符合集团运作和组织体系对应的多层次的科技创新体系，建立总部、管理机构、科研机构等各有侧重、分工合作的科技创新组织架构，明确不同层次科研机构的功能定位和业务分工（见图3.5）。

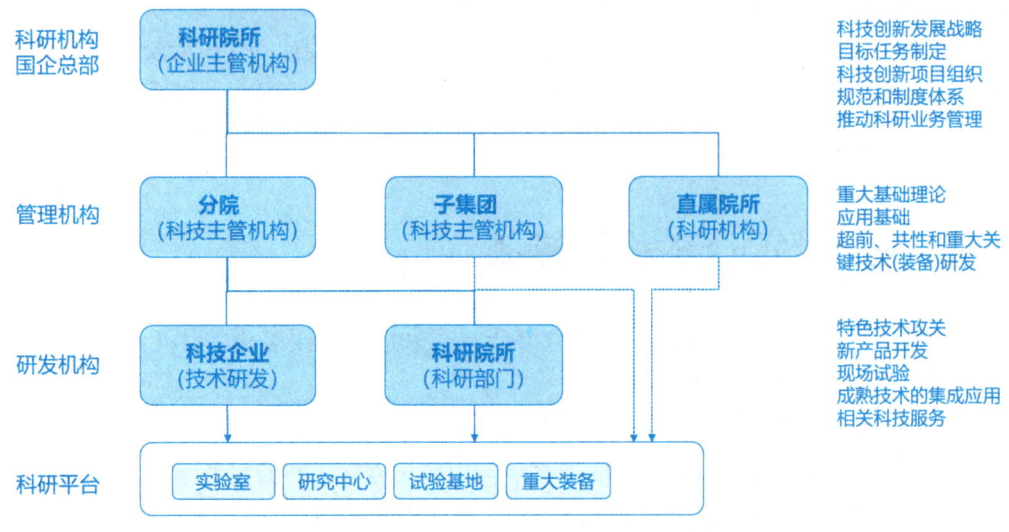

图 3.5　科技创新的组织体系

1. 研究院或集团总部

研究院（科学院）、集团总部科研管理部门负责整个研究院或集团的科技创新发展战略、目标任务制定、科技创新项目组织、推动科研业务管理规范和制度体系建设等。

2. 分院、子集团及直属院所

分院、子集团及直属院所等机构，主要从事重大基础理论、应用基础、超前、共性和重大关键技术（装备）研发，为形成自主知识产权和提升组织核心竞争力提供理论、技术储备和共享应用。

3. 科研机构/研发机构

科研机构或企业研发机构层面主要按照特色进行定位。从事与自身产业或学科相关的特色技术攻关、新产品开发、现场试验、成熟技术的集成应用及支持日常生产的相关科技工作，以保障科研生产建设的平稳运行和发展目标的实现。

每个机构在科技创新方面都设置了各自的科研平台，包括实验室、研究中心、试验基地、重大装备等科研平台与载体。

每个机构作为独立法人，相关科技管理与资源保障各自独立运营，有独立的运作流程，但上级机构要管理和统筹下级机构，各级机构之间与创新生态链（外部高校、科研机构等）之间的创新协同。

重点实验室与试验基地等科研平台与载体是根据产业发展、学科发展和中长期科技发展需要，以提升原创能力和促进科研成果工程化、产业化为主要任务，依托科研机构、重点单位规划建设的科技基础条件平台。

因此，科技计划管理数字化平台应该建设组织的科研平台与科研载体的统一管理，实现科技创新资源共享平台。

资源共享平台既包括实验仪器设备、科学装置和科研基础设施等硬性科技资源，也包括专家队伍、知识库等软性科技资源。

通过科技资源目录和信息的集中管理，建立共享和服务使用的机制，充分发挥资源共享的价值，提高资源集约化利用率。

3.2.2 科技创新的项目体系

科技创新活动通常是通过科技计划项目进行组织管理的。

按照我国科技创新管理的层级，科技计划项目根据主管部门、投资力度、科研目标等形成科技计划的规划体系。

从科技层级上看，科技计划项目分为国家级、集团级或研究院内科技计划项目、内部科技研发项目等不同层级（见图3.6）。集团级和科研机构级的科技计划项目，根据研究内容和承担主体，可以分为两类：一类是内部（含下级单位）申请和承担的立项，另一类是开放科研课题（由外部高校、科研机构进行申请和承担）。

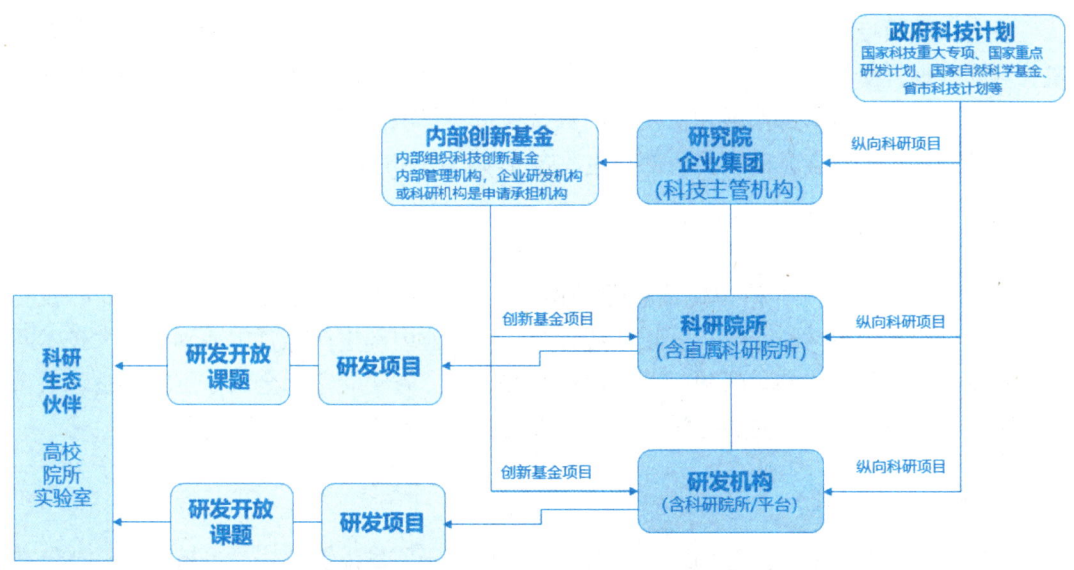

图3.6 科技创新项目体系

典型科研机构的科研项目的来源有以下5种。

1. 纵向项目

纵向项目一般是指由政府资助的研究项目，包括国家、部委或省市财政计划直接拨款支持的科技计划项目。这类项目通常涉及基础理论研究、应用研究、技术创新等方面，主要偏向于探索未知领域和研究前沿课题。纵向项目可以分为国家级、省部级和市级等不同级别。国家级科技计划是国家科学技术部、国家自然科学基金委员会、国家社会科学基金委员会等科技主管部门，部委包括国家发展和改革委员会、财政部、工信部、卫健委等部委机构批准立项。这些项目通常具有较高的指导性和一定的难度，因此在科研评价体系中具有较高的权重价值。除少数定向项目外，大多数纵向项目都是竞争性项目，即通过公开征集立项指南、发布申报通知并经过竞争性专家评审获得项目资助。资金拨付的方式包括前补助、后补助、进度拨款等。

2. 横向项目

横向项目主要是由企事业单位、其他科研机构委托的各类科技开发、科技服务、科学研究等方面的科研项目，以及非科技主管的政府部门下达的非经常性的科研项目。

由于横向项目一般不是由政府部门（或者受政府部门委托）下达的，其来源很广，其研究内容可能更贴近产业发展和社会发展需要，比较少关注基础理论研究，而是根据产业发展过程中的技术问题，进行技术攻关或解决具体技术问题，并通过签订研发合同来提供研究经费。

3. 自主立项项目

自主立项项目一般是指科研单位利用自有资金或其他渠道获得的政府专项科技基金，机构内部根据科研机构的学科布局、主攻科研方向、或企业内部生产经营中遇到的重大技术问题，面向内部科研部门或团队立项的科研项目。目前国家实验室、省实验室、央企科技部门等都有专项基金，由机构内部自主决定立项方向和课题。

4. 开放课题

开放课题一般是指科研单位或企业利用自有资金或其他渠道获得的政府专项科技基金，根据科研机构的学科布局、主攻科研方向、或企业内部生产经营中遇到的重大技术问题，面向外部科研机构的科研项目。目前国家实验室、省实验室、全国重点实验室、大型企业等都有专项基金，面向高等学校、科研机构开放可申请的科技计划项目。

5. 揭榜挂帅项目

揭榜挂帅是近年来科技体制改革后的一种新型科研项目组织形式，也被称为科技悬赏制。它是一种以科研成果来兑现的科研经费投入体制，由政府组织，面向全社会开放征集科技创新成果，属于一种非周期性的科研资助安排。

"揭榜挂帅"通常由政府部门或者企业发起，针对一些技术研发关键难题和科研成果重要需求，采用公开张榜的形式面向全社会招标，让创新领域的各类市场主体进行竞争，选拔出合适的团队开展项目工作。

从实施主体来看，主要分政府部门和企业主导两种类型。政府部门主导类"揭榜挂帅"分为政府出题类项目和企业集团出题类项目，由政府部门组织开展揭榜相关流程；企业主导类项目主要由企业自己内部出题，由企业内部或外部各项目成员进行揭榜。

（1）征榜。由各单位、各部门根据产业发展和市场需求，提出亟须破解的项目需求。一般可以分为自上而下、自下而上、"赛马式"内部多线并举的形式，立项建议可以由相关部门提出问题，重点将榜单聚焦对企业发展急需的"卡脖子"技术。

（2）定榜。通过专家评审，对榜单需求的可行性、市场前景等进行深入分析，确保需求可以进行科技转化和落地，综合推荐意见进行筛选，形成需求项目榜单。

（3）发榜。相关科技部门组织发布"揭榜挂帅"项目公告，将项目需求面向社会或定向机构进行发布。

（4）揭榜。各揭榜方根据张榜项目的具体要求联系需求部门，提出可行性方案，一般采取会议评审或答辩评审的方式进行榜单评审，最终选择一个或多个组织团队组成联合体的形式进行揭榜，需要明确同一个项目需求的发榜方不能作为揭榜方进行揭榜。

（5）评榜。组织外部专家评审对揭榜人或团队的可行性方案、具体举措路径等进行评审和论证，提出推荐名单，最终根据项目团队能力、成果收益等指标确定揭榜人或团队。

（6）签榜。由发榜方、揭榜方、主管部门相关负责机构结合揭榜项目合同书签订"军令状"，明确考核节点、考核方式、经费拨付、成果输出、奖惩措施等重要内容。

（7）奖榜。通过对科研成果进行全流程管理和评鉴，加强项目全生命周期管理，对项目进展、阶段任务、资金使用等情况进行动态管理，依据研发情况"里程碑"式拨付资金，及时进行科研成果转化应用，并分阶段兑现奖励政策。

3.2.3 平台业务的服务对象

科研机构的智慧科研平台将为以下几类用户提供数字化服务：科研创新人员、职能支撑人员、管理决策人员、客户和供应商，以及科研项目外协与合作单位的协作人员。

1. 科研创新人员

科研创新人员是智慧科研平台服务的主要对象。科研创新人员是科研机构开展科研活动的主体，包括项目负责人或学科带头人（PI），以及科研课题参与的研究人员、实验人员和工程研发的工程师等。为了让科研创新人员将更多的精力投入研发活动中，科研管理要实现以科研人员为核心，为他们提供服务和各类相关工具，以提高工作效率。

在智慧科研建设过程中，很多科研机构的系统建设效果不好，其中很大一部分原因就是将科研人员作为管理对象，而不是服务对象。为了满足各主管部门对统计和报表的要求，科研人员需要花费大量的时间和精力填写各种统计报表，经常需要重复填写，特别是在年底的考核和工作总结期间。填表式的数据采集方式对科研人员的科研活动和科研产出很少产生价值，反而给科研人员带来直接的工作负担。智慧科研，需要从为科研人员提供服务的角度出发，为科研人员的科研活动和科研产出提供工作平台，将管理所需的数据融合于科研活动过程服务之中，通过数字化平台的数据资产优势，降低管理带来的负担，是数字化转型的重要内容。

智慧科研为科研人员提供了两类数字化服务，包括科研活动数字化和科研管理信息化。科研活动数字化，科研实验的学科数字化平台，包括实验数据的管理、智能算法和相关数据处理工具。

在科研管理信息化方面，可以提供研发项目和平台建设项目的申报与评审、立项审批、团队组建、经费支出、采购与物流、外包外协的商务、进度管控、科研成果等项目全过程的服务与项目管理。同时，提供网上办理各种申请与审批等行政事务的办理流程，以及数字档案和科技信息服务等。

2. 职能支撑人员

职能支撑人员是科研机构在服务于科研的过程中，确保科研活动的有效性和科研管理的合规与高效，是非常重要的人力资源配置方式。

职能支撑人员对科研的管理，既有传统意义上的管理职能，确保科研活动和科研经费的合规性，也有在科研条件保障上提供服务和支撑的双重职责。

职能支撑人员一般包括科研管理、人事管理、财务管理、资产管理、成果转化等各业务线职能人员，提供业务管理、科研服务和合规监管等职能管理与服务。

3. 管理决策人员

管理决策人员在科研机构中既包括行政管理上的高层，也包括学科和科研活动中的负责人，他们的职责是洞察科研进展、合理选题、制定具有前瞻性的科研目标，合理配置科研力量，有序开展科研活动，并匹配科研条件等。

智慧科研为各级管理决策人员提供业务审批、风险管控、绩效监测等科研和产业化任务的体系化管理，并提供监察审计、党群建设等业务领域的专项管理服务。

4. 供应链与创新链人员

科研机构的组织运作，离不开两大生态体系：一个是供应链，如科研仪器设备、耗材等科研条件保障体系；另一个是创新链，为科研活动提供科研力量与科研协作的生态体系，实现科研机构之间对科研任务的合作，包括外协和外包，以及成果的验证、示范与推广应用。

智慧科研通过供应商门户,实现与供应商(包括设备采购商、外协、科研协作等机构)的询价、招投标、合同、结算、物流、服务等业务进行商务协同。

针对开放课题的外部科研协作单位的科研人员,实现互联网化的指南发布、项目申报、立项与合同、项目进展汇报和验收等在线科研协同,实现数字化的协同创新服务。

3.2.4 智慧科研的业务范围

科研机构智慧科研的核心业务实现就是要实现纵向管理与横向业务协作的一体化。

智慧科研机构以流程标准化为基础,依托项目型 ERP 系统支撑,推动科研机构范围内的信息共享、风险管控与资源优化配置。

围绕建设智慧科研机构的总体定位,建设覆盖科研机构综合业务管理和产业孵化管理的统一信息化平台,建设融合涉密网、内网、互联网数据的统一数据中心,建设全员覆盖统一认证的业务运营支撑平台。

(1)全类型项目支持:实现纵向科研项目、横向课题、自主立项课题、平台建设项目、大型基础研究项目、型号研制项目等各大项目体系的统一运营管理。

(2)全业务支撑:支撑科研机构的学科规划、指南征集与发布、项目申报与评审、课题立项、项目实施与过程服务、项目验收与结题等项目全过程数字化;支撑科研机构的基础研究、工程研发、工艺优化、成果转化、人才培养、产业发展等各类科学研究与技术研发的全业务数字化。

(3)全流程覆盖:实现项目管理的全流程端到端的支持;支持项目的团队、成本、进度、质量、风险等管理控制的全要素;财务业务一体化;实现从年度指标、季度汇报、实时跟踪与预警、年度考核与激励的闭环和正反馈的科研计划与项目监控体系;"一图知全局、一键测未来"的数字化战略管控平台。

3.3 智慧科研的价值链

3.3.1 科研机构的价值链模型

典型科研机构的业务架构分析,最重要的思路就是从组织存在和发展的价值分析中进行提炼。

价值链模型(Value Chain Model)最早是由迈克尔·波特针对企业进行商业分析和咨询而提出的方法论模型。波特认为企业的竞争优势来源于在设计、生产、营销、交货等过程及辅助过程中所进行的许多相互分离的活动，这些活动中的每一种都对企业的相对成本地位有所贡献，并奠定了企业竞争优势的基础。价值链模型将一个企业的行为分解为战略性相关的许多活动。企业正是通过比其竞争对手更廉价或更出色地开展这些重要的战略活动来赢得竞争优势的。价值链模型同样适用于对科研机构进行分析。

价值链列示了总价值，并且包括价值活动和价值贡献。价值活动是组织所从事的物质上和技术上的界限分明的各项活动，这些活动是组织创造对买方有价值的产品和服务的基石。价值贡献（利润）是总价值与从事各种价值活动的总成本之差。

价值活动分为两大类：基本活动和辅助活动。基本活动是涉及产品的物质创造及其服务的各种活动。辅助活动是辅助基本活动，并通过提供采购投入、技术、人力资源，以及各种组织范围的职能支持基本活动。

价值链的框架是将链条从基础材料到最终用户分解为独立工序，以理解成本行为和差异来源。通过分析每道工序系统的成本、收入和价值，业务部门可以获得成本差异、累计优势。

按照组织定位的层次，我们可以从战略类、价值类、支持类等3个层面，对科研机构的业务和活动进行分析（见图3.7）。

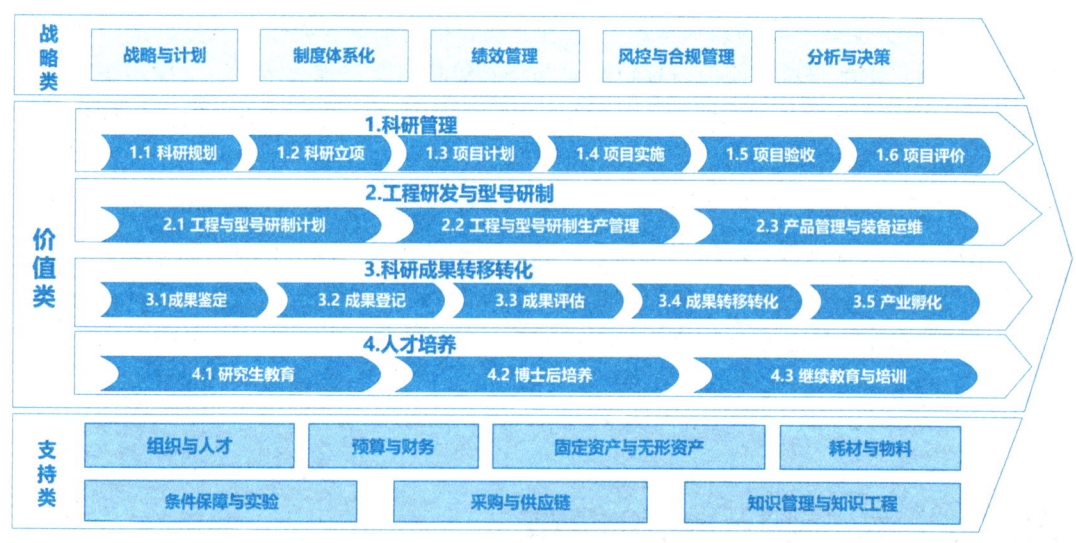

图 3.7　典型科研机构的业务架构

3.3.2　战略与定位分析

对一个科研机构来说，战略管控是顶层治理体系的关键，包括发展战略规划、风险与合规管理及党建管理等。

1. 战略管理

什么是战略？战略，说起来非常重要，也很高大上，但如何理解和对战略进行管理往往是科研机构难以把握的。

"战略泛指对全局性、高层次的重大问题的筹划与指导"。例如，大战略、国家战略、国防战略、经济发展战略等。战略本质上是一种长期计划，是在对内部条件和外部环境分析的基础上，通过对组织优劣势的判别，所提出的关于组织发展的全局性、纲领性、长远性的谋划。

战略是可以利用科学的理论与方法，甚至一些工具和手段进行管理的。战略管理是指一个组织在特定时期内的全局性、长远性发展方向、目标、任务和政策，以及资源调配作出的决策和管理艺术。

战略管理是组织为了长期的生存和发展，在充分分析组织外部环境和内部条件的基础上，确定和选择组织战略目标，并针对目标的落实和实现进行谋划，进而将这种谋划和决策付诸实施，以及在实施过程中进行控制与评价的一个动态管理过程。战略管理包括战略规划、战略实施和战略评估等3个环节，三者结合在一起才构成了系统的战略管理过程。

战略管理对一个组织的重要性不言而喻。据有关统计，很多成长型组织的失败源于缺乏战略管理能力。反之，很多战略管理能力好的组织都得到了较好的发展。

国外的很多成功的科研机构和高校早在上个世纪就开始实施战略管理，不仅使自身成功地摆脱了发展过程中遭遇的困境，还推动自身取得了跨越式的发展。

随着我国科研机构的发展，战略管理越来越得到重视。

战略管理对科研机构的发展十分重要。首先，作为国家科技创新的重要力量，科研机构必须树立战略意识，加强战略思维，制定和完善与国家重大战略相匹配的组织发展战略。其次，科研机构实施战略管理，有助于准确把握、及时布局科技创新的方向和重点，强化优势领域，有效地指导有限的资源优先用于战略性、关键性的发展领域，进一步强化核心竞争力，突出组织的价值。

智慧科研支撑科研机构的战略管理，可以发挥其独特的优势。

战略管理工作一般包括负责科研机构发展战略调研，做好国家战略需求和科技发展态势分析，负责所战略研究体系建设，承担科研机构各类发展规划的制定与修订，组织参与国家和地方的发展战略研究及各类专项计划的制定等主要内容。科研大数据作为科研机构的重要资源，有效积累科研和学科相关的数据，并进行分析与处理，就可以为战略分析提供重要的依据。

战略管理要落地，就需要进行战略的分解与计划的匹配（见图3.8）。

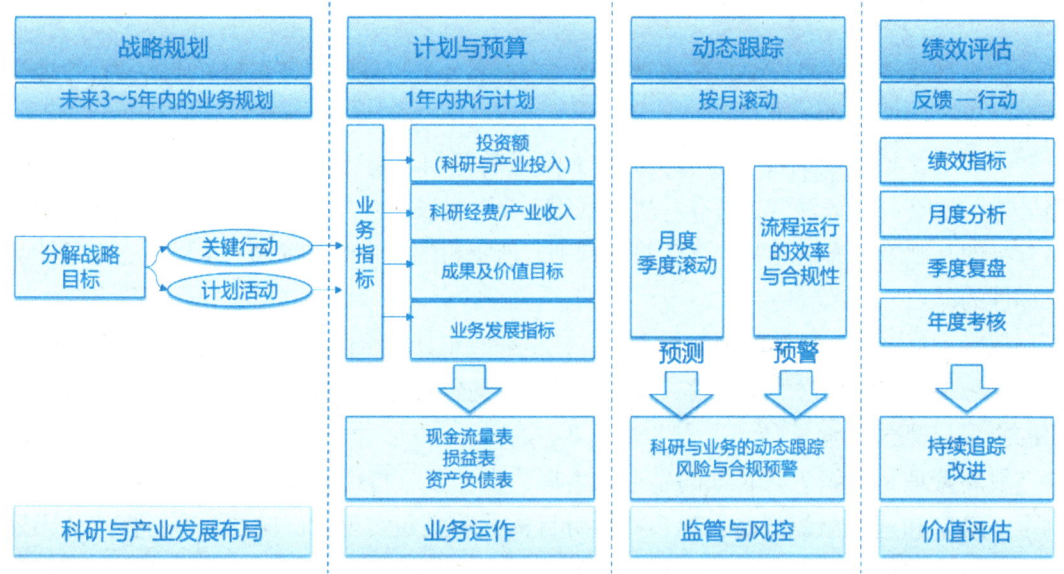

图 3.8　科研机构的战略分解

2. 风险与内控管理

科研单位承担很多国家级、地方政府的纵向项目和企业的横向科研项目，承担理论研究、产品研发、成果转化等，大量的科研仪器设备采购等科研经费支出，许多实验还带有危化品的使用，规范的管理、防范各类风险，建立科研机构内控体系，是科研机构持续健康运行的基本保障。

加强内部控制体系建设可以有效加强管理，规避风险，在资产保值增值、科研经费的安全应用和科技创新投入产出方面发挥着重要作用。因此，科研机构要通过不断加强内控体系建设从而提高自身的管理水平。

建立内控体系，主要措施有 3 个方面。

（1）治理结构和组织体系。优化法人治理结构，建立管理制度。领导者、职能部门、科研人员均是不同层级的控制主体，亦为上层的控制对象，以使内控能够实现科研机构利益最大化。控制环境是内控基础，强化内控理念，提高风险防范意识，进而成功营造一个积极、健康和诚信的内控文化氛围，其为内控环境及制度改善，提高内控执行力的基础。

（2）建立数字化运作平台。作为在科技研发领域起先锋作用的科研机构，建立符合科研机构运转特点的内部控制信息管理系统。将各种业务制度融合于信息系统之中，建立事前预算、事中审批、事后核算与核查的执行体系（见图 3.9）。

（3）设立内部审计部门。完善的内部控制体系应该包含独立的内部审计，设立内部审计部门能够有效的对科研资金的运转进行事中与事后控制，有效的防范内部控制风险的产生。科研机构大多依赖于财务部门对资金流转使用进行内部控制，缺乏监督财务工作人员的有效手段。虽然多数科研机构组织内部也设有监察部门，但是对于专业性较强的财务工作而言，这样的监督手段显然是不够的。

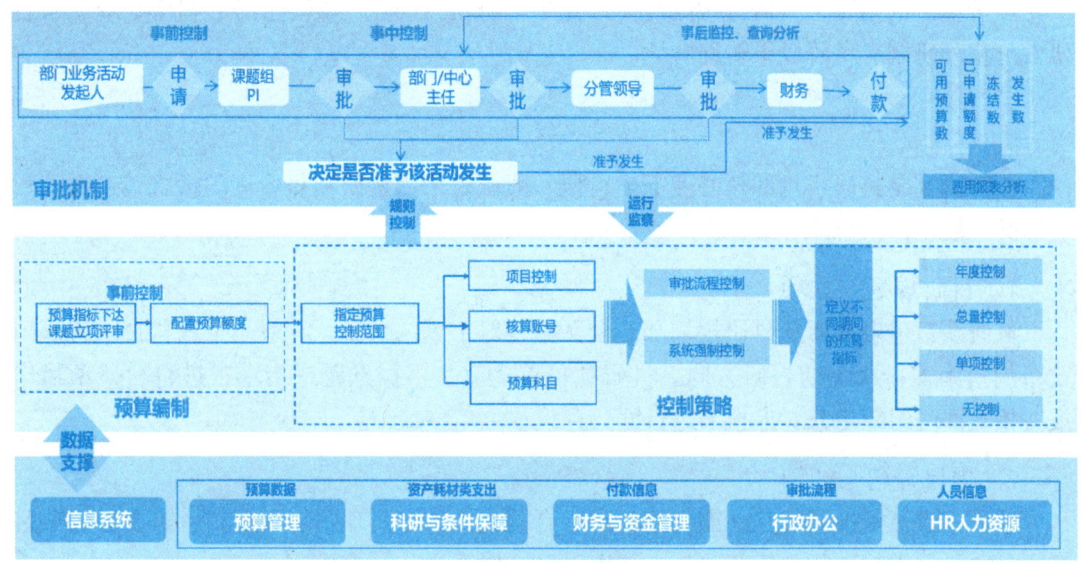

图 3.9 科研机构的内控体系

3. 党建管理

党建与科研深度融合，具有鲜明的时代特色和强大的理论基础支撑。实现高水平科技自立自强是我国应对百年变局和实现第二个百年奋斗目标的战略选择。坚持和加强党的全面领导、推进党建与科研深度融合，为科技创新提供坚强的政治和组织保障，具有鲜明的时代特征。

科研机构完成承载的使命，需要卓越的组织、管理和协调能力，而党组织的领导力、组织力和影响力是提升创新能力的重要变量，主要体现在战略方向上的领导力、内部管理上的组织力和社会网络上的影响力，从而能够有效推动科研机构着眼国家全局"定位"、立足新发展阶段"定标"、针对发展实际"定策"、围绕创新体系"定责"、针对创新主体"定事"。

党建与科研深度融合，是深化科技体制改革、强化国家战略科技力量的有力抓手和根本保证。科技自立自强是一项全局性、系统性、战略性工程。推进科技体制改革，强化战略科技力量，打造原始创新策源地，构建关键核心技术攻关新型举国体制，其中科研机构是关键环节，提升科研机构治理能力和效能是重要因素。党建与科研深度融合，不是党建和科研的简单叠加，而是通过共建、共治、共享实现互促共进。推进党建与科研深度融合，建立具有显著中国特色的现代科研机构治理体系，能有效提升创新能力。

3.3.3 价值链业务分析

从价值链的角度，科研机构的价值产生于科研相关的三大核心业务：科学研究、工程研发与型号研制、科研成果转移转化。

1. 科学研究

科学研究是科研机构的核心业务。科研一般都是采用科研项目管理的模式，遵循项目管理的一般规律。

1）科研规划与立项

科研项目一般都要从科研规划和选题开始，对于纵向项目，一般是依据科技主管部门发布的指南安排相关的科研方向。科研项目首先就是根据选题或指南，进行科研项目申报，相关部门组织专家对申报书进行同行评议。

2）项目开题与计划

项目一旦被审批通过，就需要签订项目合同或任务书。项目立项后，就需要进行项目开题，主要是组织团队、落实预算、制定项目计划等。

3）项目实施

根据项目计划，项目在具体实施过程中，组织科研力量进行科研活动，完成科研项目的各项目标。中期或年度需要对项目进行阶段检查。

4）项目验收

项目任务完成之后，需要对项目进行结题和验收，对项目的成果进行总结，对经费执行情况进行决算，并组织专家对项目的成果进行验收。

5）项目评价

对项目验收后，需要进行后期的评估与评价。

2. 工程研发与型号研制

新型科研机构面向产业开展的工程研发，军工院所需要完成型号研制。工程研发与型号研制一般按照产品设计的模式进行，执行开发设计与项目管理相结合的管理体系，包括工程与研发计划管理、工程与研发项目管理、产品管理与技术服务等。

一般的产品研发分为概念设计、研发计划、产品开发、产品验证、产品投产、生命周期管理 6 个阶段。

1）概念设计

概念设计是 IPD 结构化流程的第一个阶段，它是从接收产品开发任务到概念决策评审的过程。概念阶段的主要意义在于明确需求，同时评估产品机会是否与战略一致，是否符合业务策略的要求,并作出决策。

2)研发计划

计划阶段是对概念设计的假设进行验证,通过与科研机构在工程研发与型号研制方面的相关资源进行平衡。

完成客户需求、到功能需求、到技术需求的映射;从逻辑上完成系统到子系统、到整机、到各模块的需求的分解分配;形成整个系统的规格定义,根据规格定义完成概要设计和资源配置,并制定具体的执行计划。

3)产品开发

开发阶段主要根据产品系统结构方案进行产品详细设计,并实现系统集成,同期还要完成与新产品制造有关的制造工艺开发。对各模块进行详细设计、模块功能验证、系统功能验证、系统集成测试、系统功能验证测试,发布最终的工程规格及相关文档。

4)产品验证

验证阶段确保产品功能满足市场需求,同时为制造做准备,也起到承上启下的作用,证实了开发阶段的假设。

进行必要的设计更改来使产品符合需求,验证产品,发布最终的产品规格及相关文档。

5)产品投产

发布阶段主要是对制造准备计划进行验证和评估市场发布计划,并进行必要的修改及验证,在验证阶段提出的假设。

完成产品的早期客户的总结;完成产品的定位、定价策略和商标及命名、产品的宣传策略、产品的推广策略;发布产品并制造足够数量的产品以满足客户在性能、功能、可靠性及成本目标方面的需求。

6)生命周期管理

在产品稳定生产到产品生命终结期间内对产品进行管理,并对产品的全生命周期进行总结。

3. 科研成果转移转化

科研成果转移转化是科研机构价值的最终体现,特别是新型研发机构需要将科研成果与产业发展进行对接。

科研成果转化是指为提高生产力水平而对科研成果所进行的后续试验、开发、应用、推广直至形成新技术、新工艺、新材料、新产品,发展新产业等活动。就字面意思来说,科研成果转化包括科研成果的"转"和"化",也就是应用技术成果的流动与演化的过程。

科研成果经常通过知识产权的形式进行转移和转化。

常见的科研成果转移转化的方式如下。

1）知识产权许可

知识产权许可是在不改变知识产权权属的情况下，经过知识产权人的同意，授权相关企业在一定期限、范围内使用知识产权的科研生产活动。根据授权许可的范围不同，可以分为独占许可、排他许可和普通许可。一般包括著作权许可、专利权许可、商标权许可、商业秘密许可、集成电路布图设计专有权许可、植物新品种权许可、软件使用许可等。

知识产权许可能够最大化挖掘和利用知识产权价值，促进知识产权成果实施和转化，有利于盘活知识产权，避免闲置。不论是从利用角度还是维护角度，许可他人使用知识产权的产业化策略都是具有经济价值的，在一定程度上能够为知识产权人开拓竞争市场，为其带来可观的经济利益，是科研机构的科研成果非常重要的转化方式。

2）科研成果转化

科研成果转化是指为提高生产力水平而对科学研究与技术开发所产生的具有实用价值的科研成果所进行的后续试验、开发、应用、推广直至形成新产品、新工艺、新材料，发展新产业等活动。

科研成果转化一般都伴随相关知识产权的权属转让。

3）自行产业转化

自行转化是科研机构将其研发的科研成果应用于本单位生产活动和产业化工程应用的一种科研成果转化方式，一般不需要外部企业的参与，由科研机构、院校或企业等市场主体独立完成。其特点是科研成果的成果源与吸收体融为一体，消除了中间环节，从很大程度上降低了科研成果转化的交易成本，而且转化效率较高。一般适用于项目技术成熟，实力较为雄厚、研发生产链条较为完善的市场主体。对新型科研机构和军工院所，科研成果直接为生产和产业发展提供科研支持的模式，比较普遍推行。

4）产业孵化或股权投资

以科研成果作为投资资源，与他人共同实施转化和以该科研成果作价投资，折算股份或者出资比例是科研机构将科研成果与他人共享的重要转化模式。产业孵化或股权投资在新型科研机构进行科研成果转化过程中被普遍采用。投资转化是科研成果持有人利用科研成果作价金额折算股份或出资比例，参与市场主体经营活动的成果转化方式，有利于形成市场主体基于技术与经济利益共享、风险共担的制度性联系。

通常，出资方的科研机构将会成为被投资企业的股东，但是科研成果出资前要经过价值评估和产权转移手续才能符合出资标准。

4. 科技项目的生命周期

不同科技计划项目的生命周期管理有些差异，但科技计划项目的生命周期大致包括以下6个主要阶段。

（1）项目选题指南阶段。

（2）项目申报评审阶段。
（3）项目立项与开题阶段。
（4）项目实施阶段。
（5）项目验收与结题阶段。
（6）项目后期评估跟踪阶段。

3.3.4 职能支撑分析

为实现科研的核心业务价值，必须提供各种资源来支撑科研活动的展开。

1. 人力资源

通过合理的组织，将科研人员按照课题、PI团队等组成科研组织，组建为科研活动提供资源保障和支撑服务的职能团队，为有组织的科研提供最基本的组织保障。

为开展有组织的科研，需要根据课题布局和学科发展，进行各类科研人员的招聘、雇用、培训、开发和报酬等各种活动。人力资源管理不仅对基本和辅助活动起到辅助作用，而且支撑着整个价值链。

2. 基础设施

针对科研活动需要提供相关科研、实验和工程研制的基础设施，如实验室、科研装置、试制车间等，为科研活动开展提供基础设施。

基础设施支撑了组织的价值链条和基础条件。

3. 仪器设备及供应

为保障科研活动进行，需要对仪器设备、实验耗材等物资进行采购、服务保障和供应。同时，在采购和管理的过程中，进行合规化的预算、费用支出和业务服务。

仪器设备供应到位后，需要对共享的仪器设备进行实验申请、调度排程和技术支持，以及成本分摊核算。

4. 科研经费保障

为科研活动提供经费筹措、预算服务和确保经费使用合理、合规的财务管理体系及经费结算与支付服务。

如何根据科研进度有效地提供科研经费保障，提高运作效率和资金使用效率，都是科研机构建设与发展的重要内容。

5. 知识资源

科研活动是知识密集型的创新活动，依赖知识的有效获取、处理和再利用。知识资源是开展科研活动的最重要和最基本的资源。

知识资源既包括对传统显性知识的管理，如相关学科的论文、报告、著作等科技文献及相关实验数据，也包括对知识进行管理的分析和计算；还包括隐性知识管理，如科研人员的经验、知识积累、群体记忆等。

对知识资源的智能分析、图谱分析和资源的深化应用，是保障科研有效组织的重要资源。

6. 行政服务

科研机构的行政服务管理在科研活动中扮演着非常重要的角色，它不仅是科研工作的支持系统，还直接影响到科研效率与成果的产出。行政服务包括日常行政管理，负责科研机构的日常运营，包括办公环境的维护、办公用品的采购与管理、来访接待、会议组织等。协助制定和执行科研机构的各项规章制度，确保科研工作的有序进行。

协助科研人员解决在科研过程中遇到的各种问题，如技术难题、合作纠纷等。

促进科研机构与国内外其他机构、企业的交流与合作，拓展科研合作网络。

组织参加学术会议、展览等活动，提升科研机构的知名度和影响力。

3.3.5　智慧科研的效能分析

智慧科研将从运营、决策等多个层面提供科研机构的独特价值（见图3.10）。

1. 卓越运营平台

为各科研单元提供业务运营的全过程支撑，包括各类项目、工程项目和研发项目的全过程运营管理，实现人才与团队的组织及项目从商机、立项、投标、签约、履约交付到结题验收等全流程服务，实现科研任务合同、采购与保障的全要素管控。

2. 高效管控与资源共享

科研机构对科研单元的价值在于风险管控、战略协调与资源共享。在实现战略目标、绩效、风险和合规内控上提供从业务运营、战略协同等层面的集中管控，也提供人力资源共享服务、财务管理共享服务、物资资源共享服务、知识资源共享服务、客户与供应商资源的共享服务等充分发挥协同效益的资源共享。

3. 创新发展

通过大数据、人工智能、互联网与电子商务等新兴技术，为企业在新的商业模式、新的业务架构、新的竞争优势等方面提供信息化与数字化的创新价值。

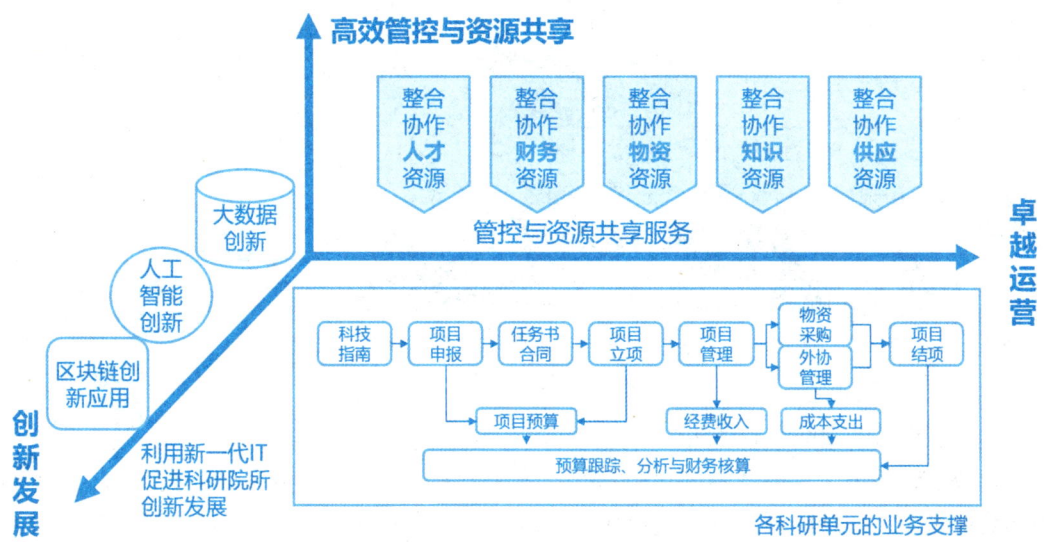

图 3.10　数字化转型的主要业务领域

智慧科研的业务价值包括以下方面。

1）科研运营及管控的规范体系的支撑

科研机构管理标准化体系，为科研机构信息化的建设、推广与应用提供支撑。

（1）制定统一的基础数据标准化管理策略：通过基础数据的标准化，建立符合业务需求，具有实用性和可操作性的数据基础，符合新一代数字化的设计理念和思路。

（2）制定统一的基础数据相关标准：包括分类标准化、编码标准、描述标准、内容标准、审核标准及访问接口标准。

（3）制定统一的管理流程：建立业务流程和单据、资料、数据的标准体系，实现业务共享和风险控制点的标准化。

（4）制定统一的基础数据服务平台：实现主数据的集中统一管理，构建科研机构业务数据的接口、服务和安全控制平台。

2）建立战略管控与科学决策体系

通过信息化和数字化的管理手段，支撑从业务操作与交易处理、运营分析、决策与规划各级管理流程，为作业层、管理层、决策层提供各种管理工具和管理能力（见图3.11）。

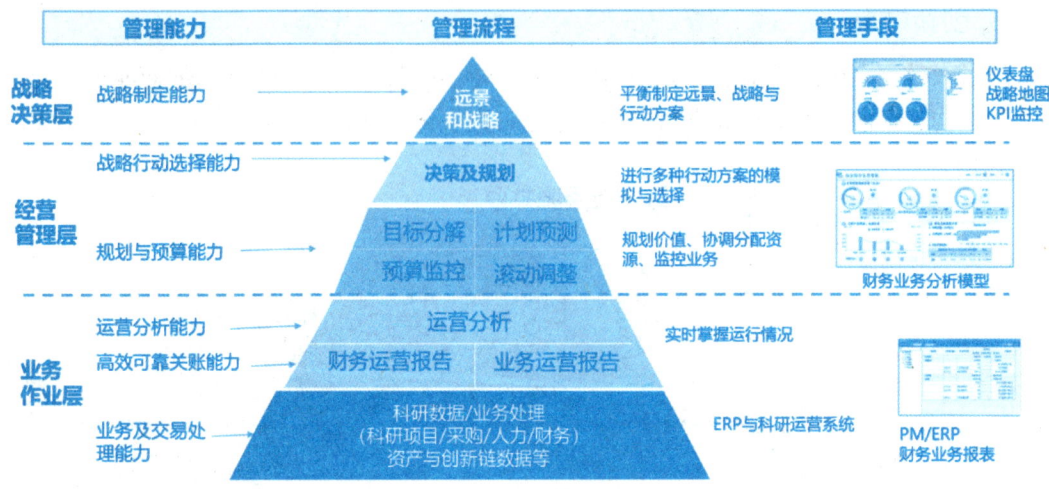

图 3.11 数字化转型的应用层级

3）各科研单元的一体化卓越运营

管理基础规范化：管理制度化，制度流程化，流程信息化；规范的各类编码、分类及基础数据体系；产品的系列化、模块化和标准化；逐步实现管理模型、业务流程、业务管控需求的固化并落地到信息系统。

执行过程高效化：各业务板块的流程处理数字化，业务数据采集的现场化；建立业务流程的标准化、自动化运作体系；内置业务规则与审批的管控体系。

资源管控集约化：适应多学科、多领域的灵活业务流程配置和变化调整；全业务线贯通，横向一体化协同的运营管理体系，资源的协同管理；业务财务一体化，业务信息与核算、成本、资金、预算及绩效管控的实时集成。

绩效可视化：纵向贯通，全局可见，异常监控，实时预警；将合规和风险控制融入业务流程中，实现科研机构的绩效、风险的实时、可控；支持科研机构、科研单元的数字神经系统。

4）建设合规内控管理体系

在科研与设施建设的管理过程中，涵盖项目的立项过程、费用预算与支出、资产及仪器设备与材料的采购、外协与合作、各类报销等管理事务及业务风险控制和过程监管。

从国家到省市主管部门有一系列的规章制度，特别是科技部对科研经费管理的相关制度，财政部对科研事业单位财务管理的相关制度，需要建立起科研机构的治理体系与内控体系。

（1）预算会计和财务会计适度分离并相互衔接的政府会计核算准则与制度。

（2）以支定收的财政资金管理与预算体系。

（3）一套账与一支笔的科研经费专款专用的经费支出制度。

（4）科研仪器设备的政府集中采购制度及仪器设备共享使用制度。

（5）全成本的科研项目经费核算制度。

（6）事前申请、事中控制、事后核算的审批制度。

（7）科研人员薪酬与科研绩效相关的人才待遇管理制度。

只有通过信息化实现流程自动化、业务规则智能化、合规审计动态化才是最有效的提升运作合规性的措施。

通过业务规则的设置实现事前管控；通过信息化的流程与 IT 应用系统实现业务在线的事中管控；通过数据的自动采集与分析实现事后管控。

第 4 章
智慧科研的应用架构

4.1 智慧科研应用架构概述

科研机构数字化平台通过将科学研究、工程研制、装备运维、产业发展等价值链活动形成闭环管理，打造持续改善的精益运作体系，建设一流的科研组织，涵盖管理信息化、科研数字化、园区智能化三大平台（见图4.1）。

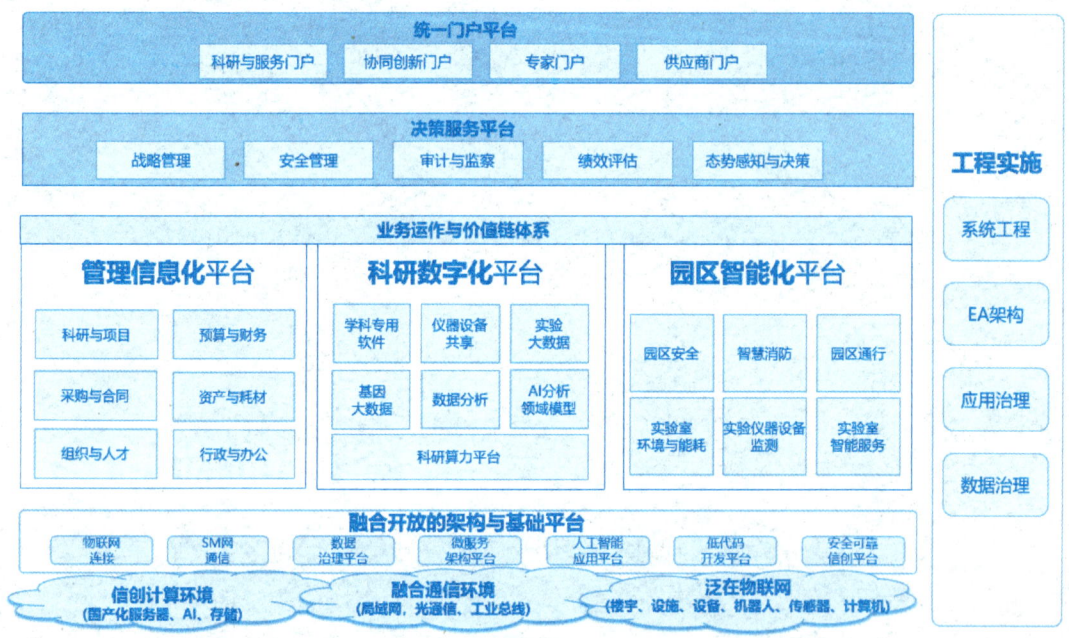

图 4.1　数字化转型的应用架构

应用架构要延续业务架构的成果，满足业务架构的实现和业务活动展开，提供数字化的服务与平台。应用架构结合业务架构的框架来分析。科研机构数字化应用架构按照数字化的价值和业务范围，基本上可以归纳为五大平台：角色门户平台、管理信息化平台、科研数字化平台、园区智能化平台和监管与决策服务平台。

应用架构框架如下。

1. 角色门户平台

门户是用户使用数字化系统的功能和获取服务、检索信息的入口和功能聚集。门户架构划分，比较科学的角度就是根据科研机构数字化平台的角色（服务对象）来进行规划。

智慧科研的门户平台按照角色划分为以下五大门户（见图4.2）。

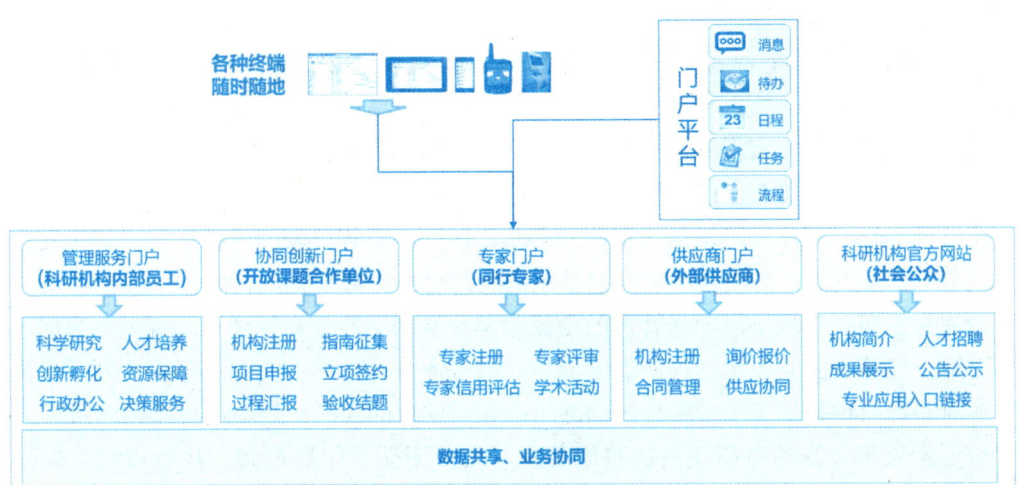

图 4.2 智慧科研的门户架构

智慧科研门户平台概览表见表 4.1。

表 4.1 智慧科研门户平台概览表

序号	门户平台	用户群体	服务内容
1	管理服务门户	科研机构内部员工（包括科研人员、智能管理与服务人员、学生（研究生）、领导等）	提供内部科学研究、人才培养、创新孵化、资源保留、行政办公、决策服务等核心业务功能
2	协同创新门户	开放课题合作单位	对科研协同创新的合作单位，产学研的合作机构，开放课题科研合作单位，提供机构注册、指南征集、项目申报、立项签约、过程汇报、验收结题等协同科研创新的服务
3	专家门户	同行专家	为科研项目选题、立项评审、项目结题验收评审、奖励评审、职称晋升评审等提供同行专家服务，包括专家注册、专家评审（网评/会评）、专家信用评估、学术活动等应用服务
4	供应商门户	外部供应商	为仪器设备、实验耗材、服务外包、外协等外部供应商，提供机构注册、询价报价、合同管理、供应协同等应用服务
5	科研机构官方网站	社会公众	为社会公众提供机构简介、人才招聘、成果展示、公告公示、专业应用入口链接等服务

2. 管理信息化平台

管理信息化平台的核心是科研机构的职能管理与服务的应用支撑，实现科研管理—业务管理—财务管理的闭环与一体化。

1）科研与项目管理

科研与项目管理平台实现科研管理的全类型、全业务、全流程、全要素的管理与服务。

全类型项目支持：实现纵向项目、重大任务、内部自主立项项目、横向项目、开放课题、揭榜挂帅、工程研发与产品研制项目等各类科研项目的统一管理。

全业务支撑：支撑科研机构科技体系的基础研究、工程研发、工艺优化、成果转化、人才培养、产业发展等各类科学研究与技术研发的全业务数字化。

全流程覆盖：实现科研项目管理的全流程端到端的支持；支持项目的规划、选题、立项、开题、实施、验收等管理控制的全流程；财务业务一体化；实现从年度计划、季度汇报、实时跟踪与预警、年度考核与激励的闭环和正反馈的战略计划与运行监控体系。

全要素管理：支撑科研项目的科研经费、人才团队、仪器设备、物资保障、成本控制、审批评审、科研质量、科研成果等全要素的管理。

2）预算与财务管理

预算与财务管理实现科研机构的科研经费的预算、执行、审批、核算的全流程的闭环管理。预算与财务管理需要满足的合规环境有以下几方面。

（1）按照财政部对事业单位会计核算的准则：事业单位执行政府会计准则；采用预算会计与财务会计适度分离并相互衔接平行记账模式；遵循以支定收的公共财政管理的基本原则；执行财政资金的审计规则。

（2）满足科技部门的科研经费管理制度：不同经费来源要遵循资金来源方的管理规定（科技部、基金委、省市科技局等科研经费管理办法）；实行"一套账"和"一支笔"管理模式下的科研经费专款专用支出制度；全成本的科研项目经费核算制度。

（3）通过财务管理驱动科研机构内控与风险管控体系：事前申请、事中控制、事后核算的审批制度；科研人员薪酬与科研绩效的激励体系；资产集中采购制度；业务合规性的风险控制体系；仪器设备共享使用制度等都需要财务管理来驱动。

财务与预算管理的应用架构：新型科研机构的预算与财务管理需要实现科研机构特有的以项目为核心的管理体系，实现项目核算，即以项目为预算单位。每个项目独立编制预算，经费收入专款专用（与企业资金池管理有很大的不同）、经费支出按照项目核算，实行"一套账"和"一支笔"的管理原则，并按项目进行审计与结题。

3）采购与合同管理

采购与合同管理需要根据项目与课题的采购需求，实现对仪器设备、实验耗材、外包外协等服务的统一采购。采购管理实现事前申请与科研项目采购需求对接，采购订单需要根据采购品类不同，分别支持零星采购、比价采购、招标采购和电商采购等不同采购渠道。

采购物资入库后，如果是资产类采购自动生成资产卡片和资产编码与标签，采购付款需要与预算控制和资金管理实现业务流程自动化，并对采购报销自动与财务进行核算入账。

合同管理需要从整个科研机构的各类合同统一管理的角度进行规划,这不仅包括采购合同,还包括科研任务合同、人事劳动合同等。

合同管理需要实现合同的生成、审批、归档等合同文本管理流程,同时还要对合同的收款、付款及相关发票等执行过程实现业务的一体化。

4）资产与耗材管理

智慧科研资产管理平台实现了资产从申请、采购、验收入库、使用、维修保养到处置的全生命周期管理,以及资产实物与使用、价值与财务的全要素与全流程管理。

耗材管理模块实现了实验耗材从申请、采购、验收入库、领用到成本分摊的全生命周期管理,以及危化品耗材的处置管理,实现合规和安全管理。

5）组织与人才管理

组织与人才管理需要实现新型科研机构的人才选拔、人才培养、人事服务、人才发展等全方位实现科研人才的职业生涯管理。

针对科研机构的组织特性,将人才管理与科研管理进行融合,在科研活动过程中培养人才、挖掘人才和使用人才。

人才培养包括研究生培养、博士后培养、继续教育与赋能等业务应用。

6）行政与办公管理

行政与办公管理实现员工之间网络化、移动化的简易快捷沟通与协作,实现办事、办文、办会等行政事务性工作的在线处理。

3. 科研数字化平台

科研数字化平台为科研人员提供基于数据的模型、计算、分析进行科学研究的新方法与新手段,实现新型科研范式。基础研究成果,通过产品与工程研制的数字化,实现产业化发展。

针对学科的基础研究,通过数学模型原理,结合数字化数据的采集与分析,建立大模型,并运用人工智能和机器学习技术进行领域模型分析。通过专业软件的辅助,我们将实现分子构造与基因分析,从而进行科研活动的研究。

这些研究需要算力平台、算法软件和大数据管理的支持数字化平台可以提供基础支撑能力,结合各研究单元的专业软件,建立一个全面的数字化科学研究环境。

4. 园区智能化平台

园区智能化平台是运用数字化技术,以全面感知和泛在连接为基础的人、机器、物体、事务（人机物事）深度融合体,具备主动服务、智能进化等能力特征。作为一个有机生命体和可持续发展空间,智慧园区旨在为科研机构的科研和生产建设提供一个智能化的物理空间、信息空间的融合。

1）人机物事深度融合体

智慧园区由各种元素构成，包括有生命的人，无生命的建筑、设施设备和环境空间。这些元素包括：园区内人们产生的活动，已发生或正在发生的事件；人群之间的交流与协作产生的联系；园区运营的数据和创造的劳动价值等。在智慧园区内，人与人、人与物、物与物、业务与业务之间不再是孤立的个体，而是像一个整体一样彼此交互、作用和影响。系统间的协同、信息的交互、业务的融合成为常态，在交互和融合的过程中实现价值再造。

园区智能化通过 ICT 技术使融合体得以实现。例如，通过摄像头、传感器等物联网设备，深度感知园区内的人、机、物、空间等静态及动态的信息和变化，并在数字空间形成实时精准的数字园区映像，实现相互之间的无缝对接与协同。

2）有机生命体

生命体是指可自发进化的体系。智慧园区拥有人机物事融合获得的数据，通过 AI、云计算等数字化技术的赋能。

智慧园区拥有自我学习、自我适应和自我进化的能力。通过园区相关系统的协同与深度融合，智慧园区为园区内的人机物事提供主动管理、主动关怀和主动服务；通过对园区自我演进历程的记录，分析园区的演进框架，可以研究并预判园区未来的发展趋势。在应对不确定性和突发情况下，智慧园区具备按需调整的能力，通过柔性化管理提升园区风险应对能力，实现自身资源共享及与社会资源的协同。

3）可持续发展空间

随着智慧科研的建设及发展，其不断超越园区已有的空间承载能力和服务能力，从而对园区提出新的要求。因此，智慧园区需要具备可持续发展的能力。

智慧园区将是绿色高效的物理空间，降能减耗，"零碳"未来，充分利用园区的能源和资源，实现"人在服务即在"的理念，做到资源与服务按需使用、不造成浪费；同时，智慧园区建设数字空间，拓展有限的物理空间，使信息和数据的价值成为未来智慧园区的生产力要素。可持续发展的园区空间，将促进业务创新，创造无限可能，成为经济、生态和社会可持续发展的源动力。

智慧园区融合人与设施、人与建筑、人与空间、人与产业、人与生活，园区智慧化转型将实现一代代智慧叠加，自学习、自成长、自演进，成为可进化的有机生命体。

5. 决策与监督平台

决策与监督平台是在智慧科研平台的数据聚集的基础上，通过数据分析实现监督管理与宏观决策分析的支持。

1）数据收集与整合

采集科研机构的各类数据，如科研项目信息、科研成果、经费使用情况、人员构成等。对收集到的数据进行整合、清洗和标准化处理，确保数据的准确性和一致性。

2）数据分析与挖掘

利用数据挖掘、机器学习等技术，对整合后的数据进行深入分析，发现有价值的信息和模式。为决策层提供科学依据和决策支持，如项目立项评估、科研成果评价等。

3）决策支持

基于数据分析结果，构建决策支持模型，为科研机构的战略规划、项目审批等提供决策建议。提供可视化决策工具，帮助决策者更直观地理解数据和决策建议。

4）合规管控与监督

建立科研项目风险监测指标体系，实时监测科研项目的进展情况和潜在风险。

对科研机构的科研项目、经费使用、人员行为等进行合规性审查，确保科研活动的合法性和规范性。定期进行内部审计和检查，发现问题及时整改，防止违规行为的发生。

建立科研成果质量评估标准和方法，对科研成果进行客观、公正的评价。

根据监督结果，制定具体的改进措施和计划，并督促相关部门和人员落实。

建立监督反馈机制，及时跟踪改进措施的执行情况和效果，确保监督工作的有效性和持续改进。

4.2 统一门户平台

4.2.1 概述与门户应用架构

信息门户是信息化平台中信息、应用聚合交互的工作平台。信息门户直接面向终端用户，从人机交互方式的角度看，在统一的安全访问策略控制下，展现跨 IT 架构全景的信息资源整合和综合利用的效果。信息门户为各部门及下属组织单元的用户（科研人员、管理人员、业务人员、系统操作人员等），提供统一的接入服务，涵盖应用聚合、身份认证和管理、单点登录、报表展现、流程操作等，实现统一界面下可灵活定制的个性化工作台展现。

在前台门户整合的解决方案中，信息门户的角色和作用在于将所有信息系统的交互都整合进一个统一的工作平台。这个工作平台负责连接现有的系统，打破系统之间原有的交互壁垒。传统的软件采用通过菜单调用各个功能模块的方式，而在基于微服务的应用模式中，系统将通过流程调用业务对象来重构业务过程。同时，信息从菜单驱动的功能调用模式转变为通过流程将目标业务推送到相关用户的个性化门户界面之上，从而形成了应用的动态个性化的展现，带来一种新的软件运行和服务方式。通过流程把业务所要处理的对象和数据、所要了解的信息推送到桌面，实现各种结构化和非结构化数据的统一，以及各个系统之间的端对端聚合。

信息门户的功能包括统一的终端接入、统一的界面交互标准，以及统一的信息和应用的聚合（见图4.3）。

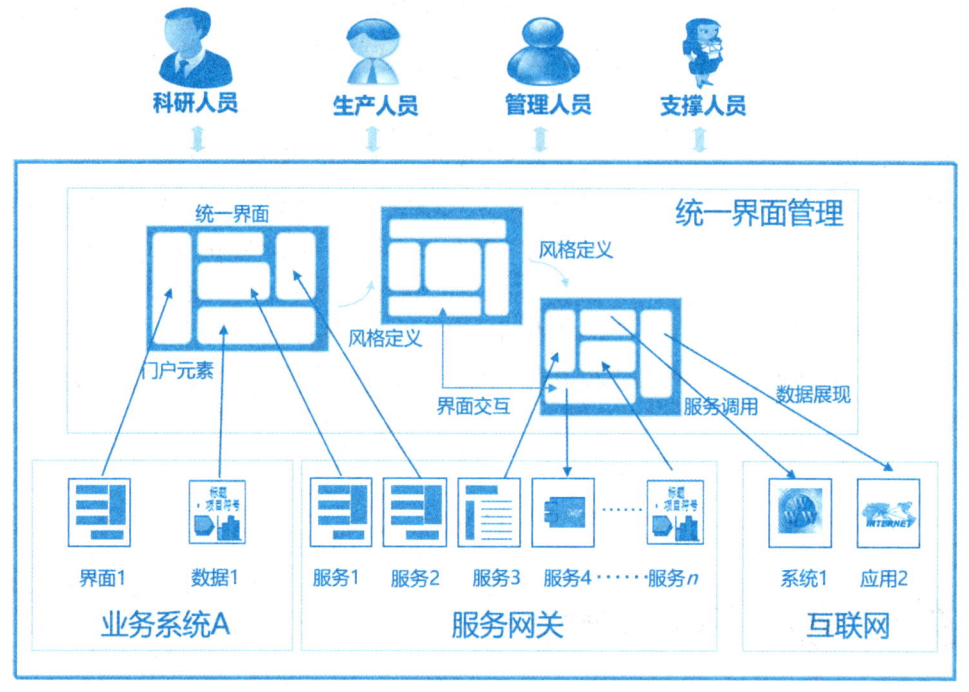

图4.3　门户系统的技术架构

1. 统一的终端接入

所有应用的统一入口，支持多种客户端访问终端（PC、移动终端等），形成所有应用的统一入口。这样就可以随时随地地进行移动办公，处理紧急事务。

2. 统一的界面交互标准

无论是何种角色的用户，通过统一工作台来访问应用资源和执行业务操作，其功能界面可以实现风格和操作的统一，消除原有业务系统间界面风格不统一所带来的操作不便。同时，基于门户内容定制及个性化展现的技术特性，可以实现不同角色和不同权限的用户对能够访问和操作的资源进行个性化的定制。

3. 统一的信息和应用的聚合

基于服务方式，将不同应用系统、应用服务及数据资源进行封装，从而使得各种类型资源以标准服务的方式接入信息门户，展现其内容。

门户应对服务访问和应用访问提供有效支持，可将多个不同的支持 Web 的应用聚合成为新的 Web 服务。

统一服务应用门户将为各类用户基于角色和业务场景提供统一的应用接入与服务。统一门户平台提供多终端（手机 /PAD/PC 等）、泛在连接（5G/WiFi/ 局域网 / 互联网等）、全时访问、统一身份与认证的互联网门户；包括 4 类用户的应用访问入口：科研及服务门户、协同创新门户、专家门户、供应商门户等。

各门户通过一体化的平台，基于数据共享、业务协同的技术平台，实现各门户之间的业务在线交互，将各类在线服务实现互联互通。

4.2.2　门户工作台

各门户除提供应用接入与导航服务外，还提供业务和服务的工作台，包括待办事项与消息、消息与短信服务、日程管理、沟通协作、通讯录等基础服务。

1. 待办事项与消息

待办事项是工作流驱动下，需要用户进行审批的工作事项统一提醒，系统中所有业务待办事项的集中统一办理（见图 4.4）。

图 4.4　待办事项与消息界面

2. 消息与短信服务

消息服务组件是体现协同办公服务人性化的一个关键支撑服务组件。消息服务为用户提供了待办提醒，包括系统内通知、邮件、短信等，同时还面向用户提供即时聊天通讯的功能。此外，短信平台可以实现与一体化平台的对接，在一体化平台系统中实现短信发送。

3. 日程管理

该系统提供个人日程管理及同事日程查看等服务功能，旨在方便工作协同。用户可以设置日程类型，包括私人日程、工作日程及系统日程。日程可以设置提醒及提醒频率。此外，用户还可以申请查看和共享同事的日程。

日程管理提供了一个统一的用户工作安排展示界面。用户可以在日程界面中，按照日期查看后台各个业务应用中与日期相关的事项，并以日程格式提供一个处理入口，从而能够清楚地掌握每天的工作与时间安排。

系统会将具体的业务条目自动同步到用户的日程中，不需要用户手工添加操作，但是用户可以设置具体日程的提醒。用户也可以通过手工添加的方式添加工作日程和私人日程。

日程的共享功能方便团队之间的日程协调。如果用户是单位或者部门领导，可以很方便地查看该单位、部门其他用户的日程安排情况，从而能够实时掌握本单位、部门内所有成员的工作安排。并且在会议管理服务中，系统可以自动进行日程冲突的检查，为系统的应用提供日程服务。

日程管理实现了安排公务活动、在线提醒通知、分类统计和查询等功能，并与业务流程等应用关联。

4. 沟通协作

沟通协作就是方便快捷地通过各种终端，通过员工通讯录，找到需要协作的同事，并可以方便地进行各种通信。相关的交流记录可以存放在集中数据中心内，便于查询和跟踪工作事项。

智慧科研平台实现基于业务场景的沟通与协作，如基于会议、业务审批流程、项目、文档撰写等，通过业务上下文的联系，实现为工作而协作的沟通模式（见图4.5）。

智慧科研平台提供的任务协作，可以方便实现上级对下级分派任务、同级之间进行业务协调、下级对上级的请示汇报。任务接收人可以提交任务办理的进度和文档，系统自动推送任务消息，团队成员之间可以进行对话留言，共享过程信息，让任务协作更顺畅。

图 4.5　科研协作与沟通

5. 通讯录

面向用户提供本单位/部门人员联系信息的快速查询、搜索等功能。通讯录与人事组织人员数据解耦，其基础数据可直接从人力资源模块进行同步；通讯录可以设置隐藏组织和人员，不进行显示；可设置具体人员的某个信息项是否显示；可以增、删、改通讯录的组织和人员；提供人员的外出状态查询并集成即时通讯功能。

4.2.3　科研与服务门户

内部科研人员、支撑服务人员、管理人员提供内部科研活动与业务管理服务的门户。内部员工（含研究生）使用统一的身份与用户管理，基于角色和场景，系统提供基于业务场景的服务推送与 AI 自动化（见图 4.6）。

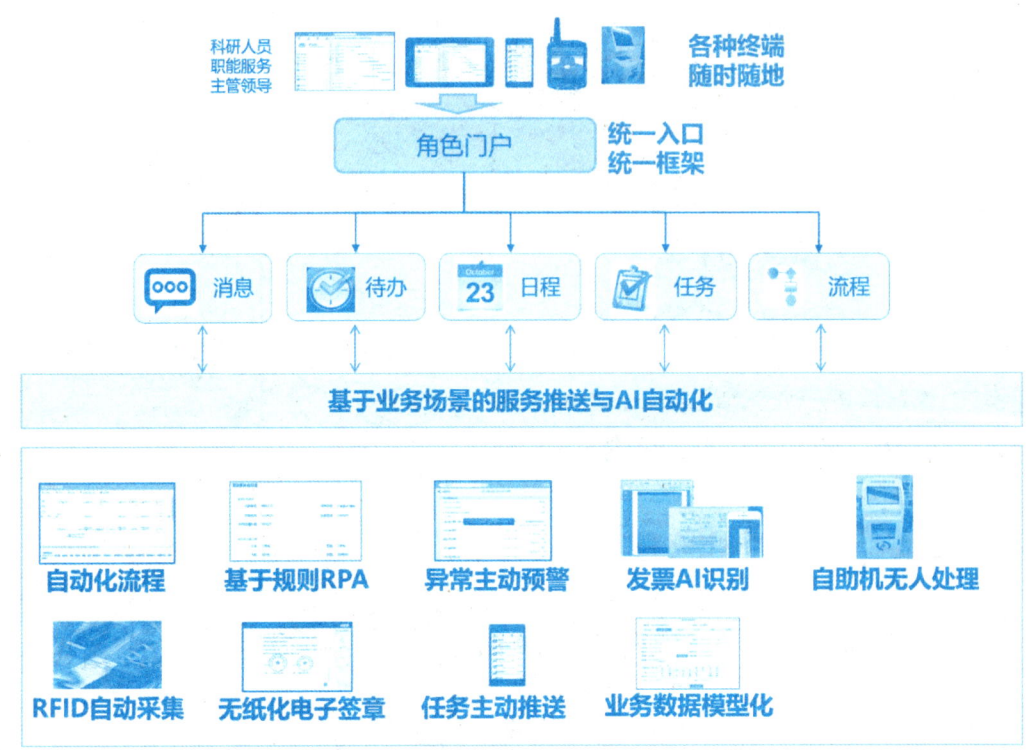

图 4.6　科研门户的智能服务

4.2.4　协同创新门户

协同创新门户是为参与科研机构开放课题与科技基金管理的机构和科研人员进行科研协同创新提供服务的门户。

参与承担开放课题的机构和科研人员,可以通过门户实现机构注册、指南征集、项目申报、立项签约、项目汇报、验收结题等科研协同创新的管理与服务。

(1)机构和科研人员注册:支持各类科研机构或企业等组织申请注册成为协同创新的合作机构,并注册相关的合作科研人员信息。

(2)指南征集:对发布的开放课题的指南征集进行申请,在线提交指南建议。

(3)项目申报:对发布的开放课题进行在线申报,填写申报书内容。

(4)立项签约:对评审通过的开放课题申报,在线进行合同填写和签署。

(5)项目汇报:对立项的项目进行阶段性和定期的汇报,包括项目研究进展、成果进展和课题经费的使用情况。对于需要变更的内容(课题负责人、预算、进度等),应提交变更申请。

（6）验收结题：对完成的课题申请在线的验收和结题，提交验收材料，由科研管理部门组织进行相关评审。

4.2.5　专家门户

为参与同行评审的专家，提供在线进行专家咨询、科研评审和服务的门户。专家可以通过门户直接进行专家在线注册、在线科技评审、参与科研活动和学术交流。系统可以为专家提供科技诚信的评价和管理。

（1）专家在线注册：可以注册成为评审专家，协同创新门户中注册的科研人员达到专家资格条件的可以申请成为专家。专家注册申请由后台的专家管理系统进行资格审核，符合条件的申请人成为注册专家。

（2）专家在线评审：专家根据评审系统后台设置的评审任务，登录门户根据待办进入项目评审，根据评审模板进行专业评审，如打分和投票等。专家在线评审支持会评和网评两种模式。

（3）专家参与科研活动和学术交流：专家可以在门户中查询和报名参加各种学术交流和科研活动。

4.2.6　供应商门户

通过供应商门户，实现与外部供应商（包括设备采购商、服务供应商、外协外包商等机构）的供应商注册、询价报价、招投标、合同、结算、物流与服务等业务进行商务协同。

（1）供应商注册：支持各类意向采购供应商的提供在线申请注册，经审核通过后成为合格注册供应商。系统支持对供应商的数字证书的登记和 CA 认证，并支持合同和相关法律文件的在线数字签章。

（2）询价报价：对采购系统发布的询价报价公告，针对采购类目提交报价材料和供应条款。

（3）招投标：在自行组织的招标采购过程中，供应商可以在线提交投标材料，并实现在线开标。后台采购系统将负责组织评标工作。

（4）合同签约：对达成采购订单的事项，支持甲乙双方在线填写合同和协商合同文本。系统支持在线合同的数字签章。

（5）在线结算：对供应商付款的在线结算和对账。

（6）物流与服务协同：对于执行的合同或订单，进行相关物料和服务的协同。

4.3 科研选题与立项管理

4.3.1 科研项目与应用架构

对科研机构的科研而言，合理的科研选题或项目的争取都是科研活动的前提。

科研规划是对科研机构的学科建设、科研的组织形式、科研的目标导向与科技计划管理，一般按照自主立项和开放课题的科研计划与组织形式。如何有效地实现科研机构对关键领域的科学研究、成果转化与产业化突破，解决学科或产业中所涉及的基础研究、应用研究和产业化发展中的重大基础性科学问题，形成良性的"科研—产业—反馈—科研"创新闭环，都需要信息化的手段对科研规划与选题提供支撑。

科学规划管理数字化可通过逐步规划建设全面的一体化平台，围绕科研项目管理的全过程全要素，提升运营管理服务，建设以科研项目管理、科学实验管理、学术活动与交流等核心支撑应用，建立科研同行评审、科研绩效与评价等治理体系。

科学研究平台将为科研机构内的科研人员、开放课题承担单位提供科研项目，从申报评审立项、开题、实施、阶段检查到验收结题的全过程数字化服务，为科研管理部门提供科研全要素的支撑与条件保障服务；为专家提供一个对科研项目同行评审的在线评审工作平台（见图 4.7）。

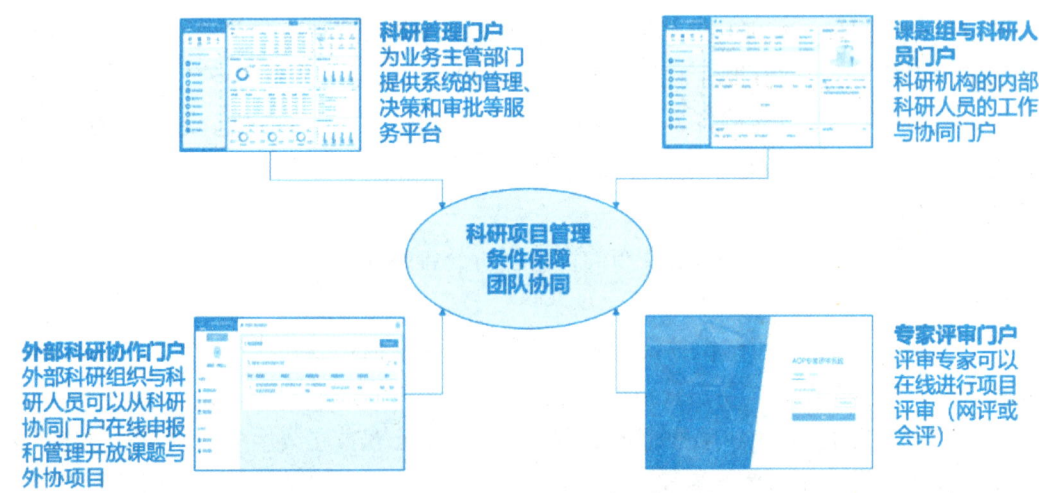

图 4.7 科研管理的不同角色

科研管理模块实现对科研的规划、立项评审、项目过程管理、科研成果等综合管理，满足科研全过程的服务需求（见图 4.8）。

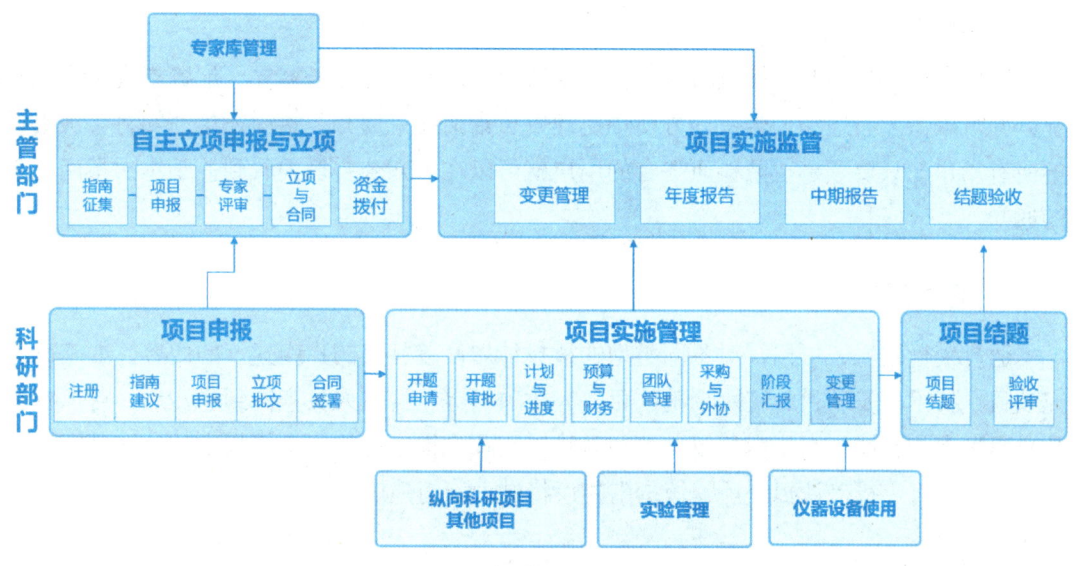

图 4.8　科研管理的应用架构

4.3.2　科研规划与指南管理

科研项目管理需要以科研规划与指南管理为起点，合理的科研选题，对科研机构的研发项目和指导作用是不可缺少的。特别是新型科研机构，科研规划包括科研机构的学科建设、科研的组织形式、科研的目标导向、科研的计划管理，以及自主立项和开放课题的科研计划与组织形式。

智慧科研采用流程化和数字化平台进行指南征集、评审和发布，主要流程如图 4.9 所示。

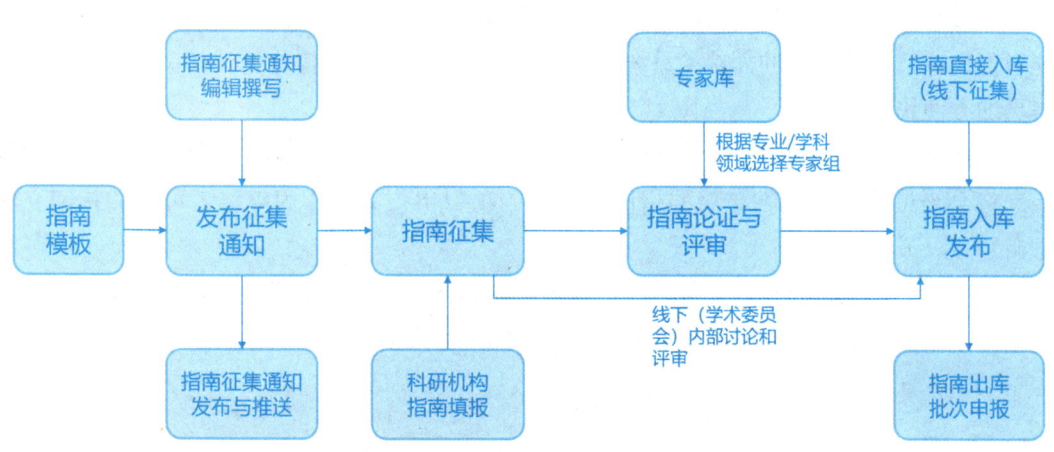

图 4.9　科研选题的管理流程

1. 发布征集通知

在发布征集通知时，智慧科研平台支持后台管理员根据业务需要，配置指南填报表模板，并可以像发布通知公告一样方便快捷地发布指南征集通知。指南征集通知将会被推送给所有用户，只要登录智慧科研平台的用户就可以在通知公告栏中看到关于本次指南征集的通知。

2. 指南征集

通过模板定义，可以针对不同类型的科技计划设置相关的指南建议的内容，如基础研究项目、技术研发项目、应用示范项目、人才项目等。科研人员查阅到通知后，可以在智慧科研平台中在线填写指南建议。填写时将采用预先设定好的指南模板中的自定义字段。科研人员填报完成确认提交后，该指南建议将进入指南建议库中。

3. 指南论证与评审

在指南建议库中，科研管理员可以查看所有已提交上来的指南建议，对所有的指南建议，从质量较高、符合机构发展规划的指南中进行进一步筛选。为满足不同科研机构的实际需要，智慧科研平台需要设置不同的指南遴选模式。

（1）学术委员会筛选指南建议：科研管理人员线下处理，一般是学术委员会讨论，确定合适的立项指南。科研管理人员将指南评审会议的决定，直接录入系统。

（2）通过专家评审遴选指南：科研管理人员从专家库中选择和组织专家组，将需要被评审的指南进行分组后，通过专家评审，形成指南入库的流程。

4. 指南入库与发布

经过初选后的指南将由科研管理人员操作入库。为了满足科研人员在征集过程中，可能对指南进行合并编辑的需求，系统支持合并入库、批量入库操作，让指南的入库管理变得更加方便快捷。

入库后的指南，将从指南建议库进入立项指南库，入库指南经过最终领导审批确认后，将会被最终发布，发布后的指南将被用于项目申报时，作为申请者可选的指南立项方向。

指南征集从发布通知，到科研人员填报，再到指南遴选，最终生成立项指南以备项目立项时使用，指南征集业务实现了对立项指南的全生命周期管控。

4.3.3 项目在线申报

1. 系统流程与模板配置

在立项指南确定后,智慧科研平台系统支持科研管理部门发布项目申报通知、并自定义《申报书》《合同书》《项目进展报告》《结题报告》模板。

科研项目在线申报从以下 4 个层面出发,充分满足科研单位在项目申报过程中的实际需要。

(1)业务层面:满足科研项目选题及项目立项前的申报与评审,覆盖项目管理全过程。

(2)应用层面:提供各种角色的在线微服务应用门户,支持各类终端(重点是 PC 和 PAD,专家会评可能用 PAD)。

①科研人员申报门户:支持互联网在线操作、支持内外部科研人员/机构在线申报项目,申报后的项目可被推送给评审模块。

②专家评审门户:支持评审专家通过互联网进行线上评审;同时也支持内网、PAD 等设备进行会议评审。

③科研管理门户:为科研管理人员提供申报、评审过程的管理与监控功能。

(3)数据层面:满足数据模型驱动,支持数据的应用程序编程接口(API)服务化,支持各类数据模型项目。

(4)技术层面:支持模板化、评审引擎化。支持可以自定义的申报书模板、评审打分模板、任务书/合同书模板等,支持可自定义的审批流程。

项目申报过程中,不同的科研计划有对应不同的申请书和合同模板。为满足这一需求,智慧科研平台项目申报系统支持项目管理方对项目申报的申报书、合同书、进展报告、结题报告进行自定义配置和模板定义(见图 4.10)。系统通过对申报书和合同书的结构进行分析和梳理,设计出更加通用的模型,以提高其可扩展性和对不同业务场景的兼容性。

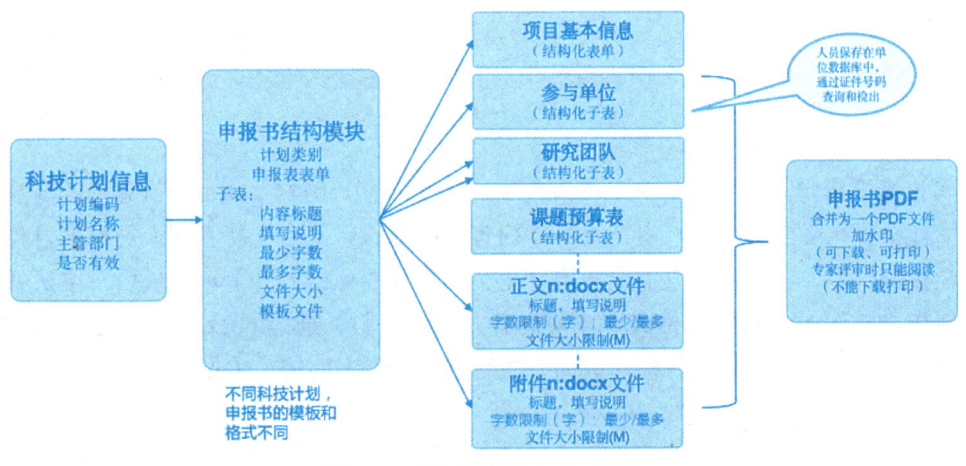

图 4.10 科研项目的申报书结构

在实际系统中,《申报书》与《合同书》被分为多个页签。

①须知与说明:智慧科研平台支持管理人员自定义编辑申请书与合同书中的填写说明。

②基本信息:基本信息由固定的项目必要字段与可灵活配置项组成,除用于项目管理所必需的字段外。例如,除项目名称/编号、所属计划/专题、指南方向等必要字段外,其他申请表中的字段都可以根据需要灵活配置(见图4.11)。

图4.11 项目申报的界面

③正文上传与附件上传:对于申请表中的正文内容,例如,项目的研究目的与意义、项目的社会影响、研究内容、考核指标等内容,智慧科研平台支持管理人员根据自身需要灵活配置的内容,管理人员仅需要规定好正文及附件的标题,并上传模板后,申请者即可按照要求的内容及模板中的格式,填写内容并上传材料,通过docx格式,方便项目申报人员在正文中以图文、表格等格式更加方便地进行申报书的撰写(见图4.12)。

图 4.12　项目申报书的模板配置

④预算模块：后台管理员也可以对《项目申报表》中的预算表根据自己的实际需要进行灵活配置。

2. 发布项目申报通知

科研管理员在编辑好项目申报通知后，即可提交并发布通知，项目申报通知将会被推送给所有科研人员（内部/外部）。

3. 在线项目申报

在申报项目过程中有 2 种场景。

（1）内部人员申报项目：内部人员可以直接在智慧科研平台内部门户的通知公告栏中查看通知，并通过通知底部的申报入口快捷进入申报界面。

（2）外部人员申报项目：外部人员需要注册/登录独立的智慧科研平台项目申报系统并进入项目申报门户网站。

在申报门户中，包含了项目通知通告、我的项目、基本资料等内容，申报人在注册登录后，先会以游客身份存在，如果申报人想要申请项目，则需要填写基本资料并提交审核，审核通过后将成为认证申请人，才有申请项目的资格。

在"我的项目"中，申请人可以新增申报书并查看自己以往申报项目的历史记录。

在填写申报表信息时，申请人将按照之前项目申报管理方设定的申报表模板填写所要求的信息。

在项目申请者提交申报材料后，科研管理人员将把这些项目进行分组，并提交到评审系统进行项目评审。

项目申报提交后，系统根据模板将填写的数据、正文（Word 格式 docx 文件）和附件，合并生成一个申报书 PDF 版式文件。

申报书可以下载、打印并盖章，在后续的项目评审过程中，专家主要评审的材料是申报书 PDF 和相关附件（见图 4.13）。

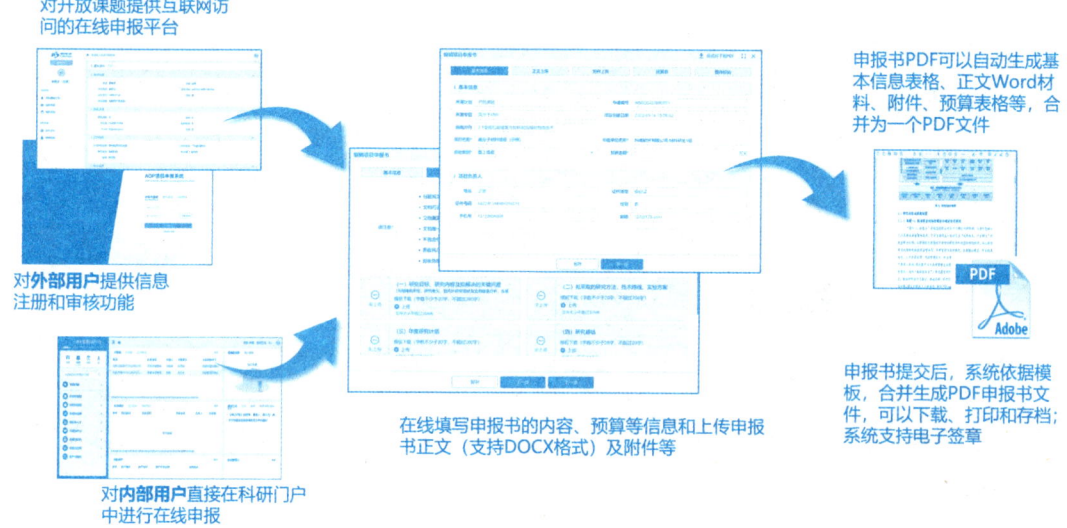

图 4.13　项目申报文件的生成

4.3.4　专家在线评审

1. 系统流程与模板配置

科研单位在实际工作场景中无论是遴选指南、评估项目是否立项、职称晋升等，都有对评审的明确需求，但实际场景中评审往往仅在线下进行，或是在以往的 OA、科研系统中也仅是登记过会后的评审结果，而这是不足以满足科研单位对于项目全生命周期管控的实际需要的（见图 4.14）。

第 4 章 智慧科研的应用架构

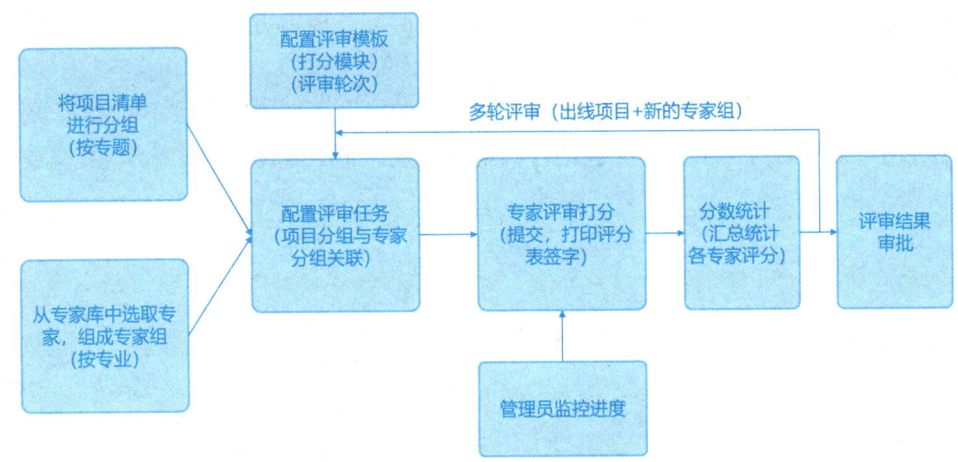

图 4.14 科研项目申报的评审流程

智慧科研平台中评审模块可以设置为一个独立的平台，与其他子模块充分解耦，这让评审模块可以支持不同的场景。例如，指南评审、立项评审、职称评审、奖励评审等（见图 4.15）。

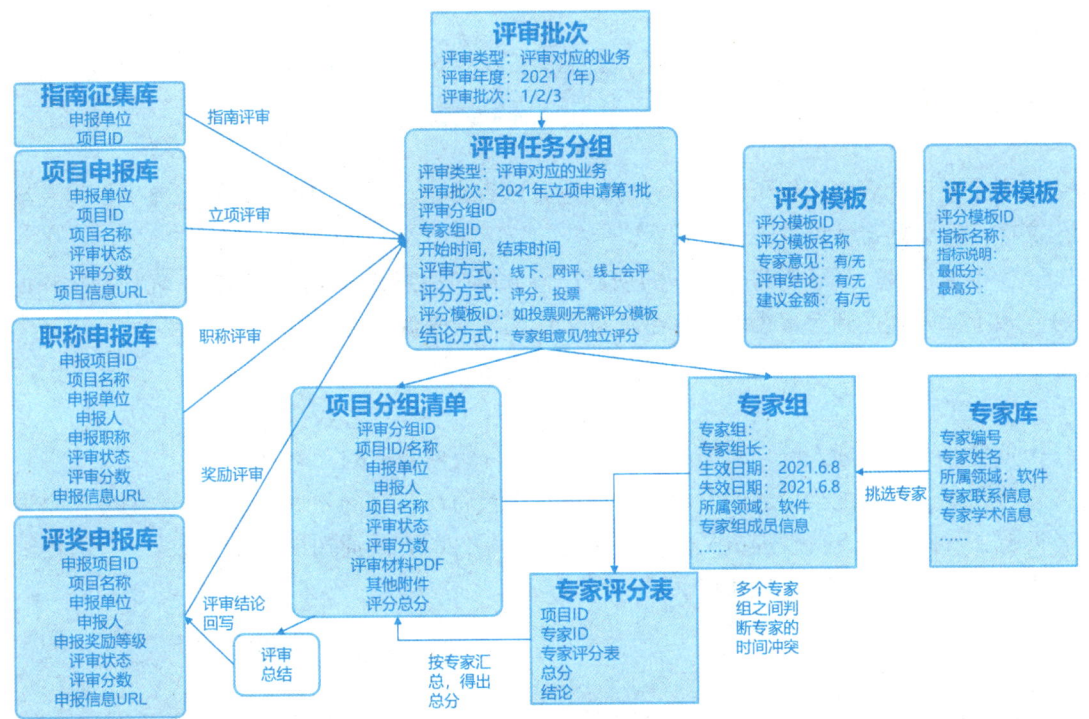

图 4.15 项目申报评审的数据结构

基于以上情况，在实际评审业务过程中根据系统流程，即可完成各类场景下的评审工作。

配置评审任务：在配置评审任务之前，后台管理人员需要先配置好评审批次和打分模板。

107

配置评审批次：评审批次决定本次评审的起止时间、评审方式、结论方式、评分方式等内容。

配置评分模板：为满足不同评审批次之间、细分专业不同、评分表不同的需求，评审模块支持用户根据自身需求对评分表进行自定义配置（见图4.16）。

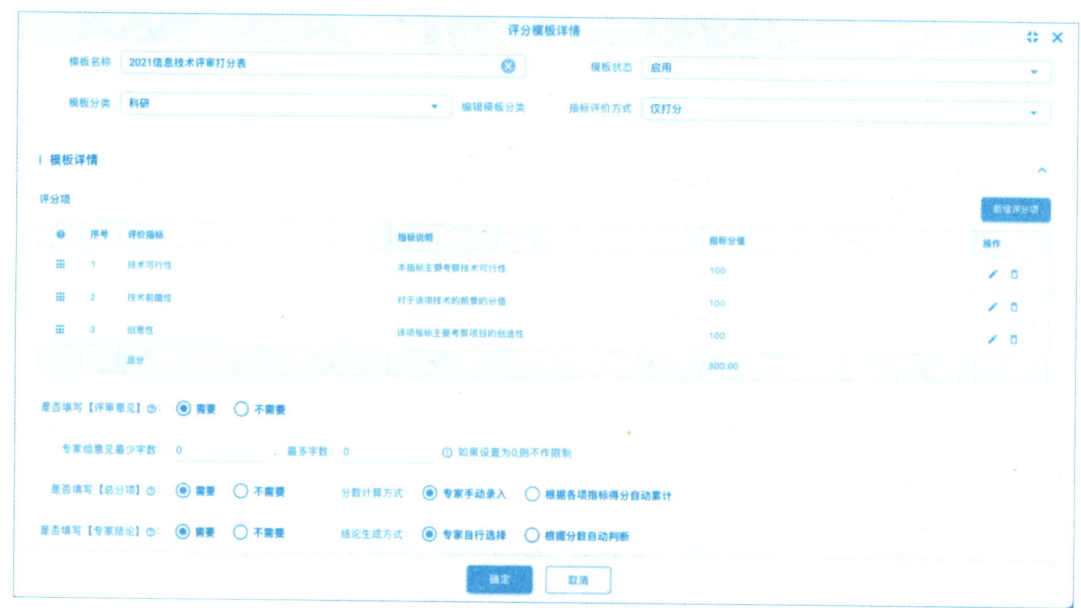

图4.16 项目申报评审的评分模板

用户在评分表中不仅可以选择评分，还可以有自由选项（ABC，优良中差），以及给出文字性意见的定性评价来进行评审。

后台管理人员就可以将被评审的项目进行分组（注意在分组时，选择正确的批次和评分模板），并推送到评审模块，这是评审模块的输入来源。

2. 组建专家组

负责评审的管理人员会根据专业筛选专家，并组建合适的专家组。

将评审任务分配给合适的专家组。评审管理员将准备好的项目分组与合适的专家组进行匹配，其间系统支持管理员从后台发送短信及邮件的方式通知被选择的专家，以方便管理人员确认该专家是否参与评审。

3. 专家在线评审

在评审时间开始后，专家可以通过评审系统门户登录到评审系统中。

登录后，专家可以进入评审系统，系统提供对评审任务的进度及待评审的项目清单进行各种条件的列表展示及查询功能（见图4.17）。

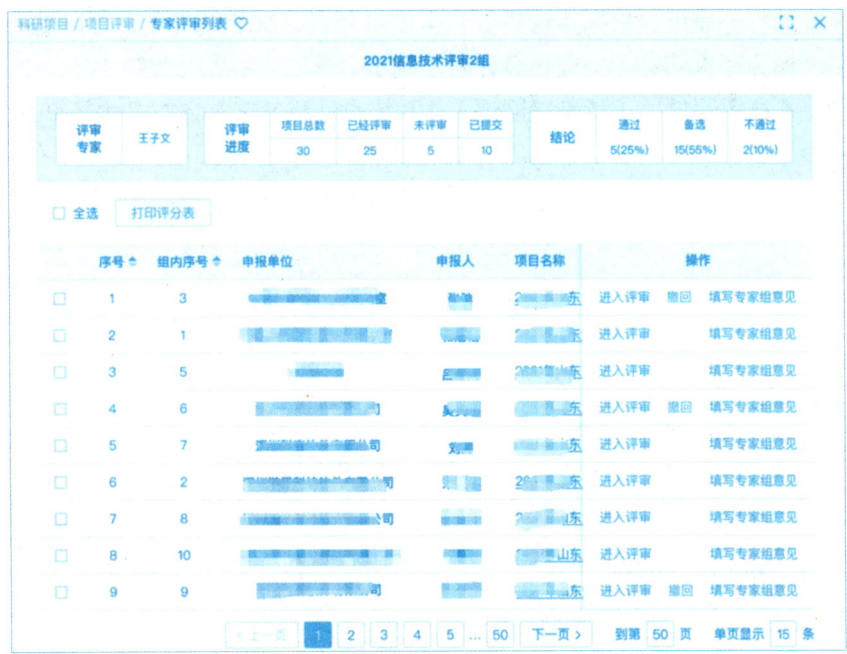

图 4.17　项目评审的任务看板

在项目评审看板中,可以选择一个项目进行评审,系统会显示某个项目打分表和评审材料,这里会根据之前管理员预先设定的模板来显示评分表(见图 4.18)。

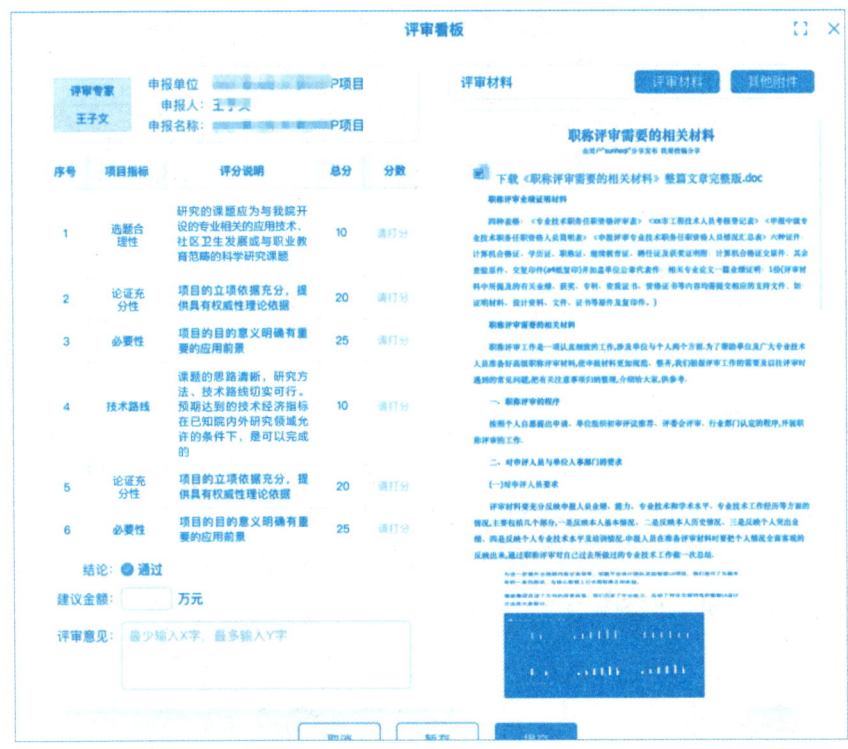

图 4.18　评审看板的界面

109

专家评审的打分表可以根据系统模板，生成打分表（PDF 文件），可以支持批量下载打印、签字，作为评审档案（一般在会评时采用）。

系统支持在线手写签字（特别是网评），系统自动将签字加入打分表的 PDF 文件中，作为档案材料。

系统支持专家对所评审的项目进行投票表决（见图 4.19）。

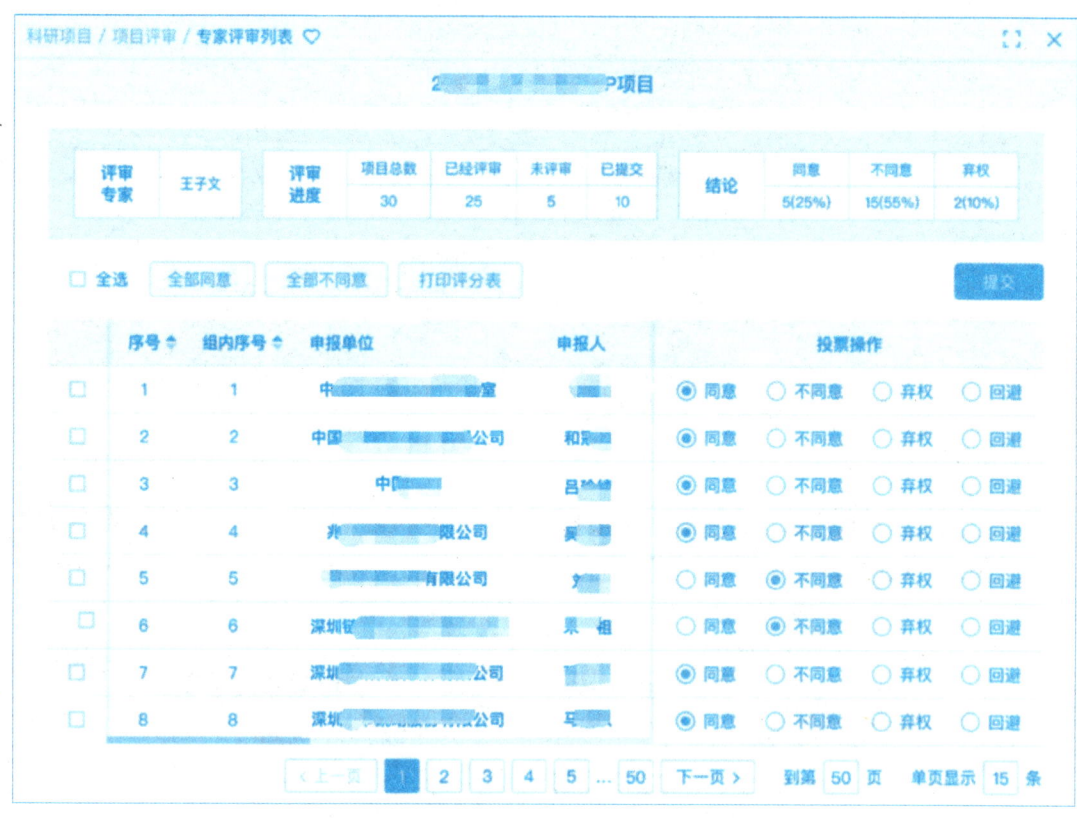

图 4.19　项目评审的投票界面

如果配置了需要给出专家组意见，那么专家组组长在评审时还需要在专家组意见的填写界面进行专家组意见填写。

4. 评审任务的实时过程监控

在评审过程中，评审管理员可以对评审全过程进行实时监控，及时应对和处理评审过程中专家提出的各种疑问，并给予辅助支持。

在评审结束后，评审的所有结论将会汇总显示，让结果一目了然，方便管理者对项目是否立项作出最终决策（见图 4.20）。

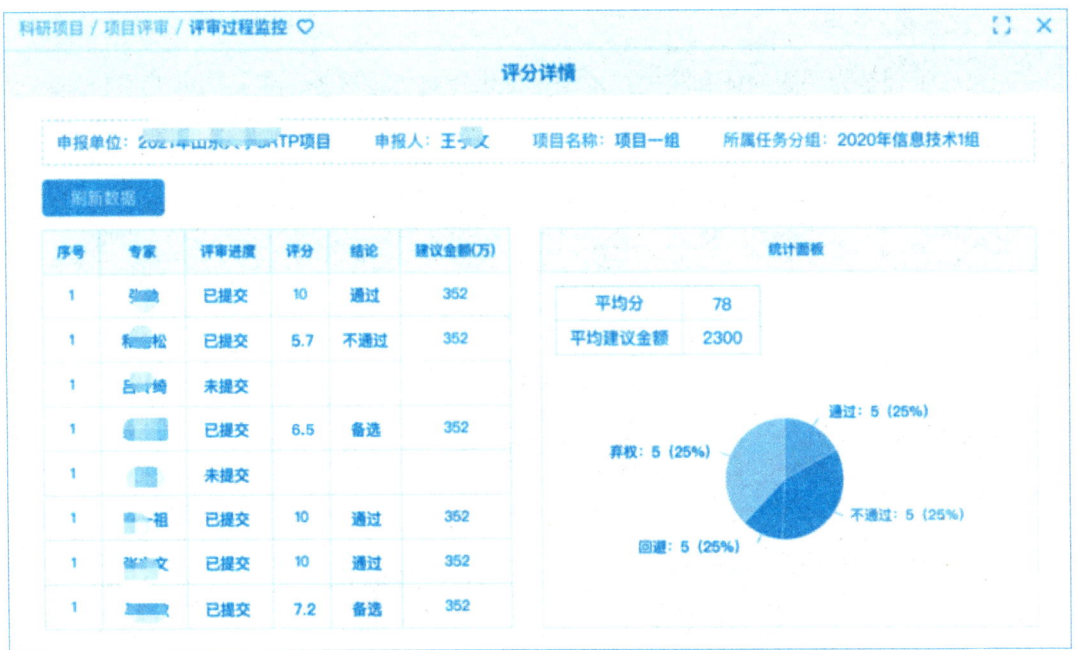

（a）

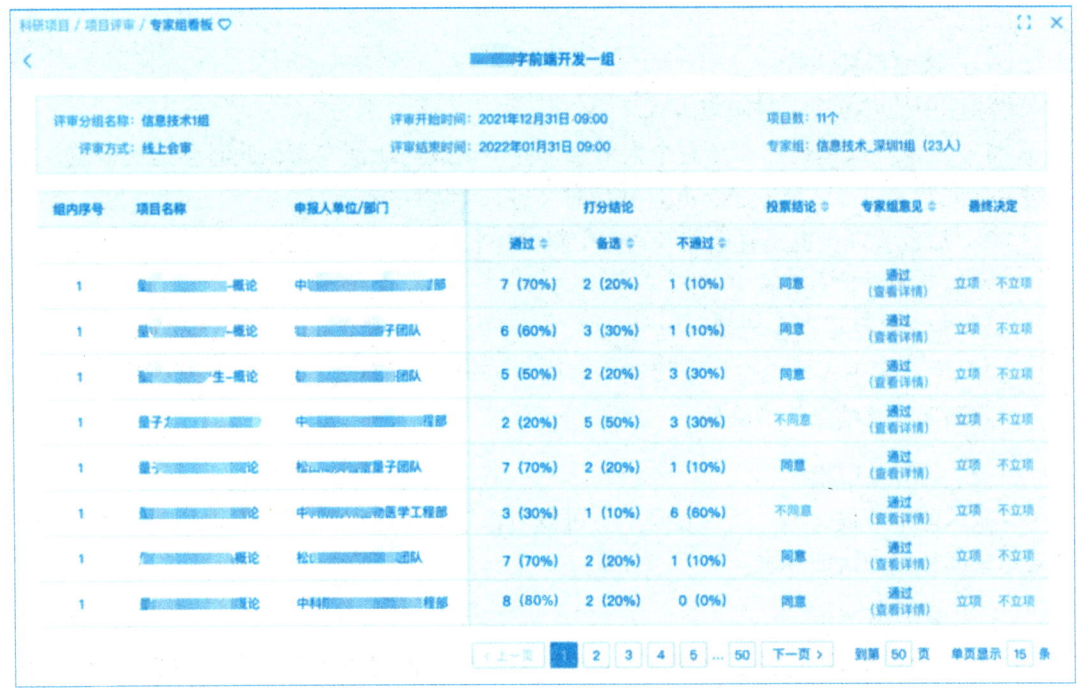

（b）

图 4.20　项目评审的监控

5. 专家库管理

专家库管理是为课题论证和相关技术评审提供专家管理服务，包括内部专家与外部专家（见图4.21）。

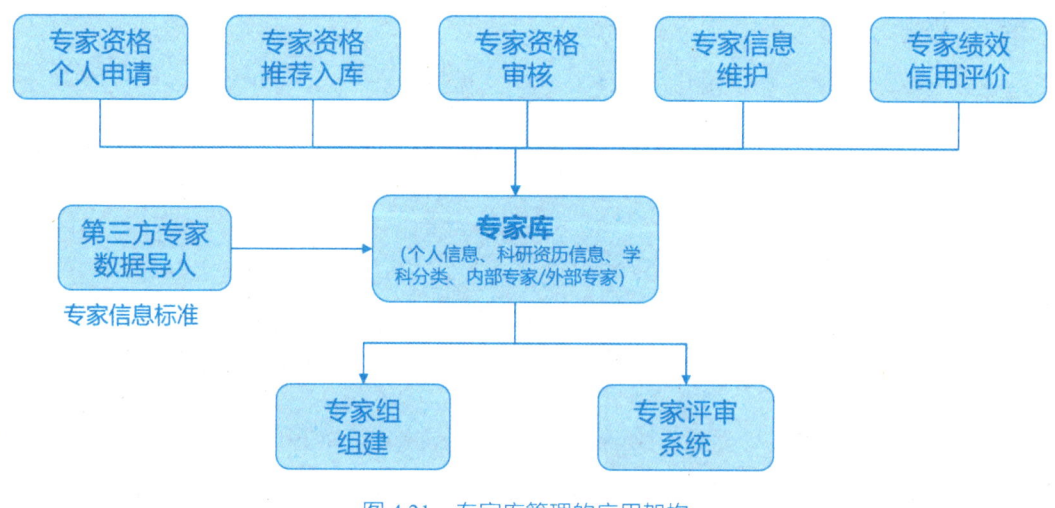

图4.21 专家库管理的应用架构

1）专家注册或入库

专家库中的专家有2种新增方式。

（1）专家在线注册后，填写个人信息，并申请成为认证专家，此时会提交审核，审核通过后该专家成为认证专家，并且其信息会进入专家库中。

（2）后台管理员也可直接在专家库中新增一名专家（见图4.22）。

专家信息的维护有2种方式。

（1）专家自己可以在智慧科研平台中，"个人信息"中实时更新自己的专家信息。

（2）后台管理人员也可以直接在专家库中编辑专家信息，在后台进行专家信息的维护，以此确保专家信息的准确性。

2）专家信息审批

专家认证申请提交后，后台管理人员可以对该申请进行审核，审核通过后，该专家将进入专家库，成为认证专家。

3）专家信用评价

对专家的履职过程进行定期评价、对专家参与专业咨询和评审活动进行统计、对专家在履职过程中的不当行为进行处理、对专家履职过程中的投诉进行相关的调查和处理。例如，在评审过程中，确认参加评审的专家如果在评审开始后没有到场，或者未按照规定时间提交评审结果，将降低其专家评价。

图 4.22　专家库中新增专家界面

4.3.5　项目立项管理

在立项评审结束后，项目申报管理方将根据评审结果决定哪些项目被立项，同时智慧科研平台系统会自动发送短信、邮件通知申请人，在申请人收到通知后，再次登录项目申报门户时，可以看到项目状态变为：申请已通过，等待签署《合同书/任务书》。申请人在确认提交合同/任务书后，该合同/任务书将被提交到管理方后台审核（见图4.23）。

图 4.23　项目申报合同书的编辑

合同/任务书填写完成，提交后，系统根据模板将填写的数据、正文（Word 格式 docx 文件）和附件，合并生成一个合同/任务书 PDF 版式文件。

合同/任务书可以下载、打印并进行盖章，后续项目归档时以盖章上传的 PDF 和相关附件为准。

系统支持电子签章与签字，实现全过程数字化、无纸化的科研项目管理（见图4.24）。

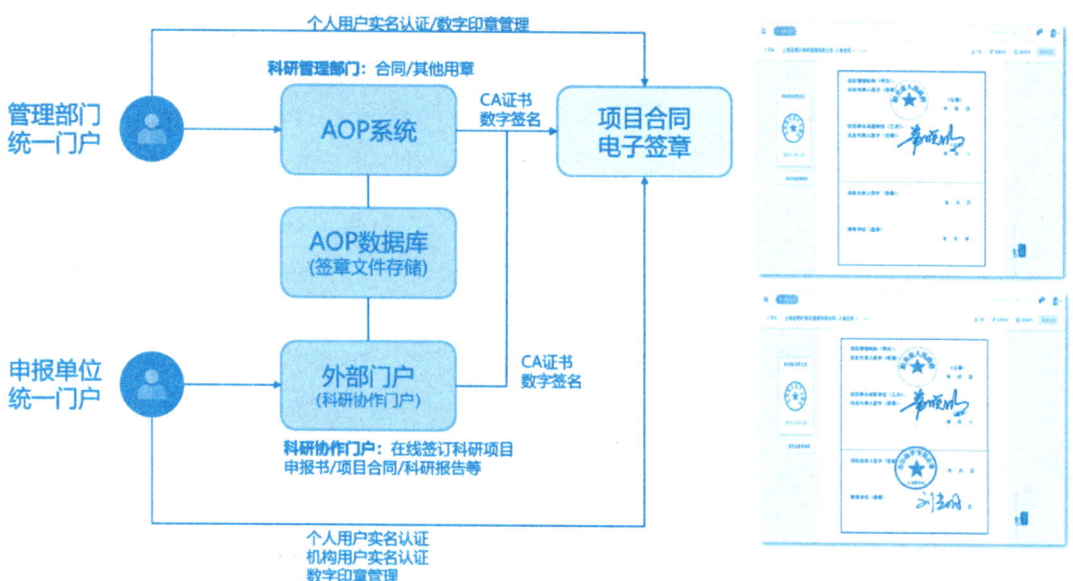

图4.24　科研项目合同的签章与签字

在项目评审与立项决策结束后，项目将进入立项库中。立项库是提供管理人员统一查看所有已立项项目的地方。管理人员不仅可以看到所有立项项目，还可以查看申请书原文，审核项目合同书、项目进展报告与结题报告。

科研单位在项目验收或结题时，可通过系统组织专家对项目进行评审。该评审系统支持对项目中期检查、验收的各种评审。

4.3.6　项目经费下达

项目经费下达是根据已经评审立项并签订任务书或科研合同的科研项目，根据预算和拨款计划，向项目承担单位进行资金拨付的过程（见图4.25）。

科研项目的经费资助一般分为事前资助、分阶段拨付和事后资助3种方式。事前资助一般是项目立项后一次性将项目经费拨付给承担单位。分阶段拨付一般是立项后拨付一定比例的经费，根据项目进度在中期或按年度依据比例进行拨付。事后资助一般是项目任务完成并验收后一次性拨付项目经费。

对内部自主立项，资金下达不牵涉银行实际的资金结算，一般是从单位内的科研基金核算账号向设立的科研项目核算账号进行内部拨款。

如果是开放课题或对外的专项基金管理，需要根据拨款计划，形成资金拨款单，实际进行银行的资金结算。

项目经费下达在形成资金拨款单后，调用财务系统中的资金转拨模块进行实际的经费转拨（见 4.9.4 经费转拨）。

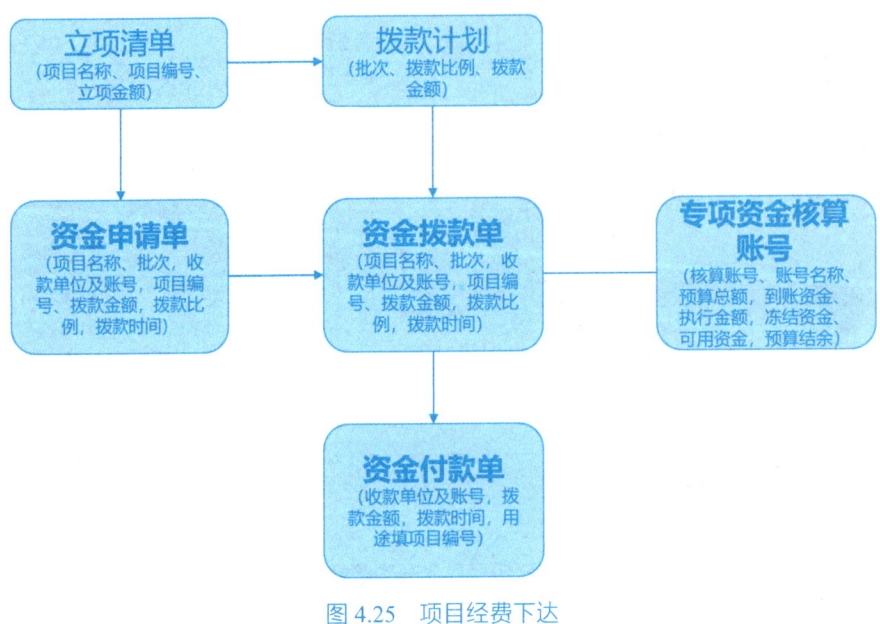

图 4.25　项目经费下达

4.4　科研项目实施管理

4.4.1　科研项目管理应用架构

项目管理是科研机构开展各种科研活动非常重要的组织形式。项目管理平台就是为科研机构的科研项目实施的全过程提供一个项目费用管控、团队协作和项目过程管理的平台，使得项目能够在计划的时间、成本和质量下完成项目目标。

全面覆盖科研项目管理的业务域的所有业务流程，实现对科研类项目的全生命周期管理。提供项目库管理、项目立项、项目计划、项目实施、项目验收和项目评价等业务功能，并与研制项目管理模块整合，形成数字化平台的项目管理中心，对各类项目进行集约化的全生命周期管理（见图 4.26）。

图 4.26　科研项目管理的全流程应用架构

4.4.2　项目开题管理

科研项目实施前先进行开题管理，就是在智慧科研平台系统中建立项目基本信息、制定项目计划、初始化项目预算、组建项目团队等，在系统中建立经费支出的核算账号（资金账本），实现财务、业务的协同管理（见图 4.27）。

图 4.27　科研项目的开题管理流程

1. 项目任务分解

项目支持多课题的任务分解，建立科研项目的任务多层级结构。系统支持从专项—项目—课题—子课题等多层级树状结构的建立。由科研主管部门根据课题组提交的项目数据和实际业务需求，对项目进行任务分解，构建项目层级，搭建项目树、确定项目在系统内的项目编码。对于多层级项目，可查看管理树结构，包括每个层级的项目执行情况，子项目可以是不同法人单位，即支持跨机构的协同科研管理模式。

2. 项目计划编制与审核管理

项目负责人编制项目计划，将任务分解到单位和个人。项目计划支持 WBS 分解，分解层级不限。编制计划包含计划任务风险分析与应对计划、计划节点的任务分配与工作内容。计划编制支持项目任务阶段的定义，每个阶段的进度计划分解（WBS 分解），设定进度计划的目标和交付物。系统需要对进度计划进行提醒和预警。编制完成的项目计划需经过审核后才能发布。

3. 项目预算编制

项目开题时，需要根据项目类型选择相应的预算模板，编制项目的经费预算，并按照预算科目进行预算分解。项目预算编制的具体方法（见 4.9.2 下的 4.预算编制）。

4. 科研团队与人员管理

项目立项后可以根据申报书的内容，组建项目团队，招募科研人员，项目实施过程在支持科研团队的调入调出调整。对大型项目，团队还需要进行分组，形成多层次的团队组织架构树。

4.4.3　项目库管理

对科研机构内全生命周期已完成及进行中的每个科研项目进行数字化归档处理，形成有效数据的项目库管理，并以项目库数据管理为抓手，着力构建科研项目全过程的项目预算绩效管理体系。

通过项目库的管理可加强项目的立项、评审、过程各个环节工作的绩效目标管理，依托项目立项入库评审机制强化事前绩效评估。通过项目库管理关联预算后，可及时做好绩效目标管理及预算执行"双监控"。

4.4.4　任务与进度管理

在科研项目的执行期间，根据项目预定的进度进行 WBS 分解，及时提醒科研负责人员在项目的各个里程碑关键节点及时准备月度检查、季度检查、年度检查、中期检查、预验收、验收与结题等相关过程所需的各种材料，如自评价报告、成果材料、测试报告、执行情况报告、验收报告、专家意见和验收批文等关键材料的提供和归档。

基于科研项目的运行数据,从多个管理维度(项目分类和统计、费用偏离、进度偏离、预算执行检查、成果分类和统计等)分析项目的执行情况和计划、预算之间的符合程度。系统统计必要的科研管理数据,并及时发出必要的预警和整改提示。

计划管理针对已经立项的项目,实现计划协同编制、计划基线、计划发布过程管理及研究计划的维护。

实现过程计划和实施计划基线维护,对计划基线版本进行管理控制,支持调整计划与实施计划、实施计划与过程计划等的比对分析。

实现实施计划发布,支持机构发布流程,支持各科研单元按权限查看发布的实施计划。

实现对科研项目实施过程中的服务和管理支撑。科研工作人员按照科研机构管理要求在系统中完成阶段性项目评估、提交阶段性项目报告;科研工作人员可以在系统中发起对于科研机构拥有的可供科研人员使用的仪器设备的使用需求、完成预订,同时,支持对试剂耗材的需求和领用管理。

智慧科研平台提供了人性化的 WBS 任务分解功能,支持从里程碑到年度计划再到月度计划的逐级分解,实时把控任务进度。平台还具备便捷的任务检查功能(实时知晓任务执行情况)与甘特图任务查看功能(更加直观地展示了各个任务的进度及任务之间的关联关系)(见图 4.28)。

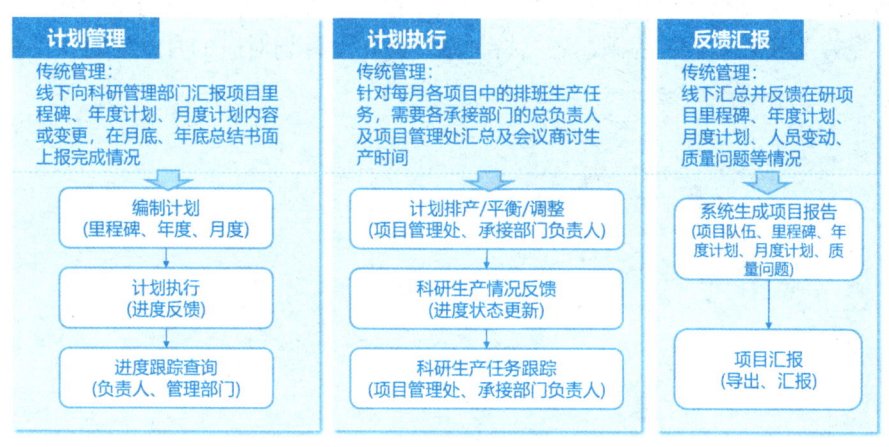

图 4.28 科研项目的计划体系

1. 里程碑管理

管理平台系统项目管理 WBS 任务分解的第一阶段,按实际情况将项目进行任务分解,在里程碑管理中可以方便地查看里程碑的进度,实时把控里程碑的具体情况,清楚里程碑的阶段目标,随时调整里程碑进度,以时间轴的方式展示各个里程碑,脉络清晰(见图 4.29)。

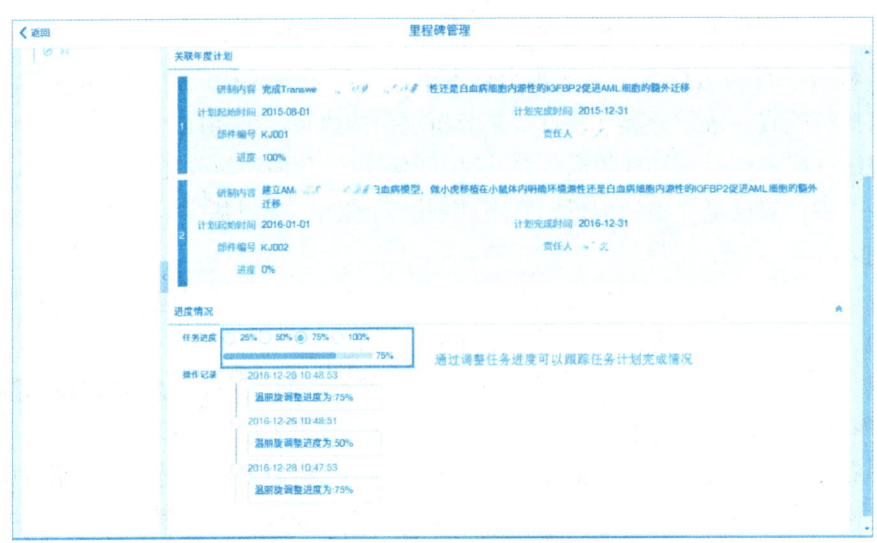

图 4.29 科研项目的里程碑管理

2. 年度计划

作为 WBS 任务分解的第二阶段，年度计划进一步细化了里程碑的阶段目标，使任务更加容易跟进，项目整体更加可控。平台提供了便利的操作功能，支持批量添加和修改年度计划，允许关联相应的里程碑，还支持批量修改年度计划对应的月度计划（见图 4.30）。

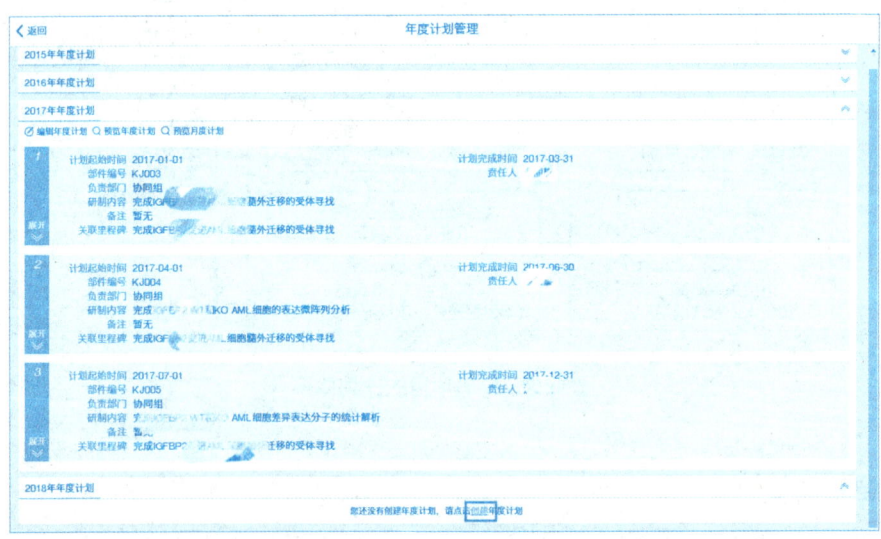

图 4.30 科研项目的年度计划

3. 月度计划

作为 WBS 任务分解的第三阶段，月度计划进一步细化了年度计划的任务，使任务更加容易跟进，项目整体更加可控，提供了便利的操作功能，支持批量添加和修改月度计划，提供关联年度计划的功能（见图 4.31）。

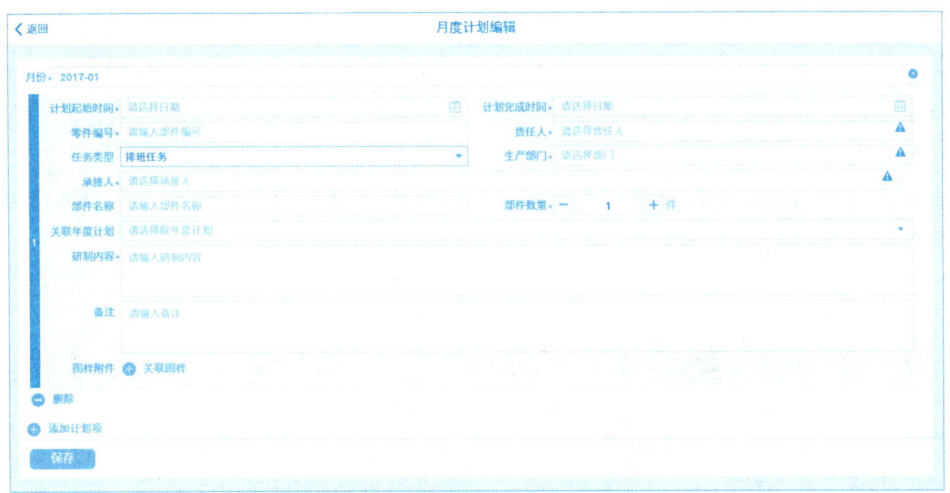

图 4.31　科研项目的月度计划

4. 计划检查

在 WBS 任务分解的检查阶段，系统提供了整洁的界面和便利的操作方式，使用户检查里程碑、年度计划及月度计划的进度情况。同时，系统还提供以甘特图的形式展示任务执行情况的功能。

计划检查中的任务执行情况以甘特图的方式查看（见图 4.32）。

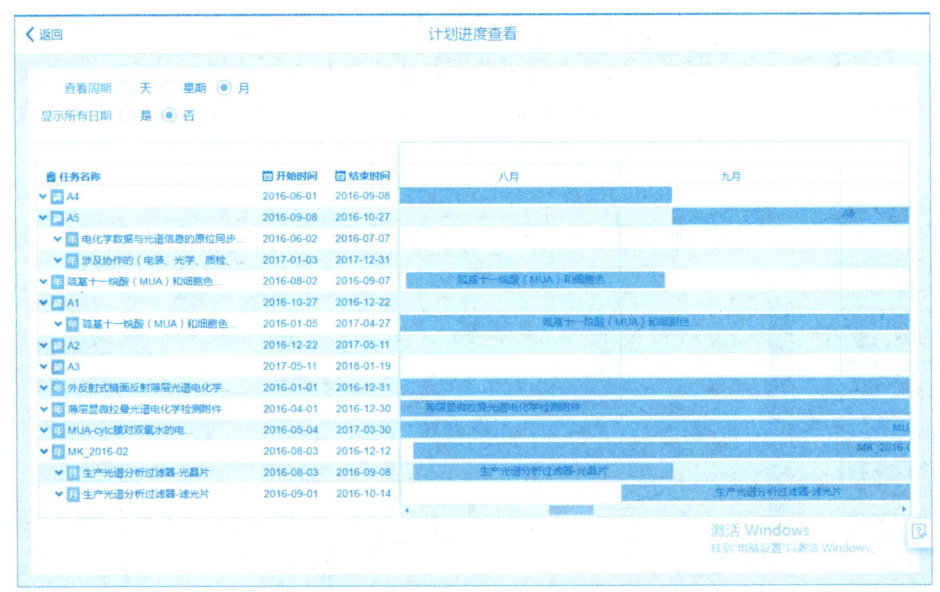

图 4.32　科研项目的计划进度

4.4.5 项目月度总结

科研项目立项的课题核算账号建立，以该核算账号为唯一工时数据关联的依托，通过每月员工月度工作报告为基础进行工时的数据采集。基于每月工时，对科研课题的百分比进行每个课题核算账号的工时薪酬分摊机制，以人天工时为最小粒度工时数据进行汇总统计，计算月度对项目的工时投入，进而核算每个科研员工的工资分摊金额。

财务人员通过按照每月、每季度的数据汇总计算，从而得出每个月、每个季度及每年的各个项目人工时费用。

4.4.6 项目变更管理

项目变更管理支持用户对项目实施过程中发生的项目基本信息、项目预算信息、项目状态信息的改变在系统中进行相应的变更。主要涉及的业务处理功能如下。
（1）项目基本信息变更。
（2）项目预算变更，变更后的项目可查看项目变更历史记录及预算变更的过程。
（3）项目状态变更。

4.4.7 科研项目过程监管

对于外部开放课题，系统进行离线的过程监管。在项目实施管理中，需要对项目全要素进行集中监督管理，包括人才与团队、项目进度与任务、科研经费与预算、仪器设备与实验材料、外部协作与外包资源等。项目主管可对项目进度和相关风险进行抽查，并在抽查后给出评价或整改意见。责任人负责整改，未完成整改项目前，无法进行项目验收（见图4.33）。

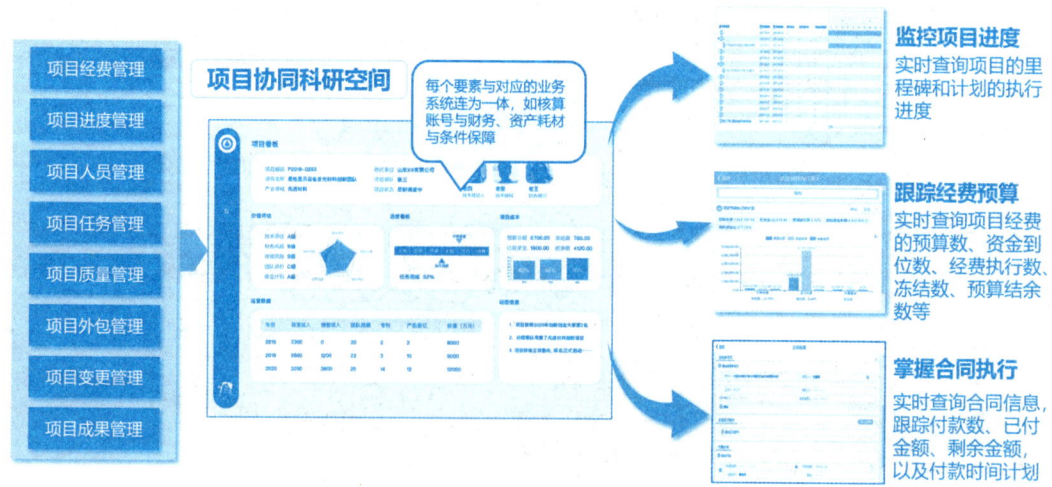

图4.33　项目协同科研空间

4.4.8 项目结题与验收

项目验收是检查项目计划规定范围内各项工作或活动是否全部完成，可交付成果是否符合要求，并将核查结果记录在验收文件中的一系列活动。

项目验收的依据，以任务合同书约定的内容和考核目标为基本依据，对项目的各项任务指标完成情况、经费是否到位及使用是否合理规范进行验收。科研项目的验收流程见图 4.34。

图 4.34 科研项目的验收流程

验收管理是对项目验收各项活动进行管理。

实现各科研机构组织结题项目组编写结题报告，提交验收申请。

实现验收材料的自动汇总，支持根据不同类型的项目结题验收自动化审查。

支持进行项目结题总结报告的汇总、下载和整理，实现结题评审情况记录，包括结题验收评审组织情况、评审专家、评审结论等。

实现各级评审意见和奖惩信息记录，支持对科研活动、科研人员进行自动绩效考核，支持各科研所按权限进行查看。

结合自动和人工方式，建立项目负责人、参加人、评审专家等的信用记录。如提交材料的及时性、规范性、工作态度和勤勉情况、履职能力、执行保密规定情况等。

1. 任务验收管理

智慧科研平台项目管理提供验收管理功能。当项目进入验收阶段时，可单击项目看板的"验收管理"按钮，进入验收管理界面。系统会自动导入项目的相关信息，以及项目立项时填写的验收信息，形成项目验收单进行提交审批。若该项目已经线下验收完毕，也可以单击"验收报告"页签，直接上传相关的验收文件。

该功能分为提交验收申请和提交验收报告两个部分，两者没有耦合，用户可不提交验收申请而直接提交验收报告信息（适用于线下验收和外部系统验收的情况）。用户也可以提交验收申请，申请通过后再提交验收报告。

2. 结题管理

智慧科研平台项目管理提供结题管理功能，当项目验收完毕之后则进入结题阶段，如果此时满足结题条件可单击项目看板中的"项目结题"进入项目结题功能，自动带入项目基本信息、核算账号信息，以及资金执行情况形成项目结题申请单，提交该申请单进入审批阶段，通过审批则结题完成。

3. 项目归档管理

归档文件整理、归档文件审核、办结文件统计，以及对跨年度归档文件库进行数字化档案管理（见图4.35）。

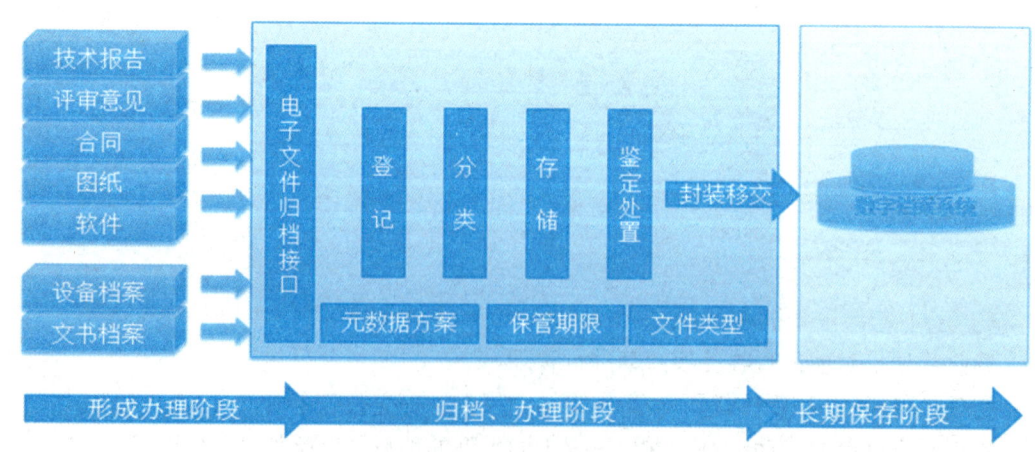

图 4.35 科研项目的归档

按业务需求，系统内的某些业务需要归档到档案系统中。通过预归档功能，可以在业务审核、审批环节完成后，将需要归档的业务数据送至预归档环节。由相应的业务用户决定该业务单据是否需要归档。如果需要归档，系统会将业务数据先存放到预归档库内，待日后进行批量归档，将数据从预归档库统一同步到档案系统内进行归档。

归档的数据类型一般包括业务单据、业务审批意见、作为依据的相关文档、扫描件等（见表4.2）。

表 4.2　预归档与批量归档场景说明

场景	场景说明
预归档	在需要归档的业务的审批流程最后节点增加一个"预归档"环节，若单据审核、审批通过，在最后"预归档"环节，预归档管理员通过单击"预归档"或"取消"来决定是否将该业务单据进行预归档操作
批量归档	预归档管理员定期检查预归档库，多选需要归档的单据，单击"归档"按钮对业务单据进行批量归档。系统通过调用归档接口，将业务单据同步到档案系统内

4. 项目评价管理

实现对科研项目结题和评价的管理支撑。按照科研机构管理要求，科研项目结束后需要在系统中进行结题，包括经费使用情况的报告和审核、提交项目产出物及审核、提交项目最终报告，按照项目需求，支持对项目审计过程的管理和审计结果的管理。在项目结题后，系统支持对项目的评价过程，记录评价信息，并将这些信息与项目工作人员进行关联。在未来项目申报过程中，可以依据人员和科研方向等需求获取项目评价信息。

智慧科研平台项目管理的项目评审功能提供两种评审途径：①当项目进入评审阶段时，项目团队人员可主动申请项目评审；②相关管理人员进入评审通知界面，通知需要评审的项目对应的项目负责人，通知的方式有系统消息、短信、邮件等。本系统还提供了评审模板配置功能，方便填报人员。评审的过程中有专家评审阶段，专家评审还支持网评和会评两种不同的方式，专家评审模板提供配置功能，可根据不同的项目类型、不同的任务来源动态的配置对应专家评审模板，具有一定的灵活性。

1）评审模板配置功能

可根据评审类型、项目级别、任务来源配置其对应的评审模板。

2）专家评议模板配置

说明：专家评议模板配置界面可以动态地添加评议栏目、评议题目、评议选项，以及添加评价内容，更加灵活。

3）评审通知

科研机构主管人员进入待评审项目列表界面，选中需要评审的项目单击右侧的"加入待评审栏"（可理解为"购物车"），然后进入待评审栏，编辑待评审的项目，设置待评审的类型等信息。确认无误后，单击保存，系统将自动向对应项目的项目负责人发送待办事项通知。用户可以选择批量设置评审类型及通知内容，也可以单独进行设置。

4）提交评审信息

项目成员从项目看板进入单击项目评审查看。

说明：在此界面可以看到之前的评审记录及通知评审的待办，若无通知评审则可以单击右上角的添加评审进行评审申请，系统自动匹配对应项目任务来源，以及项目级别的评审模板供团队成员下载填报，然后再上传提交评审。

5）专家评审

根据专家评审模式的不同，会有不同的流程。

（1）网评模式。专家接到协助评审的通知或邮件，单击通知或邮件上的链接，进入专家评审界面，查看项目的基本信息，评审报告和预算决策等，评审项目的状况，给予评分，补充个人意见，确定无误后保存提交。

（2）会评模式。由邀请人线下联系选中的专家，邀请他们参与讨论，得出一致意见，将得出的评分与结论填入专家评审结果中，确认无误后提交。

说明：图 4.36 为专家评审时填写的专家评议表，专家可根据上传的评审报告进行评议，审批人员再结合各专家的评议情况进行整个项目的评审。此界面可以实时查看专家评审情况。

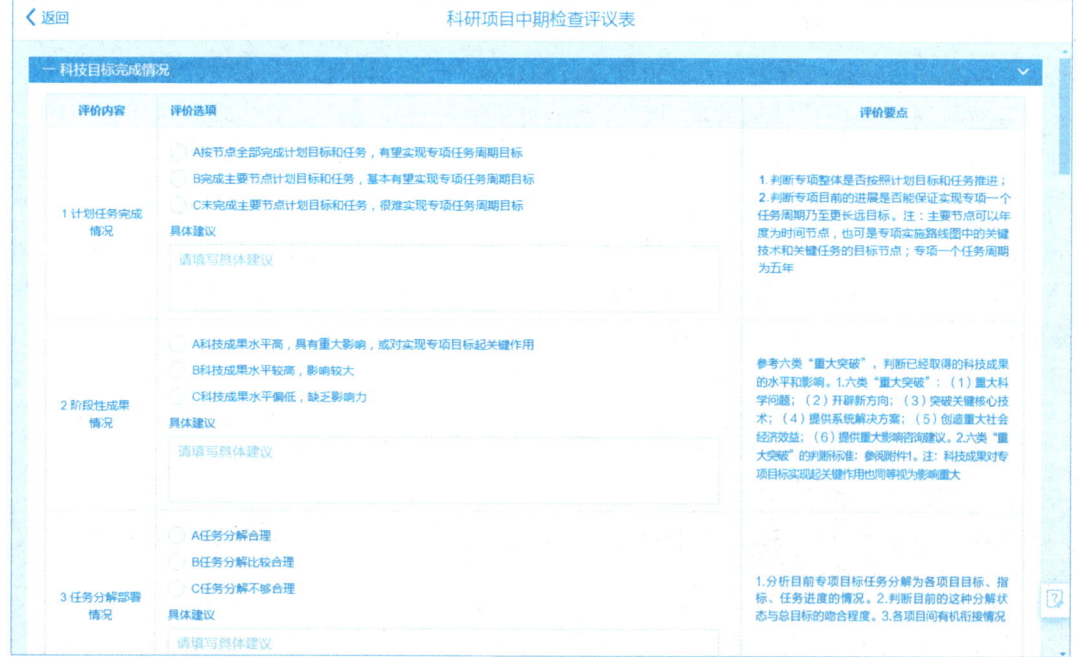

图 4.36　科研项目的检查评议

4.5 型号研制与试制生产管理

4.5.1 基于项目型的试制生产模式

科研机构不同于传统的生产企业,其科研试制模式有非常特殊的场景。科研机构的生产是典型的项目型制造模式,因此必须按照项目试制特点来设计数字化平台。

传统制造企业离散 ERP 系统在核心架构上,与科研机构的管理体系是不一致的。目前大部分软件企业的解决方案都是基于企业通用离散 ERP 与 OA 办公系统集成来实现。

业界的制造模式主要分为离散制造、流程制造、项目制造的 3 种生产管理模式。不同领域下的 3 种模式的主要特点如下(见表 4.3)。

表 4.3 不同领域下的 3 种模式的主要特点

领域	离散制造模式	流程制造模式	项目制造模式
经营方式	选择合适的细分市场,研发各种产品,采购生产用的物料,组织生产,将产成品入库,并通过直销、代理分销、电商平台等各种渠道销售产品。产品设计与销售能力是企业的核心竞争力(供应—生产—销售)	根据资源、工艺流程和产能组织生产,通过直销、代理分销、电商平台等多种渠道销售产成品。原材料供应链与生产设备是核心竞争力	根据项目任务或合同,研发和设计个性化的定制产品;根据产品设计进行物料准备,通过生产交付项目客户的合同要求的特定产品或服务(项目—供应—生产—交付)
生产组织	面向销售订单与库存,零配件采用自制、外协和外采等方式准备,按照 BOM 装配成产品,面向合理动态库存进行生产和销售;在产品生命周期内,按批次循环生产	被加工对象不间断地通过生产设备、原材料进行化学或物理变化,最终得到产品。其生产过程是连续的,产品通常不可分开单独生产	面向订单和项目任务设计的生产类型(数量比较确定),以满足客户的个性化需求、客户要求定制的生产类型(配置明确)。生产过程通常包括项目投标、产品开发设计、工艺装备设计与制造、产品生产、产品交付等整个项目生命周期过程
产品特点	由多个零配件经过一系列不连续的工序加工最终装配而成,产品和物料(BOM)稳定,大批量生产和库存交付	原材料往往是通过一系列的化学或物理变化得到的多种产品,如石油炼制、化工等	一般是小量单批次(甚至是单品,如造船、大装备等)生产,每个产品都是独特的,需要根据客户的需求进行定制设计(研制或试制)

续表

领域	离散制造模式	流程制造模式	项目制造模式
运营管理	生产计划和能力需求根据销售和库存进行动态预测。生产过程动态控制，需要根据产品销售价格和原材料价格进行精细化成本核算，以确保利润	根据工艺和产量的方式下达计划。其生产过程控制主要关注物料的数量、质量和工艺参数。由于工作流程实现了自动化，管理控制相对简单	在项目管理过程中，需要协调各方资源，确保项目的顺利进行并按时交付，控制动态成本不偏离目标成本
数字化平台	难点是根据销售数量和库存预测，提供高级计划与排程系统（APS），智能动态地生成生产计划和排程	重点是通过自动控制系统（DCS、PLC等）实现对生产过程的精确控制	重点是提供项目计划、进度管理、资源管理、风险管理等全生命周期的项目管理功能

一般制造业企业的离散制造模式对生产产品数量计划是根据销售订单和库存预测情况进行动态调整的，生产计划通过库存准备、订单数据进行计划与排程。

离散型 ERP（企业资源计划）的模式是基于 BOM（物料清单即产品结构表或产品配件装配表），以 MRP Ⅱ（制造资源计划）为核心，以优化供应链和库存管理为目标的企业资源规划系统。流程型 ERP 是基于设备与工艺，以配方为核心，以优化产能与计划匹配为目的企业资源规划系统。

离散制造模式的产品设计是企业根据市场的分析，研发设计出产品的特性与制造工艺，研发设计完成之后，产品工艺及 BOM 基本稳定。生产计划是根据库存预测与产品销售订单来确定的，并形成生产订单。产品定价是根据市场表现和销售渠道进行制定和动态调整的。销售管理是面向标准产品与库存，尽可能销售更多的客户，形成销售订单。根据生产计划等参数生成采购计划，动态生成采购订单。因此，离散制造模式就是对销售订单、生产订单、采购订单等 3 大订单在生产周期内的动态平衡。在产品生命周期内，离散制造是循环生产模式（见图 4.37）。

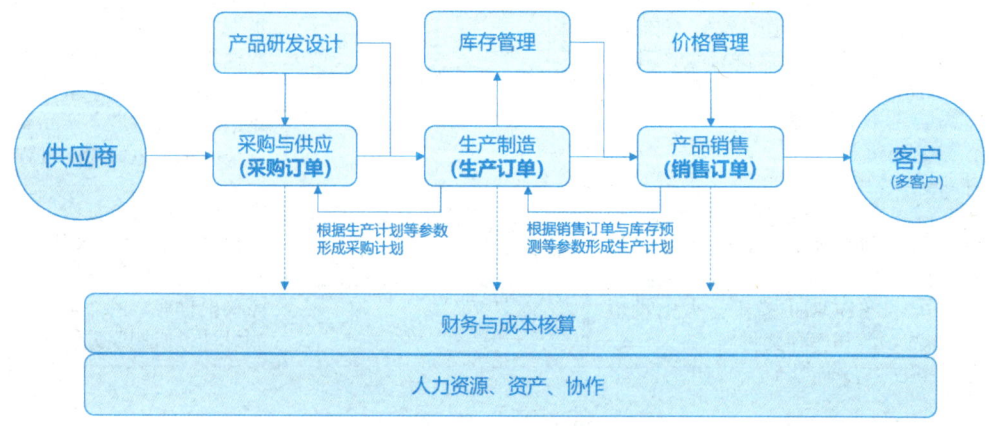

图 4.37　离散型 ERP 的应用架构

流程制造模式是指按照特定的工艺流程顺序对原材料经过一系列连续的物理或化学变化，转化为最终产品的制造方式。在流程制造模式中，生产过程通常是连续的，一旦开始就难以中断，需要持续进行直到产品产出。例如，石油化工、食品饮料和制药等行业都属于流程制造模式。基于此特征，流程制造模式在生产计划和生产执行中需要统筹按照制造工艺、设备状况、能源消耗等进行协调（见图4.38）。

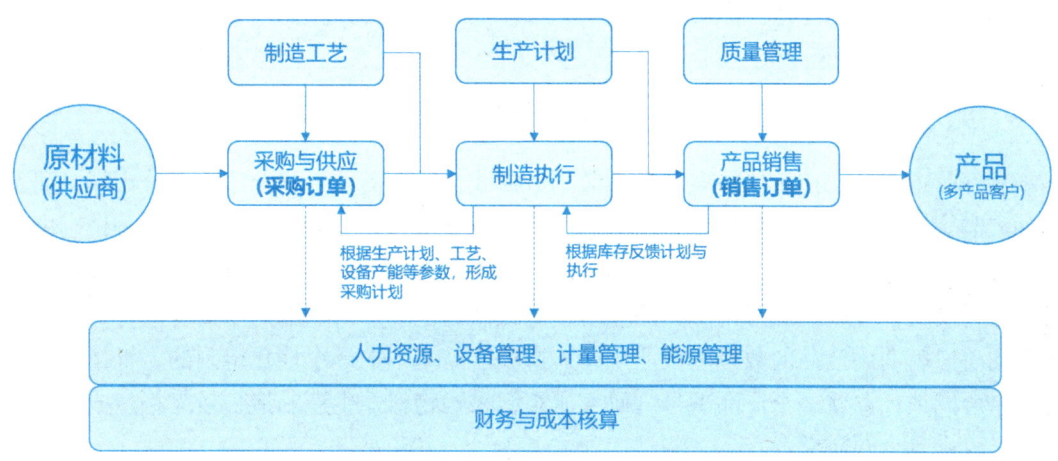

图 4.38 流程型 ERP 的应用架构

传统企业 ERP 是面向离散或流程制造模式的管理模式。特别是传统大规模的机械电子制造业或工厂，传统离散制造 ERP 的核心特点，需要解决的难点和重点如下。

（1）复杂的计划与排程：因为市场和销售是动态的，一种产品还需要根据客户群体设置不同的选配和型号（服装复杂的颜色、布料、大小款式等），以及电子产品的高中低不同配置，来满足不同消费群体的需求，而且根据市场行情、销售订单、产能等进行复杂的库存预测，据此生成动态的生产计划，进而根据资源和产能进行生产排程。

（2）物料计划与采购：需要综合考虑产品生产 BOM、不同的选配和型号的需求、生产计划、库存数量、物料采购价格波动及供货周期等多种因素，从而生成物料采购计划。

（3）制造执行需要综合考虑设备和资源、半成品库存、产线排程和人员排工等多种因素进行生产执行的下料计划等。

项目制造模式是以项目的要素管理为核心，优化项目的成本与质量，为项目全生命周期管理提供数字化的服务。

研究所的生产订单主要来自科研项目、重大任务、项目合同等形式。这些订单的规格型号和数量基本上都是确认的，而产品的性能和参数是高度个性化的定制产品，需要结合任务/合同要求进行研发和设计，一般是结合科研和设计进行型号研制或试制，生产通常是小量单批次，这与传统离散制造的多批次循环生产有本质的不同（见图4.39）。

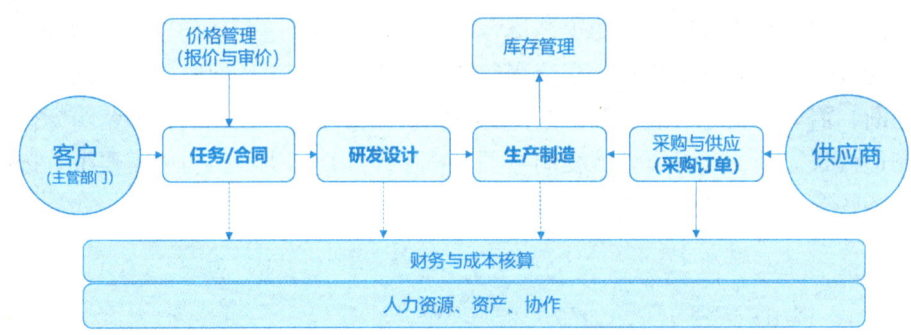

图 4.39 项目型 ERP 的应用架构

从经营方式看，传统机械电子类离散制造模式，企业需要选择合适的细分市场，研发各种产品，采购生产用的物料，组织生产，将产成品入库，并通过直销、代理分销、电商平台等各种渠道销售产品。因此，产品设计与销售能力是企业的核心竞争力。而项目制造模式，科研机构接收上级部门下达的型号研制或试制任务，或争取的项目合同，一般都是在合同阶段就明确产品的数量和性能规格，这些产品基本上是个性化定制的，批量少，甚至一个合同或任务就一个产品型号。研究所组织采购物料、生产制造，最终将产成品交付客户，以满足合同需求。

从生产管理的角度看，生产管理是根据项目/任务进行排程、跟踪和管理；对项目进行个性化的产品定制设计与研发（项目 BOM）；对项目进行追溯与质量管控。生产管理中，一个项目/任务的数量一般是固定的，生产工艺 BOM 是定制的。

从条件保障看，按项目进行保障。按项目进行人力资源组织；按项目进行物料采购；按项目进行外协和委托加工。

从财务核算角度看，按项目进行收入核算与成本管控。按项目进行预算和目标成本管理；对项目进行动态成本管控；对项目进行精细化的利润与效益核算及绩效考核，并进行精细化的激励。这与一般制造业企业需要按照批次和单品进行动态成本核算不同（见图 4.40）。

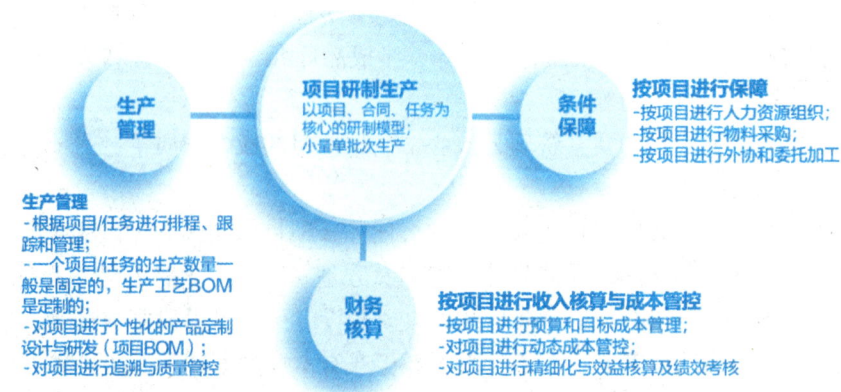

图 4.40 项目研制生产的特点

因此科研机构的试制管理系统要按照项目型制造的业务模式进行系统研制或相关软件平台,而不是传统的制造业 MRP/ERP 的产品形态。

传统离散制造业 ERP 系统是一个复杂的系统,其运行和维护都需要大量的成本和效率的损耗。因系统过于复杂,往往产生不了预期的效果。而研究所面向的型号研制或试制任务,要解决生产项目的全生命周期的过程管理,还需要结合科研机构的管理体制,科研试制的特殊业务流程,结合科研试制的管控体系,需要规划设计或采用项目型生产平台。

4.5.2 项目型研制的业务架构

科研机构的试制管理系统要按照项目型制造的业务模式进行系统研制或相关软件平台,而不是传统的制造业 MRP/ERP 的产品形态(见图 4.41)。

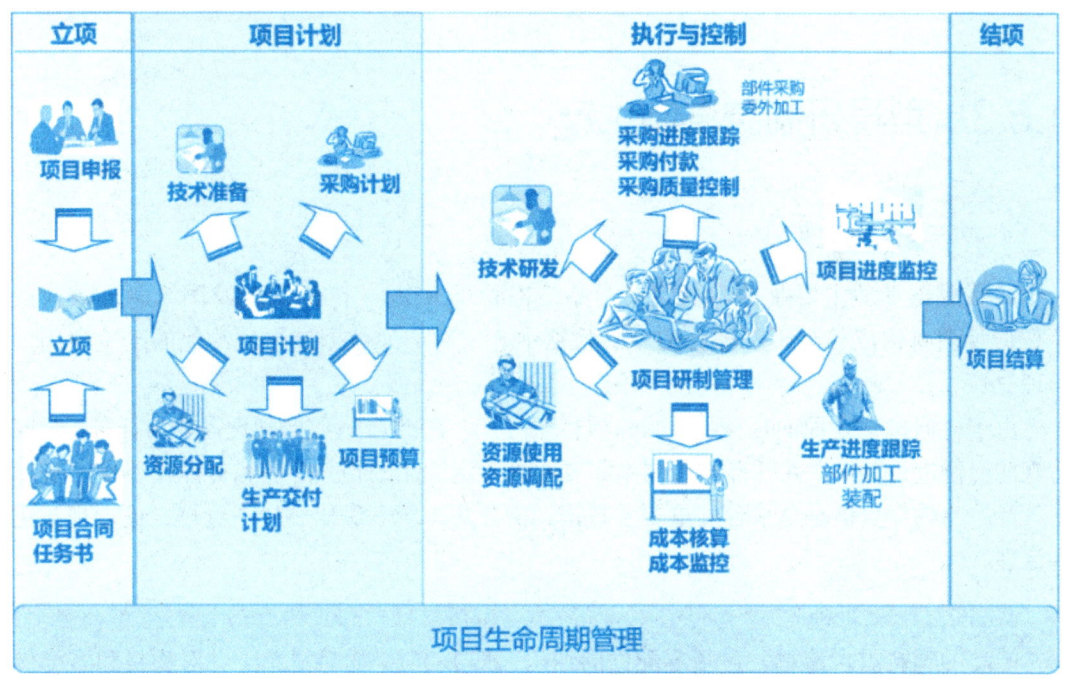

图 4.41 项目型研制的业务架构

生产管理的功能模块包括生产执行管理、产品维护管理、供应链管理、产品数据管理、资源管理、质量管理及安全管理(见图 4.42)。

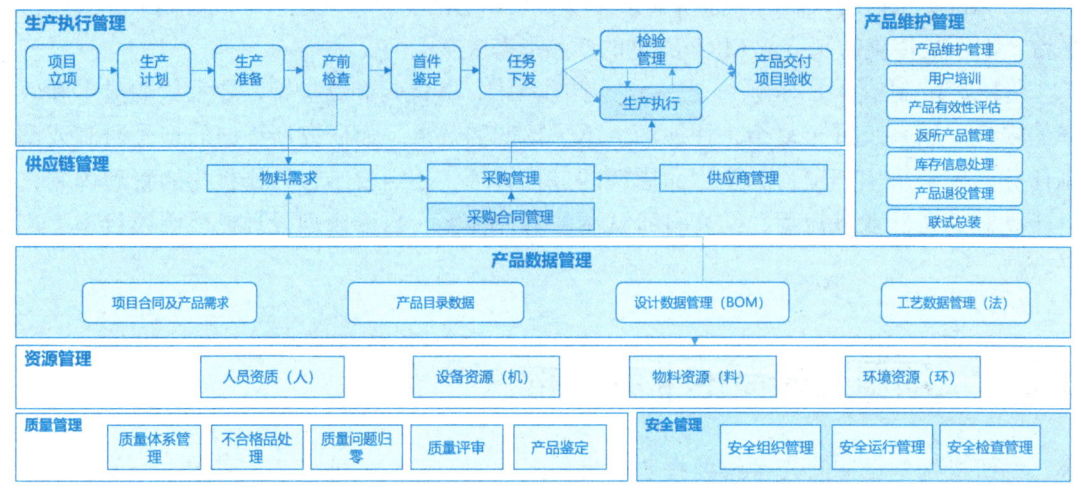

图 4.42 项目型研制的业务流程

4.5.3　型号研制与试制生产

1. 产品数据管理

产品数据管理主要业务功能包括产品结构管理 BOM、产品工艺及图纸管理等。产品数据管理将构成整个研制平台的产品数据中心,对产品数据进行集约化的全生命周期管理。

由于科研机构是面向任务/合同的项目型生产,因此产品数据管理需要与任务/合同管理的交付进行对接,在任务与合同中需要明确界定产品的相关产品和指标或型号说明。

产品与物料数据是全平台的重要主数据,需要集中统一编码和统一管理,进行规范化的治理。

1)产品结构管理

产品的物料需求清单,包括零配件的结构,即 BOM(物料清单)。对物料和零配件需要进行统一的编码与统一管理。

2)工艺管理

工艺管理主要业务功能包括工艺路线管理,以及对零配件的生产方式,包括物料采购、委外加工、自行加工和装配流程。

工艺管理包括工艺路线管理、工艺文件管理、变更管理、工艺数据结构化管理等。工艺数据管理模块,将构成整个研制平台的工艺数据中心,对工艺数据进行集约化的全生命周期管理。

3）技术文档管理

技术文档管理主要业务功能包括文档结构管理，文档版本和状态管理，文档接收与推送管理等。技术文档管理，将构成整个研制平台的文档中心，对科研和研制生产活动中涉及的文档进行集约化的全生命周期管理。

2. 项目任务分解与管理

任务管理主要业务功能包括试制项目的立项管理、项目计划管理、项目实施管理、项目进度反馈、项目变更管理、项目进度跟踪和项目验收结题等。试制项目管理模块将与研发项目整合，形成研发平台的项目管理中心，实现对各类项目的集约化全生命周期管理。

项目支持任务的分解，建立试制项目的层级结构。对项目进行任务分解，构建项目层级，搭建项目树、确定项目在系统内的项目编码。对于多层级项目，可查看管理项目数结构，包括每个层级的项目执行情况，子项目可以是跨所的法人单位，即支持跨机构的协同科研管理模式。任务分解形成 PBS 和 WBS 等项目树与工作任务树。

3. 项目生产计划管理

项目负责人编制项目计划，将任务分解到单位和个人，支持 WBS 分解，分解层级不限，编制计划任务活动预算（将活动分解成已维护的最小计价单元）、计划任务风险、计划节点，编制完成的项目计划经审核后发布。

生产计划管理：根据项目的交付计划，逐级分解生产计划，并进行产前准备，包括首件鉴定。它支持根据生产计划进行生产任务的下发，并与生产执行系统（MES）进行生产计划的汇报，实现生产计划的闭环管理。

项目主生产计划：连接合同、生产、采购的桥梁。主生产计划（MPS）根据合同的要求确定要生产的产品数量和排程，通过合理的生产规划，均匀地安排生产。主生产计划管理能够对任务/合同的产品需求进行汇总、对库存和在制品的平衡，在生产节拍和生产能力约束条件下，生成 MPS，并进行 MPS 编制、下达，合理安排生产，提高产品交付水平。

维护 MPS 需求：录入目标产品的任务书或合同中的产品需求规格与数量，作为 MPS 算法的需求数据输入。

MPS 生成过程：选择任务或项目合同，以 MPS 需求的数据为基础，系统依照内置算法自动计算得出建议的 MPS。MPS 算法充分考虑制造需求、生产产能、产品生产批量、生产期限等关键指标数据，运用成熟的计算逻辑生成计划。支持总完工时间的长度可以自由设定，总完工时间可以在任务/合同交付的合理范围内进行选择，根据任务/合同项目的紧急和重要程度设定不同的工序时间及开工时间。

生产计划的编制需要考虑工时、产能、设备匹配情况；材料组合、材料库存量、在途时间等多种因素。能够实现系统自动排产。自动排产需要考虑产能平衡。目前标准产能有一定的弹性，希望系统能设置产能增减比例。未来编制的月计划可以细化到周计划。系统需要能够设置工厂日历,并增加节假日设置。支持按照工厂日历编制计划。

系统支持生产计划的灵活调整和变更,支持临时插单。同时,系统能够自动实现经营指标完成情况统计,并支持计划与实际经营指标完成情况对比。此外,系统还能看到所有仓库的实时库存。

4. 项目物料需求计划管理

物料需求计划是由产品的主生产计划作为依据进行编制的,需要依据主生产计划、产品的物料清单、库存信息、工艺路线等进行 MRP 计算后,确定物料需求计划。此系统能够结合 BOM 数据与库存信息等相关基础数据,有效提供 MRP 计算功能,需要分解为原材料、自制零配件、外购件、外协加工件等多维度需求计划。

5. 生产执行管理

生产执行管理的主要业务功能包括生产过程管理、生产过程进度监控、生产看板管理、物料流转管理、产品检测管理和生产质量监督等。生产执行管理构成整个研制平台的生产执行管理中心,对生产执行过程进行集中管控。

1)生产订单管理

生产订单创建主要包括生产计划转生产订单和生产订单手工创建两种方式。当生产订单创建时,需支持将标准的 BOM 和工艺路线复制到生产订单中。

生产订单由计划部门向生产车间下达,并要求生产车间执行相应的生产任务。根据计划部门下达的生产计划,由生产操作人员创建生产订单,车间管理人员根据生产订单领用物料和组织生产,并进行车间资源的调度、分配。

2)物料领用(生产投料)

系统需要支持根据生产订单产生组件需求数量,将物料自仓库发料至生产订单,然后从相应的储备数量中减去发放的数量。通过系统可以严格按照生产项目的组件数量控制投料,从而达到生产材料的控制,避免无端的损失。每一个针对生产项目的投料,系统都需要记录。在任何时间都可以随时看到生产项目的投料情况。

物料领用可能是外购零配件、自制零配件、外协加工件等三种情形,物料领用需要与物料库存实现同步处理。

3)完工管理

零件完工后,将由现场工人报工生成零部件的产出记录,确认后办理生产入库。完工确认是执行生产订单、进度检查和能力需求计划结果的重要基础。因此准确、实时的订单确认尤其重要。系统需提供多种订单确认的形式:工序确认、订单确认、进度确认、生产订单集中确认等。

如果是装配工序，需要结合外购零配件、自制零配件、外协加工件依据 BOM 进行装配成产品或半成品。

4）生产进度看板

生产任务查询：可以查询任何工序工位下作业人员的当前任务，保证每个操作人员都可以接收和执行到生产任务。

任务进度追踪：跟踪生产任务下对应的每一工序下的任务数量、已加工数量、未加工数量等任务进度情况。

工序进度追踪：指整个产品的生产进度完成情况，如对正在进行的工序、已完成工序等零件加工进度情况的追踪。

生产监控满足对生产进度、加工状态、生产情况等需求的实时监控，包括现场监控和信息报警处理。信息报警主要包括生产进度预警、在线质量报警及设备故障报警。当在规定时间里，实际完成量未达标时会给出预警提醒，这种预警便属于生产进度预警；在线质量报警是指在每个环节的质量检测中，只要质检结果与工艺标准相差很大就会引起系统报警；而设备故障报警是指正在运行的设备发生异常时会进行报警处理，提醒及时检查或维修，以保证生产进度的顺利进行。

6. 项目进度报告管理

在试制项目的执行期间，项目进度管理包括编制项目预定的进度 WBS，并定期反馈项目进展，及时提醒科研负责人员项目的各个里程碑和关键节点，确保他们能够按时准备好定期检查、中期检查、预验收、验收结题等相关过程所需的各种材料，并及时提供和归档。

7. 设备管理与相应资质管理

生产设备资源管理主要业务功能包括设备台账管理、设备计划管理、设备运维管理、设备状态管理、设备统计分析等。设备资源管理构成整个研制平台的设备资源管理中心，对设备资源进行集约化的全生命周期管理，同时为各级计划排产提供支撑。

生产人员的资质管理主要针对不同工序和设备操作，需要对专业人员的相关资质进行管理，包括岗位培训管理和人员资质管理等。人员资质管理构成了整个研制平台的人员资质管理中心，对人员资质进行集约化的全生命周期管理。

8. 产品质量管理

质量检验管理涵盖了任务受理、样品接收、任务安排、产品检验、产品入库等全部环节，包括科研机构内产品质量检验任务，如型号研制产品的入库检验、过程检验及最终检验、产品复检、产品验收等。满足检验任务来源自动获取，检验项目指标自动调用，检验任务下达、领样、退样扫码完成、检验数据报送及检验完成情况的反馈等功能。

1）验收任务管理

验收任务管理能够自动识别检验过程中的项目,并满足相关检验验收要求。

2）不合格品和异常信息管理

不合格品和异常信息管理功能支持不合格品、异常信息的报送,并自动将其推送至不合格品、异常信息处理的相关流程中。

3）质量证明文件管理

自动汇总检验数据,自动生成有效的合格证、质量检测报告;合格证、质量检测报告生成灵活化和规范化。

4）质量分析

在统计分析管理方面,按照不同维度进行数据统计(按人员、按项目、按类型、按业务状态等),对各个检验阶段进行主题数据分析(检验前、检验中、检验后),灵活处理统计数据,并应用统计分析工具对系统中统计数据进行分析。

9. 产品交付管理

对产品进行最终客户交付和出库管理,并形成生产项目的验收与结算信息,对接财务的收款与发票管理。

4.6 科研成果与产业管理

4.6.1 科研成果与产业管理应用架构

将科研成果与知识产权管理融入项目全过程管理中,完善知识产权管理环节。知识产权全过程管理,包括策划阶段、方案批准阶段、实施阶段、验收阶段、成果应用阶段。其中,策划阶段可对应科研项目的项目计划阶段,验收阶段可对应科研项目的项目验收阶段,将科研成果与知识产权过程融入项目管理中。

科研人员可以直接将已经取得的科研成果通过互联网的期刊和电子刊物的文献库,进行在线检索,将符合作者单位和作者姓名的论文列出,简单选择或认领后即可将论文信息与全文进行系统内部自动登记,方便课题结题或年度统计时的成果数据采集(见图4.43)。

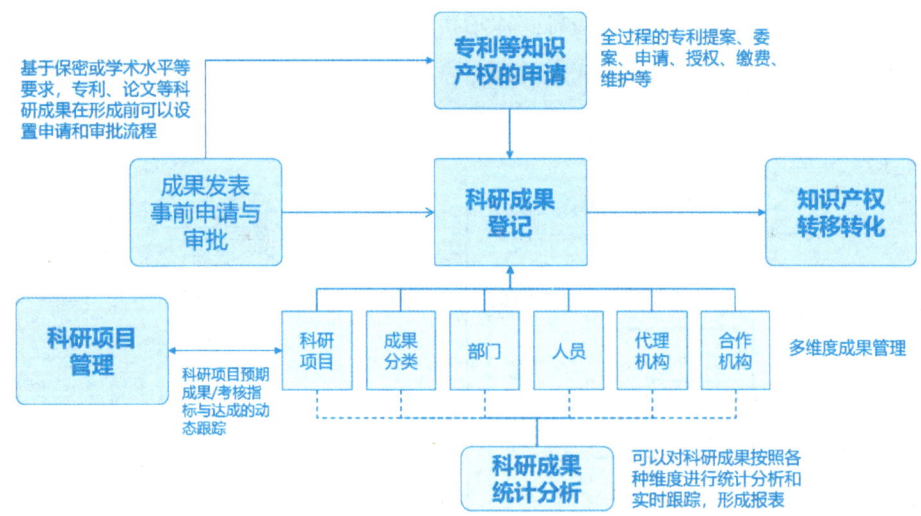

图 4.43　科研成果与产业管理应用架构

4.6.2　科研成果发表申请与审批管理

许多科研机构在科研人员发表或形成科研成果前需要对科研成果的内容进行申请,获得审批同意或许可之后,才能进行相关科研成果的形成工作。

科研成果事前审批的目的主要是两个方面。一方面是科研机构对科研成果的质量和水平有要求,如对论文发表的期刊质量和论文内容的水平有要求,因此需要事先对论文内容和质量进行审核。另一方面,对科研成果发表是否会涉密,特别是对涉密科研单位,需要对成果内容的保密和是否涉及商业机密等进行事前审查。

科研成果发布申请需要对成果内容进行详细描述,在审批流程通过以后,科研人员才能进行相关的科研活动。

科研成果发表后,成果登记时就可以自动引入申请数据,加快科研成果登记的效率。

4.6.3　科研成果登记

科研成果登记用于对科研成果的数据管理。

科研项目管理需要实现项目预期成果与取得科研成果的管理。

预期成果是指在项目立项阶段对项目在整个生命周期过程中产生的成果设定的一个目标与计划,预计在整个生命周期会产生什么成果及成果的数量等。而实际取得的成果则是项目过程中实际产生的成果,与预期成果相对应。在项目结题时可以将预计成果与实际成果进行对比,从而衡量科研成果的完成情况。

科研成果登记就是对已经取得的科研成果进行数据库管理，建立科研成果库。

科研成果按照分类，包括理论成果（或学术成果）、应用技术成果与知识产权三大类（见图4.44）。

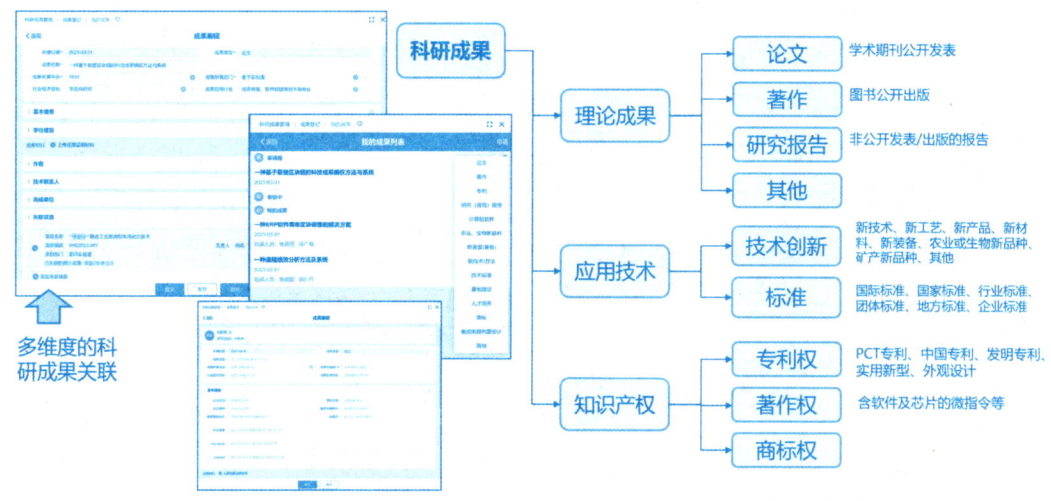

图 4.44　科研成果分类

科研成果登记的内容包括科研成果的基本信息、科研成果的作者、产生成果的科研项目等。通过科研成果与科研项目的对应，可以统计和跟踪科研项目的成果目标完成情况，动态掌握科研项目的成果进展。

1. 学术成果或理论成果

论文管理主要对已经发表的论文进行登记、论文认定等业务。论文登记流程，分为论文直接认领和个人申报。论文直接认领通过知网等数据对接，实现直接认领知网已认证的论文数据。个人申报是对知网的数据库中没有检索到的论文进行手工补录。

理论成果主要包括撰写及发表的论文、著作（包括专著、编著）、译著、教材、工具书、白皮书及发展报告。

研究报告主要是对科研成果进行报告登记和文档的存储与共享管理。

论文管理主要具备论文发表、论文报销、论文认定等功能，对现有论文进行管理。

论文发表流程，含机构内发表与机构外发表，研究人员或学生在准备发表前需要进行审核。

论文发表补贴的申请与报销要关联论文发表申请单，同时可以补录已经认定过的论文报销申请，报销单要强制选择论文分区或质量水平分类。

论文认定自动审核，根据论文报销情况，从论文分区中选择了Q1与Q2的论文，系统自动抽取到科研成果管理平台进行论文认定。

2. 应用技术成果

应用技术成果主要包括技术创新与标准。

技术创新成果包括新技术、新工艺、新产品、新材料、新装备、农业/生物新品种、矿产新品种及其他等。

标准包括国际标准、国家标准、行业标准、团体标准、地方标准、企业标准等。

3. 成果获奖管理

报奖管理提供从成果、奖项等多个维度查询分析，为人才、成果报奖提供数据支持，与专利、评奖等系统互联互通，形成完整的报奖管理系统。

报奖管理主要记录各类奖项申请情况，能够方便地识别出相关人员、材料已经申报过哪些奖项，防止相同的人员或材料对同一类型的奖项进行重复申报，减轻相关工作人员的工作量，也同时便于统计内部报奖的情况。

"我的获奖"展示已经被审批的科研获奖项目，具备奖励登记、奖励汇总、联合报奖申请查询等功能。本模块应用功能用于对科研课题研究成果的激励流程进行系统化、流程化、科学化、数据化的管理。

科研人员获得的奖项，一般可以作为职称评定的依据，但是奖项需要有认定过程，经过单位认定后才是有效的奖项。

主要功能包括以下 3 方面。

1）奖励登记

由科研管理部门对获得奖励的信息进行登记。科研管理部门可以增加奖励信息、查询和修改奖励信息。

2）奖励申请

由科研人员对获得奖励进行申请，提交奖励信息和证据材料，然后经过科研管理部门查证并进行审批确认。

3）奖励查询和分析

对获奖信息进行查询和按照获奖级别，针对部门情况进行统计和分析。

4.6.4 专利与知识产权管理

知识产权是基于创造成果和工商标记依法产生的权利的统称。最主要的 3 种知识产权是著作权、专利权和商标权。著作权包括软件著作权、集成电路图设计权等科研成果产生的知识产权。

知识产权许可是在不改变知识产权权属的情况下，经过知识产权人的同意，授权他人在一定期限、范围内使用知识产权的法律行为，即科研成果转化。具体而言，知识产权许可包括著作权许可使用、专利实施许可、商标权许可使用等。

专利权是指国家根据发明人或设计人的申请，以向社会公开发明创造的内容，以及发明创造对社会具有符合法律规定的利益为前提，根据法定程序在一定期限内授予发明人或设计人的一种排他性权利。

专利管理系统是从专利布局、专利提案、专利申请、专利维护到代理机构管理、奖励管理、统计分析等完整的专利全过程管理平台。

专利系统包括个人事务管理、提案流程管理、专利申请流程管理、专利运营管理、专利报表管理和费用报表管理等内容。从客户知识产权管理的需求出发，能够为客户提供从提案申请到专利申请最终到专利运营一系列全流程管理。通过植入科学的创新思想和优秀的管理经验，帮助客户提高知识产权管理、分析和决策能力，提升知识产权创造、运用水平，为增强客户的整体技术创新能力和核心竞争力提供实践解决方案（见图4.45）。

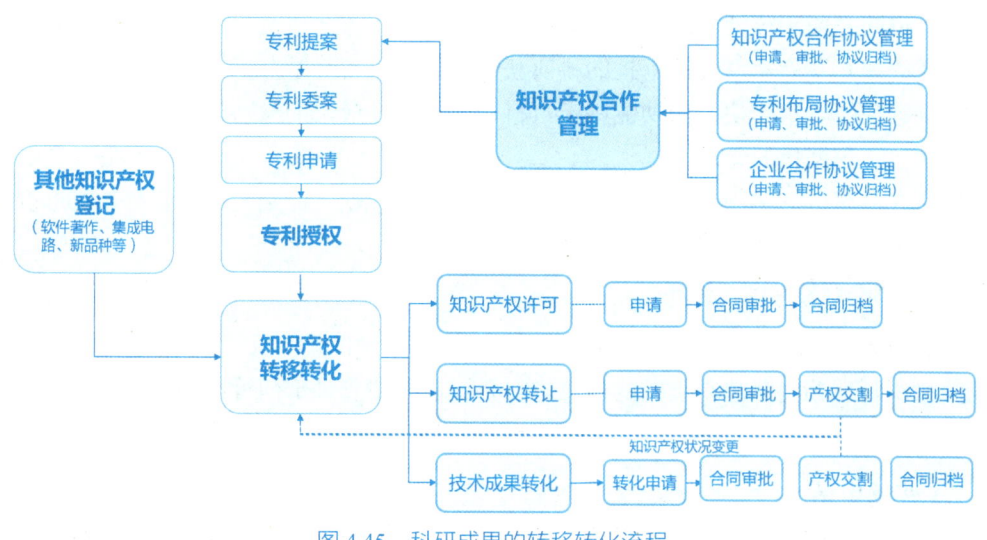

图 4.45　科研成果的转移转化流程

1. 专利的跟踪

专利信息的全面掌控，实现电子文档全面、真实、详细的记录，并可实时导入导出。

查看业务详细信息，根据用户权限显示业务的基本信息、附加信息、进度信息、申请人、代理机构、受理或授权批文、费用、年费、奖励资助、流程处理等全面信息。并可根据客户的需求导入导出数据。

科研机构可以对每个部门的专利进展情况实时进行统计分析和排名，进行专利的成果管理。

2. 专利申请的提案

平台系统针对专利提案，提供了技术交底书、提案申请书等各种模板，便于快速提交专利提案。

对专利提案进行审批管理，特别是对于涉及重大机密信息和商业秘密需要进行保护的，提供涉密审查的流程管理。

专利提案可以与专利布局和专利规划进行关联，方便科研机构和企业对整体专利布局进行系统管理。

3. 代理机构管理

平台对专利代理机构的业务与协作进行在线管理，包括登记合格的专利代理机构服务商的信息。在专利申请和缴费过程中，实现在线的沟通与业务协作，包括对申请书的修改和版本控制。可以通过电子邮件、门户网站等方式提供与专利代理机构的业务协作。

可以定期对专利代理机构进行考核和评估，包括业务统计，以及科研人员对专利代理机构的专业能力与服务态度进行评分和考核。

专利代理机构的考核结果是下一年签约及相关专业代理委托的依据。

4. 专利费用管理

专利申请和维护的相关费用及缴费的自动提醒。对成功授权的专利，系统提供补贴和奖励的计算与发放。

5. 专利成果统计

系统为科研成果管理部门提供专利的统计分析服务。按照部门维度、时间维度、专业维度及专利分类，进行系统的数据统计分析，并对专利工作进行绩效评估（见图4.46）。

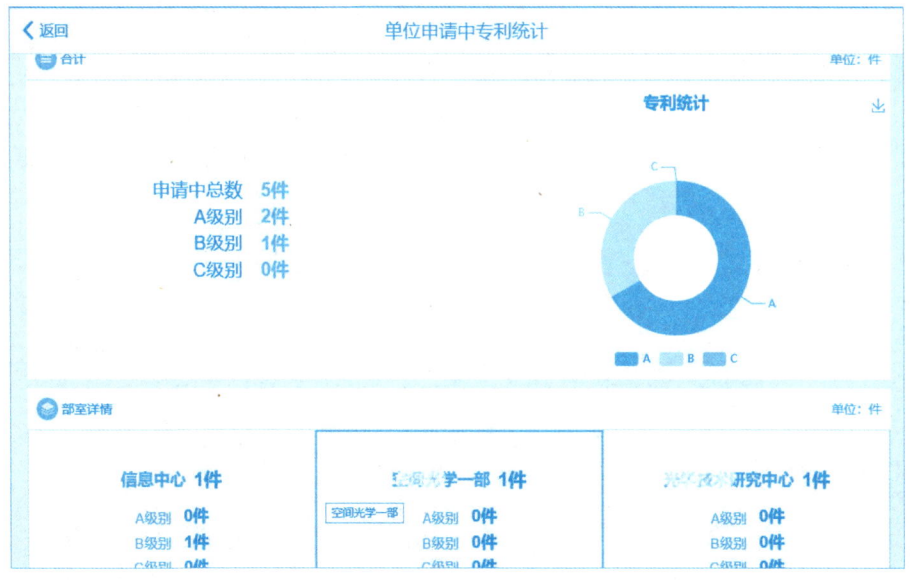

图 4.46　专利成果统计

4.6.5　科研成果评价与鉴定

科研成果转移转化系统提供科研成果的评价与鉴定管理，以及全流程的评价和鉴定服务。

1. 研究成果评价申请

对已经发表的论文或者研究课题的成果进行申请成果鉴定，可在平台上完成本项鉴定申请。

2. 成果鉴定评价查询

对已经移交申请成果鉴定的科研课题项目进行查询，也可以完成申请成果鉴定的评价结果查询。

4.6.6　科研成果转移转化

产业孵化平台将通过对科研成果的动态管理，对科研成果的转移、转化进行全生命周期管理并提供在线服务，包括对完整的科研成果产业化申请、登记和成果鉴定进行管理的功能。

科研成果转移主要是对专利、软件著作权的权利转移，一般是转让或捐赠等方式转让给第三方，供相关企业用于产业应用。

科研成果转化一般是将科研成果应用于企业等相关单位，产生价值，如专利的授权使用。

4.6.7　科技经纪与企业孵化

产业孵化与投资管理实现产业投资与孵化项目的全过程数字化的运营与风险管控（见图4.47）。

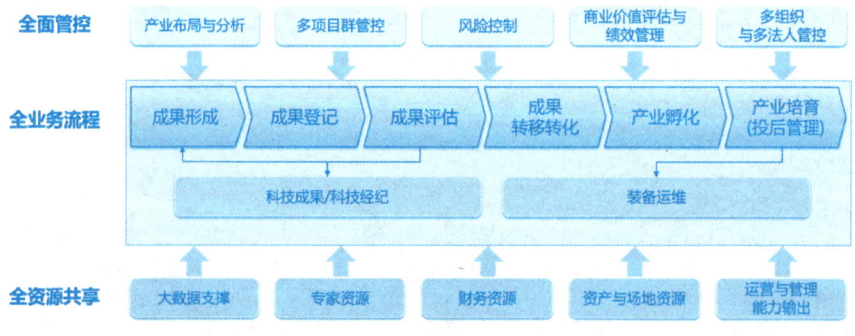

图 4.47　科研成果的产业孵化流程

1. 商机与投资意向管理

各单位对各个专业领域、区域内的相关创新创业团队、企业和科研成果进行商机与投资意向管理,形成共享的科技投资商机库。

2. 项目立项

项目立项管理主要是根据投资项目的初步调研,通过基础可行性的调查和初步资料,申请进行立项。立项的具体内容,在系统中维护项目的基本信息、客户与产业成果信息、项目团队信息、投资价值分析,进行 WBS 任务分解,建立项目管理层级,满足基本的项目管理需求。科技投融资项目的过程管理可以参照科研项目的管理业务架构与流程。

3. 尽职调查

项目管理部门对立项的项目组织团队进行尽职调查,将相关的尽调资料录入系统进行共享与档案管理。

4. 评审管理

对尽职调查完成的项目,申请投委会的专家评审。通过对相关领域专家的邀请,形成投委会专家库。通过调用专家库的信息,进行线上或线下组织专家对项目不同的阶段的评审。

对项目生成计划进行评审。到计划评审时间点,向相关人员发送消息提醒并进行评审申请。计划申请包括项目名称、计划评审节点、计划评审时间、计划内容等。通过线上评审申请,达到线上或者线下对项目进行评审。评审结论包括项目名称、评审时间、评审内容、评审方式、评审专家、专家评分等信息。

针对项目的风控模型,进行风险控制的分析与预警。

评审结束后,可将专家意见和积分进行分析,得出项目的投资决策。

5. 签约与投资交割

对投委会投资审核通过的项目,设置签约流程。合同签署后,进行投资交割。

6. 投后跟踪管理与业绩监控

对投后的产业孵化项目进行定期的项目绩效跟踪。

4.6.8 产业培育与监管

科研机构对孵化企业的监管是确保产业培育的正常运行、促进科技创新和产业升级的重要环节。

1. 建立健全的监管机制

科研机构应建立健全的监管机制，在确保企业的自主经营前提下，制定完善的监管政策和流程，明确监管职责和权限，并确保监管工作的规范化和制度化。

2. 加强研发场地与科研设施监管

孵化企业一般会使用科研机构的研发场地。科研机构应监管孵化企业在孵化器内的场地使用情况，确保场地得到合理利用，避免资源闲置或浪费。

孵化企业的优势就是可以共享科研机构的科研设施和设备。科研机构应定期检查孵化器内的设施设备，并确保其正常运行和满足企业研发需求。

3. 创新创业政策监管

科研机构应监管孵化企业遵守国家和地方的创新创业政策，确保其享受政策优惠的同时，也符合政策导向和要求。这包括税收优惠、资金扶持、人才引进等方面的政策。

4. 加强知识产权保护监管

科研机构应加强对孵化企业知识产权保护的监管，确保企业在研发过程中遵守知识产权保护法律法规，预防知识产权侵权事件的发生。同时，科研机构还应为企业提供知识产权申请、保护和管理等方面的指导和支持。

5. 合格经营监管

科研机构应定期对孵化企业的财务状况进行审计和检查，确保其财务数据的真实性和准确性。同时，还应监管企业的纳税情况，确保其遵守税收法规，降低税务风险。

6. 人才发展监管

科研机构应监管孵化企业在人才招聘和培训方面的行为，确保其遵守相关劳动法律法规和职业道德规范。同时，还应为企业提供人才招聘、培训和发展等方面的指导和支持，帮助企业建立稳定的人才队伍。

7. 绩效考评与动态管理

科研机构应定期对孵化企业进行绩效考评，评估其创新能力、研发成果、经济效益等方面的表现。这有助于及时发现企业存在的问题和不足，为企业改进提供方向。同时，科研机构应根据绩效评价结果对孵化企业进行动态管理，对表现优秀的企业给予更多的资源和支持，对表现不佳的企业提供帮扶或考虑淘汰。

8. 日常监督与违规处置

科研机构应加强对孵化企业的日常监督，及时发现和纠正企业的违规行为。对于违反孵化器规定或法律法规的企业，应采取相应的处置措施，如警告、罚款、终止孵化关系等。

这些监管措施有助于确保孵化器的健康运行和企业的持续发展。

4.7 知识管理与工程

知识管理是科学研究的重要创新成果，鼓励科研人员将知识管理工作列入各科研项目研究内容。科研项目完成后，项目负责人须及时将取得的与知识产权工作成果有关的实验报告、实验记录、图纸、声像、手稿等原始技术资料收集整理形成档案，并与成果证明证书、文件统一报所部归档保存（见图4.48）。

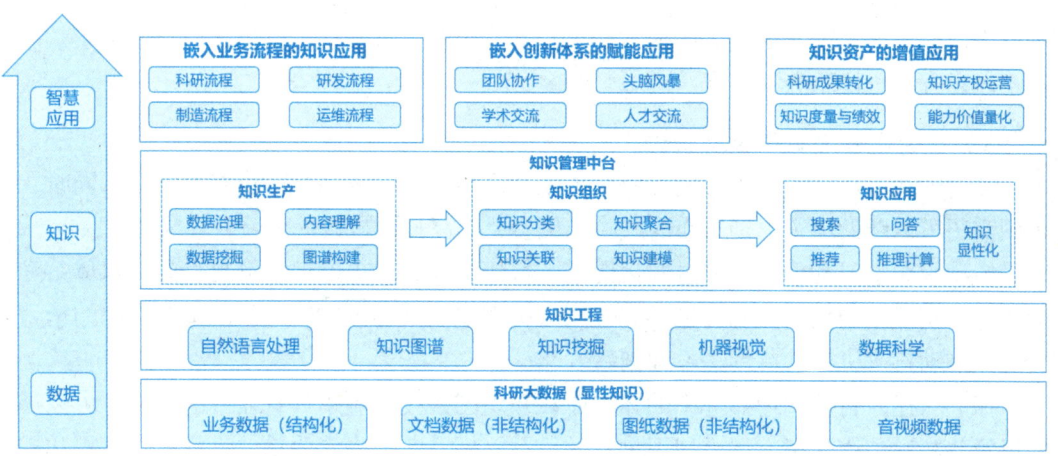

图4.48 知识管理的应用架构

4.7.1 知识库与知识图谱技术应用

1. 知识库与知识图谱的应用价值

在科技管理业务中，知识库和知识图谱技术的应用具有显著的价值，主要体现在以下3个方面。

1）提高知识共享和利用效率

提高知识共享和利用效率：知识库可以将组织内的各种知识和信息集中存储和管理，方便员工随时随地查找和获取所需知识，从而提高知识的共享和利用效率。

促进知识创新和传承：通过知识库，员工可以方便地浏览和学习前人的经验和成果，激发创新灵感，促进知识的传承和创新。同时，知识库还可以记录科研机构的优质实践和成功案例，为科研机构的持续发展提供有力支持。

提升业务决策质量：知识库中的知识可以为业务决策提供有力支持，帮助决策者快速获取准确的信息和数据，降低决策风险，提高决策质量。

优化工作流程和提高工作效率：通过知识库，员工可以快速找到所需的工作流程和规范，减少不必要的重复工作和错误，提高工作效率。同时，知识库还可以为员工提供在线培训和帮助，降低培训成本，提高员工技能水平。

2）增强知识的关联性和可视化程度

知识图谱可以将知识以图形化的方式展示出来，展示知识之间的关联和上下文，帮助用户更好地理解和掌握知识。这种可视化方式可以大大提高知识的可读性和易用性，降低用户的学习成本。

支持智能搜索和推荐：基于知识图谱的搜索和推荐，系统可以更准确地理解用户的查询意图，提供更精准、更相关的搜索结果和推荐内容。这不仅可以提高用户的搜索效率，还可以提升用户体验和满意度。

3）辅助业务决策和风险管理

知识图谱可以揭示知识之间的潜在关联和规律，为业务决策提供有力支持。同时，知识图谱还可以帮助组织识别潜在的风险和机会，提高科研机构的风险管理能力。

推动组织学习和创新：通过知识图谱，科研机构可以更好地了解自身的知识体系和能力优势，发现新的创新点和改进空间。同时，知识图谱还可以促进科研机构内部的学习和交流，推动科研机构的持续学习和创新。

综上所述，科技管理业务中的知识库和知识图谱技术应用具有显著的价值，可以提高知识的共享和利用效率、促进知识创新和传承、提升业务决策质量、优化工作流程和提高工作效率等。同时，这些技术还可以增强知识的关联性和可视化程度、支持智能搜索和推荐、辅助业务决策和风险管理及推动组织学习和创新等。

2. 知识库与知识图谱的应用场景

知识图谱是一种结构化的知识表示方式，它通过将应用数学、图形学、信息可视化技术、信息科学等学科的理论与方法与计量学引文分析、共现分析等方法结合，利用可视化的图谱形象地展示学科的核心结构、发展历史、前沿领域及整体知识架构。具体来说，知识图谱是把复杂的知识领域通过数据挖掘、信息处理、知识计量和图形绘制等方式显示出来，揭示知识领域的动态发展规律，为学科研究提供切实的、有价值的参考（见图4.49）。

第4章 智慧科研的应用架构

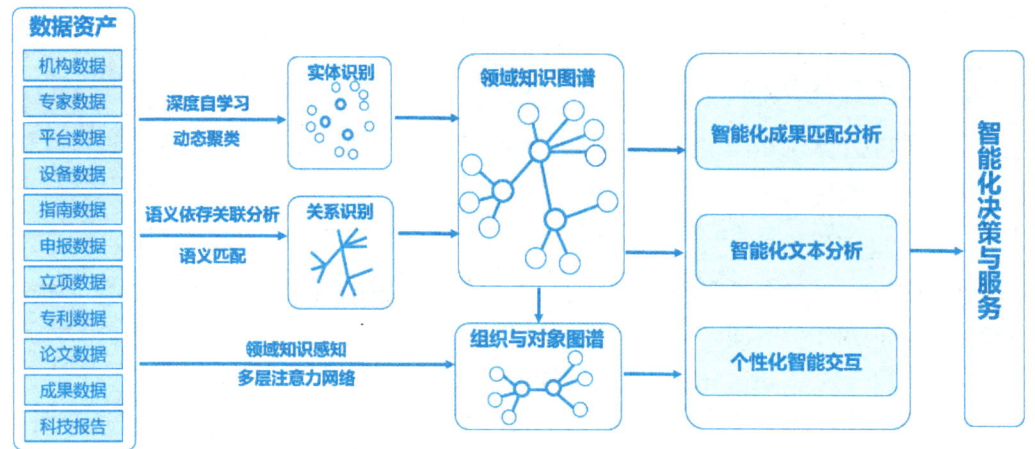

图 4.49 知识图谱的应用场景

知识库和知识图谱在科技管理中的主要应用场景包括以下方面。

1）内部智能助手

知识库管理系统可以在科研机构内部搭建一个智能助手，帮助科研人员解决各种问题。无论是技术研发、运营管理、科技服务还是科研条件保障，科研人员都可以通过系统快速找到相关的知识和答案，从而提高工作效率和满意度。

2）自助服务

通过知识库管理系统，科研机构可以构建一个科研自助服务平台，让科研人员自行查询和解决问题。科研人员可以通过搜索功能找到常见问题的解决方案，这既减少了科研助理和保障人员的工作量，同时又提升了科技服务的质量和效率。

3）辅助搜索

知识图谱和语义技术提供了关于事物的分类、属性和关系的描述，使得搜索引擎可以直接对事物进行索引和搜索。这有助于实现更精准的搜索结果，提高用户搜索体验。

4）辅助问答

知识图谱是实现人机交互问答必不可少的模块。通过知识图谱，机器可以理解人类语言的深层含义，从而实现更自然、更智能的问答交互。

5）辅助大数据分析

知识图谱和语义技术也被用于辅助数据分析与决策。通过构建知识图谱，可以揭示数据之间的内在联系和规律，为决策提供有力支持。

在科技管理业务中，知识库和知识图谱技术的结合应用可以进一步提升业务效率和效果。知识库提供了丰富的知识资源，而知识图谱则可以帮助员工更快地找到所需的知识；在科研人员自助服务中，知识图谱可以辅助构建更智能的搜索和推荐系统，提高科研人员的满意度；知识图谱可以帮助科研人员更好地组织和管理科研资源，主管部门可以通过知识图谱为科技人才画像，制定有针对性的科研赋能和科研任务分配方案。

3. 知识库应用架构

知识库的应用架构是围绕知识对象的分类、产生、采集、发布与共享等知识流程及其生命周期管理进行构建。

1）知识维度与建模管理

对知识进行多维度分类管理，知识可以按照不同的逻辑和视角进行组织分类，如按照业务条线、部门组织、时间、地域分布、应用对象等进行分类。支持多维度的分类模式，可以无限级向下延伸，知识分类可以自由地调整顺序及父子关系。

一条知识可以录入到多个知识维度中，并在相应维度中查看。当知识进行更新时，所有维度中的知识都会即时更新。被授权进行维度管理的用户可以通过前台系统对知识分类进行调整、创建或删除。

通过知识维度分类的初始化，建立了按照组织知识模式的分类体系，以树状菜单的形式表现出来，称之为知识树。通过知识树，用户可以按照分类索引的方式找到所需的下级分类，单击相应的分类就可查阅该分类下的知识内容。

知识版本管理功能可以记录历史版本，支持对历史版本进行查看权限控制。通过版本历史记录的方式保存前一个版本的内容，便于追溯和对比历史版本之间的差异。每次编辑知识系统会自动增加 0.1 个版本号，也可以自定义版本号。

知识库系统对于知识状态的定义主要包括"已发布、待审核、过期、收藏、已点评、被驳回、回收站、关注过"等，通过这些知识状态的区分，可以很清晰地查阅到一个用户在系统中所使用的知识的全集，便于对知识进行处理。

2）知识内容采集

知识内容通过知识文档上传平台系统。系统附件上传的格式控制通过后缀名可以设置，允许设置上传的文件大小，且可以多个附件一起上传，系统自动进行序列化处理，避免上传中断。

知识批量导入：对于科研机构中的原始文档知识，在分文件夹存放且数量众多的情况下，系统提供了批量数据和文件夹导入功能。该功能主要是提供给原有大量基础文档，设定相应导入规则，选择知识库和维度，单击确认即可将知识全部导入，并保留知识文件夹的结构作为知识分类的结构。

知识批量转移：将一个知识分类中的全部或部分特定知识批量转移到另一个或多个维度中，便于知识的批量调整，知识转移后除被转移的当前维度属性发生变化外，其他原有的多维度属性保持不变。

3）知识审核

发布成功的知识，如果发布人附带拥有审核权限，则该知识会进入相应的维度分类中。如果发布人没有审核权限，则需要由拥有审核权限的用户进行审核，审核过后，知识才能进入相应的维度，对于审核不通过的知识，可以进行驳回。

4）知识发布

拥有知识发布权限的用户可以进行知识的录入，按照系统的提示填写相应的知识标题、正文、附件等信息后，选择所要发布的知识维度（可选择多个维度）提交即发布成功。系统编辑器采用类似 Word 编辑器模式，支持直接复制图文内容到编辑器中，并提交保存。

5）知识的共享与应用

系统支持对知识的意见、建议及点评反馈，形成良好的知识互动，用户可以对所浏览的知识内容进行评分和点评留言。评分记录将被计算为该知识的价值指数，用于知识列表推荐时的排序。

科研人员可以通过标题、概要信息、文章段落标题、正文内容、附件等多个组成部分对知识内容进行全面的了解，支持目录格式的单击即跳转到相应段落；附件阅读可在线打开。

管理员可以查阅知识的阅读情况，包括阅读人员、阅读时间，进行阅读前后的相关操作，可以对知识的使用情况做到一目了然。

知识贡献：对用户进行知识贡献的统计，赋予一定的积分，通过积分可以兑换相关的奖励，或获得荣誉排名。

6）知识的深度加工与创新应用

知识关联：通过关联知识可以寻找到其他相关的知识内容，系统支持类别关联、词汇关联等多种关联模式。

整合与组织：知识图谱以图的形式将知识元素进行连接，能够将不同领域、不同形式的知识进行整合和组织。通过知识图谱，可以将分散的知识片段结构化地组织起来，形成知识之间的关联和上下文，提供全面、准确的知识支持。

知识的存储与传递：知识图谱以图数据库的形式存储，能够高效地存储大规模的知识数据，并支持灵活地查询和推理。通过知识图谱，可以将知识以标准化的形式进行编码和存储，便于知识的传递和共享，提高知识的可访问性和可重用性。

知识的应用与创新：知识图谱能够通过知识的关联和推理，为用户提供个性化、智能化的知识服务。通过对知识图谱的分析和挖掘，可以发现知识之间的隐含关系和规律，为决策和创新提供有力支持。同时，知识图谱还能够结合自然语言处理和机器学习等技术，实现自动化的知识提取和知识生成，推动知识的创新和应用。

4. 知识图谱应用架构

知识图谱是一种以图形化的方式展示知识的技术。它包括实体、属性、关系等元素，可以用于表示和存储领域内的知识和信息。在语义搜索中，知识图谱可以用于对搜索结果进行组织和展示，提高用户的搜索体验。

统一知识图谱构建工具的全流程主要包括 5 个部分：图谱数据接入、图谱构建功能可视化、图谱数据分析、图谱详情展示、图谱后台管理。通过这些步骤，可以完成完整的知识图谱生产。最终，以知识图谱和能力组件的形式开放给知识服务系统使用（见图 4.50）。

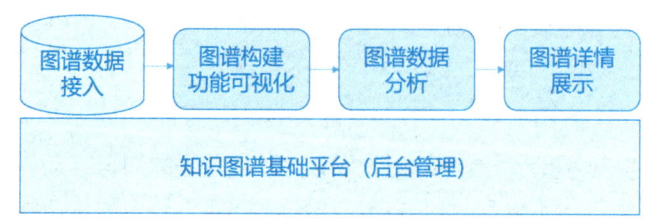

图 4.50　知识图谱的应用流程

1）图谱数据接入

图谱数据接入管理：支持图谱数据灵活接入、生成、维护和管理；基于已抽取关系形成的图数据库，进行框架匹配与实体对齐，实施冲突检测与消解。数据接入能支持多版本通用数据库 API，包含各类 SQL 数据库和 NoSQL 数据库。

对已抽取关系形成的图数据库，进行匹配与实体对齐，支持对实体及其属性进行手工合并操作和配置业务规则。

（1）手动冲突消解。

（2）基于自定义规则的自动消解。系统支持基于配置的业务规则批量计算待合并的实体，并展示计算出的待合并实体对其合并概率，支持批量实体合并。

（3）冲突检测。系统支持合并主体与被合并实体的冲突检测，支持冲突提示。

2）图谱构建功能可视化

图谱构建功能可视化支持关系图谱灵活构建，可自由设置节点类型、关系类型，实现节点和关系的查找、筛选、新增、删除，可通过网络、层次、环形等多种布局方式查看元素之间关系；支持结合画布自由缩放，支持个人用户对模型保存后进行多次调用、修改，模型分享，支持对图谱概念、属性实例、关系、边属性进行"所见即所得"的图谱可视化编辑。

在图谱探索可视化分析界面中，对实体、关系、属性、概念、边属性等各要素进行可视化编辑，包括添加子概念、添加同级概念、编辑概念、添加实体、添加属性定义、添加关系定义、编辑属性定义、编辑实体基本信息、编辑实体属性、新增实体的关系、边数值属性定义、边关系定义、边属性编辑等图谱可视化编辑能力。

3）图谱数据分析

结合业务需求，开展多层次、多角度数据分析和挖掘，以发现各节点之间的关联关系及路径。提供链接分析、路径分析、共同节点分析、关系挖掘分析、碰撞分析、骨干分析等多种智能分析算法。

节点关系图（图探索、路径发现、关联分析）。由基本可视化组件可组装单页应用，以单页应用的形式提供知识图谱可视化、网络结构分析、推理分析，包含图探索查询及可视化应用、路径发现查询及可视化应用、关联分析查询及可视化应用（见图4.51）。

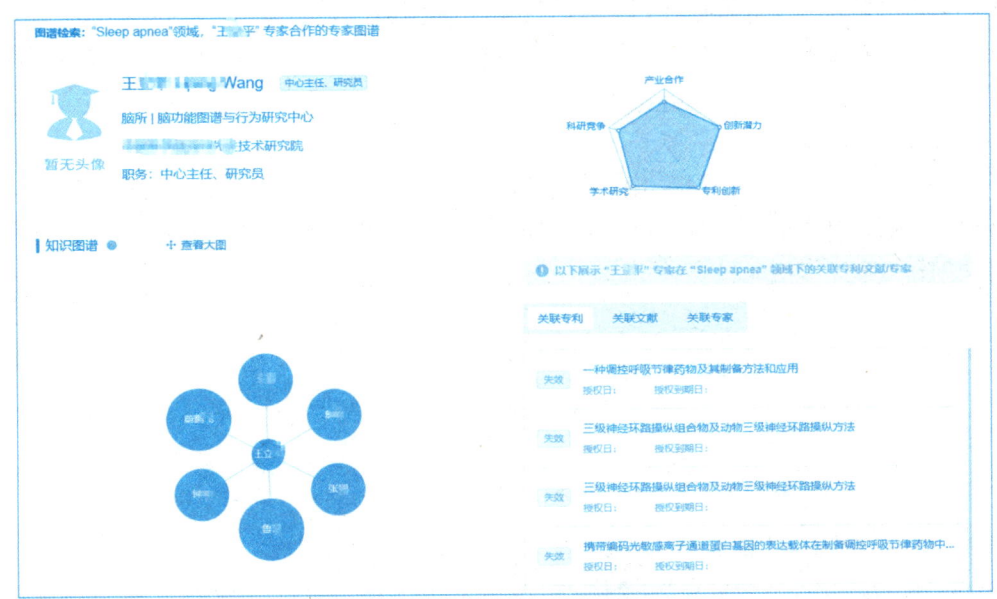

图 4.51　知识图谱的可视化展示

时序图（时序图探索、时序路径、时序关联），以单页应用的形式提供知识图谱可视化、网络结构分析、推理分析等应用，包括时序图探索查询及可视化应用、时序路径发现查询及可视化应用、时序关联分析查询及可视化应用。

图探索查询及可视化应用。集成图探索、路径、关联、时序的一站式图谱分析面板，支持网络结构分析、推理分析应用。支持基于图谱的统计计算，包括实体关系度数统计、实体按属性值统计、实体按概念统计、实体按属性类型统计和边关系按属性值统计。

4）图谱详情展示

图谱详情展示支持以下功能：关系选择、链接扩展层数选择、展示节点数量调整、图谱节点和应用详情页关联、选中节点详情信息表格或文本导出和图谱当前展示页图片下载。

5）图谱后台管理

支持对生成图谱的图数据进行灵活便捷管理，支持对象配置，支持节点及关系的新增、编辑、删除，支持关系的快速筛选，输入关系名称或关系描述关键词搜索，支持对关系分析产品进行亲密度阈值、最短路径的最大深度、共同邻居的个数、图片文件的路径等参数配置，支持角色的新增、编辑、删除等管理。

图谱应用功能支撑包括关系推荐和图谱搜索 API。关系推荐：知识图谱能够将海量的工程科技知识进行整合与梳理，形成结构化的知识体系。关系推荐，基于知识图谱通过建立实体之间的关系，能够揭示科研领域中不同领域之间的联系和相互影响，推荐相关的知识实体和关系，为用户提供更加全面和深入的洞察，帮助用户发现潜在的信息关联和知识缺口，促进用户的知识探索和发现。图谱搜索 API：用户可以根据关键词搜索相关知识图谱中的节点和关系，从而快速找到所需的科技信息。通过封装 API 减少各业务系统直连数据库带来的维护成本高、接口风格不统一、替换难度大等问题，规范化知识图谱数据获取方式。在实现方式上，外部服务调用图谱搜索 API，图谱搜索 API 进行查询解析，在查询图数据库以获取图谱数据。

在构建过程中，学术知识图谱的数据抽取与融合需持续挖掘数据，以提升数据处理效率和质量。通过升级通用学术知识图谱，知识管理能够更好地服务于科研领域，推动学术交流和创新发展（见图 4.52）。

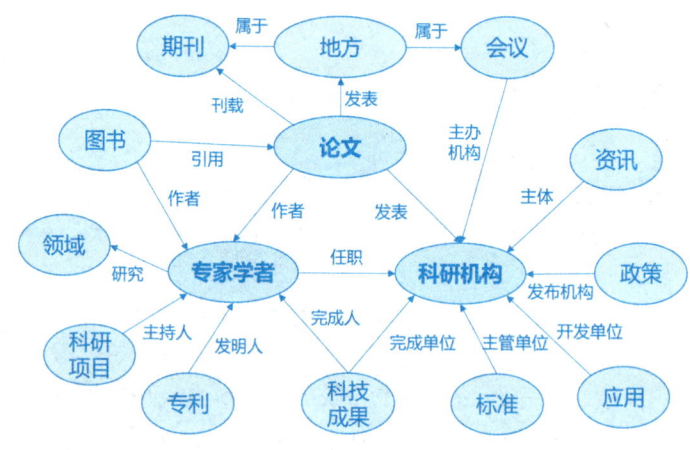

图 4.52　学术知识图谱结构示意图

5. 知识库与知识图谱的技术基础

要实现在科技管理业务中，知识库与知识图谱技术的应用需要满足一系列技术要求和基础，以确保系统的稳定性、可用性和高效性。

1）知识库的技术要求和基础

数据结构和存储：知识库需要一套合适的数据结构来存储和管理知识信息。这通常包括实体、属性、关系等元素的定义和存储方式。同时，需要选择高效、可扩展的数据库系统来支持大规模数据的存储和查询。

数据标准化和质量控制：知识库中的数据需要具有一定的标准化程度，以确保数据的一致性和准确性。这包括数据格式的规范、数据质量的监控和错误数据的处理等方面。

搜索和检索技术：知识库需要提供高效的搜索和检索功能，以便用户能够快速找到所需的知识信息。这要求系统具备全文搜索、模糊匹配、多条件查询等搜索功能，并支持多种搜索方式。

权限管理和安全性：知识库需要保证数据的安全性和访问权限的控制。这包括用户身份验证、访问权限的分配、数据加密等安全措施，以确保数据不被非法访问和泄露。

维护和更新机制：知识库需要建立维护和更新机制，以确保数据的及时性和准确性。这包括数据的定期更新、版本控制、数据备份和恢复等方面。

2）图数据库技术

知识图谱通常利用图数据库来存储和表示实体、属性和关系等信息。图数据库能够高效地处理复杂的图结构数据，并支持高效的查询和推理操作。

3）实体识别和关系抽取技术

知识图谱的构建需要依赖实体识别和关系抽取技术。这些技术能够自动从文本、图像等数据源中识别和抽取实体和关系信息，为知识图谱的构建提供数据支持。

4）语义分析和推理技术

知识图谱中的信息需要具备一定的语义含义，以便进行推理和查询。因此，需要应用语义分析和推理技术来理解和解释知识图谱中的信息，并支持基于语义的查询和推理操作。

5）可视化技术

知识图谱的可视化对于用户理解和使用知识图谱至关重要。因此，需要应用可视化技术来展示知识图谱的结构和内容，以便用户能够直观地了解知识之间的关联和上下文。

6）维护和更新机制

知识库与知识图谱都需要建立维护和更新机制，以确保数据的及时性和准确性。这包括数据的定期更新、版本控制、数据备份和恢复等方面。

4.7.2　自然语言处理技术应用

随着人工智能技术的理论和技术日益成熟，其在人们的生活及产业发展方面的应用不断深入，进而推动着科技创新和科研范式的变革，应用领域也在不断扩大，广泛模拟人的智能来处理各种信息。人工智能为科技创新提供智慧的技术支撑，提供对科技管理中海量信息的智能识别、融合、运算、监控和处理等功能，目前广泛应用于智能语音识别、行为分析、图像识别、人脸识别、综合运算处理等场景。

人工智能技术将根据平台获取的各个层面初始数据，结合行业内丰富的风险分析经验知识，辅助搜索和检索，达到预测数据未来值、预测行为、预测风险、辅助解决问题、识别和选择优质匹配、优化活动、提供建议和解决方案的目的。它有助于作出更好的决策，提供更强的智能化能力。

自然语言处理（Natural Language Processing，NLP）是让计算机能够像人一样理解和使用人类的语言。它的目标是让机器能"听懂"我们说的话，或"读懂"我们写的文字，并作出回应。比如，当你对手机说"播放音乐"，语音助手能够理解你的意思，开始播放歌曲；或者你在网上输入一句中文，翻译软件能将其准确地翻译成英文。

基于深度学习，通过海量数据和计算资源训练的神经网络模型，具有大规模参数和复杂架构，这种模型被称为大模型，大模型一般指大语言模型。

传统 NLP 依赖人工规则（标注"开心"对应的表情），而大模型通过海量数据自动学习语言规律，效果显著提升。

大模型是近年来较强大的 AI 工具之一。大模型通过海量数据和先进算法，让机器能够理解我们的语言、生成流畅的文本，甚至辅助医疗和法律决策。尽管面临成本和技术挑战，未来随着模型优化和行业定制，大模型将在更多科技创新领域发挥变革性作用。

人工智能技术同时可以结合视频技术探索新的应用场景，深度挖掘视频智能识别，应用于本项目相关业务系统。

1. 自然语言处理在科技管理中的应用价值

自然语言处理（NLP）在科技管理中的价值是多方面的。

智能化：利用 NLP 技术实现科研数据的智能分析和管理，提高管理效率和准确性。

高效性：自动化处理科研项目申请、评审等流程中的文本数据，减少人工干预和错误。

全面性：覆盖科研管理的全过程，包括项目申请、评审、执行、验收等环节。

可扩展性：采用模块化设计，便于后续功能的扩展和升级。

开放性：提供开放式接口，便于与其他系统进行集成和交互。

2. NLP 在科技管理中的应用场景

NLP 在科研管理中有多个具体的应用场景。

1）科研文献的自动分类和整理

NLP 技术可以对海量的科研文献进行自动分类和整理。根据文献的主题、领域、作者、机构等信息进行归类，便于科研人员和管理者快速找到所需的文献资源。例如，使用命名实体识别（NER）技术从文献中抽取作者、机构、关键词等实体，然后利用这些实体对文献进行自动分类和索引。

2）科研项目的申请和评审

在科研项目的申请过程中，NLP 技术可以自动提取申请书中的关键信息，如研究目标、方法、预期成果等，并进行初步的评估。

在项目评审阶段，NLP 技术可以辅助评审专家快速浏览和理解多个项目的申请书，通过语义分析和情感分析等技术评估项目的创新性、可行性等。

3）科研数据的自动提取和分析

NLP 技术可以从科研数据（实验报告、调查问卷等）中自动提取关键数据和信息，并进行统计和分析。例如，在医学研究中，NLP 技术可以从医学文献中提取关于某种疾病的治疗方法、疗效等信息，为医生提供决策支持。

4）科研趋势的预测和分析

NLP 技术可以对大量的科研文献进行语义分析和挖掘，不仅能够发现某个领域的研究热点、趋势和潜在问题，还能够通过分析科研文献的引用关系、作者合作网络等，揭示不同研究领域之间的关联性和发展趋势。

5）跨语言科研信息的处理

随着科研活动的全球化，跨语言 NLP 技术在科研管理中变得越来越重要。NLP 技术可以处理多种语言的科研文献和信息，从而帮助科研人员和管理者跨越语言障碍，更广泛地获取和分享科研信息。

6）科研业务管理的自动化

NLP 技术不仅可以实现科研管理的自动化，如自动化处理科研项目的申请、评审、验收等流程中的文本数据，还通过自然语言生成（NLG）技术，使 NLP 系统可以自动生成项目申请书的摘要、评审意见等文本内容，从而提高管理效率。

7）科研政策的解读和评估

NLP 技术可以辅助科研人员和管理者理解和评估科研政策。通过对政策文本的语义分析和情感分析，该技术可以揭示政策中的关键点、潜在问题及公众对政策的反应和态度。

这些应用场景展示了 NLP 技术在科研管理中的广泛应用和潜力，随着技术的不断进步和应用场景的不断拓展，NLP 在科研管理中的作用将会越来越重要。

3. NLP 在科技管理中应用架构

结合 NLP 在科研业务管理中的系统功能方案设计，我们可以构建一个更为智能化、高效化的科研管理系统。通过 NLP 技术提升科研业务管理的智能化水平，该技术帮助科研人员和管理者更快速、准确地处理和分析科研数据，支持科研项目的申请、评审、执行、验收等全过程管理。

1）NLP 应用于科研项目管理

在科研项目的项目申报、评审、变更、过程管理等业务系统中，利用 NLP 技术自动提取项目申请书中的关键信息，如研究目标、方法、预期成果等，进行初步评估。

该技术支持在线评审和审批流程，自动推荐评审专家并进行智能评估项目质量，同时提供项目进度监控功能，自动生成项目执行报告。

2）NLP 在科研数据管理中的应用

对科研数据的录入、查询、修改、删除等基本管理支持多种数据格式的导入和导出。

利用 NLP 技术对科研数据进行文本挖掘和分析，提取关键信息和观点，辅助科研数据分类和标签化。

整合第三方数据源，实现数据的自动采集和更新。

3）NLP 在科研业务中的智能分析应用

支撑文本分类与聚类：将科研文献、项目申请书等文本按主题、领域等进行分类和聚类，便于检索和管理。

情感分析：分析科研文献、项目评审意见等文本中的情感倾向，辅助判断文献质量和项目可行性。

实体识别与关系抽取：从文本中识别出关键实体（作者、机构、技术点等），并抽取实体之间的关系，形成知识图谱。

趋势预测与热点分析：通过对历史科研数据的学习和分析，预测科研趋势和热点，为科研人员提供研究方向建议。

（1）基于 NLP 的报告提纲撰写。基于 NLP 的报告提纲撰写是指使用 NLP 技术对文本进行分析，提取文本中的关键信息，如主题、关键词、情感等，完成输入的提纲文本分析后，形成即将撰写报告的框架和方向。基于报告模板和格式，根据分析结果和特定要求，使用机器学习算法生成符合要求的文本。在这个过程中，可以使用各种语言模型，如循环神经网络、变换器等。

通过单击基于提纲的报告智能撰写按钮，或者输入提示词后选择该功能，均会启动智能报告撰写模块的相应功能。

基于提纲的报告智能撰写提供的报告，单击完成，则机器生成的文字成为正文部分。若对结果不满意则可以重写，即重新基于原提纲进行报告智能撰写，或者单击弃用，对提纲进行修改。

（2）基于 NLP 的报告智能分析。报告智能分析功能主要借助 NLP 技术和机器学习算法来实现，通过文本信息的数据挖掘、情感分析来实现多维度分析。第一步是文本信息的数据挖掘，基于大量的文本信息数据挖掘，提取出有用的信息，如关键词抽取、主题分类等。第二步是情感分析，主要是对文本中的情感色彩进行分析，从而对文本的情感倾向进行判断，通过情感分析帮助了解社会舆情的真实态度。第三步是多维度分析，即从多个维度对文本进行分析，如主题分类、情感倾向、实体关系等，使得数据分析更加全面和深入，呈现较为客观全面的报告分析结论，为各单位决策提供更丰富有效的支撑。

（3）基于 NLP 支撑语言翻译。采用 NLP、机器学习等技术，优化国际标准翻译详情，提供多样的翻译展现形式、国际标准内容原文及翻译后文章上下文对照展示功能。用户选择翻译功能后，仍在界面中提供原文、摘要对照展示，原文将以配色较弱的展现形式展示于译文下方，方便用户查阅原文。用户可隐藏原文展示功能，满足不同浏览习惯用户的需求，有助于提高数据的易用性和可读性。用户在查阅和理解数据资源时，可以直观地对比原文和翻译后的内容，用户可以直观地了解文章的核心观点、论证逻辑及表达方式，从而提高对国际标准的理解度，快速发现自己关注的信息，快速获取所需数据资源，提高数据资源的利用效率，发挥数据资源的最大价值，为推动国际学术、商业等领域的交流与合作提供支持。

（4）基于 NLP 支撑平台搜索功能。基于 NLP 能力，实现对用户输入的文本、语音等形式的查询请求进行自动理解和解析。通过匹配和推荐算法，从知识库中快速查找到相关的知识点和信息，并按照相关性和重要性进行排序和推荐。同时，根据用户的历史查询记录和兴趣偏好，实现个性化的推荐和定制化服务。

4）NLP 在科技决策中的应用

基于 NLP 智能分析模块的结果，为科研人员和管理者提供决策支持建议。辅助选择研究方向和合作伙伴，提高项目的成功率和影响力。提供科研项目的评估和优化建议，提升项目管理效率。

4. NLP 在科技管理中的技术基础

（1）需要针对业务应用进行需求分析：明确系统需求和目标用户群体，制定详细的需求规格说明书。

（2）需要有针对性的系统设计：根据需求分析结果进行系统架构设计、数据库设计、界面设计等。

（3）需要结合大模型和数据语料进行 NLP 模型训练与优化：根据科研管理的实际需求，选择合适的 NLP 模型和算法进行训练和优化。

（4）需要在系统开发中进行有规划的设计：按照系统设计文档进行系统开发、编码、测试等工作。

（5）系统部署：将系统部署到 AI 和相关应用服务器上，进行性能测试和调优。同时需要将 API 与科技管理业务应用进行融合。

（6）用户培训：对系统用户进行培训和指导，确保用户能够熟练使用系统。

（7）系统持续维护：定期对系统进行维护和更新，确保系统的稳定性和安全性。同时收集用户反馈，不断优化和完善系统功能。

4.7.3　科研大数据处理技术应用

实现科研数据的逻辑集中，是践行大数据战略的根基。通过大数据技术的分析和挖掘，从大量的、不完全的、有噪声的、模糊的、随机的实际应用数据中，提取隐含在其中的、人们事先不知道的、但潜在有用的信息和知识。

大数据分析给传统数据分析和处理技术带来了很多挑战。云计算和开源技术的发展推动大数据落地，分布式存储、非关系数据库和并行处理技术逐渐成为大数据应用实施过程中的关键技术。

无所不在的移动设备、RFID（射频识别）、无线传感器每分每秒都在产生数据，数以亿计用户的互联网服务时时刻刻在产生巨量的交互，要处理的数据量实在是太大、增长太快，而业务需求和竞争压力对数据处理的实时性、有效性又提出了更高要求，传统的常规技术手段根本无法应付。在这种情况下，研发和采用了一批新技术，主要包括分布式缓存、基于 MPP 的分布式数据库、分布式文件系统、各种 NoSQL 分布式存储方案等。

1. 科研大数据管理的应用价值

科研大数据管理技术的应用价值主要体现在以下几个方面。

1）提高科研效率

传统的科研方法通常需要手动收集、整理和分析数据，这个过程耗时长且容易出错。而大数据管理技术可以自动从各种来源收集数据，并进行高效、准确地处理和分析，从而显著提高科研工作的效率。

2）促进跨学科研究

大数据技术能够将不同学科的数据整合在一起，为跨学科研究提供可能。通过大数据技术，科研人员可以从更广泛的角度分析和理解问题，促进不同学科之间的交叉融合和创新。

3）加速科研成果产出

大数据管理技术能够快速地从庞大的数据集中提取有用信息，帮助科研人员快速找到研究方向和突破点。这不仅可以缩短科研周期，还可以加速科研成果的产出和转化。

4）优化资源配置

通过大数据技术，可以对科研资源进行更加精细化的管理和调度，实现资源的优化配置和高效利用。例如，可以根据科研项目的需求和数据的特点，合理分配计算资源和存储空间，提高资源的利用效率。

5）提升科研质量

大数据管理技术可以自动化整个数据处理流程，减少人为操作带来的错误和偏差，提高数据的准确性和可靠性。同时，大数据技术还可以对科研成果进行实时跟踪和评估，及时发现和纠正问题，提升科研质量。

总之，科研大数据管理技术的应用价值不仅在于提高科研效率和促进跨学科研究，还在于加速科研成果的产出和转化、优化资源配置及提升科研质量。随着大数据技术的不断发展和完善，其在科研领域的应用将会越来越广泛和深入。

2. 科研大数据管理技术的应用场景

科研大数据管理技术在多个应用场景中发挥着重要作用，详细论述有以下 7 个方面。

1）科研项目评估与决策支持

通过大数据分析，可以对科研机构和企业上传的科研项目进行多维度综合分析，评估科研成果的转化价值。

以往判断一个科研项目是否有高价值，往往取决于专家的专业能力和行业认知，而大数据及 AI 大模型配合，可以对项目研究方向、所处阶段、市场潜力、成熟度、推广价值、转换难度等进行全方位的数据对比分析，从而量化评估科研项目价值，为科学决策与投入提供依据。

2）促进科研成果的转化与对接

大数据技术能够精准匹配有市场价值的科研成果与落地企业，实现科研成果的顺利转化。

通过动态数据监测，可以跟踪项目进度，掌握项目实施情况，把控项目实施进度，确保科研成果的顺利转化。

3）科研数据管理与清洗

科研工作中涉及的数据类型和数据量庞大，大数据技术在科研数据管理中的应用，可以帮助科研工作者更好地进行数据的分析、清洗、处理和挖掘。例如，数据挖掘技术可以提供丰富的分析方法和模型，帮助科研工作者从大规模数据中获取有价值的信息和趋势。

4）科研诚信监测

学术、科技造假事件屡见不鲜，对科技经费投入和科学发展环境造成了恶劣影响。大数据技术的应用可以通过分析科研数据、文献引用等信息，有效监控和防范学术不端行为，保障科研诚信。特别是对实验数据和分析图表的存证与可信存储，对学术诚信的鉴别具有无法替代的作用。

5）科研领域的趋势预测与战略规划

通过对大量科研数据的分析，可以揭示科研领域的发展趋势、研究热点和未来方向，为科研机构的战略规划提供有力支持。同时，大数据还可以帮助科研机构识别新的研究机会和挑战，为科研项目的选题和立项提供决策依据。

6）加强科研协作与交流

大数据技术可以促进科研工作者之间的协作与交流。通过建立科研大数据平台，科研工作者可以共享数据、方法和研究成果，促进跨学科、跨领域的合作与交流。同时，大数据平台还可以为科研工作者提供在线研讨、虚拟实验室等协作工具，提高科研协作的效率和效果。

7）为科研人员赋能

大数据技术可以为科研人员赋能和继续教育提供支持。通过大数据分析学习行为和成绩表现，可以为科研人员提供个性化的学习建议和晋升方案。同时，大数据还可以帮助了解科研人员的学习需求和科研兴趣点，优化进修与赋能的方向，提高人才发展质量。

综上所述，科研大数据管理技术在科研项目评估、成果转化、数据管理、诚信监控、趋势预测、协作交流，以及人才赋能等多个应用场景中发挥着重要作用，为科研工作的顺利进行提供了有力支持。

3. 科研大数据管理的应用架构

1）科研大数据的建模及平台构建

数据分析平台支持超大规模数据的分析和处理。平台支持结构化和非结构化及分布式存储的数据，通过计算引擎加工成领域数据，并提取成各种可供分析的立方体数据，通过查询、报表、趋势分析来展现分析效果。

总体数据流程是将实时交易数据（源数据）加载为分析型的数据，其中实时交易数据包含主数据、业务交易数据、内容数据等。

在准实时分析层，系统通过数据提取、数据转换、数据加载的方式获取数据，通过数据仓库、全文索引、分布式数据库对准实时数据进行存储。数据仓库和分布式数据库的数据通过各种转换变成分层汇总和多维数据，最终转换为可供终端深度利用的数据（见图4.53）。

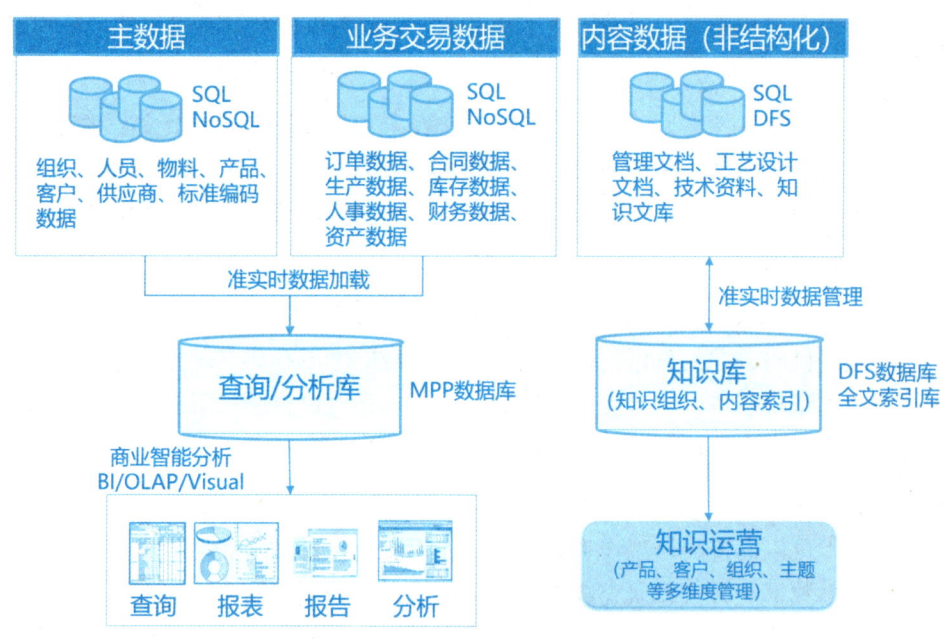

图 4.53　科研大数据架构

平台对各种查询、报表、报告、分析、检索提供很好的支持，其中实时单据报表，可以支持精确的数据查询和即时的报表单据打印。通过 MPP 数据库技术实现的查询和分析库，可以满足海量数据的快速检索和分析，进行 BI、OLAP、Visual 等各种商业智能分析。

平台中的内容数据，通过准实时的数据管理机制，把内容数据加工到 MPP 数据库和全文索引库，提供给知识运营团队进行管理。

平台支持定时分析报表和分析报告的生成，还支持全网大数据（大字段和非结构化数据)的全文检索。

平台提供分类数据管理技术,针对不同的数据类型和数据用途提供最适用的数据管理技术,彻底解决传统软件使用单实例SQL打天下的困境,从根源上解决了性能问题。

平台中的数据类型根据数据存储方式分为持久化数据和非持久化数据两种。持久化数据包括SQL数据库、NoSQL数据库和分布式文件。

基础数据库采用SQL数据库进行存储,存储系统核心的用户库、主数据、参考数据,保证数据完整性和一致性;系统数据库存放用户授权信息、应用注册信息、系统配置等信息,采用SQL数据库存储保证数据的强一致性和数据完整性;海量的用户日志数据采用NoSQL数据库(MongoDB)进行存储,为数据提供高可用和可自动扩展的功能;用户的文档库和分布式的文件采用分布式的文件服务器FastDFS进行存储,提供海量的文件存储、并提供多份备份文件,实现文件的动态扩容和高可用性;业务数据库采用多实例的SQL进行存储,为业务服务提供完整的事务支持。

智慧科研平台提供开放的数据访问层,支持多种结构化数据和NoSQL数据,屏蔽数据存储的底层差异。数据访问层支持MySQL、Oracle、PostgreSQL、GreenPlum、国产达梦数据库、MongoDB,支持SQL和NoSQL的数据库切换,为数据灵活存储提供方便。

数据访问层支持配置声明式的动态数据源,支持声明式事务,使业务开发人员专注于业务本身,从数据源管理和数据库事务等技术问题中解放出来。

数据访问层提供灵活的数据审计功能,提供数据变更跟踪功能,为数据的变更审计提供良好支持。数据访问层还提供多实例负载均衡的功能,支持分库部署、支持数据库逻辑隔离、支持多租户数据库管理(见图4.54)。

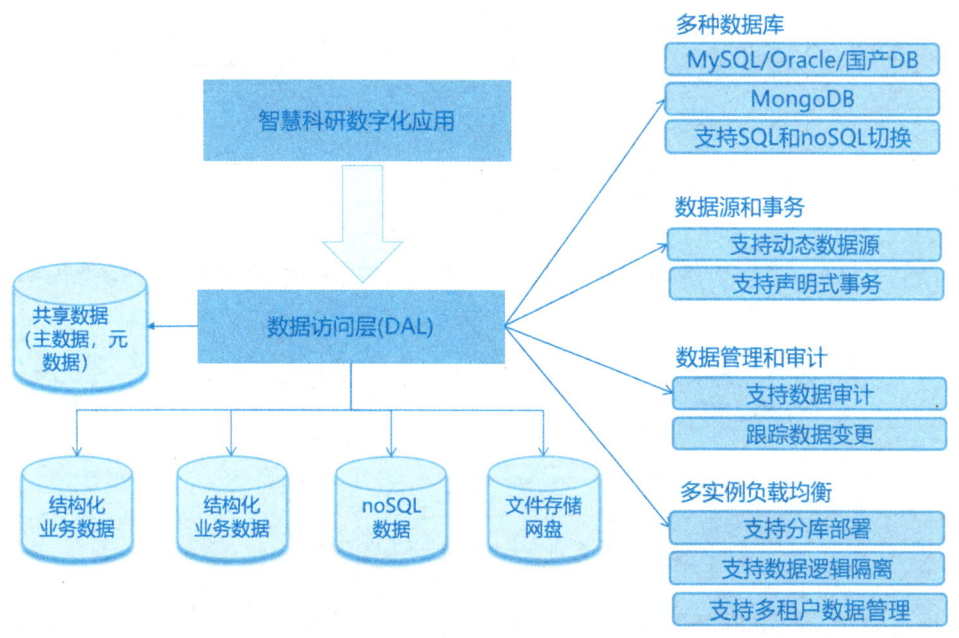

图 4.54 数据访问层的架构

系统提供实时低延迟的数据管道功能，将一致性和单一真实数据来源作为最高优先级。数据管道传输的延迟是亚分钟级的。每台服务器每秒可以处理数千次数据吞吐变更事件，同时还支持丰富的变更订阅功能。通过捕捉交易数据库的变化事件和注册的数据源，系统将变化的数据和数据快照推送到数据消费客户端，实现数据复制、流式数据处理、搜索引擎数据处理等数据消费功能。

智慧科研平台支持多种管控模式下的多租户架构，可以支持主流的共享租户、独立租户、专用租户 3 种模式。共享租户模式实现了应用和数据的虚拟化，可以实现多组织共享 PaaS 平台和数据存储、成本低、适合于过程管控的机构。独立租户模式则是应用平台共享、每个租户独占数据服务、数据独立存储、性价比高、适合于战略管控型的业务。专用租户模式是指每个客户一个独立的基础设施和 PaaS 平台，安全性高、性能有保障、适合于参股企业或者投资管控企业。

智慧科研平台除了在租户层次进行数据隔离，在应用层面也做了数据隔离，系统支持面向多级法人的管控，是国内领先的支持多组织的人财物等运营服务支撑系统，各个企业之间实现数据隔离，并且可以实现一站式的跨组织的业务协作。

2）大数据分析平台与技术应用

大数据分析平台支持 MPP 数据库的大数据分析平台，能够集成海量数据的分析模型，通过建立维度、建立度量、建立立方体构建策略和实时监控立方体构建情况，构建大数据立方体（见图 4.55）。

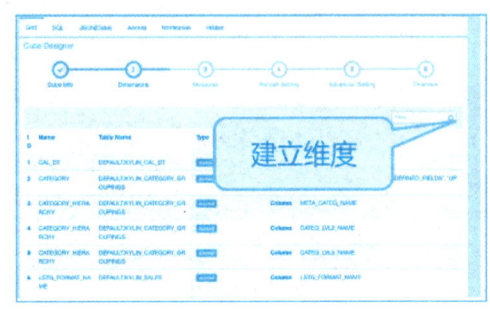
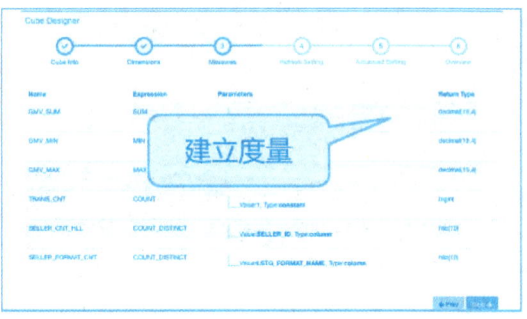
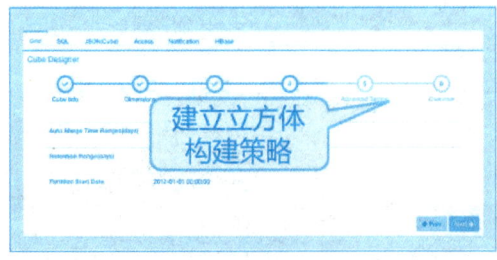

图 4.55　多维数据的建立流程

预先构建的数据可以通过基于立方体的技术进行数据分析。通过选择不同的维度和度量来展现分析模型,分析结果可用于支持表格和图形的展现方式、支持数据和图片导出(见图 4.56)。

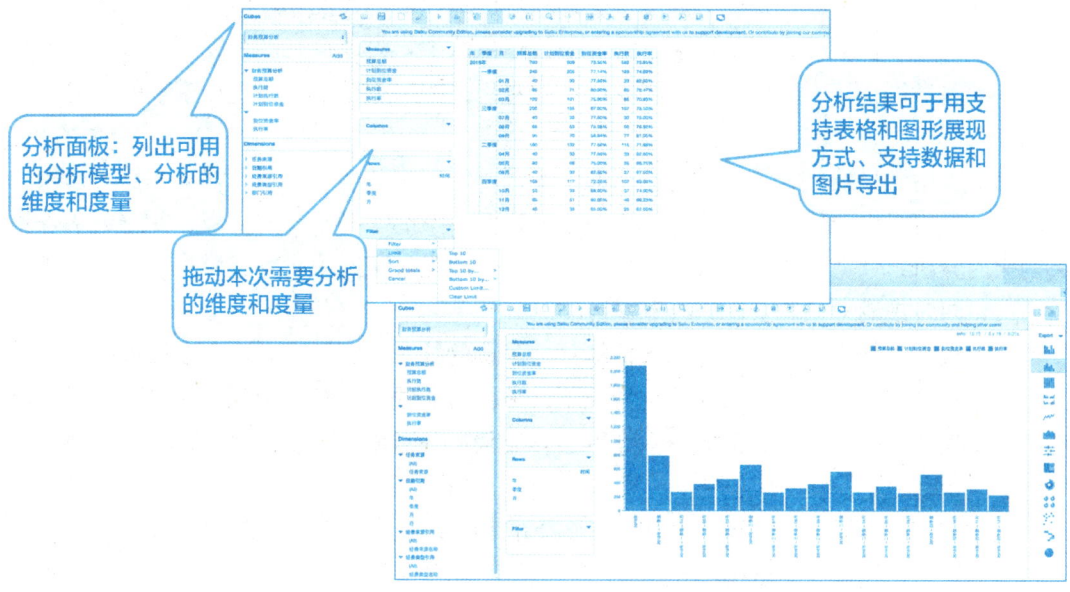

图 4.56　多维数据的可视化示例

数据立方体可以根据要求设置维度层次,支持维度的钻取操作,可以对维度进行深层次的分析和展现。对于需要进行高度互动的自定义分析,系统提供预加工的数据处理机制和分析展现组件,使开发厂商能够定制高度互动的分析图表(见图 4.57)。

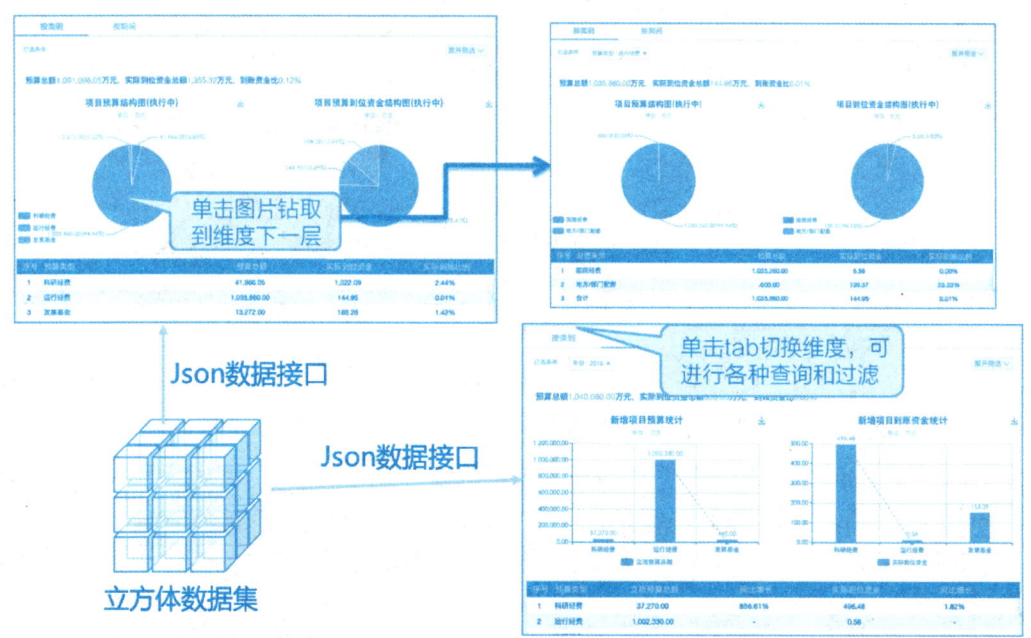

图 4.57　多维数据的钻取

3）基于大数据处理技术的专家推荐与智能抽取

基于大数据处理技术的专家推荐是科技项目、科技奖项、科技创新基金、标准化管理的专家评审工作是保证科技项目评审质量和效果的保障，但当前在评审专家的遴选工作上仍存在较多的不合理性。由于专家本身与项目单位或项目组成员之间存在多种可能的关联关系，导致专家在评审工作中不能客观公正、对项目相关利益进行不合理维护的现象时有发生。

为解决由于科技相关各领域内专家的主观判断与定论影响项目相关评审工作与结果的问题，项目将提供项目评审专家推荐服务，通过对专家的学科、研究类型、回避关系等相关因素的分析，依据项目承担人、项目领域信息，匹配专家库中研究领域与项目领域相同的人员，同时规避专家关系，完成专家推荐。

基于大数据处理技术，构建基于标准数据字典的统一专家库。利用专家推荐引擎，在需要专家支撑或项目需要专家评审的情况下，进行行业领域匹配及推荐，同时可设置规避规则，实现专家智能选取。主要包括专家推荐流程、关键词检索、抽取规则设置、抽取结果展示、专家智能分组、专家列表查看、智能评审候补、专家评价、专家信息综合评估等。

（1）专家推荐流程。选择需要进行专家评审的项目，系统自动匹配项目领域与专家领域，用户可手工调整。根据项目与专家的领域匹配度，用户可以选择规避关系，同时可以直接输入需要规避的专家人员，生成专家挑选规则。根据专家规则生成专家列表信息，用户可以根据系统自动挑选的专家列表进行替换。

专家推荐流程支持自动推荐模式和人工推荐模式两种。

自动推荐模式又称"盲选模式"，用户通过输入个人所需专家的需求信息，系统通过算法自动输出符合需求的专家供用户选择，整个过程无人工参与，确保专家推荐的客观性和公正性。

在人工推荐模式中，用户通过输入个人所需的需求信息，系统通过算法将所有符合用户需求的专家全部进行界面展示，用户通过对展示专家的人工遴选（遴选条件有职称、所在地、学位、年龄等），选出最适合后续业务过程的专家人员。

另外，在自动推荐模式的专家数量不足（符合需求的专家已全部推出），无法再进行推送时，也可使用人工推荐模式进行需求条件的调整，进行个别专家的补录操作。

在筛选条件中，用户根据个人专家需求，可对专家职称级别、专家年龄区间、专家职务、专家人才称号进行配置。

专家职称级别。用户可以指定专家是正高级或副高级来进行筛选，或者可以选定相应的职称类别，如工程技术类专家或财务类专家。

专家年龄区间。用户可根据本单位对专家年龄的要求进行选择，系统支持手工输入或上下箭头递增递减的方式选择。

专家职务。用户可根据本单位对专家有无职务的要求进行选择，对专家职务没有特定要求。

专家人才称号。用户可根据本单位对专家学术头衔的要求进行选择，可进行全选、多选或个人所需人才称号的个性化选择。

（2）关键词检索。用户可根据实际需求，利用关键字对专家条件进行检索，如职级职称、领域、学历等关键字均可作为检索条件；用户也可选择一个或多个项目，由系统自动提取关键字进行检索。

（3）抽取规则设置。依托数据库中的基础信息，同时借助知识库中的文献数据进行信息抽取处理与中文语义分析，丰富各类专家之间的关联关系，建立更加丰富的专家信息关联关系。在专家抽取时，可根据不同属性信息制定相应的抽取规则，如选择学科领域、职级职称、所需专家人数等；还可设置回避规则，如回避跟项目人员有关系的专家、回避信用评分差的专家等，保证专家抽取质量，形成更加智能、全面的科技专家推荐服务。

（4）抽取结果展示。根据抽取规则获取到的专家信息，系统会进行列表展示。用户可根据关键词对展示结果进行精炼。用户可查看相应专家的详细展示内容，包括个人简介、科研活动与产出、专家热词和专家关系图。其中，个人简介包括专家个人信息、专家联系信息、专家身份和账号信息等。用户可根据获取到的专家联系信息，选择联系方式与专家进行沟通，如通过系统发送短信或人工拨打电话的形式，确认评审相关事宜。

（5）专家智能分组。分组条件配置，此配置为专家推荐算法主要依据的内容项，系统会通过分组条件的配置项进行专家的输出计算。

模板中包括分组号、项目名称、关键词、人数等内容。其中分组号、关键词、人数为必填项，项目名称可选填。若某一分组有多个项目，可分多行填写，但需保证该组分组号和人数保持统一，否则会导致上传失败。

模板内容填充完毕后，系统可对上传内容进行回显，用户确认无误后即可进行后续操作。

用户完成以上所有配置项的配置后，系统会根据用户的分组条件及相关配置项内容，对用户的需求进行计算。

（6）专家列表查看。专家列表中可查看推送专家的姓名、推出批次和研究方向等内容，支持对所有专家进行 Excel 导出操作，导出后的 Excel 列表中会包含该专家的姓名、联系方式、职务、出生地、单位名称、职称级别、研究方向、人才称号等信息项内容。成功导出后，专家状态会变为已推送状态，即代表该专家信息已导出。

（7）智能评审候补。若用户在联系专家过程中，发现专家不足（专家有事联系不上或其他原因导致的无法支持后续业务活动），可通过专家补选进行后续的操作。专家补选有两种方式，自动推荐补选和人工筛选补选。

自动推荐补选：系统将根据用户已设置的条件再次计算一组专家推送至自动推荐专家列表，显示补选中、已完成等任务状态。系统可自动计算同专家需求数量的专家一次，直至自动计算无法计算出所需专家。

人工筛选补选：系统自动弹出人工筛选模式的选择及输入项内容，用户可参考人工筛选模式的操作介绍进行配置后筛选专家，专家筛选完成后即可查看人工筛选的专家情况。

（8）专家评价。评审结束后，用户可以在线对已参加评审的专家进行评价，评价内容包括评审的准确性、评审的及时性、评审的科学性等，评价结果提交至系统后可作为专家推荐的影响因素和检索条件。

（9）专家信息综合评估。利用大数据处理技术对科技专家能力、活跃度等各方面进行综合分析评估，形成可量化评价的结果，以便了解科技专家整体状况，为科技专家相关政策的制定提供参考。

4）基于大数据处理技术的人才图谱

基于大数据处理技术的人才图谱构建分为4个维度，分别为人才资源分析、人才政策分析、人才需求分析和人才效能分析。每个维度的图谱包括实体、概念（类别）及其之间的各种语义关系。

（1）人才资源分析。人才资源基本分析包括数量指标、结构指标、分布指标和流动指标4类，在此基础上相关指标组合可做衍生。

数量指标：数量指标分析主要包括数量变化趋势图、增速变化趋势图、占比变化趋势图等。常见分析包括人才资源总量（万人）、人才密度（%）、科技人力资源总量（万人）、研发人员总量（万人/年）、R&D人员投入强度（人年/万人）等。

结构指标：结构指标分析主要包括受教育程度（学历、学位）结构图、性别结构图、年龄结构图、研究活动（基础研究、应用研究、试验发展）结构图等。

分布指标：分布指标分析主要包括工作单位（总部部门、载体或平台、科研单元）分布图、行业分布图、产业分布图、技术领域分布图、区域分布图、海外工作情况分布图等。

流动指标：引进、流出人才情况；各单位之间流动情况；海外访学情况等。

（2）人才政策分析。按照人才工作环节（科技人才引进、培养、开发、体制机制、生态环境）、人才层次（顶尖人才、拔尖人才、青年人才等）、人才类别（创新人才、创业人才、科技服务人才等）、人才年龄等，将政策措施进行梳理，从而实现政策措施对比、政策演变分析、政策智能匹配等。

（3）人才需求分析。通过对人才满意度、需求等的汇集分析，找出目前人才工作的问题和短板。例如，我们可以评估科技人才对发展环境的重要性和满意度，了解创新人才对生活环境的需求、人才发展体制机制方面的问题。

（4）人才效能分析。人才对经济社会发展的贡献和效能，包括对经济增长的贡献率、专利申请量（万件）、专利授权量（万件）、发明专利申请量（万件）、发明专利授权量（万件）、发明专利拥有量（件/万人）、被国际三大检索系统收录科技论文数量（篇）、技术合同交易额（亿元）、技术合同数量（万件）、技术合同成交额（亿元）、国家和市级科学技术奖等。

5）基于大数据处理技术的人才画像

基本信息和科研信息。根据每位人才的个人简介、工作经历、研究方向、获奖情况、科研成果等相关信息按列表进行展示。

（1）研究方向。每种颜色的"河道"代表一种主要研究方向。"河道"的纵向宽度代表该研究方向在所有研究成果中的占比。

（2）科研影响力。展示文献计量学指标，如论文发表数、论文引用量、H 指数、G 指数等。

（3）网络关系。展示与该人才有合作关系的人。线的长度表示关系的紧密程度。

4. 科研大数据管理的技术基础

1）高效的数据采集和存储能力

科研大数据的来源多样化，包括实验设备、科研文献、实验数据等。因此，需要采用自动化的方式对数据进行采集，以提高传输速度和存储能力。

2）强大的数据处理和分析能力

科研大数据不仅包含大量的数据，还包含多种类型的数据，如结构化数据、半结构化数据和非结构化数据。这些数据需要进行清洗、转换和集成，以便进一步分析。同时，需要采用高效的算法和模型，对数据进行挖掘、预测和决策支持。这通常涉及机器学习、数据挖掘等技术的应用。

3）高可靠性和安全性

为了科研大数据的管理需要保证数据的完整性、一致性和可用性，防止数据丢失或损坏，同时还需要保证数据的安全性，防止黑客攻击和数据泄露。需要采用分布式存储和备份技术，建立有效的数据冗余和容错机制，并采用身份验证、访问控制和加密技术、时间戳与数字签名和可信存储等安全措施。

4）高性能和可扩展性

科研大数据系统需要处理的数据量非常大，因此需要具备高性能和可扩展性，以支持大规模数据的实时处理和分析。

5）灵活性和适应性

由于科研大数据系统需要能够适应不同类型的数据和不同的分析需求，因此需要具备灵活性和适应性，以便根据具体的研究需求进行定制和优化。

4.8 组织与人才管理

4.8.1 业务应用的架构设计

科研机构的核心资产就是人才。因此人才管理是科研机构发挥人才价值的基础，选拔、培养和使用人才是科研机构的基本职能之一。

构建人才资源管理数字化平台，提供科研组织架构管理，通过将人才有效组织起来，形成以职位体系为基础的人才资源管理架构，有效组织人才开展各类科研活动。

1. 科研机构人才管理的特点

科研机构人才管理具有其独特的特点和主要特征，这些特征主要体现在以下6个方面。

1）高度知识密集与人才密集

科研机构作为知识创新、科学研究和技术开发的重要基地，其核心资源是高度专业化的知识和人才。这就要求人才管理必须高度重视知识传承与创新，以及高层次人才的引进、培养和使用。

2）灵活多样的用人机制

科研机构，特别是新型科研机构，需要在用人机制上相对灵活，能够根据科研项目的需要和科研人员的实际情况，采用全职、兼职（或双聘）、项目制等多种聘用形式。同时，对于高层次人才和特殊人才，或吸引海外高层次人才回归，科研机构往往会提供更加个性化的职业发展路径和福利待遇，如设立特聘岗位。

3）注重科研团队的组织与建设

科研机构的科研活动基本上采用项目的组织管理模式，强调科研团队的建设和管理。通过组建跨学科、跨领域的科研团队，促进知识交叉融合和科研协同创新。人才管理需要围绕科研团队的需求，合理配置人力资源，提升团队整体效能。

许多科研机构形成了PI（Principal Investigator，首席研究员）制的科研组织形式。PI制是现代科学技术活动的一种组织形式，它以某一个学术带头人为核心，适度配备人力、装备、资金等资源。在这个组织单元中，学术带头人处于主导地位，既负有保持单元存在持续与发展的责任，也拥有充分的资源调配权力。

4）强调激励机制与人才发展体系

科研机构通常注重激励机制的建设，通过科学合理的绩效考核体系，评价科研人员的工作成果和贡献，并据此进行激励和发展。这有助于激发科研人员的积极性和创造力，推动科研成果的产出和转化。

5）专业化与精细化的人才发展

科研机构的人才资源具有高度的专业化和精细化特点。这体现在对科研人员的专业背景、技能水平、科研成果等方面的深入了解和分析，以及对科研项目的需求、进度、成果等方面的精准把握和管理。

国家、地方及科研机构内部，一般对科研人员建立了以职称为基础的人才发展梯队机制。

科研人员的职称体系通常包括多个等级，以全面反映科研人员的职业发展阶段和学术贡献。一般来说，职称等级可以划分为初级、中级、高级等层级，具体名称可能因地区、机构或学科领域而有所不同。职称评审标准通常包括学术成果、科研能力、项目经验、学术影响力等多个方面，旨在全面评价科研人员的综合素质。具体评审标准可能因地区、机构或学科领域而有所不同。建立合理的职称发展通道，是科研机构人才管理的重要特征和内容。

6）重视知识产权管理与保护

科研机构在人才管理中，需要特别重视知识产权的管理与保护。通过建立健全的知识产权管理制度，明确知识产权的归属和权益分配，保护科研人员的创新成果和科研机构的合法权益，同时激励科研人员创新的积极性和主动性。

2. 科研机构人才管理面临的挑战

科研机构人才管理在当前环境下面临的挑战有以下 6 个方面。

1）人才竞争日益激烈

随着全球化和科技竞争的加剧，科研机构对高层次、复合型人才的需求日益增加。然而，这类人才往往成为各企业和机构竞相争夺的对象，使得科研机构在人才引进方面面临巨大压力。特别是我国最近几年大力发展新型科研机构，一大批高级别、大规模新设立的国家实验室、国家科学中心、省实验室、省科学中心、创新研究院和产业研究院等研究机构，对高素质人才的需求量巨大，出现人才争夺战的局面。

2）技能匹配与招聘难度大

科研机构的科研项目往往具有高度的专业性和创新性，对科研人员的专业技能和创新能力有较高要求。然而，市场上符合这些要求的人才相对稀缺，导致招聘周期长、成本高，且难以确保人才与项目的完美匹配。

3）人才流失与保留挑战巨大

由于科研机构之间、科研机构与其他行业之间的薪酬、福利、发展机会等差异，科研人员流动频繁。如何有效防止核心人才流失，保持科研团队的稳定性和连续性，是科研机构面临的重要挑战。特别是新型科研机构，它们面临无编制、无级别、无拨款等新机制，如何提高科研人员的吸引力，如何留住科研人员，成为一大挑战。

4）绩效考核与激励机制不完善

科研机构的绩效考核往往难以量化，且存在主观性强、标准不统一等问题。同时，激励机制也往往不够灵活和有效，难以充分激发科研人员的积极性和创造力。

5）跨文化和跨国管理挑战

许多科研机构面向全球招聘人才，对允许科研项目或科研活动涉及国际合作的科研机构而言，跨文化管理和跨国管理成为新的挑战。不同文化背景下的科研人员可能在沟通、协作和价值观念等方面存在差异,这就需要科研机构在人才资源管理中采取更加灵活和包容的策略。

6)数字化转型与技术应用面临的挑战

随着数字化转型的深入发展,科研机构需要不断引入和应用新技术来提高人才资源管理效率。然而,新技术的引入和应用需要投入大量的资源和精力,且存在技术更新快、应用难度大等问题。

3. 科研机构人才管理的机遇

1)国家政策的改革不断深入

近年来,各国政府纷纷出台政策支持科研机构和科技创新发展。这些政策不仅为科研机构提供了资金支持和税收优惠等实质性帮助,还为其吸引了更多优秀人才和优质资源。例如,国家鼓励高校和科研机构将科研成果转化收益用于奖励科研人员,且奖励总额通常占用成果转化净收益的较大比例(70%),以确保科研人员能够从科研成果转化中获得实质性的经济回报。探索对科研人员实施股权、期权和分红激励,允许科研人员以知识产权入股企业,参与企业的利润分配,从而长期分享科研成果转化的经济收益。

2)灵活聘用模式兴起

随着灵活聘用模式的兴起,科研机构可以更加灵活地配置人才资源。通过采用兼职、合同制、项目制等灵活聘用形式。科研机构可以降低用工成本、提高用工效率,并吸引更多具有创新能力和实践经验的优秀人才。

3)国际化合作与发展

国际化合作与发展为科研机构提供了更广阔的发展空间和机会。通过与国际知名科研机构和企业建立合作关系,科研机构可以共享资源、交流经验、引进先进技术和管理理念,推动自身科研实力和创新能力的提升。

4)数字化转型机遇

数字化转型为科研机构人才管理带来了新的机遇。通过引入和应用新技术,科研机构可以实现人力资源管理的智能化、自动化和个性化发展,提高管理效率和服务质量。

因此,科研机构在人才资源管理方面面临诸多挑战,同时也蕴藏着丰富的机遇。科研机构需要紧跟时代步伐和政策导向,不断创新管理理念和方法手段,以应对挑战并抓住机遇实现自身跨越式发展。

4. 科研机构人才管理的数字化架构

立足科研机构的组织体系,从业务角度实现人力资源全职业生涯的管理,包含人力资源规划、入职管理、在职管理和离职管理。其中人力资源计划应用主要包括管理机构、岗位、编制和工资总额的下达;科研单元的应用包括从员工招聘、入职到合同管理;员工在职时包括信息变更的维护、员工调动管理、员工自助、继续教育应用等；员工离职时包括员工离退休管理和员工离职管理应用。

建立员工自助服务平台，可申请、接收、处理、查询与本人相关的人力资源业务，既可查询个人信息、也可及时维护变动信息，从而减轻人事管理人员的工作强度，提高工作效率。建立工作流程处理平台，让员工在线进行人力资源管理所需事项的办理。为员工提供岗位晋升资格检测、自助报表、个人履历管理等应用；为部门主管提供工作社群管理等应用；为人事主管提供员工生日贺卡、预警提醒等服务应用。

人力资源管理模块支撑科研单位在人才建设、人才服务和人力资源方面的管理与服务。数字化平台从多级人力资源工作和管理出发，将各级人事教育部门的工作职责、基础数据、业务流程、工作任务及管理制度进行系统地总结与归纳，并引进创新的管理理念和先进的信息技术，对科技人力资源工作流程进行整合与优化，构建有效的管理服务信息技术平台，实现人才科学管理目标。

1）实现全职业生涯的人力资源服务

从业务角度实现科研人员的全职业生涯的管理与服务，贯穿员工从应聘入职到离职或退休的整个过程。面向员工提供一系列的服务功能，面向人事部门管理人员提供全流程业务贯通的管理功能。

2）面向全员的人力资源服务

人力资源管理平台设计要面向所有员工，为员工提供与自身相关的人力资源管理信息互动服务，使其成为员工参与组织人力资源业务的自助服务平台。员工可在工作台申请、接收、处理、查询与本人相关的人力资源业务。

3）主动服务的人事事务管理

员工在线地进行休假申请、离职申请、工资查询、劳动合同续签、成果登记与绩效管理等，可以让部门主管及时了解员工工作动态、快速审批。

增强服务意识提供员工服务，如为了方便员工全面了解自身信息、做好职业规划，可以提供岗位晋升资格查询、自助报表、个人履历管理的相关应用服务；可以为部门主管提供工作管理应用等；可以为人事主管提供生日贺卡、预警提醒等服务功能。

4）人财物一体化集成

人力资源管理平台能够有效打通各个业务领域、业务服务之间的固有边界，为实现科研管理中的人、财、物、项目管理的一体化提供坚实基础。在员工入职、离职、退休等具体人事事务管理中，将人员变动同个人财务事务、固定资产领用、项目参与、任务执行等信息联动起来，避免出现信息不一致导致的"人走账未清"或"人走物也走"等情况发生。

5）统一的组织与人员信息管理

人力资源管理平台实现多层次组织架构、多形态的组织机构管理，通过统一的组织模型，将科研机构、科研单元和职能部门等行政组织，以及虚拟的组织（学术委员会、学位委员会、学会等）和社群组织（党群组织、项目组织）进行统一管理。人力资源管理平台管理员工的全息信息，包括个人身份信息、工作信息、能力信息和职务信息。人力资源管理平台按照主数据管理的模式，可以集中管理员工的基本信息，并为科研管理、费用报销、采购与资产领用等系统提供组织、人员、岗位等基本信息的数据服务。

6）内置业务规则的流程处理

人才资源管理平台基于业务流程的政策管理与政策控制，实现智能的业务申请与审批，提高业务运作效率，提升业务合规性管理。

7）基于战略与服务的人力资源分析

人才资源管理平台支持多种类型图表展现，按年龄分布、按性别、按职称、按学历等维度进行分析；可以根据需要进行个性化的自定义分析。基于战略与服务的人力资源分析，为各级管理人员提供丰富的人力资源大数据分析。

4.8.2 组织架构与人员管理

1. 组织管理

人事架构管理是指基础人事管理结构，涉及的主要内容是机构管理、部门管理、部门层次结构管理、岗位管理、职务管理及人员类型管理。

按照统一标准规范和编码，定义本部、部门、项目组、岗位、编制、临时组织等，并进行管理和统计。系统可定义管理本单位组织机构和临时组织。当组织机构信息发生变化时，各应用系统应同步准确获取其变化信息。组织机构管理主要包括组织规划、组织架构图、职位管理、工作职责、任职资格、人力规划和组织报表。

在实际的人力资源管理工作中，我们常把组织管理比作"骨架"，这个形容很形象，因为在进行其他业务之前，我们必须搭好这个骨架，建立符合科研单位战略发展需求的组织架构、岗位、职务体系等，才能顺利展开相关科研的业务。

组织管理支持各种类型的组织架构，包括职能型、事业部型、矩阵型等组织架构。组织管理是人力资源管理模块的一个基础系统，主要阐述与组织架构相关的工作需求、功能、流程。

组织模块支持设计并展现组织架构，能够实现多级法人的组织体系的管理（见图4.58）。管理范围根据使用者的权限设置不同可以从研究院、研发中心到最基层的职能部门或科研团队。当组织架构需要调整时，可以通过新增、修改、移动等功能方便快捷地实现，系统自动记录组织单元变更对应的关键历史信息。

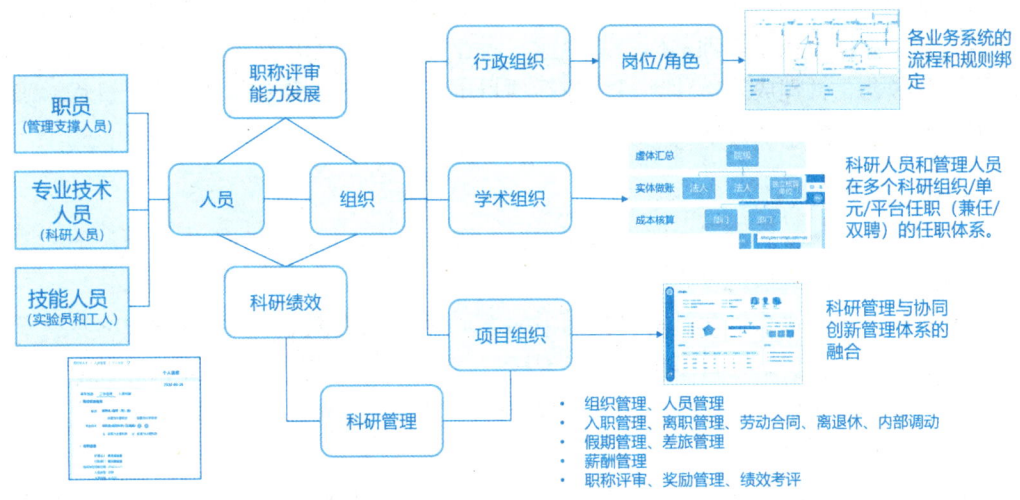

图 4.58　科研机构的多组织体系

就科研机构而言，其组织形式是按照科研活动的特色和需要来设置的。

1）行政组织

行政组织遵循事业单位的管理体制，满足国家科技主管部门的管理和治理需求。一般的科研机构行政组织分为：行政管理与职能部门、科研部门、科研条件保障与成果转化服务部门等。

（1）行政职能部门分为 3 类。行政管理部：负责研究机构的日常行政管理，为研究（研发）中心提供行政管理服务，确保科研工作的顺利进行。财务部门：负责科研经费的预算、核算和财务管理，确保资金使用的合规性和效益性。人事部门：负责科研人员的招聘、培训、考核和薪酬管理，为科研团队提供人才保障。

（2）科研单元与实验室。科研单元是科研机构中的核心力量，承担科学研究项目的立项、实施和成果转化等任务。通常科研单元分为不同的研究方向或研究领域，每个研究方向都有专门的科研团队和项目组。科研单元的职责包括科研项目的策划和立项、组织项目组成员进行实验研究、收集和分析数据、提出研究结论，以及推动科研成果的转化应用，促进科技进步和社会经济发展。实验室是科研机构的重要支撑设施，为科研人员提供实验和研究条件。不同科研方向的实验室通常配备相应的仪器设备和试剂材料，以支持各种科学实验和技术研究。实验室通常分为常规实验室和特种实验室等不同类型，每个实验室都有专门的实验室负责人和技术人员，负责实验室设施的管理和日常运行，确保实验室设备的正常运转和使用安全。

（3）科研条件支撑部门分为 3 类。科研条件保障部门：为科研人员和科研项目提供科研设备的采购、维护和管理、实验室建设等服务，确保科研工作的顺利进行。科研成果转移与转化部门：推动科研成果从实验室阶段向产业应用转化，包括技术转移、产品化、产业化等过程。组织科研成果的评估、筛选、包装和推广，提高科研成果的市场吸引力和竞争力。合作对接与项目管理部门：与企业、行业协会、投资机构等建立合作关系，推动产学研深度融合。管理成果转化项目，包括项目申报、审批、实施、验收等全过程，确保项目顺利进行并达到预期目标。

2）学术组织

学术组织是实现学科发展、明确研究方向、进行科研评价的组织管理体系。学术组织一般是虚拟组织，成员都是兼职。

学术委员会：学术委员会是科研机构中的学术指导与决策机构，由该领域的专家学者组成。学术委员会负责审议科研机构的学术规划、科研项目、科研成果等，对学术活动进行指导和监督，确保科研工作的科学性和规范性。同时，学术委员会还负责推荐优秀科研人员，促进学术交流和合作。

学位委员会：有研究生培训职能的科研机构，一般还需要设立学位委员会。科研机构的学位委员会是负责学位授予、学术评价和学科建设的重要机构。学位委员会是指有权授予学位的高等学校和科研机构，根据《中华人民共和国学位法》设立的学位评定组织，负责领导所在单位的学位授予工作。

博士后流动站/工作站：博士后流动站或工作站是科研机构中吸引和培养高层次科研人员的重要平台。这些平台为博士后研究人员提供了良好的科研条件和工作环境，支持他们开展独立的研究工作。同时，博士后流动站或工作站也是科研机构与外界进行学术交流和合作的重要窗口。

3）项目组织

项目组织体系实现了科研项目的实施和科研成果的转化，是科研项目管理的基础组织，是组织科研的基本保障。

科研团队或课题组是科研机构中围绕特定研究方向或项目组建的科研集体。这些团队通常由一名或多名学术带头人领导，成员包括不同专业背景的科研人员。科研团队或课题组具有高度的灵活性和协作性，能够快速响应科学问题，推动科研工作的深入开展。

项目组织是在科研项目立项时成立，随着项目的验收结题而解散，因此项目组织是临时组织。

2. 职务与岗位管理

职务架构体系按照类别区分，主要分职员、专业技术人员、技能人员，针对不同类别人员进行职务的定义和职务等级的管理。

这3类人员体系是其人力资源管理的重要组成部分，在科研机构发展中都扮演着不可或缺的角色。

1）职员体系

职员体系主要包括行政管理人员、后勤服务人员等。他们负责科研机构的日常运营和保障工作。职员体系的特点包括以下 3 个方面。

管理职能：职员主要负责科研机构的行政管理、财务管理、人力资源管理、物资管理、后勤保障等工作，确保科研工作的顺利进行。

服务性质：职员的工作性质以服务为主，为科研人员提供必要的支持和服务，保障科研环境的舒适和高效。

综合素质：职员需要具备良好的组织协调能力、沟通能力和服务意识，以应对科研机构复杂多变的工作环境。

2）专业技术人员体系

专业技术人员体系是科研机构的核心力量，包括研究员、副研究员、助理研究员等从事科研工作的人员。

科研能力：专业技术人员具备深厚的专业知识、丰富的科研经验和较强的创新能力，是科研机构科研成果产出的主要力量。

学术影响力：他们在各自领域内具有较高的学术地位和影响力，能够引领学科发展潮流，推动科技进步。

人才培养：专业技术人员还承担着培养年轻科研人员的重任，通过传帮带的方式，为科研机构的可持续发展储备人才。

3）技能人员体系

技能人员（之前称为工人）体系在科研机构中同样发挥着重要作用，他们主要负责实验室设备的维护、管理、操作及科研辅助工作等。

技术技能：技能人员需要具备一定的技术技能和操作经验，能够熟练操作和维护科研设备，确保科研工作的顺利进行。

协作精神：在科研过程中，技能人才需要与科研人员密切协作，共同解决科研难题，推动科研成果的产出。

安全意识：由于科研机构工作存在一定的安全风险，技能人员需要具备较强的安全意识，严格遵守操作规程和安全制度，确保科研工作的安全进行。

数字化管理：科研机构应根据 3 类人才的实际需求和科研工作的需要，系统支持不同岗位的人才配置管理，支持对不同人才的分类管理。

职务管理：在工资标准计算、差旅补贴及相关人才待遇管理时，使用员工的职务数据进行自动计算与规则匹配。

岗位管理：通过岗位管理，可以一览并配置单位内的所有岗位，同时将岗位按照部门进行岗位人数的配置，能做到岗位的计划与在岗人数的管理。实现岗位调整、变更管理，进行信息维护和记录。

3. 人员管理

按照统一标准规范和编码，对科研单位全体员工的全面信息进行分级、分类管理。数字化平台实现员工信息有效采集、维护、查询、使用、统计、分析、历史追溯、变更、管理关键人员等功能，要求按管理分工一次录入，各科研部门独自管理使用。人员信息发生变化时，其变化信息各应用系统应同步准确获取。

1）人员信息管理

人员信息管理是对各类人员的人事档案的信息进行全面管理。可以进行信息的录入、保存、变更，并可以根据员工在工作中的成长动态记录，支持员工多分配信息的记录与管理。系统可保留历史记录，提供基于时间切片的信息查询与管理服务。

2）人员管理

人员管理将面向人事部门和员工，提供一个员工在单位内的全生命周期管理和服务及信息管理。

人员管理模块可以实现各单位按照分类进行员工管理。

一般科研机构根据人员聘用类型，可以对在职员工、项目聘用人员、劳务人员、离退休人员等人员类型，进行分类管理。

科研机构的人才聘用关系类型多样，以适应不同的人才需求和科研环境。一般来说，可以归纳为以下类型。

（1）长期岗位聘用制。长期岗位聘用制是科研机构常见的人才聘用方式之一。在这种制度下，科研机构与科研人员建立人事关系，实行岗位聘用制。岗位聘用制主要包括公开招聘、竞聘上岗、合同管理等内容。通过设立明确的岗位和职责，科研机构吸引和选拔具备相应能力和素质的人才，并与他们签订聘用合同，明确双方的权利和义务。这种方式有助于确保人才与岗位的匹配度，提高科研工作的效率和质量。科研机构的主要职能人员、科研人员都采用这类聘用关系，即一般意义上的"正式员工"。

（2）项目聘用制。项目聘用制是针对特定科研项目而设立的人才聘用方式。在科研项目中，科研机构会根据项目需求和目标，临时聘用具有相关经验和能力的人才参与项目研究。这种方式有助于快速组建项目团队，集中优势力量攻克技术难题，推动项目成果的产出。项目结束后，聘用关系通常也会随之终止。

（3）柔性引进或兼职。柔性引进是科研机构吸引和利用高端人才资源的一种有效方式。它不拘泥于传统的人才聘用形式，而是通过灵活多样的方式吸引国内外知名专家、学者参与科研工作。柔性引进可以包括客座教授、兼职教授、项目合作、双聘研究员等多种形式，为科研机构提供智力支持和人才保障。这种方式有助于科研机构与国内外高水平科研机构和团队建立合作关系，共同开展前沿科学研究和技术创新。

（4）特聘。随着全球化的推进，科研机构越来越重视国际化人才的引进。国际化聘用（或特聘）是指科研机构面向全球范围吸引和选拔优秀人才，为他们提供具有国际竞争力的薪酬待遇和工作环境。这种方式有助于科研机构引进具有国际视野和跨文化交流能力的科研人员，推动科研工作的国际合作与交流，提升科研机构的国际影响力和竞争力。

（5）临时工与劳务工。除上述几种聘用关系类型外，科研机构还可能存在临时工和劳务工等灵活的聘用形式。这些聘用形式通常针对短期或临时性的工作任务而设立，有助于科研机构根据实际需求灵活调整人力资源配置。

（6）研究生。对于培养研究生的科研机构，需要针对硕士生和博士生参与特定的科研项目的情况，将其作为一类特殊员工进行统一管理是通常的做法。

需要注意的是，不同科研机构的人才聘用关系类型可能存在差异，具体类型需根据科研机构的实际情况和需求来确定。同时，随着科研环境和人才政策的变化，科研机构的人才聘用关系类型也会不断发展和完善。

人事档案信息管理人员（或者领导）可以从组织内的人员列表进入具体的人员人事档案信息，主要包括人员的基本信息、工作相关信息、人事相关信息及系统账户信息等十多个分类。

同时，员工本人也可以在基本信息类的信息维护后，提交人事档案管理人员进行审核。其中包括以下方面。

信息采集：员工本人（人力资源管理员）在线填写人员信息上传资料，经人力资源管理员核对后修改入信息库。

信息维护：员工本人（人力资源管理员）在发生信息变化时进行调整（上传）人员信息（资料），变更后经人力资源管理员核对后信息入库，并保留历史记录；系统设置每半年提醒员工更新个人信息。

信息展现：基本信息、学习经历、工作经历、承担项目、完成业绩、擅长专业、培训记录、考勤记录、考核记录、业绩贡献度等。

信息管理及使用：按管理范围及需求设置领导查阅员工信息、下载员工资料权限。人员信息采集渠道多样，按照各自管理流程完成人员的信息采集、信息变更及信息使用的审批，审批完成后按管理范围及需求设置领导查阅员工信息、下载员工资料权限。人员信息变更后（特别是员工银行账号变更后须自动同步到薪酬管理中），各系统信息应同步准确获取。

4.8.3　人才入职选拔

1. 人才招聘管理

科研机构需要招聘具有深厚专业背景和高端科研能力的人才，以满足其高水平的科学研究需求。

特别是新型科研机构或新建科研机构，招聘数量比较大。招聘对象一般分为3类：

①面向高校或其他科研机构招聘应届的硕士生或博士毕业生。通过高校招聘宣讲，笔试、面试等环节，确定招聘人选。②高级人才招聘可能包括国内外知名学者、教授、博士等，以提升机构的科研实力和学术影响力。③一般科研人员或职能服务人才招聘。

科研机构招聘除传统的招聘网站、高校合作等渠道外，科研机构还会通过国际会议、学术论坛、专业社交媒体等多种途径发布招聘信息，以吸引更广泛的优秀人才。此外，科研机构还会与猎头公司合作，针对特定领域的高端人才进行精准招聘。

在招聘过程中，科研机构会特别关注应聘者的科研经历、发表论文数量与质量、参与科研项目情况等，以评估其科研能力和潜力。

对于有重大科研成果或突出贡献的应聘者，科研机构可能会给予更优厚的待遇和更广阔的发展空间。

数字化和网络化支持招聘管理的全程线上化。数字化平台包括招聘计划管理、应聘考核管理等功能。

1）招聘计划管理

人员需求计划：用人部门在数字化平台内定义单位、部门、学科的用人需求计划申请表，设置用人需求报送的时间，发起用人需求申请及申请审批流程。根据岗位编制数和现有人员情况，有效控制用人需求，支持自动统计单位、部门、学科的空缺岗位。

对高校毕业生招聘，需要制定毕业生岗位需求计划表、毕业生岗位与需求计划调整表。根据相关指标数量，接收、审核、汇总毕业生岗位需求计划，经审批后可以提交人力资源部门。系统提供毕业生需求计划执行情况的统计报表，统计毕业生需求计划的完成情况。

人员招聘计划：根据批准后的人员需求计划，形成人员招聘计划，经有关审批程序后，报相关主管部门备案。通过招聘条件采集功能，采集部门招聘条件，形成招聘公告，在招聘网站发布。

2）应聘考核管理

应聘管理：通过网络化的招聘系统对外端口，应聘者可登录招聘系统注册个人账户、查看招聘岗位信息、填写岗位所需的个人信息，并完成简历投递。系统支持将应聘者在第三方招聘门户的个人信息直接导入招聘系统。招聘管理系统可实现简历的上传、查阅、下载，且能按照招聘部门、招聘岗位进行分类查询。

简历接收和审核：包括简历的筛选、遴选和逐级审核。

笔试与面试：对有考试要求的岗位组织考试，根据简历筛选和考试结果生成面试人员名单，公示等。

通过系统进行面试安排，确定面试的时间、地点及面试官，在线发布面试通知。系统能将已上传到简历库的简历关联面试安排，方便面试人员查阅。系统支持面试官在线填写面试评审报告，并在线统计面试结果。面试流程可以自定义，包括技术面试、业务面试、HR面试、领导面试等环节。系统可通过多种方式（系统消息、邮件、微信等）发布录用通知。

可根据不同人员类别，设置不同的招聘程序。

数字化平台可提供招聘进程分析、候选人明细跟踪分析、招聘渠道分析。保留未录用人员的简历，导入后备人才库，以备需要时调用。招聘系统可与招聘服务网站、微信、微博等媒体对接。

公示：科研机构对经考察和体检合格的拟聘人员需要进行在线公示，并设置公示期。这种情况，一般在内部网络门户平台进行公示，可按规定在线接收投诉和相关证据材料。若有严重问题并查有实据，取消聘用资格，记录相关问题，保留证据并反馈至人员信息系统。公示期满无异议的，按流程报相关部门审批和备案。

2. 入职管理

新录用人员可以通过线上完成入职的大部分流程。

1）入职手续办理

设置入职手续办理部门，定义入职手续办理流程，为新职工提供一站式服务。各入职手续办理部门自动获取新职工信息，完成各自负责业务办理。职工可自助查看办理流程和进度。

2）入职者信息完善

完善新职工信息，如合同时间、岗位、薪资等明细信息。支持系统信息关联，并将新职工信息自动导入人员信息管理系统。支持新职工在线录入和提交人事档案材料。

3）毕业生落户管理

毕业生信息录入：在系统内设定毕业生信息表模板，在线接收、审核和汇总拟接收毕业生信息，报相关部门审核。

毕业生落户手续办理：在线汇总并向总部反馈拟落户毕业生名单，通知各单位提交相关材料，办理落户手续。

4）入职手续

人事部门可以自定义入职通知的模板，通过电子邮件及移动终端发送入职通知，简化新员工入职手续，提高录用效率。

3. 劳动合同管理

劳动合同管理是人力资源管理中非常重要的基础人事管理。系统实现员工的聘用合同（事业编制人员）和劳动合同（非事业编制人员）的签订、变更、合同终止及解除过程的管理。

劳动合同模块，包括劳动合同的录入及台账管理。劳动合同续签提醒、续签意向申请及审批、合同续签、合同信息变动申请及审批等业务功能。

员工通过"我的合同"查看自己在本单位所有签署过的劳动合同的详细信息。

由于科研机构的员工聘任类型的复杂性，一般科研机构的劳动合同根据聘任类型的不同，需要签署不同的劳动合同。因此，系统需要设置各类合同和协议模板，提供各类合同及协议签订、续签、变更、终止、解除、未签处理等管理功能，设置相应的管理规则、申请和审批程序，实现对职工相关合同的全生命周期的管理。

随着数字化技术的发展，人事劳动合同可以实现全面无纸化（见图4.59）。

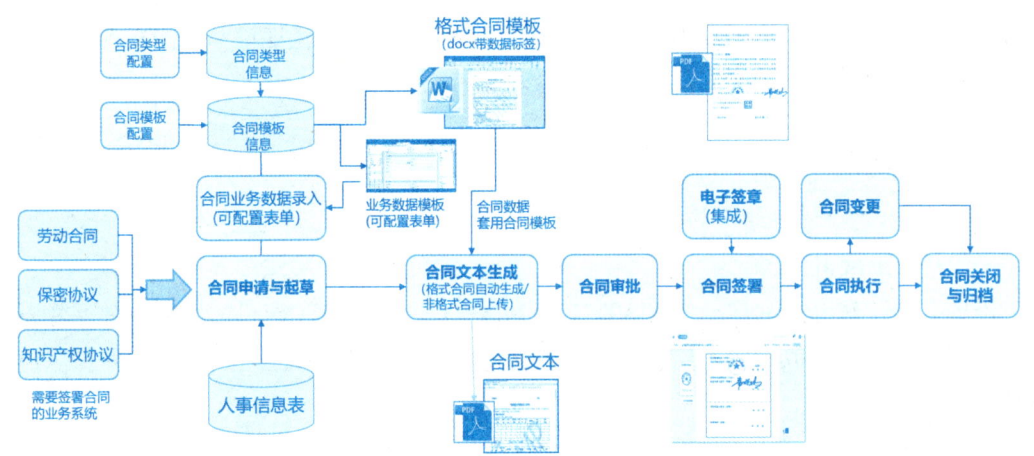

图 4.59　劳动合同的管理流程

合同模板管理：可以根据不同类型员工所需要签署的劳动合同（劳动合同、聘任合同、保密协议、知识产权协议等），预先配置好合同模板。合同模板可以通过带数据标签的 Word 文档生成。

合同信息录入：根据员工个人填报的人事档案信息，以及招聘时审批通过的聘用类型和聘任岗位，录入劳动合同及聘任周期等合同信息。

合同和协议文件自动生成：根据劳动合同信息录入的数据，结合合同模板，系统可以自动生成一份合同文本（PDF 版式文件）。

合同审批：根据工作流引擎，可以设置合同审批的可视化工作流程，设置用人部门、人力资源部门和主管领导的审批节点。系统进行自动化的合同审批。

电子签署：审批通过后，可以通过电子签章和电子签名，实现在线网络化的签章和签名。

合同台账：可以将签署生效的劳动合同进行归档。合同相关信息形成合同台账，可以方便地查阅单位内所有员工的合同及其执行情况。

合同到期提醒：系统根据劳动合同签署的时间，设置合同到期提醒功能。合同到期前提醒职工、部门负责人、人力资源管理人员，以便在合同到期前决定续签或终止合同。若超时未办理合同续签、解除或变更等手续，则设置提醒时间，提醒职工和用人部门负责人上交意向书，便于后续合同相关处理决策。

4. 转正管理

组织与人才管理系统应在员工试用期到期前 10 天（时间可设置）提醒有关部门领导及人力资源管理员。系统提醒职工填写并提交试用期到期转正申请表，由相关部门按照流程进行审批。

转正申请系统提供了员工的转正申请的列表信息。在试用期结束后，员工可以发起转正申请。转正业务的业务管理员通过"转正结果列表"可以查看和管理单位内的所有转正申请及其申请的状态和审批结果。

5. 人员调动管理

人员调动是指人员在单位内部部门或者岗位的变动。人员调动流程包括申请的发起与审批。

员工在线填写部门、岗位变动申请，有关部门、人力资源处及主管领导进行在线审批，系统记录变动过程。设置内部调动手续办理部门，授权有关部门自动获取职工基本信息，完成业务办理，职工可自助查看办理流程和进度。

组织与人才管理系统支持职工在线发起工作交接。

数字化系统需要在员工调动后，取消原部门的岗位和相关信息系统的权限，并自动生效新部门的岗位和相关信息系统的权限和业务转移，实现员工部门调动的自动化。

6. 兼任管理

科研机构的科研人员兼任情况比较普遍，这是一个复杂而多样的业务，受到多种因素的影响，包括国家政策、科研机构内部规定、科研人员个人职业发展需求等。

近年来，国家出台了一系列政策，鼓励科研人员的流动和兼职，以促进知识交流、技术创新和成果转化。例如，科技部印发的《"十三五"国家科技人才发展规划》允许科研机构和高等学校设立一定比例的流动岗位，吸引有创新实践经验的企业科技人才兼职。这些政策为科研人员提供了更广阔的发展空间和机会。

不同的科研机构对科研人员的兼任情况有不同的规定。一般来说，科研机构会鼓励科研人员在完成本职工作的前提下，积极参与外部合作和交流，以提升个人和机构的科研实力。然而，对于兼任的具体条件、程序、收益分配等方面，科研机构通常会有详细的规定，以确保兼任活动的合规性和有效性。

科研人员在个人职业发展过程中，可能出于多种原因选择兼任。一方面，兼任可以为科研人员提供更多的科研资源、合作机会和收入来源；另一方面，兼任有助于提升科研人员的学术声誉和社会影响力。然而，科研人员在选择兼任工作时，也需要权衡本职工作与兼任工作之间的关系，确保两者能够相互促进而非相互干扰。

对于承担行政职务的科研人员，如院长、所长等，在行政职务调动到其他机构后，一般会在原单位继续负责原有的科研项目和指导研究生。因此，很多科研机构的主要领导，特别是院所两级多法人的集团性科研机构的主要领导，都存在兼任的情况。兼任包括以下3种情况。

1）兼任申请
员工有兼任的情况，需要提出兼任申请，经系统工作流进行审批。

2）兼任邀请
部门负责人也可以根据业务需要，向其他部门的员工发起兼任邀请，邀请该员工在本部门兼职。

3）兼任权限
对于跨法人的兼任，系统中就存在多重身份或角色。用户登录智慧科研数字化平台时，需要指定或切换身份，系统会根据其身份来设置相关的用户权限和业务数据。

7. 离职管理

职工可以在线发起离职申请、填写离职审批表，说明离职原因和离职去向等信息，由有关部门和领导进行在线审批。

正常的离职业务，主要包括4个环节：一是离职申请及审批；二是离职手续办理；三是离职人员的系统账号清理；四是人事处主管对离职人员的最后确认及打印离职证明。

离职业务主管，通过办理事项列表的设定，配置单位内离职流程中的手续项，如资产归还、工作交接、财务结算等。每个手续项除基本的业务和描述外，还需要指定处理的角色（或者直接指定处理人）。在离职工作流程的手续项处理环节（该环节一般是并行多个手续项一起处理，不同手续项可能由不同部门的相关负责人进行处理），通过流程处理环节设定的角色与办理事项设定的角色进行匹配。

离职办理事项处理完结后，进入账号办理环节，即IT部门需要为离职人员关闭各种系统的账号，如邮件账号、办公系统账号等。

通过设定办理事项模板，每种模板对应一类人员，每种模板包含不同的手续项。这样，在每个离职人员的离职流程中，可以通过选择模板的方式，快速选择多个办理事项。

1）离职申请
员工通过"离职申请"功能发起申请，并且可以在该列表界面查看自己的申请处理进度。

2）离职处理
离职处理，人事部门的主管可以主动发起离职的处理流程，即该离职不是员工自己发起的申请，而是单位的主动行为，如辞退员工等。

3）离职信息维护
离职维护，用于某些员工线下已经离职（例如，员工自己申请离职的情况），而业务主管事后在系统内进行补录的操作。

4）离职审批

离职申请需要由主管领导进行审批，各级领导审批时，可以对相关事项进行自动提示和预警。

5）离职信息跟踪

离职业务主管通过离职管理功能，查看及跟踪单位内的所有离职的申请、处理情况。

6）离职手续办理

在系统内定义离职手续办理部门，完成离职审批后，系统自动发起离职手续办理流程，如离职人员网上账号和邮箱账号的撤销、违约金的缴纳、户口的迁移，并校验该人员名下是否有固定资产和相关的领用申请，以及财务未结借款和报销相关的财务事项等。离职手续办理完成后，有关部门进行在线确认，并向人力资源处反馈（见图4.60）。

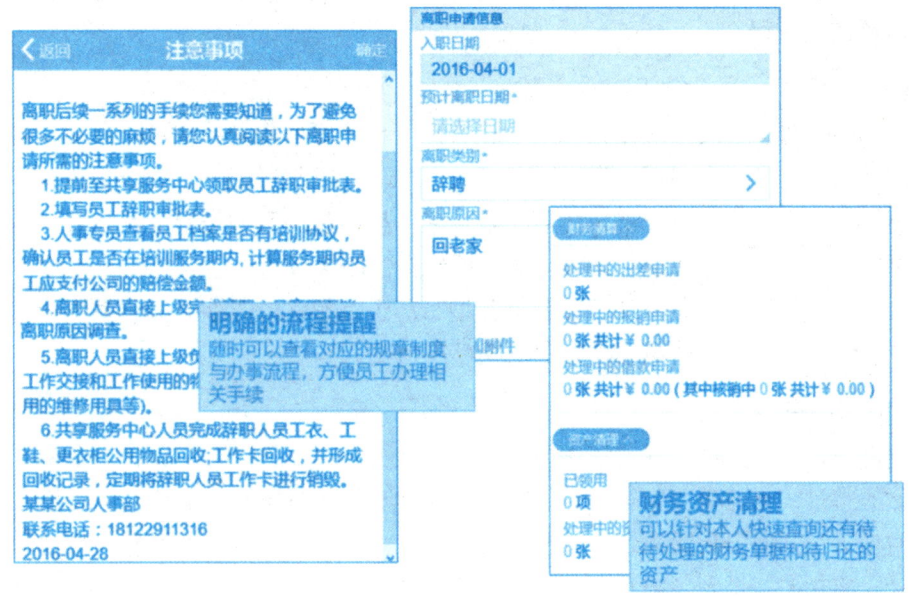

图 4.60　离职办理流程示例

4.8.4　时间管理

时间管理为科研机构的人力资源管理者提供考勤管理（包括加班、出差）、假期（包括年假）等的管理，以及和薪酬系统的关联应用等功能。

业务设置：用于设置在人力资源管理模块中假勤管理所需的假勤项目，如迟到、早退、旷工、出差、年假、婚假等。

假期管理：主要为年假管理和假期数据登记和审核。

考勤管理：对员工考勤进行管理。

1. 假期管理

科研机构的假期管理是一个综合性的工作，涉及假期安排、安全管理、人员管理、科研项目进度管理和应急处理、值班等多个方面。通过科学、合理的管理措施，可以确保假期期间科研工作的顺利进行和人员、设备的安全。

1）休假业务政策

单位的假期业务管理员需要先完成请休假的业务设置，其他用户才可以使用智慧科研平台的请休假功能。业务设置主要是设置假期类型，如事假、年休假、婚假、病假等。

若存在需要设置额度的假期，如年休假，则还需要设置"假期周期"。

除此之外，还可以设置请假时间的单位，即以半天或全天为请假的最小单位，以及设置是否启用销假流程。

2）请休假申请

单位内员工可以进行请假申请。数字化管理平台的好处就是系统可以自动积累每个人员的休假台账。

请休假统计会对用户自己的请休假申请情况，按照假期类型进行统计，其中会列出该假期类型的总额度、可用额度、请假次数和已经休假的天数。

员工发起请休假申请，需要选择假期类型，对于有额度的假期类型，系统会自动列出该类假期的说明，并显示该员工剩余的假期额度情况。

3）请休假审批

休假申请提交后，需要经过请休假审批。

请休假审批，支持单笔审批，也支持批量审批。使用批量审批功能时，可以一次勾选多笔休假申请，同时需要录入统一的审批意见。数字化平台可以辅助管理人员对休假额度进行统计，向相关审批领导提示申请人的假期额度。

4）销假申请及审批

员工在休假结束后，若实际休假时间和原申请不一致，则需要发起销假申请，同样，销假申请也需要审批。

5）部门假期统筹管理

部门负责人可以通过"部门请休假管理"功能（见图4.61），对部门员工的请休假情况进行浏览和统计。对于部门人员的休假记录，系统支持两种显示方式：日历方式和清单方式。

系统根据该负责人的负责权限，列出其管理的一个或者多个部门的请休假情况汇总信息。

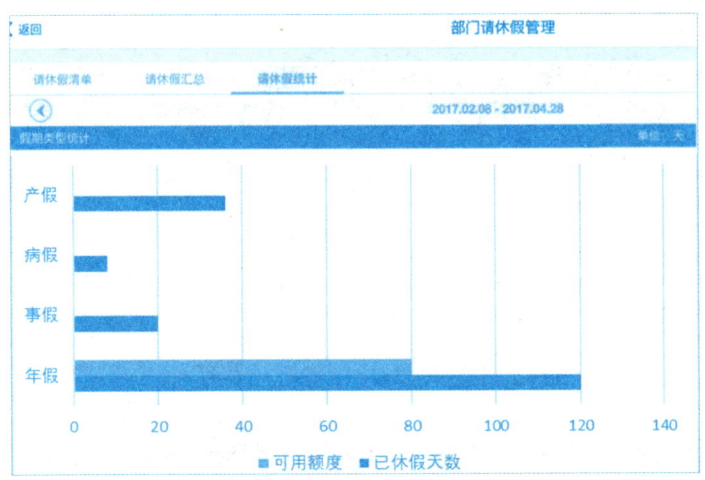

图 4.61　部门请休假管理示例

6）休假监控管理

对于单位的人事业务管理员，系统提供"额度调整"的功能。专门用于在某些特殊情况下，如单位统一放假，但是该假期需要占用员工的假期额度时，业务管理员可以使用该功能对全部员工或者相关员工统一进行额度扣减处理。

员工请假和销假的数据，需要与个人日程管理，以及与考勤等相关系统实现联动。

2. 差旅管理

科研机构的差旅活动通常是为了学术交流、合作研究、实地考察等科学研究，因此差旅管理的首要任务是确保差旅活动的目的明确且符合科研工作的需要。

1）差旅管理的关键要素

（1）费用多样性：差旅费用涵盖城市间交通费、住宿费、伙食补助费和市内交通费等多个方面，且费用标准可能因地区、职务、出差天数等因素而有所不同，增加了管理的复杂性。而且，很多科研机构因国际学术交流比较多，有大量的境外差旅的管理。

（2）时间灵活性：科研人员的出差时间往往较为灵活，可能需要根据科研项目的进度和需求进行调整，因此差旅管理需要具备一定的灵活性以适应这种变化。

（3）合规性：业务合规性上，一般科研机构需要出差前有出差申请，某些科研机构还要求出差后要有出差总结报告。差旅管理涉及财务报销、经费使用等敏感问题，需要严格遵守国家相关政策和法规，确保差旅费用的合规性和合理性。

2）出差申请

员工发起出差申请（见图 4.62），需要录入出发地点、到达地点、出发时间和离开时间，系统自动计算出差天数。另外，需要录入预计费用和事项说明。有费用发生时，需要选择预算分摊的核算账号及分摊的科目。若需要借款，可以自动联动借款申请流程，减少了另外手动发起借款申请的操作。

图 4.62 出差申请示例

从一体化智慧科研平台的角度,出差申请需要在事前进行科研项目的费用预算冻结,实现科研经费管理的事前、事中、事后闭环管理。

3)差旅监控管理

部门负责人可以对本部门员工的差旅情况进行管理。对于本部门的员工的差旅清单,系统支持日历及列表两种展示方式。

系统还提供部门员工出差统计功能,从差旅费和出差人次等多个维度进行统计(见图 4.63)。

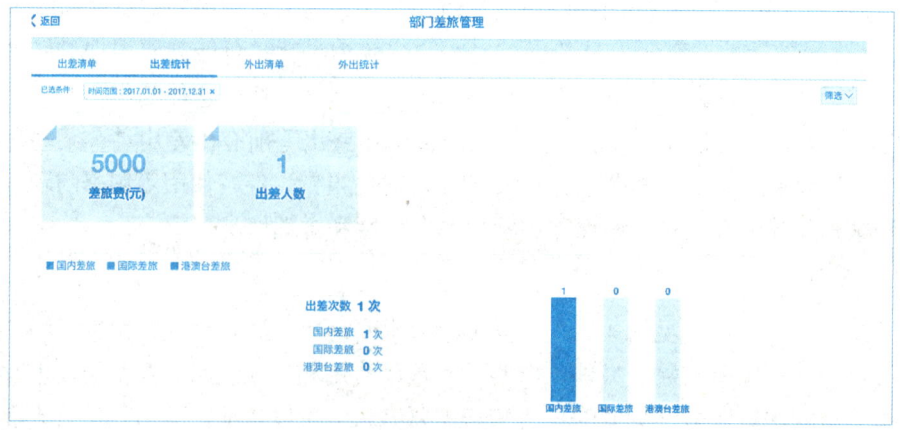

图 4.63 部门差旅管理示例

3. 考勤管理

为了加强科研机构的管理，维护工作秩序，提高工作效率，通常会制定详细的考勤管理制度。考勤规定一般需要明确考勤的时间、方式、请假流程、迟到早退及旷工的处理办法等。

1）一般的考勤方式

传统签到：通过打卡机进行考勤。目前，支持刷卡、指纹和刷脸考勤等智慧化的考勤设备越来越普及。

手机 App 考勤：利用手机 App 等电子设备进行考勤，提高考勤效率和准确性。手机 App 考勤更加灵活方便，对于需要外出或远程工作的科研人员，可以通过手机定位、在线打卡等方式进行考勤。

监控考勤：随着人工智能技术的发展，通过科研机构内的安全监控视频摄像头，可以自动化智能进行人脸识别从而实现考勤。这种非接触式、无感考勤将是未来发展的方向。

考勤数据登记及审核：用于记录和管理员工的出差、加班及考勤异常，如迟到、早退、旷工等违反考勤制度的行为的时间和次数等。

2）考勤管理对特殊情况的处理

外出科研任务：对于需要外出执行科研任务的科研人员，应提前办理请假手续，明确外出时间、地点及任务内容。系统就可以与考勤系统自动联动。

紧急情况处理：对于因紧急情况无法按时考勤的科研人员，应建立快速响应机制，允许其事后补办请假手续。

审核通过的考勤数据也可以被薪酬等模块引用，实现时间管理的多系统联动。

4.8.5 薪酬管理

科研机构强调人才是第一资源，薪酬管理体系往往以人才为本，突出创新优先。通过薪酬激励，鼓励科研人员积极投身科研活动，取得重大创新成果。

根据科研机构的职责和定位，以及不同岗位的特点，薪酬管理体系往往采用灵活多样的薪酬分配形式。例如，可以采用岗位绩效工资制、年薪制和协议工资制等相结合的薪酬分配形式。

针对不同岗位、不同层次的科研人员，分类施策，制定差异化的薪酬策略，确保薪酬分配的针对性和有效性。

除基本工资和绩效工资外，科研机构还可以实施多元化薪酬激励机制。例如，设立项目奖励、创收奖励、成果奖、专利论文奖等，以激励科研人员积极参与科研项目和成果转化。

同时，探索实施中长期激励措施，如股权激励、分红权激励等，将科研人员的个人利益与科研机构的长期发展紧密绑定。

推动大数据、人工智能等新技术在管理环节中的应用，提高薪酬管理的规范性和有效性。同时，将科研诚信和科研成果质量作为绩效评价的重点，确保薪酬分配与科研质量相匹配。

薪酬管理系统需要支持薪酬管理架构，并能够有效地进行工资福利管理，实现员工薪金的发放。

薪酬管理工作不仅是科研单位人力资源管理工作的重点，同时也是科研单位中劳资双方共同关注的焦点。薪酬可以理解为单位给予员工劳动的回报，也可视为单位在员工身上投入的成本或投资。使用薪酬管理模块可以协助单位进行薪酬预算、薪酬体系设计、薪酬核算、薪酬发放、各项薪酬业务、定薪/调薪、薪酬报表及分析等工作，帮助单位有效控制人力成本、提高人力投资产出。

1. 薪酬模型管理

科研机构的薪酬管理系统需要支持多种薪酬模式。每个薪酬模型包括工资单设定、工资体系管理、工资项分类管理、工资项管理、工资级别管理和工资标准管理等。

平台提供不同员工分配不同工资单方案（在职员工工资单、劳务工工资单、临聘人员工资单等）的功能，即可以配置不同的工资项。工资项也可以配置不同的计算规则和属性，灵活配置工资项（岗位工资、补贴、绩效工资等类别），并对工资项的应税工资、税后扣减、税前扣减等个税类型进行配置。系统也预置了不同地区的社保和公积金的缴费规则。

对个税计算，系统可以实现工资多次发放的合并计税，年度奖励分摊计税等，支持多单位薪资的年度合并计税，以及劳务费计税标准的单独计算。

2. 薪酬计算

分权限管理：由于科研人员的薪酬模型具有复杂性，需要区分不同来源的收入项目，进行分类管理。例如，一般科研人员的基本工资由人力资源部门统筹管理，科研绩效由参与项目的负责人或 PI 进行分配，研究生导师津贴由教育部门负责分配。系统需要汇总各部门的薪酬项目，形成每个科研人员的实发工资。

因此，薪酬管理系统需要对不同工资项或工资单安排不同角色或权限人员进行数据准备和维护，以保障工资的保密性要求。

智能核对：可以自动对变动工资项进行核对，标识变化的工资项，以方便工资计算的核对。

3. 薪酬发放

薪酬计算完成后，需要人力资源管理部门进行个税的计算、社保和公积金的缴纳，形成实发工资的发放表。

薪酬发放表支持生成银行报盘文件或通过银企互联直接支付。

4. 工资查询

员工可以通过 PC 浏览器，在薪酬系统中查询工资单，可以实现电子工资单的发放，解决了纸质工资单的打印和分发的麻烦，降低了工资单打印的成本。

5. 成本与预算分摊

薪酬成本分摊是科研机构对科研项目的全成本管理的特殊需求。薪酬分摊需要准确地将科研人员的薪酬分摊到各个项目成本上，以反映每个项目对薪酬支出的准确和精细化的成本核算。可以根据管理需要和国家相关政策，将人员工资按照工资项分别分摊到各相关项目和预算科目的成本支出。

分摊方法应确保各项目之间的薪酬成本分配公平合理，避免造成项目间的不均衡。考虑到科研机构项目的多样性和复杂性，分摊方法应具有一定的灵活性，以适应不同项目的需求。

根据项目的实际需求和人员投入情况，确定薪酬成本的分摊原则，如按工时、按贡献度等。确保分摊原则与科研机构的战略目标和项目管理要求相一致。

常见的分摊方法包括以下 3 种。

（1）工时比例法：根据科研人员在各个项目上的工时投入比例，将薪酬成本分摊到相应项目上。

（2）贡献度评估法：评估科研人员在各个项目上的贡献度，如根据科研成果、项目进展等因素，将薪酬成本按比例分摊到项目上。

（3）综合法：结合工时比例和贡献度评估，综合考虑科研人员在项目上的投入和贡献，进行薪酬成本的分摊。

因此，需要建立完善的项目管理信息系统，记录科研人员在各个项目上的工时、贡献度等信息。通过信息系统实现薪酬成本的自动分摊和实时监控，提高分摊的准确性和效率。

4.8.6 人才发展管理

1. 研究生培养

科研机构的研究生培养管理体系是一个复杂而系统的工程，旨在培养具有创新精神和实践能力的高素质科研人员。科研机构的研究生培养管理体系的总体目标是确保研究生教育的质量和效果，培养具备扎实理论基础、创新能力和实践能力的科研人员，为科研机构提供人才队伍来源，并为社会输送高质量的人才。

科研机构一般是进行研究生的培养，包括硕士研究生和博士研究生。科研机构的导师制度在研究生教育中扮演着至关重要的角色。它不仅关系研究生的学术成长，还直接影响科研机构的科研水平和创新能力。

导师制度是指在科研机构中，由具有丰富科研经验和较高学术水平的专家或学者担任研究生的指导教师，负责研究生的学术指导、科研训练和日常管理。导师制度旨在通过一对一或一对多的指导方式，帮助研究生掌握扎实的专业知识，培养创新思维和实践能力，为未来的科研事业打下坚实的基础。因此，科研机构的研究生直接参与科研项目，是人才培养的重要途径。

1）导师管理

与人力资源系统集成，将拥有研究生导师资格的科研人员建立导师数据库，对每名导师的硕士生导师、博士生导师资格和招生专业进行登记管理。通过研究生招生入学系统，建立每个学生与导师的师生关系。

2）研究生管理

对科研机构来说，研究生基本上纳入日常科研工作进行统一管理。因此，可以通过与人力资源系统集成，将学生（硕士研究生和博士研究生）按照员工制度进行管理，在员工分类维度中设置"研究生"的员工类型，将研究生作为特殊员工进行统一管理。员工入职对应学生入学，员工离职对应学生毕业离校。

研究生入学时，登记其导师相关信息，形成师生关系的信息管理。

3）制定研究生培养方案

在各研究生入学时，导师需要根据学生的基本情况与学生共同制定研究生的培养方案，包括课程学习（必修课、选修课等）和学分要求、实训的安排、科研计划等。培养方案将实现个性化的学习和科研计划。

4）研究生学籍管理与教务管理

根据研究生培养方案，指导学生进行课程选择和学习，并对每个研究生的课程学习成绩进行管理。

针对研究生论文发表计划及学位论文开题、撰写和论文审阅等环节进行管理。

根据课程选择情况，按照导师和学生的课程计划，实现教务活动相关服务的数据共享。

5）研究生科研与实训管理

根据研究生培养方案，安排和记录研究生参与的科研课题和实训内容的执行情况，并管理研究生的科研成果，包括实验和论文、专利等成果，并由导师进行成果的核实。

2. 博士后管理

科研机构的博士后培养体系是一个综合性的系统，旨在通过高水平的科研训练、导师指导、学术交流等方式，培养具有独立科研能力和创新精神的博士后研究人员。

博士后研究人员在科研机构内参与前沿课题研究，通过实际操作和实验，掌握先进的科研方法和技能。同时，他们还有机会参与重大科研项目，积累宝贵的科研经验。

每位博士后研究人员都会配备一名或多名经验丰富的导师，进行一对一或一对多的指导。导师不仅会在研究方向、研究方法等方面给予具体建议，还会在科研道德、学术诚信等方面进行言传身教。

科研机构会定期举办学术报告会、研讨会等交流活动，邀请国内外知名专家学者进行学术分享。博士后研究人员可以通过这些平台拓宽学术视野，了解领域内的最新动态和前沿成果。

同时，科研机构还会关注博士后研究人员的职业发展，提供职业规划指导、就业指导等服务，帮助他们明确职业目标，提升就业竞争力。

智慧科研数字化平台可以对博士后科研人员的入站、科研计划和出站进行全程管理。

博士后作为科研经历，参照员工进行统一管理。因此可以通过与人力资源系统集成，将博士后科研人员按照员工进行管理。在员工分类维度中设置"博士后"的员工类型，将博士后按照特殊员工进行统一管理。员工入职对应博士后入站，员工离职对应博士后出站。

博士后入站时，登记其合作导师相关信息，形成师生关系的信息管理，并管理博士后人员参与的科研课题情况。

根据博士后合作计划，管理博士后的科研成果，包括实验、论文、专利等成果，并由合作导师进行成果的核实。

博士后管理系统需要贯穿博士后入站申请、在站期间管理、中期考核、在站期间各类基金申请、出站手续办理等全过程。审核权限分为4个级别：拟进站博士后申请人、博士后合作导师、机构和院校。博士后管理系统实现的功能包括信息的记录、查询、审核、人员异动实时更新查询、学位证书审核、在站时间到期提醒、审核材料自动生成和统计分析等。后期需要对接的其他部门包括条件财务部门、国际合作部门等。

1）流动站管理

对院校设立博士后科研流动站（一级学科）及二级学科进行设置及调整，支持对科研机构可招收博士后的流动站进行授权管理，包括对流动站招收博士后的合作导师资格进行审核。

2）博士后招收计划管理

科研机构在线申报招收计划，院校可进行统计分析，制定院校招收计划和经费预算。

3）博士后日常管理

平台负责完成博士后人员进站、延期、退站、出站等管理工作。

（1）申请入站时采集人员基本信息，按照身份状态（统招统分、在职、博新计划进站、与工作站联合培养等）进行填报。支持博士后人员聘用合同在线提交，并具备临近到期提醒功能。

（2）支持拟进站博士后学位论文专家线上通讯评审，评审结果在线反馈申请人和相关机构。

（3）人员变动管理：包括延期、退站等，根据不同权限分级进行审批，系统中保存操作的历史记录，审核结果可查询。对进站未提交学位证书，可设置定时提醒。

（4）考核管理：包括进站考核、中期考核、出站考核等环节，实现机构在线维护考核专家信息、考核过程记录、考核结果录入，能在线查询考核结果。实现各类考核表格在线生成、套打。

（5）出站管理：博士后本人在线提交出站申请，记录出站去向、发表成果等基本信息，进行流程审批。支持博士后证书在线打印。博士后出站后，系统自动撤销出站博士后人员内网登录账号和单位邮箱等信息。

（6）在站成果管理：支持博士后补充上传在站期间成果及证明材料，由机构审核后提交，支持统计分析。

（7）支持各种类型的统计报表的输出，支持多种类型图表展现。

4）博士后项目管理

支持博士后在线申请国家及院校各类资助项目，申请人在系统中自动采集个人基本信息，与博管会（博士后管理委员会）等系统对接生成申报书，实现评审结果的批量导入。申请人可查询历年获得资助人员记录，进行统计分析。

支持获资助博士后填报结题书，经相关部门审核。支持扩展应用，增设院校博士后资助项目评审系统。

5）博士后经费管理

与财务平台对接，可查询博士后各项经费到账、拨付、使用、结余等情况，支持预警功能。根据博士后人员异动情况，如延期、提前出站、退站等，可自动提醒调整经费管理。

3. 专业职称管理

科研机构的职称管理体系是确保科研人员职业顺利发展和科研机构整体科研水平得以提升的重要机制。

科研机构的职称管理体系旨在通过科学、公正、透明的评价标准和方法，激励科研人员不断提升自身科研能力和学术水平，促进科研机构的科技创新和持续发展。

科研机构的职称等级通常根据科研人员的学术水平、科研能力、创新能力及贡献程度等因素进行设置，一般分为初级、中级、副高级、正高级等不同等级。不同等级对应不同的职责、待遇和发展机会。

智慧科研数字化平台需要对科研人员及职能专业人才的职称情况和发展历程进行全过程的线上数字化管理。

1）专业技术资格申报

支持申请人将个人基本信息直接导入上级及有关单位的专业技术资格申报系统。系统支持对各种不同的岗位类型，提供多种申报模板的管理。

科研人员在规定时间内向所在单位提交职称评审申报材料，材料包括但不限于个人简历、学历证书、职称证书、科研成果（论文、专利、项目等）、获奖证书、职业道德评价等。申报材料须真实、完整，并按要求进行格式化整理。

2）专家及同行评审

科研机构的职称评审流程是一个严谨、敏感且系统的过程，旨在全面评估科研人员的学术水平、科研能力、创新成果及职业道德等方面。

设置评审专家条件，依托基础人员数据，生成评审专家库，并分以下步骤进行评审。

（1）初步评审：科研机构对申请材料进行初步审核，排除不符合条件的申请人，即形式审查。

（2）综合评审：成立评审委员会对符合条件的申请进行综合评审，评审过程公开透明，确保评价的公正性和准确性。评审委员会根据专家评审意见和面试答辩情况，对申报人员进行综合评定，确定是否授予相应职称及职称等级。

（3）结果公示与异议处理：评审结果需进行公示，接受申请人的异议和申诉，确保评审结果的公正性和公信力。

3）专业技术职务聘任

（1）支持专业技术资格评审结果的数字化管理，人事部门和申请人可查询评审结果，进行数据统计，并生成有关名册。

（2）设置各级专业技术职务聘任条件，依托基础人员数据，支持对符合条件员工自动提示及筛选统计、测算摸底、聘用指标审批管理等。

（3）支持员工网上提交聘任申请、填报相关表格、上传证明材料。支持人事部门或其他相关部门线上审核，具备退回修改再次提交等功能。支持在线评审功能。聘任结果直接更新人员基础数据，保留痕迹日志。

（4）支持实时统计各级岗位人数并生成名册，统计历年聘任指标和实际聘任人数。支持查询员工专业技术职务变动历史记录。

（5）智慧科研管理平台可以记录科研人员或职能人员在政府人力资源社会保障部门组织的职称评审的相关信息，并对评审结果和相关证书进行登记，以及对职称进行审核确认。

4.8.7 人力资源分析

科研机构的人力资源数据统计分析是科研机构管理中的重要环节，它有助于机构了解人员结构、工作效率、人才流动及发展趋势，从而制定更为科学合理的人力资源管理策略。

智慧科研平台人力成本分析包括薪酬成本分析、培养成本分析、招聘成本分析和费用成本分析。通过建立成本中心，实现基于组织单元的人力成本分析。并且支持基于职务、职位、各个时间范围和个人维度的人力成本分析。通过人力成本分析结果，为组织战略、人力资源战略的制定和调整提供依据。同时可通过预警平台设置相关预警规则，在数据异常时，系统给予预警提醒。

1. 分析方法

人力资源统计分析的方法和步骤包括以下 3 个方面。

1）数据采集

建立完善的数据采集系统，及时、准确地收集和更新科研人员的基本信息、绩效评估、薪资福利等数据。对于人力资源数字化的科研机构，数据在人才业务过程中进行采集，然后需要针对这些数据建立逻辑分析的多维度数据模型。

2）数据分析技术

运用统计学和数据分析技术（描述性统计、回归分析、聚类分析等）对收集到的数据进行处理和分析，发现数据中的模式和趋势。

3）可视化呈现

使用可视化工具（智能报表工具、BI 分析工具等）创建仪表盘（或称为管理驾驶舱）和图表，将数据分析结果以直观、易于理解的方式呈现出来，便于管理者决策。

智慧科研平台系统提供以下 4 类报表供用户在不同应用场景中使用。

（1）标准报表。智慧科研平台可按业务分类提供人事管理报表、绩效管理报表、素质模型报表、招聘选拔报表、培训发展报表、薪资管理报表、社保福利报表、考勤管理报表，以及审批工作流业务查询、变更历史记录查询等。企业的每位管理者都可以根据职位权限通过报表查询到相关人力资源业务数据。

此类报表的特点：每个报表都有简便而灵活的条件查询界面，用户可随时设置各种条件、排序、显示项目、统计方式等来查询报表，并能保存设置为查询方案。支持查询结果的导出、打印、输出统计图表等功能。

查询方案分配：业务管理者可将复杂查询条件设置保存为查询方案，将查询方案直接分配给各级管理人员，管理人员自己不用设置复杂的查询条件，在查询方案向导中单击查询方案名称就可直接得到报表查询结果。

查询方案分类：可以将已经设置为可分配方案的报表方案按照不同业务模块分类并发布给管理者使用，管理者还可在自己的角色平台调整分类。分类标准可实现自定义。

（2）自定义报表。在自定义报表平台，用户可按客户需要设计并发布自定义报表，供不同需求的管理者查询各种人力资源业务的数据。

（3）自定义套打。智慧科研平台系统中的自定义套打功能能够将人力资源系统的各种业务数据在同一个界面中设计展现出来。例如，表格结构较复杂且包含多种不同形式数据的员工简历等可使用自定义套打工具实现。系统提供组织信息、职位说明书、职员简历等不同业务的套打模板供用户选择使用，用户可以在模板基础上做适当调整得到自己企业所需要的报表展现形式和内容。

（4）统计分析平台。人力资源统计分析平台用于满足系统现有报表功能之外的人力资源数据统计项目和统计方法方面的个性化需求。人力资源统计分析平台能够对人力资源系统的组织单元、职员基本信息及各种业务数据进行统计分析，生成各种 Excel 样式的人力资源统计报表。

人力资源统计分析平台提供了多种不同业务的统计取数公式，每个取数公式可根据管理人员的需要设置不同的条件组合来查询数据。

人力资源统计分析平台的统计报表可设置定时任务以自动重新计算最新数据，可设定定时规则以电子邮件或 Excel 附件的方式在指定时间将报表发送给指定管理人员，大幅减少人工统计、汇总、报告的工作量。可将人力资源统计分析平台报表转换为 HTML5 网页形式，并可授权不同用户在〔查询报表〕—〔固定统计报表〕中查看人力资源统计分析平台报表（见图 4.64）。

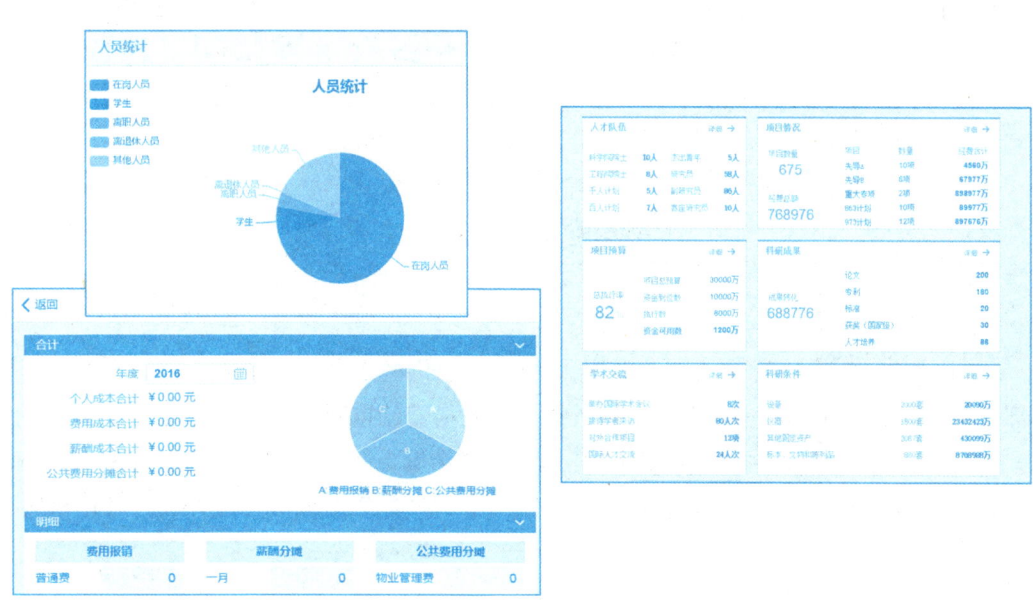

图 4.64　人力资源分析可视化示例

2. 分析内容

1）组织人员数量与结构分析

（1）人员数量统计：统计科研机构内部各部门、岗位、职级的人员总数，了解各部门的人员配置情况。

（2）人员结构分析：分析不同岗位、不同职级的人员比例，如科研人员、管理人员、技术人员的分布情况。这有助于了解机构的人力资源构成，评估是否存在人员过剩或不足的情况。

2）学历结构与年龄结构分析

（1）学历结构分析：统计科研人员的学历分布情况，如博士、硕士、本科等学历的比例。这有助于了解科研人员的学术背景和专业素养，为后续的培训和招聘提供参考。

（2）年龄结构分析：分析科研人员的年龄分布情况，了解不同年龄段的科研人员比例。这有助于评估机构的人才梯队建设情况，避免过度依赖某一特定年龄段的科研人员。

3）招聘与流动率分析

（1）招聘周期与完成率分析：评估科研机构的招聘效率和快速填补职位的能力。通过分析平均招聘周期和招聘完成率，可以了解招聘流程的效率，并对招聘策略进行优化。

（2）员工流动率分析：统计科研人员的离职率和流入率，评估员工的流动性和留存能力。对于核心员工的流失情况需要特别关注，以了解机构的人力资源稳定性和管理质量。

4）工作效率与产出分析

（1）人均效率分析：通过分析平均产出值和平均工时产出值，评估每个科研人员的生产效能和单位工时的产出能力。这有助于了解机构的人力资源成本效益，为制定薪酬和激励政策提供依据。

（2）项目成功率与成果产出：统计科研项目的成功率和成果产出情况，如发表的论文数量、获得的专利数、科研项目获奖情况等。这有助于评估科研人员的实际工作能力和机构的科研实力。

5）人才发展与培训分析

（1）员工培训与发展计划：分析机构为员工提供的培训和发展机会，如内部培训、外部进修、学术交流等。这有助于了解机构对人才培养的重视程度和支持力度。

（2）人才梯队建设：评估机构的人才梯队建设情况，包括关键岗位的后备人才储备、人才培养计划和实施效果等。这有助于确保机构在人才流失时能够迅速补充并维持科研工作的连续性。

4.9 预算管理与财务管理

4.9.1 预算与财务的架构设计

1. 科研财务管理的政策与制度环境

科研机构以科研管理为核心的业务特征，导致科研机构的财务管理有其独特的政策与制度环境，这与一般企业财务管理或政府财务管理都有比较大的区别。

1）财政部门对事业单位会计核算的制度要求

为规范科研事业单位对科研经费的管理，财政部门对事业单位的会计准则进行了修订，目前执行政府会计准则。这就要求科研机构的财务管理按照政府会计准则来设计相关的业务流程和数字化管理的系统需求。当然新型科研机构的体制有民非、企业等，则需要按照相应的财务管理制度执行。如果是企业类新型科研机构，则与一般企业的财务管理制度类似，已经有成熟的方法和数字化平台，本书不作详细赘述。

根据政府会计准则，按照预算会计与财务会计适度分离并相互衔接平行记账体系。预算会计按照收付实现制原则对科研经费的收支进行管理，财务会计按照权责发生制原则对科研机构的财务运作进行核算。

科研机构的财务管理需要符合以支定收的公共财政管理的基本原则。与企业财务管理尽量扩大收入、降低成本、增加利润的目标不同，科研机构本质上是非营利机构，科研经费以财政资金为主，科研项目的经费预算本质上是政府财政按照预算对科研项目经费进行预先拨付，如果经费支出没有达到预算的额度，其预算结余不能成为科研机构的利润，科研机构不能自由支配。

从财政的角度，预算结余还是财政资金，但出于对科研机构的科研支持，预算结余可以转入其他科研项目弥补不足，将财政资金利用率最大化。从科研机构的角度，需要将合理和合规的费用支出尽可能按照全成本进行核算，充分利用科研经费，包括间接费用和其他公共费用的分摊。因此，从科研机构角度需要财务管理按照科研项目全成本核算的目标，优化财务管理的核算体系。

科研机构的财务管理需要执行财政资金的审计规则。因此，财务管理的合规性是其中重要目标。

2）科技主管部门对科研经费管理制度的要求

科技主管部门在科技计划项目的申报和立项阶段需要制定明确的科研经费预算。在科研项目实施过程中，对科研经费的使用有明确的规定，在科研项目结题和验收过程中，科研项目的经费需要进行独立的审计。

各级科技主管部门对不同类型的科技计划项目的经费使用有其需要达成的资源保障措施，因而对不同的科技计划项目经费还有一些具体的执行规则。

3）科研机构的内控管理体系要求

我国科技管理体制整体政策趋向是逐步放权，让科技机构、项目组和科研人员有更大的自主权。在逐步开放的过程中，为了保证财政资金能最大程度发挥价值，将资金用到确实需要的地方，就需要各级科研机构加大内控管理体系的建设，通过数字化和流程化实现灵活管理中的业务合规性。

因此，建立合理的事前、事中、事后的闭环内部控制模型，即建立科学管理体系。在提高效率和发挥科研人员积极性的前提下,建立内控管理体系是提升业务合规性和降低风险的一种重要的途径,需要以财务管理为核心,以数字化和流程化为主要手段。

以下是企业财务与科研财务的区别(见表4.4)。

表 4.4 科研财务与企业财务的区别

序号	项目	科研财务	企业财务
1	会计制度	政府会计准则(公共财政管理)	企业财务会计准则
2	预算管理体系	全面预算制,基于项目/课题/专项,科研经费使用分类,项目期	基于法人/纳税主体,会计科目维度,年度
3	收入与确认	基于科研项目预算,以支定收;经费认领/财政到账	基于销售合同,发票作为收入确认依据
4	支出与入账	支出与收入挂钩,专款专用(无预算不支出/课题为支出账本)一套账/一支笔	收支两条线,资金池
5	财务核算体系	预算会计(收付实现制)、财务会计(权责发生制),平行记账,双分录、双报表	权责发生制
6	成本核算	基于项目/课题的全成本核算(直接费用+间接费用),以支定收的依据	生产成本+销售成本+管理成本+财务成本,存货成本核算为难点
7	财务内控原则	事前申请、事中审批、事后核算;科技主管部门的科研经费管理办法;监督财政资金使用和透明性	合法性原则;成本效益原则(利润)
8	会计报告的内容	科研经费支出、收入、资产和负债等方面的详细报告,以满足财政部门对财务信息的需求	企业的财务状况、经营绩效和现金流量,以满足投资者、债权人和其他利益相关者对企业财务信息的需求

2. 科研财务管理数字化的价值目标

科研财务管理数字化在实现业务价值方面有3种方式。

1)专业化服务

通过财务资源的统一管理,为科研活动提供保障与服务。其中包括建立基于课题的项目预算管理体系、连接课题立项、经费到账与调拨的收入管理体系。全面提升财务专业服务能力,全面为课题和科研人员减负。

2)精细化管理

为科研项目提供精细化的全成本核算,为科研项目资金的高效利用和量化绩效提供财务数据支撑。通过数字化平台,实现融入业务过程的精细化量化管理。

3）规范化运作

忠实执行财政资金的有效利用和监管职责，实现合规运行，驱动内控体系建设，防范财务风险。其措施包括关联各项业务的经费支出与内控执行体系，采用基于智能化的自动流程与数据量化决策。

通过数字化平台，实现合规前提下的效率提升，形成可持续发展的平台化能力。

3. 科研财务管理数字化的发展

科研财务管理随着新一代信息技术的应用，成为数字化的财务管理，呈现出与传统的财务管理不同的新特征和趋势。

1）合规内控体系建设的核心

通过财务管理的规范化，倒逼业务管理的规范化，包括科研项目的立项及预算流程、科研经费到账及确认流程、费用支出及报销流程、仪器设备采购及报销流程、科研外包外协的申请与费用支出流程等。

从财务入手，建立事前申请、事中审批、事后核算与稽查的闭环内控管理体系；建立合规内控体系，是提升效率和高质量发展的前提和基本保障。

2）支撑和服务科研的助手

财务管理是科研全要素管理中的难点，也是重点。需要建立优秀的财务管理体系并借助信息化手段，提升服务科研的能力与质量。以往财务管理更多地从支出审批等"管"的角度行使财务管控的职责，科研人员觉得财务管理是负担，往往都有比较大的抵触情绪。通过数字化的支撑，将大量事关财务的流程工作自动化、智能化，可以大大降低科研人员的工作量。并实现数字化支撑财务管理从被动管控到主动服务的模式转变。

3）成为量化管理的基础

科研管理的其中一个目标就是有针对性地激活科研积极性。通过面向价值贡献的激励机制对科研活动的绩效进行合理评估，主要的评价指标包括成果、效率、质量等。这些评估往往都是感性的直觉判断，缺乏有效的量化依据，因而成为科研绩效管理的难点。

财务作为价值管理的重要手段，通过数量化的管理，可以提供科研活动的数据支撑；通过数据量化管理，可以为优化业务流程，提升业务效率提供量化依据，成为对科研活动的效率、质量和价值评估的重要依据之一。

4）利用人工智能提升管理效率

新一代信息技术与人工智能可以将财务管理中的事务性工作，由机器人软件解决，大幅降低财务工作量和提升管理效率。

通过数字化财务单据的自动流转，可以自动进行财务凭证的入账；财务管理人员无须手工制作凭证和录入凭证，只需要进行复核机制。

对发票的管理，包括发票的真伪识别、重复报销的审核等，都可以使用电子发票的联网验真,对纸质发票可以扫描为电子文件,通过 OCR(光学字符识别)识别进行智能审核等。

这些新技术的应用可以大幅提高管理效率,管理人员可以将更多的时间用于如何更好地服务科研。

4. 科研财务管理的应用设计

科研机构的财务管理需要在满足科研经费的预算、核算、决算的业务需求基础上,通过数字化的平台实现科研—业务—财务一体化,是现代智慧财务的核心内容。

科研财务管理的基础业务服务是满足科研部门各类用户日常业务处理需求,建设预算控制、经费收入管理、支出与报销管理、出纳管理、总账管理、报表管理等业务处理应用。拓展应用服务包括开放接口以支持科研部门个性化业务的集成,如支出合同与报销管理线上审批、经费收入管理线上分配与审批、公共费用分摊等业务处理应用。进一步通过规则引擎,在业务流程中将各类报销和补贴标准、预算预警、合同合规性等内控制度进行数字化过程管理(见图 4.65)。

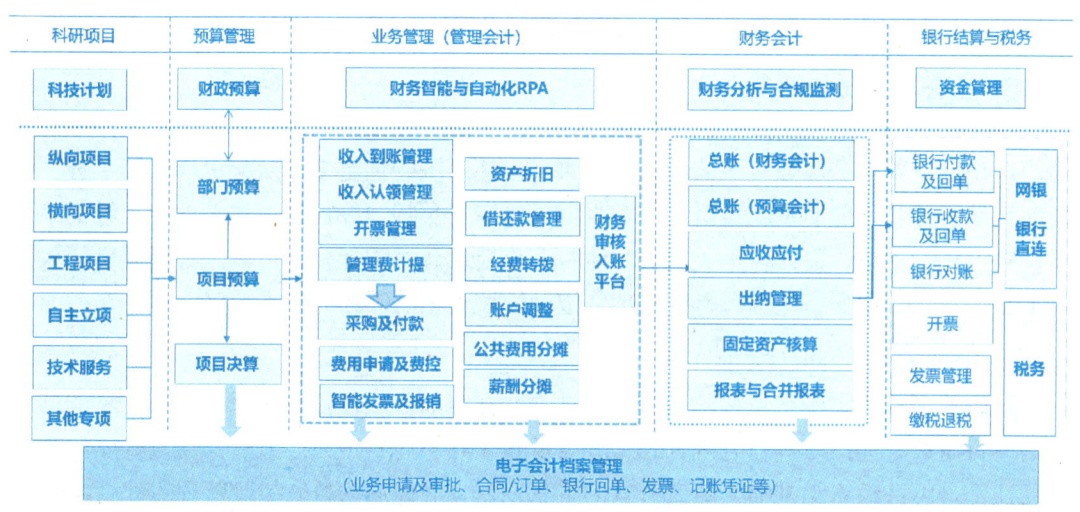

图 4.65　科研机构财务管理应用架构

1)以科研项目为财务管理的主线

科研机构的科研活动是其核心业务,科研活动以科研项目为主要的组织形式。科研项目的经费按照专款专用的基本原则来使用,因此科研财务管理需要以科研项目为主线进行管理,构建科研项目"一套账、一支笔"的管理体系。所谓"一套账"就是每个项目都需要有单独的台账,实行独立核算。"一支笔"是指科研项目的负责人是财务管理的主体责任者,经费支出由项目负责人全权负责(见图 4.66)。

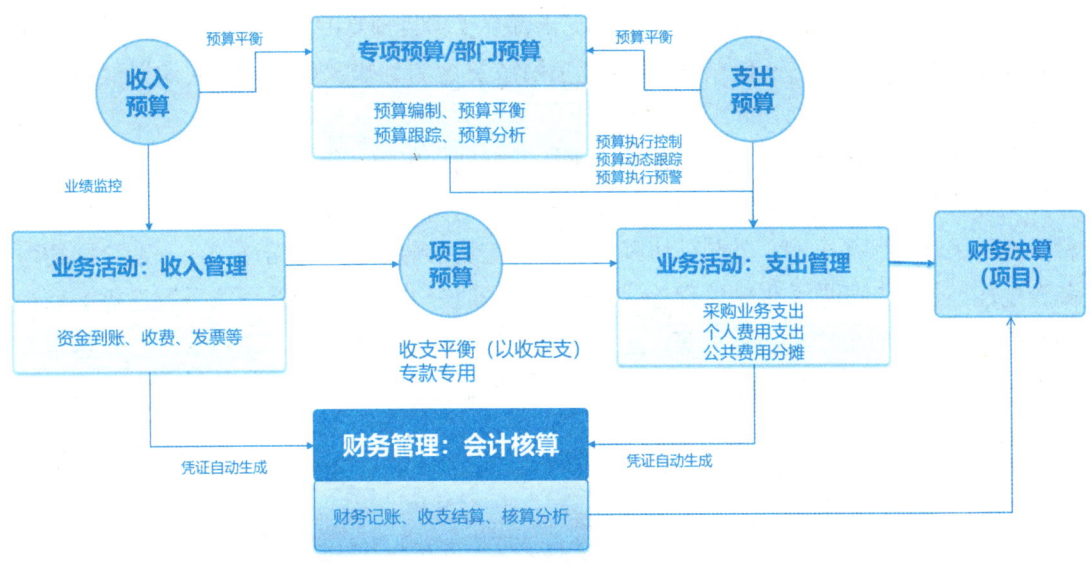

图 4.66 科研项目财务管理的架构

在实际业务过程中,针对科研机构的运行费用和其他专项的经费收入和支出管理,可以按照部门和专项,以虚拟项目的形式纳入项目财务统一管理。

2)融入了费用管控政策的业务过程管理

无论是费用申请还是费用报销,审批流程都通过系统进行数字化和流程化。这些融入了事业单位财务管理政策和科研经费管理制度并可自由配置的线上审批流程,保障了费用申请与报销审批的合规性。系统中保留的业务审批记录也增强了业务可追溯性,避免了人为主观因素的影响。

在费用业务流程的各控制点,融入了费用管理相关的各类标准,如差旅补贴标准、会议费用标准等,保障了行政事业费用与科研经费管理规范的落实,让费用管理有理有据。

3)高效的智能终端应用方式

系统通过在底层实现各种智能终端自适配的多屏互动模式,在架构上实现完全的移动化和云端部署,使得财务管理的应用体验也大为增强。针对费用业务发生的及时性要求,无论是单据填写还是审批,都可通过手机等移动终端进行处理。项目负责人和课题组长即便在出差或出国学术交流中,都不影响课题组各项业务活动和费用支出。在架构层面支持多屏互动方式,也使得各类管理指标的实时跟踪、协作办公的及时在线沟通等在移动端的实现没有任何障碍,业务处理效率得以大为提高。

4)财务业务一体化管理

科研财务管理在业务前端需要对接科研项目的立项流程,针对不同的科研项目需要有不同的预算模板进行预算编制。各项经费支出都要受项目预算的控制。科研经费的来源需要针对不同的科研项目进行收入确认,包括财政资金的到账及确认,横向课题经费的入账等。

科研经费的支出从支出途径可以分为采购与合同支出类、个人费用报销类、公共费用分摊类等。其中,采购与合同支出类需要对接资产采购(包括仪器设备及无形资产等)、科研耗材采购、服务采购、外包外协采购等,涵盖从采购申请的经费冻结、采购合同的财务合规性、付款与发票及报销管理等,到会计入账的全过程。如果是资产采购还需要登记固定资产卡片进行资产折旧核算等,这就需要财务管理与资产管理、采购管理、报销审批管理等进行深度集成,实现端到端的业务一体化(见图 4.67)。

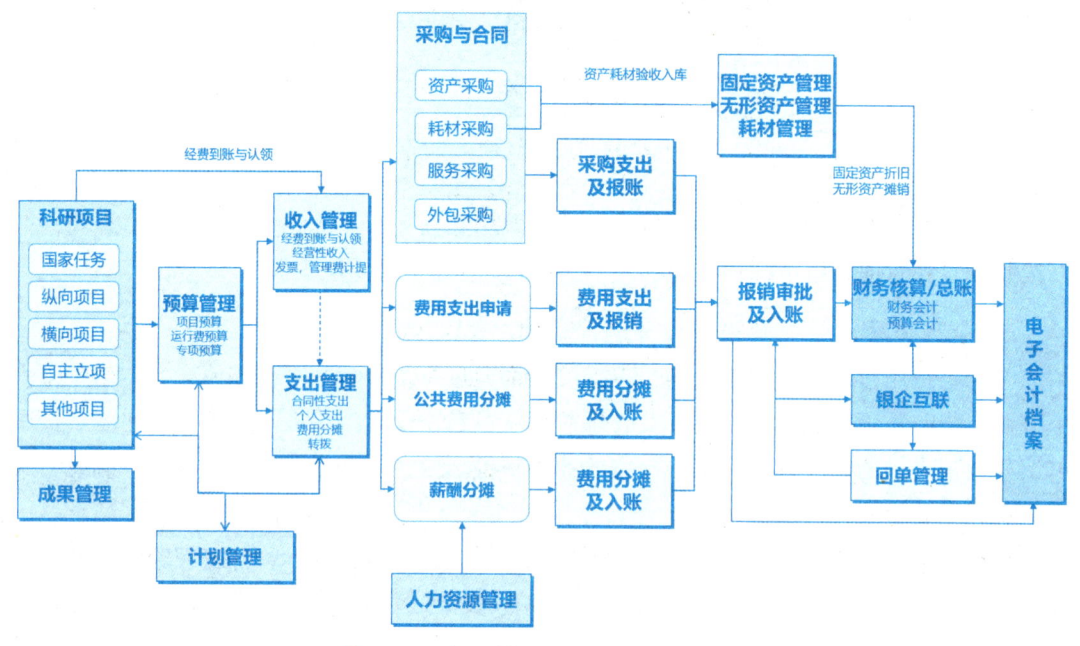

图 4.67 科研财务业务管理一体化架构

5)多维度的全成本管控

科研财务管理在预算管理方面,融合了项目预算和组织预算等预算类型,改善了传统预算管理各方面的现状,实现了业务预算的全面支持。以会计科目的思路建立标准预算科目,不仅满足了业务预算的个性管理要求,同时解决了以成本中心为依据的标准化预算管控要求问题,实现了从业务维度、管理维度的全面预算分析。综合财务管理从业务角度出发,对成本费用的管理对象、管理维度和流程进行了精细化的管理,实现了多维度的全成本管理(见图 4.68)。

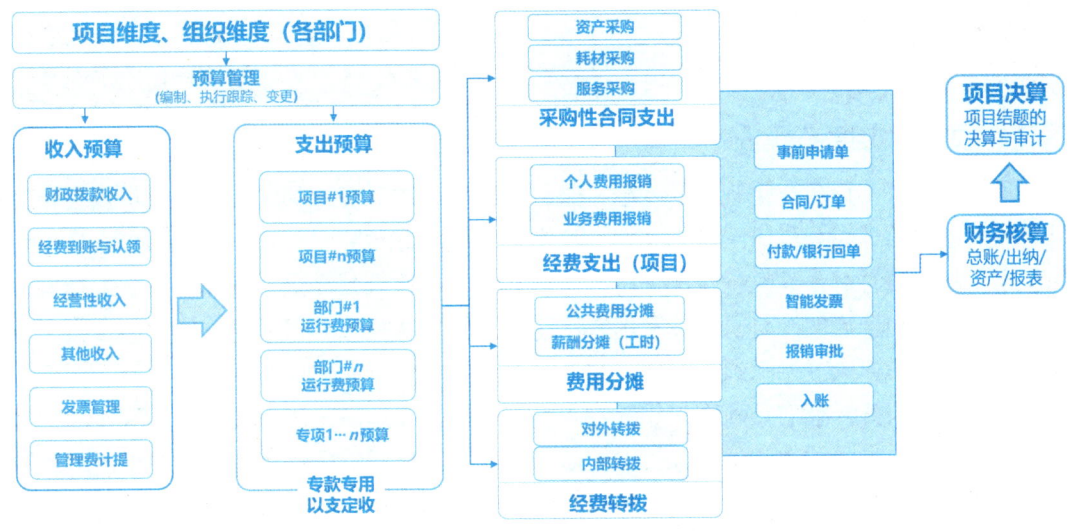

图 4.68　基于项目的全成本管理

6）实时准确的费用执行

动态跟踪对费用发生状况进行实时准确的统计，是监控费用支出尤其是费用预算执行监控的基础。综合财务模块从费用责任主体、费用管理人员等不同角度提供全面的费用收支记录和统计，使到位资金、预算冻结情况、预算执行情况一目了然。全流程的关联业务单据查询，为管理决策等提供了第一手信息（见图 4.69）。

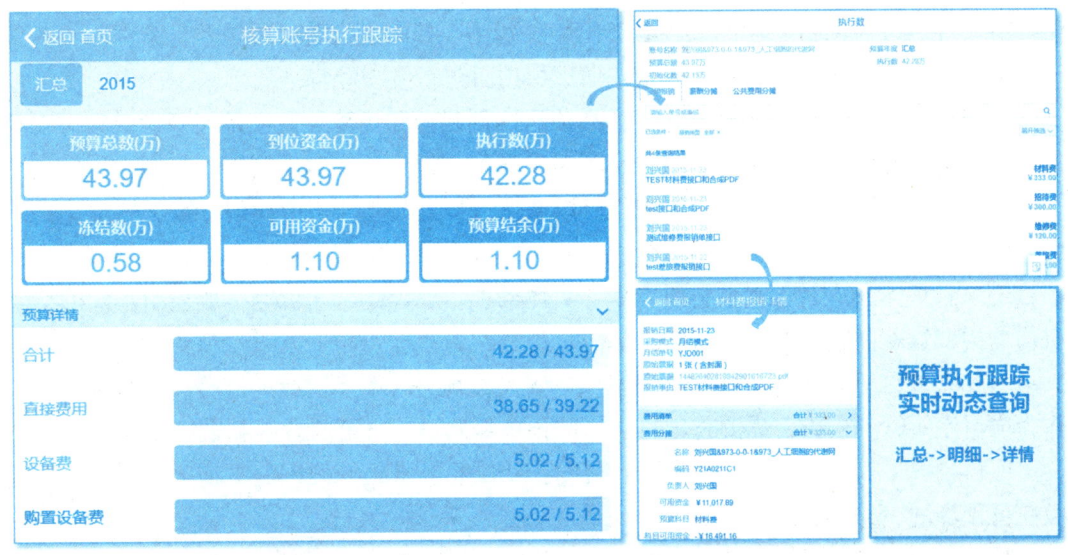

图 4.69　项目预算跟踪示例

4.9.2　预算管理

1. 预算的维度与模板

预算管理是实行目标化管理的基础，是科研经费与财务管理的源头。科研机构要根据科研项目立项的计划和科研经费的计划，科学合理地编制预算，并在业务活动中有效落实和严格控制，同时对预算执行情况进行汇总分析，从而改进预算执行过程，持续地提升财务管理的效率和合规性。科研预算管理数字化需要提供从预算申报、预算编制与审批、预算分解下达、预算执行控制到预算执行结果汇总分析的全面预算解决方案。

数字化的预算管理需要高度集成的财务预算及控制体系。预算管理系统为科研经费管理的事前编制、事中控制和事后分析提供了平台，并为科研经费提供了预算的编制、预算的控制和预算的执行分析功能，支持科研机构的财政预算指标的下发、预算数据的上报审批及预算执行数据的上报汇总等功能。

预算体系包含一套完整的基于科研经费管理业务的预算架构。预算体系需要按照科研项目、部门组织、年度、版本等维度构建，支持用户根据业务需要扩展维度及建立多视图，以保障预算逻辑的可行性和完整性。根据业务和预算编制需要，可定义基于业务规则的业务管控范围、应用场景和业务模型。

预算管理的对象主要包括科研项目经费、基本运行费、专项费用等。对于一类全额拨款事业单位的传统科研机构，基本运行经费是财政拨款；对于新型科研机构，主要是专项补贴或其他途径筹集的科研经费。

科研项目按照项目立项的课题组支出相关费用。基本运行费一般按照行政部门将经费进行分配。在管理上，部门运行费也按照虚拟项目进行统一管理。

新建项目预算编制有两种方式。如果项目的创建人和预算编制人是同一人，则可以在新建项目的同时编制项目预算。反之，如果项目的创建人和预算编制人不是同一人，则项目的基本信息编制暂存后，预算编制人可以从项目预算编制列表中找到待编制的预算。

对于大型项目，按照科研项目组织形式，形成专项—项目—课题—子课题等多层次的项目组织管理体系。对于大型科研专项，具体的项目、课题、子课题一般还由不同的科研机构承担，这就面临多层级项目的跨部门、跨法人的管理架构（见图4.70）。

因此，项目组织架构与行政组织架构分离，是解决大型多层级项目的一种基本方式。作为项目牵头管理机构，需要将项目层级的预算编制进行分解、合并和平衡管理。

项目预算平衡可以查看父级项目预算与子级项目预算汇总之间的平衡关系，保证多层级项目预算的一致性。

预算编制通过预算模板统一进行。可以针对不同类型、不同时间的项目预算设置不同的预算模板。预算模板一般按照科研项目对应的主管部门的要求来执行。不同科技主管部门对不同类型的科技计划项目，一般会颁布相关的项目预算模板或经费支出项目的相关要求（见图4.71）。

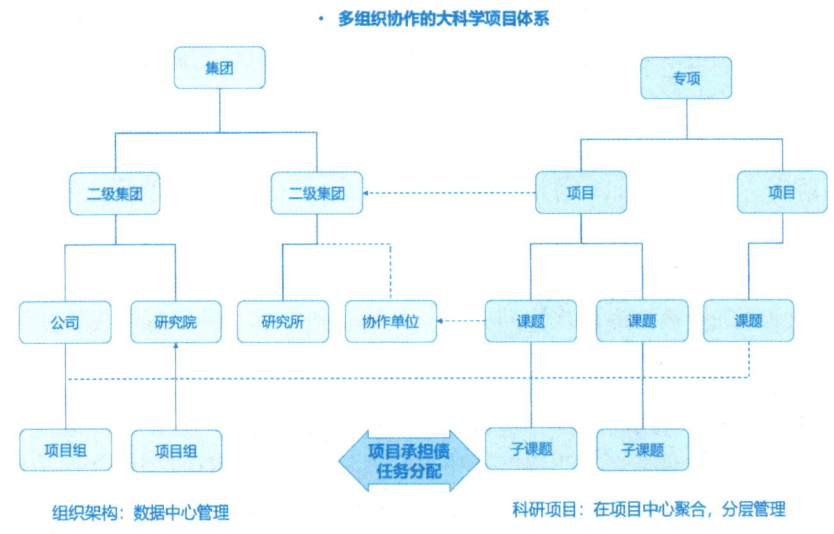

图 4.70 科研项目的层级与组织架构的关联

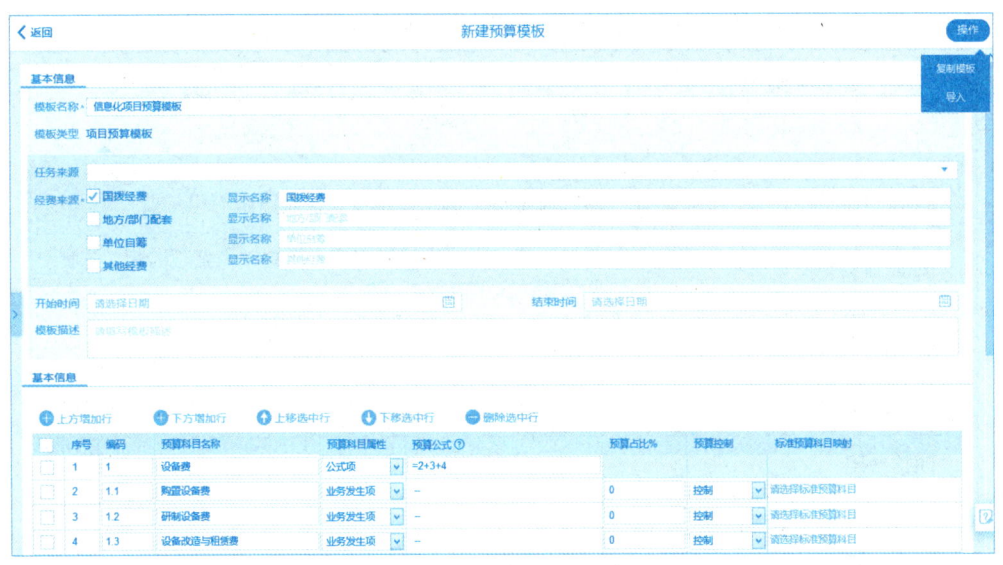

图 4.71 预算编制示例

在对模板表体进行管理时，可以使用"模板导入"功能导入 Excel 格式的模板文件。创建后的模板，需要共享到法人组织后才能被法人组织引用用来编制预算。在某法人单位创建的预算模板是已默认共享给其他法人，在启用状态下本法人均可引用。需要把多个模板共享到同一个或多个法人组织时可以用"批量共享"快速管理。

2. 预算管理与控制的业务模式

党的十八大以来，党中央、国务院先后出台一系列优化科研经费管理的改革措施，目的是激发科研人员创新活力，促进科技事业发展。

2021年8月，国务院办公厅印发《关于改革完善中央财政科研经费管理的若干意见》（国办发〔2021〕32号）（以下简称《若干意见》）。该意见覆盖科研经费管理的全过程，从预算编制、经费申请、分配使用到拨付进度、监督审计都作出了具体细致的规定。

为贯彻落实《若干意见》，各地方政府相继出台了一系列详细的管理办法。如《广东省人民政府办公厅关于改革完善省级财政科研经费使用管理的实施意见（粤府办〔2022〕14号）》《北京市财政科研项目经费"包干制"试点工作方案》等。

根据最新的科研经费管理预算管理办法，归纳总结以下3种预算管理模式。

1）科目预算模式

目前一般科研项目采用的预算管理模式包括科研经费预算，包括预算总额、预算分解到科目，并进行详细的编制。目前智慧科研平台系统实现的预算管理模式即为此类。在经费使用时，需要控制每个科目的经费支出不能超出预算金额，预算总额不能超额，到位资金也不能超额。

预算科目在《若干意见》出台之前，比较详细地规定了相关费用科目（见表4.5）。

表4.5 科研项目直接费用和间接费用明细表

费用类别	子类别
直接费用	—
01 设备费	购置设备费、试制设备费、设备改造与租赁费
02 科研材料及事务费	含材料费、测试化验加工费、燃料动力费、出版/文献/信息传播/知识产权事务费等
03 人力资源费	含人员费、劳务费、专家咨询费等
04 其他费用	含差旅费、会议费、国际合作与交流费、其他费用等
间接费用	—
05 单位水电气暖等消耗	—
06 管理费用补助支出	—
07 绩效支出	—

预算科目在《若干意见》出台后进行了简化，直接费用汇总3个科目，间接费用汇总1个科目（见表4.6）。

表 4.6　科研项目直接费用和间接费用简化表

费用类别	子类别
直接费用	—
01 设备费	购置设备费
02 业务费	—
03 劳务费	—
间接费用	—

2）灵活调剂模式

《若干意见》下放了预算调剂权。设备费预算调剂权全部下放给项目承担单位，不再由项目管理部门审批其预算调增。项目承担单位需要统筹考虑现有设备配置情况、科研项目实际需求等，及时办理调剂手续。除设备费外的其他费用调剂权全部由项目承担单位下放给项目负责人，由项目负责人根据科研活动实际需要自主安排。

根据此项政策，预算编制还是按照之前的方式，需要将预算编制到科目预算，但科目预算支出可以设置科目最大的占比，如设备费不超过总预算的 30%，间接费用比例为不超过 30% 等（对数学等纯理论基础研究项目，间接费用比例进一步提高到不超过 60%）。只要相关科目的费用支出不超过总占比，即便超过了项目立项时编制的预算金额，也无须进行控制，无须做预算变更。

3）包干制

《若干意见》提出了推进科研经费包干制试点。在人才类、基础研究类、软科学研究类等定额资助的科研项目中推行经费包干制试点，不再编制明细费用科目预算。因此，在编制时可以编制科目的预算金额，也可以不编制，且不进行控制。

在经费使用时只需要控制预算总额（包括预算余额和到位资金余额），列预算科目是为了事后核算费用支出类型，做事后统计分析用。

3. 经费账号账本管理

科研项目和专项经费预算要以经费账号账本作为经费管理对象。不同科研机构对经费使用的账号账本的叫法可能并不一致，如核算账号、经费账号、经费账本等。本书以核算账号来统一描述科研经费最终控制的主体。

核算账号要能够贯穿财务管理的全业务流程。基于核算账号的数字化管理能够解决以下需求。

（1）核算账号在财务整个流程中要起到规范作用，促进记账与费用申请、费用报销/分摊的核算账号一致性，减少财务调账，增强审计的合规性。

（2）核算账号的设计上既要满足科研项目的资金管理要求，也要满足专项经费等管理要求。

（3）通过核算账号与科研项目等建立制约关系，防止超预算总额、超可用资金等现象发生，纠正资金数、执行数不准确的现象。

（4）核算账号的资金收支要与收支业务完整关联，收入管理系统的业务处理完成后，更新核算账号的到位资金、支出类业务，更新核算账号的冻结数或执行数。

（5）核算账号在设计上要结合财政支出功能分类和资金来源、科研单位收入与支出科目核算规则等，降低财务业务与财务核算的错误率。

项目核算账号数字化管理所涉及的主要范围是核算账号信息维护、核算账号预算编制、核算账号预算查询功能。

支持科研主管部门经办人添加核算账号。按科研单元的业务管理情况，支持课题组、科研主管部门项目主管或财务主管维护核算账号基本信息；同时支持核算账号财务管理人员维护核算账号的人员信息、经费信息，支持核算账号的管理层级，并进而建立匹配关系。

因项目组织的层次结构特点，导致核算账号可能也存在层级结构。最低层次的核算账号的节点被称为叶子节点。叶子节点为核算账号经费发生的有效节点，非叶子节点的核算账号作为跨单位的经费转拨使用。对科研核算账号层级进行优化，将科研核算账号与课题独立。将核算账号的可用状态与项目的业务状态关联，将核算系统与业务处理（借款、报销等）对核算账号的使用分别进行权限控制。

通过核算账号来统一管理经费的最终使用控制，其主要作用包括以下4个方面。

（1）针对项目费用或基本运行费等收支开设的虚拟账号。

（2）按核算账号进行所有经费收支管理和业务控制。

（3）一个项目可开设多个账号，如按部门、按经费性质、按年度等。

（4）在项目总额和时限等总体约束下，可实现相对灵活的应用和经费业务管理。

预算管理数字化系统的应用要点包括以下13个方面。

（1）预算与核算解耦，执行数从业务端获取，而不是传统上从记账凭证获取，从而提高预算执行情况的及时性。

（2）项目预算纵向按项目层级向下分解至核算账号，横向按总额—科目—期间进行明细，形成纵横完整的数据逻辑。

（3）加强财务业务规范，核算账号的设置增加各类款项、收入/支出科目、计提费用比例、经费类别等财务信息，业务处理与核算时自动获取。

（4）核算账号使用人员在项目参与人基础上可进行扩展与灵活定义，向预算使用、预算查询和账号管理等几类不同类别的人员扩展。

（5）其他人员临时参与课题，需要使用非本人参与课题预算时，可进行临时预算申请。

（6）基本运行经费等非项目的核算账号，按类同于科研项目核算账号的管理方式，可创建非科研核算账号。

（7）项目和核算账号的预算可按预算结余或可用资金结转到下期，实现滚动预算处理。

（8）系统上线前项目已发生的数据可通过工具进行初始化，从而在新系统中完整查询，形成完整的项目信息。

（9）预算控制包括对预算总额、年度总额、到位资金总额和每个科目的金额进行控制。

（10）可按多种经费来源进行预算管理，项目的每个核算账号只能对应一种经费来源。

（11）提供项目预算执行分析，可从科研机构角度或部门角度，提供年度预算、预算结构、重点项目预算、预算执行、重点预算科目等维度的统计与穿透查询。

（12）可自动生成项目预算执行报告，如决算报告、年度报告、中期评审报告等，包括项目经费决算汇总表、项目收入情况表、项目支出情况表、收入明细表和支出明细表。

（13）可进行预算执行预警配置，按配置的执行偏差比例，预警预算执行情况和发送执行异常信息。

4. 预算编制

按照业务活动进行预算编制。编制的预算内容包括经费总预算、按照科目的分项预算、预算控制的规则、预算编制期间（按照年度或项目期间）；支持按单位、项目等多种口径汇总预算，并按需生成预算的明细和汇总。

对预算的核算账号，还需要指定经费可以使用的人员清单，以及对预算查询和跟踪的权限控制。

在科研核算账号预算编制界面（见图4.72），可以填写预算金额，也可以使用模板导入功能，下载模板编辑后再导入数据。科研核算账号预算的模板是由所属项目的预算模板带出，自动引用。

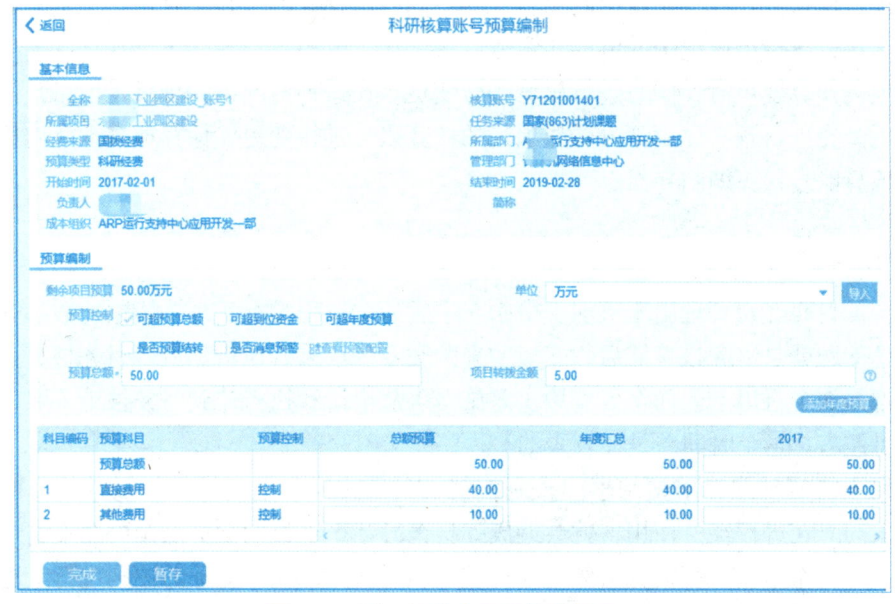

图 4.72　科研核算账号预算编制界面

预算控制主要是根据预算控制方案对核算账号进行预算控制、确认预算执行、提供预算查询分析和预算执行预警等功能。

预算控制主要实现在借款、报销等支出业务时，根据预算编制时的预算控制方案进行控制。

预算控制方式包括：预算总额、可用资金、年度预算、预算科目、年度预算科目等。

预算控制的对象包括：核算账号、预算科目、预算控制方式、预算数、冻结数、借款未报销数、预算结余数。

在使用预算过程中，如果未通过预算控制，则给出相应提示：核算账号+核算账号名称，预算总额/可用资金/年度预算总额/预算科目（具体预算科目）超支。

5. 预算审批

待核算账号基本信息及预算信息填写完毕提交后，审批人收到一条核算账号确认的待办事项。审批人可以针对部分基本信息的内容进行修改且在财务信息页签内计提费用，也可以直接提交"同意"至下一审批人，需要返回申请人修改可以选择"退回申请人"。

预算申请给相关审批人，待审批人审批同意后，课题组成员享有该预算的使用权限。

根据审批流程引擎，数字化平台可以自动根据预算或核算账号对应的项目负责人，自动设定流程节点的审批人。

6. 预算变更

根据项目运行过程或项目管理的需要，可以对预算进行变更，包括总额变更或科目预算数的调整等。根据不同的预算类型，设定多种预算审核、调整及审批流程方案。支持多版本管理，保留并比较在预算编制过程中的不同版本预算的留存和管理，包括初稿、修改过程、定稿；支持审核记录的留存和管理。

当项目预算变更时，同时进行核算账号变更。在这种情况下，可以在项目预算变更信息填完后，在项目预算界面下方选择项目的核算账号进行变更，保存项目预算变更内容并调整至核算账号预算编制界面。

7. 预算执行跟踪

传统的科研经费管理由于事前、事中、事后的全过程没有实现一体化的数字管理，经常出现的问题就是财务核算滞后，一般的采购类业务从采购申请到最后财务核算记账，通常周期都是3个月以上。而个人费用（差旅费）从申请和执行，到财务报销入账，最快也要1个月左右。这个时间差是比较大的。

如果不能实现预算申请的事前控制，就会出现费用申请时预算是足够的，但多个业务、多人同时在进行经费使用，就会造成到报销时某个项目的预算余额可能不够了。一般财务人员的操作是找个有预算余额的项目进行临时入账，保证业务的顺利进行，这就需要后期不断进行调账，以保证经费支出的合规性和真实性。

传统的科研财务管理系统是面向财务部门的会计核算系统,科研管理部门和课题组不可能直接操作或查询财务系统,对科研项目的经费的使用进度无法进行跟踪,需要频繁咨询财务部门,导致信息不对称,运作效率也不高,而且财务部门本身作为事后核算部门,不能全面反映业务情况。

因此,智慧化的科研财务管理通过预算或核算账号的实时跟踪系统,就可以实现事前、事中、事后的全过程管理。

通过引入经费的"冻结数"来管理事前和事中的过程,保障经费能全面反映业务内容。经费冻结数就是在费用支出申请时,系统在核算账号上将支出的预计金额以"冻结数"进行记账,同步减少预算可用数。这样,此笔业务在支出审批和入账时就有足够的经费用于业务执行。冻结的费用在合同签订时进行实际冻结数的调整,在费用报销入账时按照执行数进行解冻,确保数据的一致性。这种处理方式相当于对经费进行预留。

核算账号执行跟踪是将业务和财务进行融合,实现课题组、科研管理部门、财务管理部门的信息对称,各方查询同一个数据源,而执行跟踪反映的是全过程、实时的预算执行数据,这样可以非常清晰进行预算的实时控制。

核算账号执行跟踪可以对每个核算账号、项目预算等不同层级进行查询。跟踪的主要数据项包括预算总额、到位资金、执行数、冻结数、可用资金、预算结余等。

核算账号执行跟踪是根据当前登录人有"预算查询"权限的核算账号来显示的。展开筛选可以进行预算类别、类型、账号状态等筛选查询。核算账号左侧进度球显示执行率,颜色表示预算执行预警。单击查询结果可以查看核算账号的执行跟踪情况(见图4.73)。

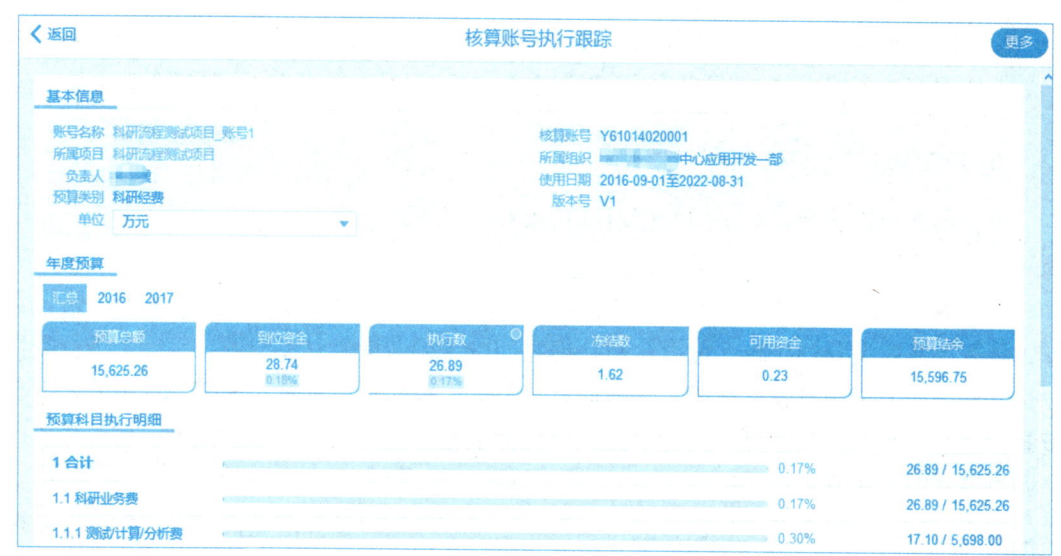

图 4.73　核算账号执行跟踪示例

有核算账号执行查询菜单权限和组织权限的相关人员,可以查看部门所有核算账号的执行情况,并可将查询结果导出为 Excel 文档。

8. 预算结转

对于科研项目经费预算中跨年度的预算，可以进行预算结转。一般在年末或下一年年初，将预算结余部分或到位资金，结转到下一年的预算中，生成下一年的预算。

1）项目预算

拥有项目管理权限（项目的课题组长和课题管理人员），可进行项目预算的结转，且需要项目的起始年度包含结转后年度才可进行预算结转，若项目起始时间不包含结转后年度则需要进行项目变更，延长项目结束时间。例如，项目的结束时间为2016年，若需要将项目预算结余部分结转至2017年继续使用，则需要延长项目结束时间至2017年。

2）核算账号

拥有核算账号的管理权限即核算账号人员（信息中开启管理权限的人员），可进行核算账号预算的结转。其中科研核算账号，需要项目预算年度和核算账号使用年度包含结转后年度才可进行科研核算账号结转。若项目预算年度不包含结转后年度，则需要进行项目结转或项目预算变更；若核算账号使用年度不包含结转后年度，则需要修改或延长核算账号使用年度。非科研核算账号只受核算账号使用年度控制。

即保证项目起始年度不小于项目预算年度，不小于核算账号使用期间，不小于核算账号预算年度。

3）上期预算结余结转到下期预算数

系统将所选预算当前结转期间的预算科目结余数，结转到下一期间的预算科目预算数上。

4）上期可用资金结转到下期到位资金期初数

系统将所选预算当前结转期间的可用资金数，结转到下一期间的到位资金数上。

9. 预算执行情况分析

项目预算分析从项目的不同角度对项目预算进行统计分析，为项目管理者分析、跟踪项目预算提供了便利，还有项目预算预警的作用。

针对预算执行情况，可以对预算的执行情况进行分析。支持各种预算场景分析。例如，预算与实际差异的分析；能够针对任何时间段（天、周、月、季度、年等）进行数据分析，包括与前期预算进行比较；能够计算实际发生数与月度预算、季度预算等的差额，查看汇总预算或者明细预算。支持通过预算执行报表数据自动计算考核结果，设置考核结果调整、反馈等环节。

从项目的不同角度对项目预算进行分析：一是按照项目预算的结构进行分析，可以按照其预算的类型或预算的期间进行分析；二是按照预算各类型的执行情况、到位资金情况进行统计；三是按照各项目预算的执行情况及明细进行分析；四是按照添加的重点项目，重点分析及统计其执行情况；五是按照标准科目的设置，维护不同预算的预算科目并进行查询、分析和统计。

1）项目年度预算统计

在项目年度预算统计中，按照年度预算类别进行统计分析，可以分析每年总体预算的执行情况和到位资金情况。单击图形中对应类别的颜色的模块，直接跳转到该年度的预算分类结构分析中（见图4.74）。

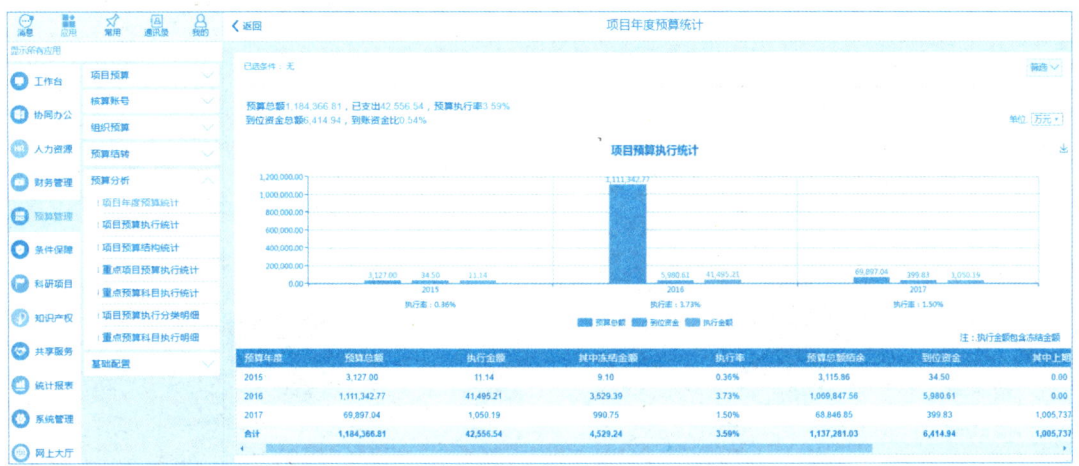

图 4.74　项目年度预算统计的可视化示例

2）项目年度预算执行分析

按照预算的类型，分析其预算执行统计与到位资金的统计。单击条形图直条跳转到该预算类型条件下的预算执行统计界面，单击表头页签可以切换查看不同维度（经费来源/任务来源/承担部门/依托单位）的预算统计情况（见图4.75）。

图 4.75　项目年度预算执行分类统计的可视化示例

3）项目预算结构分析

对项目预算结构分析是"按类别"通过饼图与列表，显示各预算类别比例与到账资金的比例，可以单击图形中对应类别的颜色的模块，进一步分析项目预算分类结构统计，查看对应类别下不同来源的预算与到位资金情况（见图4.76）。

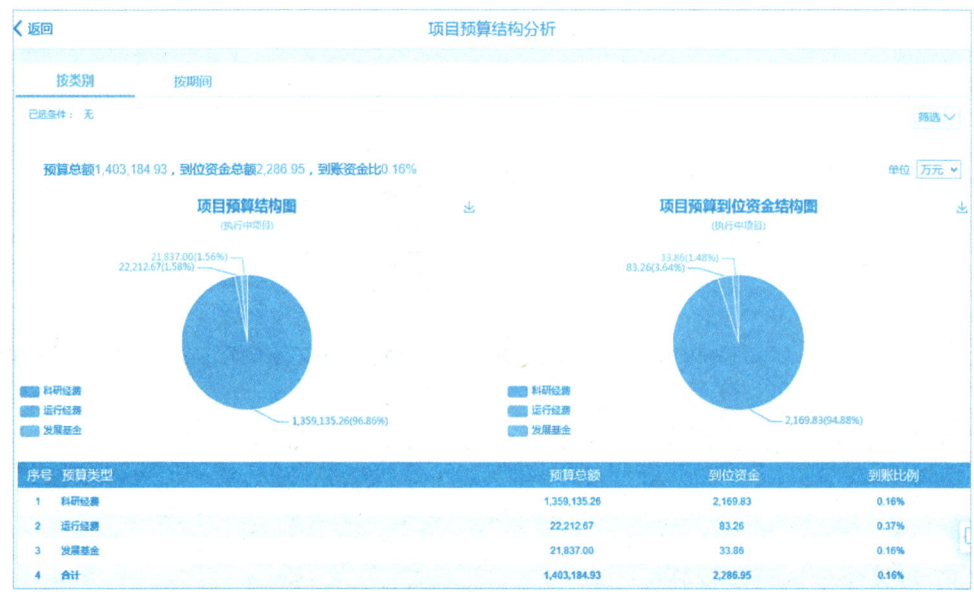

图 4.76　项目预算结构分析的可视化示例

在"按期间"分析中，可以按照期间来进行统计分析，可以分析年度创建的预算情况与到位资金情况。单击图形中对应年份直条，跳转到"项目预算分类结构统计"界面，可看到该年份下不同预算类型的预算与到位资金情况（见图4.77）。

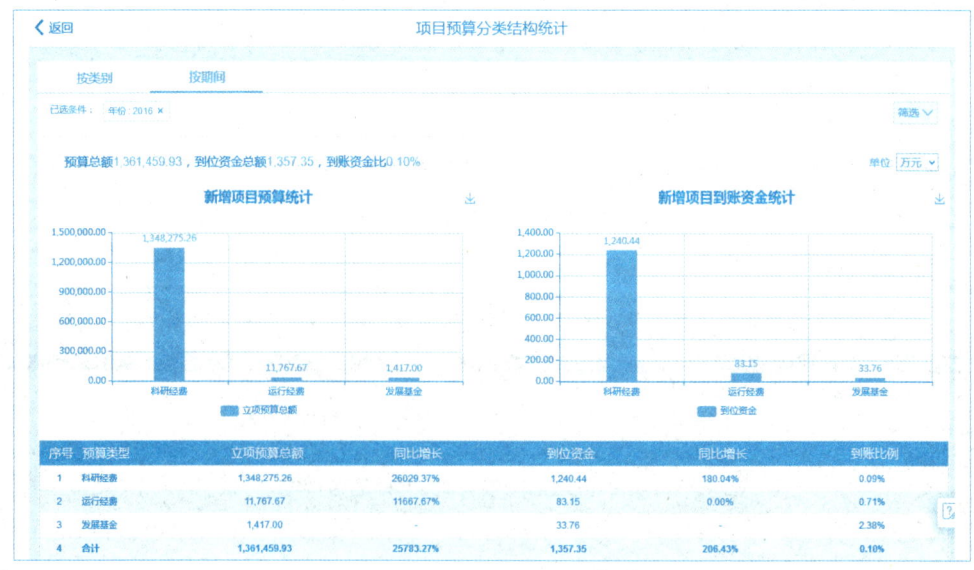

图 4.77　项目预算分类结构统计的可视化示例

4.9.3 经费收入管理

收入管理实现科研机构收入管理业务，并满足发票管理、到账经费信息管理及经费认领、直接收款、经费分配与管理费计提等业务处理需求以及相关查询。

1. 到账经费信息管理及经费认领

科研经费根据不同来源，到账的方式有不同的处理流程。对纵向项目，包括科技部、国家基金委、省市科技主管部门的科技计划项目，经费一般由财政部门按照法人单位，以批次方式一次性下达给项目承担牵头单位，然后由牵头单位转拨给其他承担单位。由于纵向项目是批次下达资金，财务上需要通过认领、确认的流程将到位资金入账到项目预算或核算账号中。

横向项目一般是以技术咨询、技术开发、技术服务或委托研发等为企业提供科研服务的模式，通过合同来立项。横向项目的经费一般是可以一次性直接入账的。

到账经费信息管理需要维护科研机构到账经费信息，并将单位到账信息发布到经费认领平台，或通知相关用户对到账经费进行分配。经费认领是指课题组用户在到账经费认领平台上查看经费到账信息，进行经费认领、审批确认分配到课题、管理费计提经费入账的过程（见图4.78）。

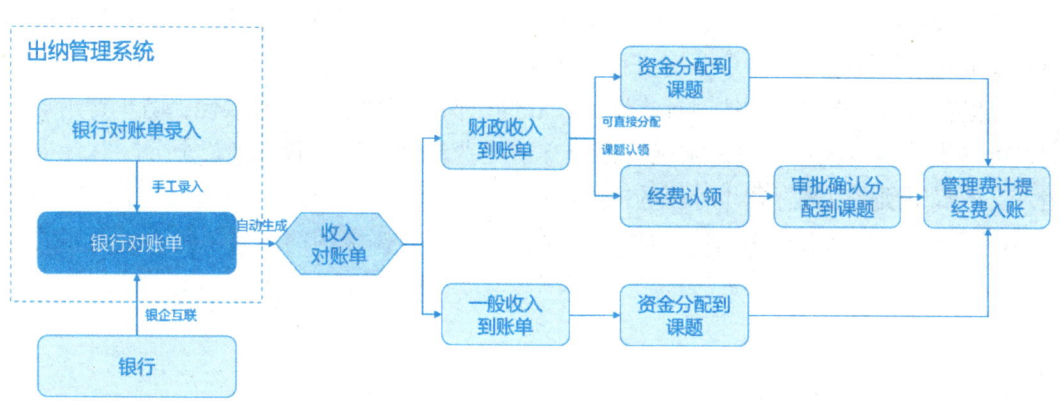

图 4.78　收入管理的应用架构

2. 直接收款

直接收款管理主要实现课题组收到现金或支票，根据银行回单填写直接收款单并打印，由出纳确认收款，财务确认入账。经费管理用户通过扫码枪或条件检索方式找到单据。对原始单据进行审核，并指定会计科目。审核通过后，系统自动调用接口传送凭证至总账。

经费入账后，系统自动给核算账号负责人和部门负责人发送经费入账通知，实现根据用户权限和组织权限进行直接收款信息的查询。

3. 发票管理

发票管理主要对横向项目或技术咨询、技术开发、技术服务等产业化的业务收入进行开具发票的管理。包括发票开具、发票重开、发票退票的管理，并对科研机构的预开发票挂账情况进行管理。

发票申请主要实现在经费未到账时，课题组填写发票的信息，申请开具发票；发票退票申请主要是在已经审核通过的预开发票基础上进行退票的申请；发票重开申请主要是在已经审核通过的预开发票基础上进行重开发票的申请。

发票管理用户通过扫码枪或条件检索方式找到单据，对发票信息、发票重开信息、发票退票信息进行审核，并指定会计科目。审核通过后，系统自动调用接口传送凭证至总账。发票查询主要实现根据用户权限和组织权限进行发票信息的查询。

4. 经费分配与管理费计提

经费分配管理主要实现将已经到账的经费分配到具体的核算账号，并完成财务入账。收入分配管理用户可以通过收入分配列表，查看到账经费信息，默认显示未分配的到账经费信息。

收入分配管理用户选择未分配到账经费信息，指定核算账号。经费管理用户查看已分配到账经费信息，指定会计科目，确认入账。系统自动调用接口传送凭证至总账。

经费入账后，系统自动给核算账号负责人和部门负责人发送经费入账通知。实现根据用户权限和组织权限进行经费分配信息的查询。

计提管理费是在经费到账时计提费用，有助于保障费用计提的有效性，防止费用支出超出可计提范围而无法计提的情况。系统支持经费认领审批时和直接资金分配时计提费用，支持费用预提后进行费用补提的模式。

费用计提影响计提核算账号的支出数，并须指定计提费用的归属（归入到预算的到位数）。

4.9.4 经费转拨

经费转拨主要处理到位资金在项目间或合作单位、委托单位间的转拨，以及费用在不同核算账号间的转拨等。

从组织角度，分为单位内部经费转拨和对外经费转拨。从资金类型角度，分为到位资金转拨和支出费用转账。转拨的同时处理预算的到位资金或执行数，并在财务审核后关联生成结算单和记账凭证（见图4.79）。

（1）到位资金转出：单位内是指单位内部核算账号间的资金转拨；单位外是指不同单位组织间的资金转拨，转入信息所选组织为转出预算所属项目的合作组织。转出方到位资金减少，转入方到位资金增加。

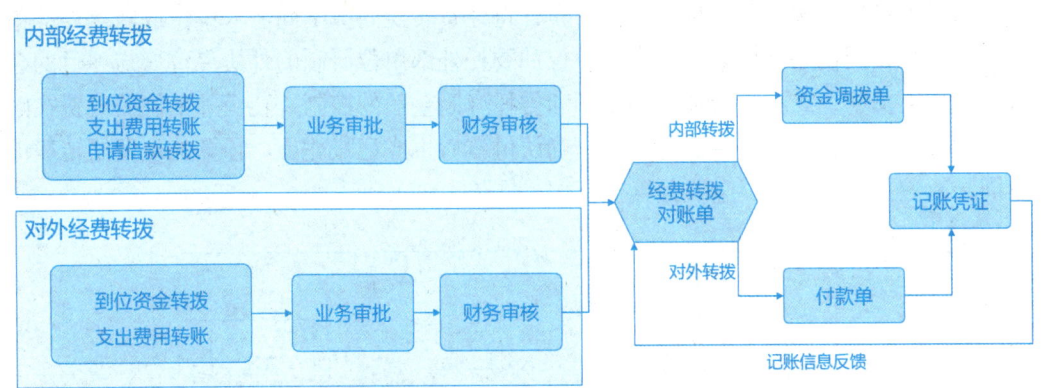

图 4.79 经费转拨总体流程

（2）预算执行数转拨：单位内指单位内部核算账号间的成本转拨；单位外是指不同单位组织间的成本转拨，转入信息所选组织为转出预算所属项目的合作组织和外协单位。转出方预算执行数减少，转入方预算执行数增加。

（3）单位内申请借款：指某核算账号内可用资金不足，向单位内部其他核算账号申请借款，转出方预算到位资金减少，转入方预算到位资金增加。

1. 内部经费转拨

内部经费转拨指单位内部核算账号间的资金转拨，包括以下 3 类。

（1）到位资金转拨：转出方到位资金减少，转入方到位资金增加。

（2）支出费用转账：转出方执行数减少，转入方执行数增加。

（3）申请借款转拨：由转入方发起，转出方到位资金减少，转入方到位资金增加（见图 4.80）。

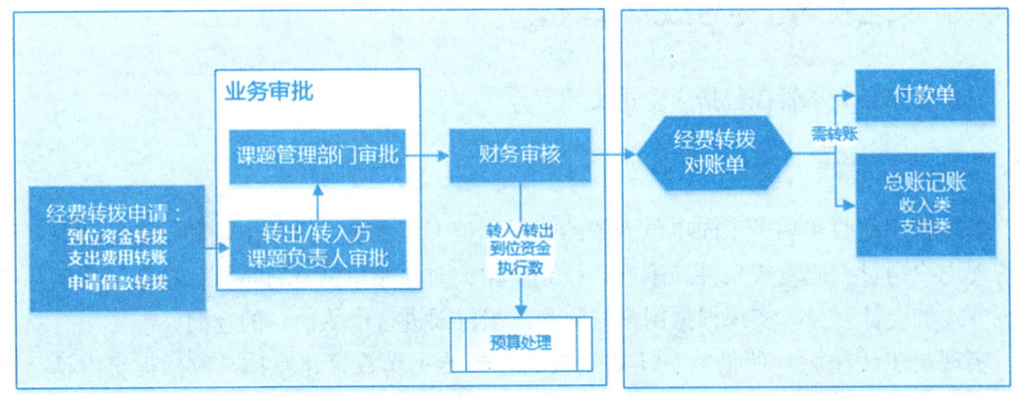

图 4.80 内部经费转拨流程

217

2. 对外经费转拨

单位对外经费转拨指基于项目合作性质，将经费转至内部不同法人单位或转至外部单位。单位包括共同使用课题经费的合作单位和委托外部单位研制的外协单位。与项目的合作方和委托方关联，受项目合作合同金额和委托合同金额的控制。转至外单位的经费在财务审核后按报销流程处理，生成付款单，确认付款后生成记账凭证。预算处理根据转拨类型不同，影响预算的到位资金或预算执行数（见图 4.81）。

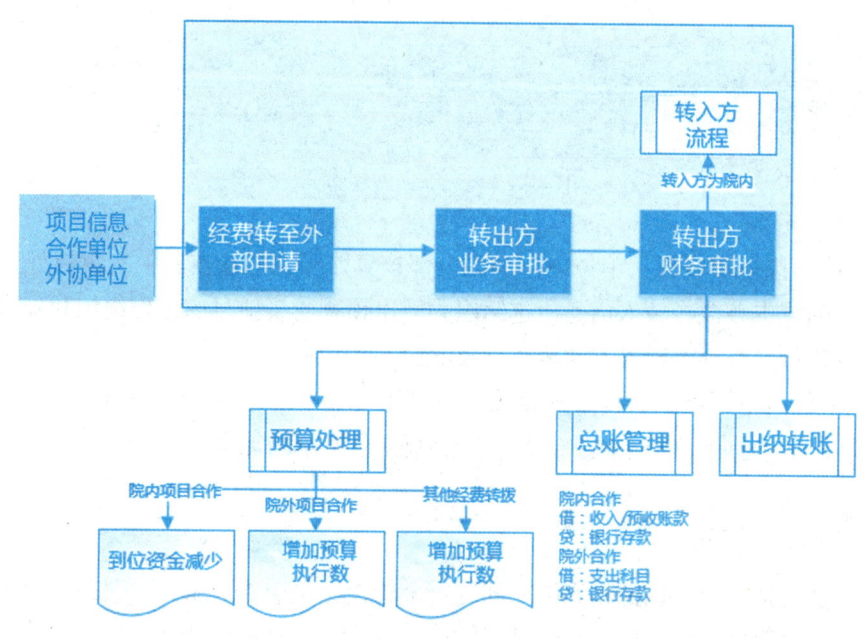

图 4.81　对外经费转拨流程

4.9.5　经费支出与成本管控

经费支出与成本管控包括 3 个重要环节。

1. 借款与还款管理

借款管理主要实现员工向单位借款的管理。员工可以查询借款申请和核销的情况。财务管理用户通过扫码枪或条件检索方式找到单据，对原始单据进行审核，指定分摊信息和结算方式的会计科目。实现根据用户权限和组织权限进行借款信息的查询。

实现员工代垫款项的借款、还款及报销核销的工作数字化支撑，包括提交申请、审核、资金支付。借款/还款与事前申请、个人费用报销、对公支付集成，实现便捷的借款及核销流程。同时，数字化平台还支持员工借款台账的管理，方便财务管理人员查询、统计待收款项。

1）申请人进行借款申请（业务部门）

通过数字化平台，每个员工都可以随时查看到总计的未核销金额数（借款余额）、借款时间、逾期情况，以及借款单据。

员工可以通过系统在线提交借款申请单。借款申请需要填写借款类别、借款金额、借款事由、费用承担的预算项目或核算账号、预算科目、分摊金额，以及结算方式。同时，员工还可以查看每笔借款的审批流程。

财务人员审批申请时，除给出审批意见外，还需要选择分摊的会计科目和结算的付款科目。

2）还款管理

还款管理主要实现员工向单位借款后，还款的管理，包括还款申请和查询。财务管理用户通过扫码枪或条件检索方式找到单据，对原始单据进行审核，指定分摊信息和结算方式的会计科目。实现根据用户权限和组织权限进行还款信息的查询。系统会自动带出借款申请单的基本信息和费用分摊信息，显示该笔借款的核销状态。

3）借款与还款查询

借款查询可以为财务人员或其他有权限的人员提供查看所有借款单据的入口。还款查询可以为财务人员或其他有权限的人员提供查看所有还款单据的入口。

2. 报销管理

费用支出管理总体包含了事前、事中、事后的全流程管理，流程图说明了信息流转与实物单据流转相结合的关系，体现了费用报销业务处理过程。

在费用发生前，可进行各类业务计划的申请，如资产采购申请、出差申请等，业务计划申请可根据管理流程进行事前审批。

业务计划的申请可同时关联是否借款，通过业务计划申请单自动生成借款单，也可进行独立借款，借款需经过事前审批和财务审核。财务审核环节需提供打印的借款单作为入账依据。

报销可通过业务计划申请单或借款单关联生成，也可独立生成。除需要进行事前审批外，报销人还须经过财务审核。在财务审核之前，报销人打印报销单，并提供原始发票等凭据。

财务审核不仅审核费用的合规性和准确性，还指定相关的核算科目。审核通过后，系统关联生成付款单，转由出纳进行付款（可通过银企互联直接支付）。付款确认后系统关联生成记账凭证。

报销单按内容分类可分为普通报销、差旅报销、会议费报销、培训费报销、固定资产费用报销、无形资产报销、在建工程报销、材料费报销、劳务费报销、招待费报销、维修费报销、基建相关报销等各类支出业务。

平台支持对各项公对公支付业务进行报账管理。包括对不同费用类型的定义，对各费用类型的管控规则和费用模板的管理，实现员工线上填报并提交申请（与事前申请的关联）、业务审批、财务审核、资金支付，以及关键节点的自动通知。

1）报销申请

业务申请需要关联费用报销。可关联的业务计划申请单一般包括会议、出差、接待、资产采购、材料采购、讲座、维修等日常业务，在这些业务申请时可冻结预算，业务完成后可关联进行报销。

对报销单票据进行粘贴并上传。全线上审批后，原始凭据需在A4纸张上平铺粘贴，既用于电子审批查看，同时也作为出纳和记账凭证的电子档案，便于查账和审计等。

针对员工报销，以及对公费用支出业务中需要进行事前审批的业务，系统实现业务规则和申请模板的线上处理，并实现员工提交申请、业务审批和财务审核的全过程线上处理。同时，事前申请与个人费用报销及对公费用支付功能紧密集成，避免重复审批审核工作。

业务委托与代理。结合财务助理辅助进行报销的特点，报销人可进行业务委托，授权后代理人可代为发起报销申请，委托报销。如果需要科研助理或秘书代科研人员进行报销，则可以通过委托报销机制实现。

报销申请单除报销的基本信息，如报销的日期、费用类别、票据数量、报销事由等外，最重要的内容包括发票与单据、借款核销和预算分析。

原始票据可以通过"本地上传"上传电脑本地的文件；也可以通过手机拍照，进行拍照上传。

系统允许用户在进行出差申请的同时，针对这项出差业务进行借款，如提交出差申请时同时借款。在出差申请通过审批之后，系统会发起这项关联借款的申请。出差结束后，可以报销并核销该笔借款。如有借款，需要核销借款时，可以关联借款单核销相应金额。

结算方式配置。申请可以对报销款按不同的结算方式进行配置，如银行转账、现金、支票等，报销时用户按此配置选择。

预算分配是根据每个报销单，可以选择一个或多个费用分摊的项目预算或核算账号，并选择预算科目和分摊金额。通过预算分配就实现每笔报销单与对应的项目或核算账号进行关联，并进行预算控制。审批通过后，预算分配就可以记录预算执行数，并更新相关的可用资金，实现全过程的预算管控。通过报销与项目预算关联，是实现科研—业务—财务一体化的重要途径。

2）发票智能管理

报销发票支持电子发票和纸质发票两种管理方式。电子发票直接上传发票文件，系统就可以自动读取发票内容。纸质发票包括增值税发票和其他票据。增值税纸质发票在票据粘贴后，可以通过手机拍照、快速扫描仪、高拍仪、手工附件等方式上传票据，然后通过

OCR 等识别技术将发票内容进行智能识别（见图 4.82）。

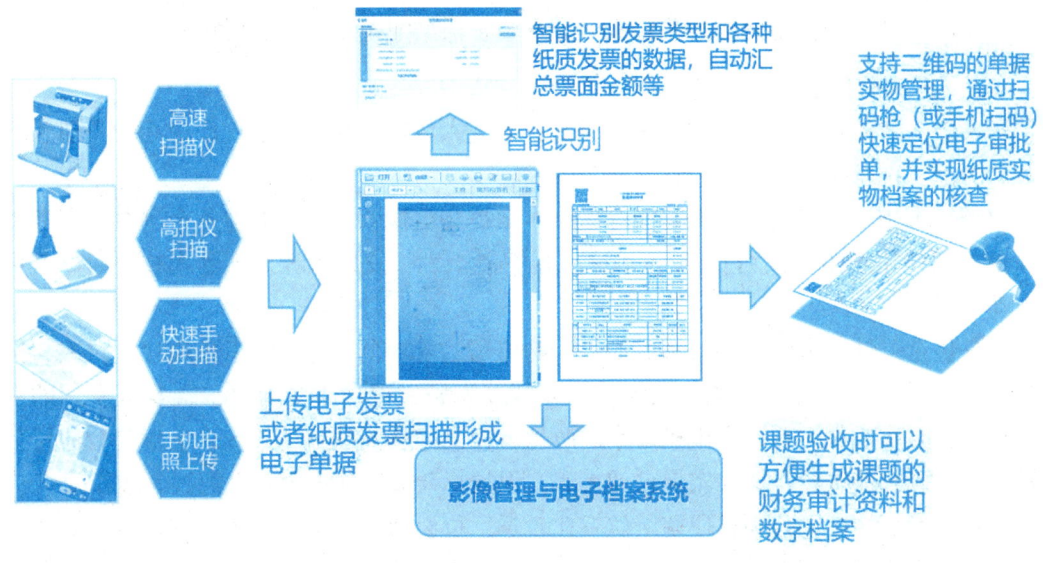

图 4.82 发票智能管理

电子发票、纸质发票和票据需要发票管理系统通过发票库统一管理，实现发票的存档、抵税和审计的随时利用。发票库统一管理还可以有效地管理发票的报销单据，防止一票多报。

增值税发票可以通过发票验证系统对发票的内容和真实性进行在线验证，一般是通过接口直接与"全国增值税发票查验平台"进行验证。

3）报销审批

报销单在系统审批完成后是否需手工补签，需结合管理要求，法律上并不要求必须在纸张上手工签字，打印的电子审批记录也具有同等法律效力。

报销单/借款单封面既可以打印，也可以全电子审批和管理。如果纸质发票需要存档，一般报销单封面需要同步打印。打印的封面上含有二维码，便于通过扫码枪或手机等，进行单据详情查看和检索。

财务可以通过扫码枪扫描单据封面的二维码或在系统的报销单列表中检索，找到对应的单据进行审核。财务审核不再通过人工按单在系统中找单方式，而是通过扫码枪扫描报销单和借款单封面的二维码，系统自动调出单据进行审核，提高效率。

财务审核需要对费用分摊/结算科目进行指定。在财务审核环节确定会计科目，通常核算账号和报销科目配置已自动匹配，主要进行确认和调整科目。

财务审核需要审核付款与记账信息详情。在报销单详情中，可查看此笔报销是否已经付款或生成记账凭证。并可查看记账凭证详情，便于业务与财务核对。

未付款状态下借款/报销单在财务审核环节可调整。未付款情况下，可以允许财务对费用的预算分摊和结算信息进行调整，调整后重新进行付款和记账凭证处理。

报销单据科目映射配置。按配置界面，配置好各类报销单的对应业务发生的会计科目后（差旅费报销单对应的科目为差旅费），系统会根据配置自动匹配记账的科目。

4) 全自动智能无人管理

随着新一代信息技术，特别是人工智能技术与大数据融合，它们广泛应用于科研管理过程，可以实现智能业务和无人管理的新模式。

财务管理中广泛应用了人工智能等新技术来提高运作效率和提升业务合规性。财务报销中的发票使用了图像识别 OCR 技术，实现智能识别，发票管理无须输入相关信息就可以自动采集。

财务报销是针对采购类的报销。如果采购申请、采购合同都已经审核通过，付款与报销就可以完全无人衔接。报销发票上传后，智能识别发票内容，通过云端验证发票的真伪。如果针对增值税发票，全电子发票的收款方信息与合同的信息一致，金额与合同付款一致，则可以自动进行审核并实现自动入账，无须复杂的领导审批，大大提高运作效率。

针对大型机构，办公和科研院所位置比较远，可以通过自助报销机来实现无人服务。无人自助机系统可以智能识别单据内容，后台智能审核业务合理性，智能处理业务流程，将相关单据扫描、智能识别后投入进纸口，其余的审核和入账实现智能自动处理，事后批量取走原始纸质单据并归档（见图 4.83）。

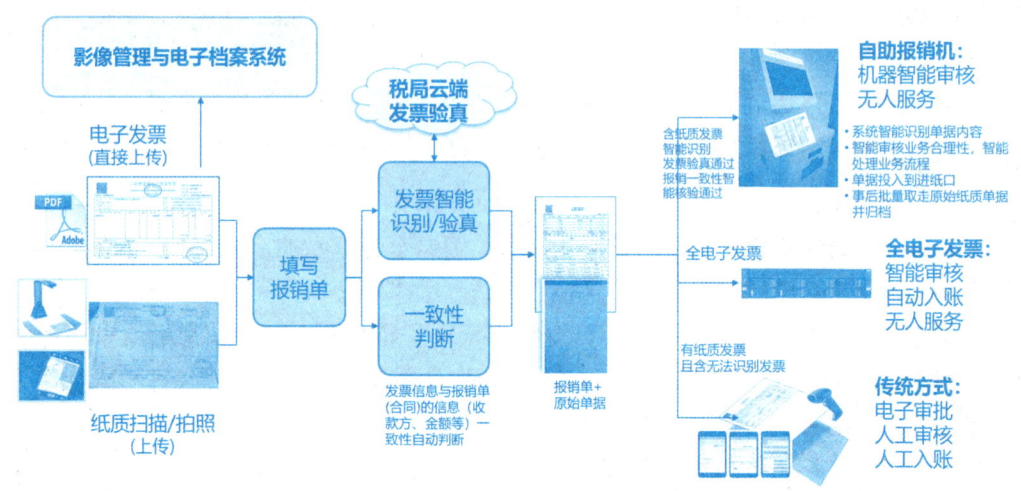

图 4.83　发票及报销智能管理流程

5) 报销业务规则管理

可以在报销单中对不同报销类别进行相关业务规则管理。如差旅补贴标准，按财政部相关的差旅补贴标准进行预置，可设置控制其报销时是否允许超额等。

计划费用与实际报销费用对比——会议费/培训费。报销时可对应业务计划申请时的计划耗费金额，对比差异。

固定资产、无形资产与耗材报销。资产与耗材支持多种业务场景，如预付款、合同采购、零星采购等。

劳务报销——劳务人员维护。通过建立劳务人员库，统一进行涉劳务费的劳务人员管理，防止人员重复计算和错误信息等，以及按劳务人员进行统计和计税处理。

劳务费计税规则配置。按劳务报酬所得税进行预置，系统可按配置进行自动计税，支持合并计税。

借款类别配置。借款类别配置可建立与业务计划申请单和报销单的对应关系，有助于同类业务同类事项借款进行关联规范管理。

费用申请超期提醒与设置。各类业务计划申请单申请后，会进行预算冻结，在业务取消或与报销解冻预算有差异时，按此配置进行预算解冻，释放不需报销的预算。

含增值税的费用报销。营改增后，全面启用增值税系统，支持所有业务在进行成本分摊时抵扣除增值税。

借款与费用报销流程可根据单位制度进行配置。审批流程支持自定义，即根据各法人的费用管理制度进行配置。

6）个人费用报销统计

数字化的报销管理，可以非常方便地进行筛选查询，通过报销类型、状态、时间和金额范围能查询到所有的报销记录。

对每个员工，可以进行报销统计。通过选择年度，可以查看所选年度内各种报销的统计数据表和条形图，随时了解相关成本的发生情况（见图4.84）。

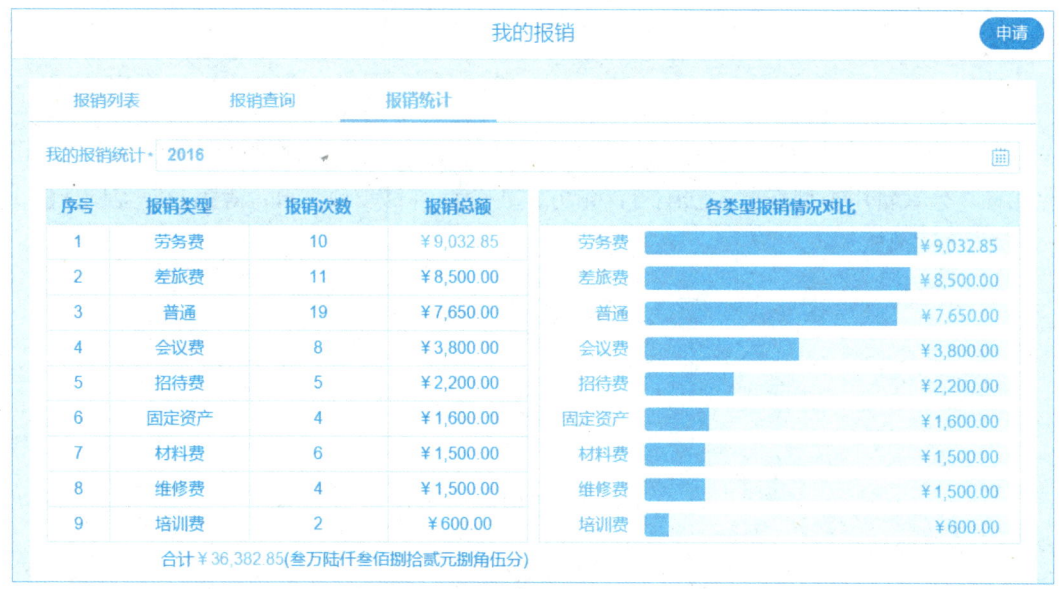

图 4.84 个人费用报销统计示例

3. 公共费用分摊

公共费用分摊与成本计量主要是针对水电暖等公共支出类费用，通过一定的计量或分摊规则进行成本核算、分摊到对应的项目或核算账号的处理。

公共费用分摊流程主要针对费用计量后，进行分摊的处理过程，包括将公共费用分摊到项目核算账号，并进行业务确认和核算处理的过程。公共费用分摊流程主要包括3个步骤：公共费用类型与分摊对象配置、公共费用清单录入、公共费用分摊与核算（见图 4.85）。

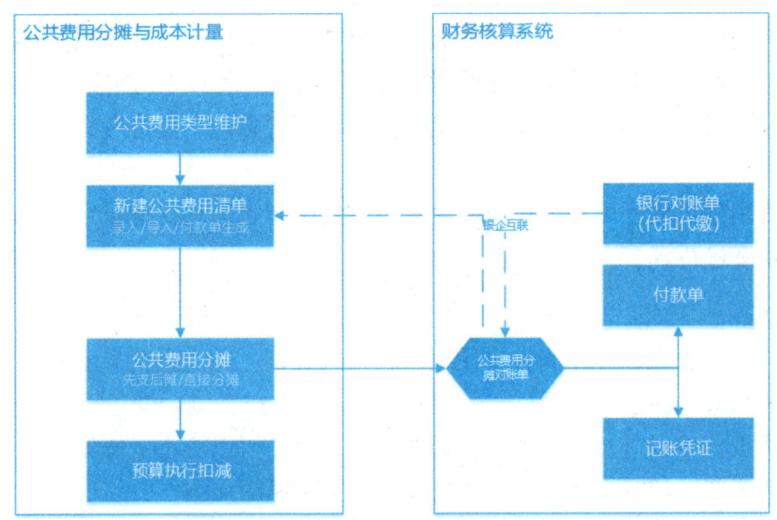

图 4.85　公共费用分摊总体流程

1）公共费用类型

公共费用类型是公共费用管理的基础，对公共费用起到规范管理的作用，需要做标准化配置。公共费用类型需要关联配置计量方式、会计科目、预算科目等信息（见图 4.86）。

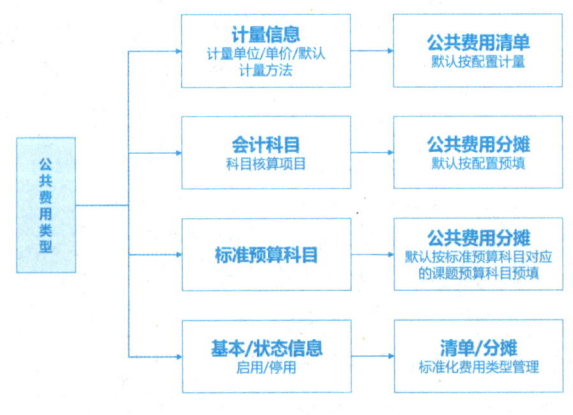

图 4.86　公共费用类型

2)公共费用分摊与成本计量对象维护

公共费用分摊与成本计量对象是公共费用的当前支出对象,包括核算账号的预算科目和会计科目,以及在本部门需要分摊费用的占比,需要动态维护。可由各个部门维护,并汇总到费用管理部门。

公共费用分摊对象可用于管理参与费用分摊的组织部门,管理费用分摊的默认分摊预算,每个类型中不同预算分摊的比例,预算科目和会计科目等信息(见图4.87)。

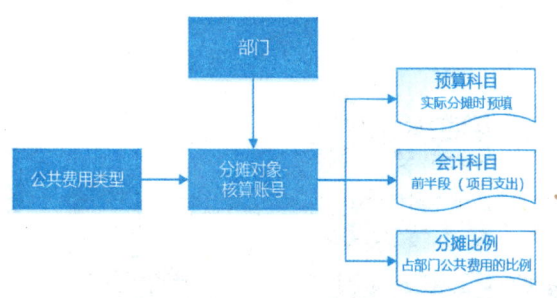

图 4.87 公共费用分摊的成本计量

(1)公共费用模式——先支后摊:先支后摊模式是指费用先暂记到某预算(基本运行费用)再按项目进行分摊的方式。在暂记到公共预算时,进行支付结算,结合业务特点,可进行多次暂记后,再合并分摊到承担项目。在二次分摊到具体项目时,部门可参与进行分摊确认,也可由管理部门直接分配后通知(见图4.88)。

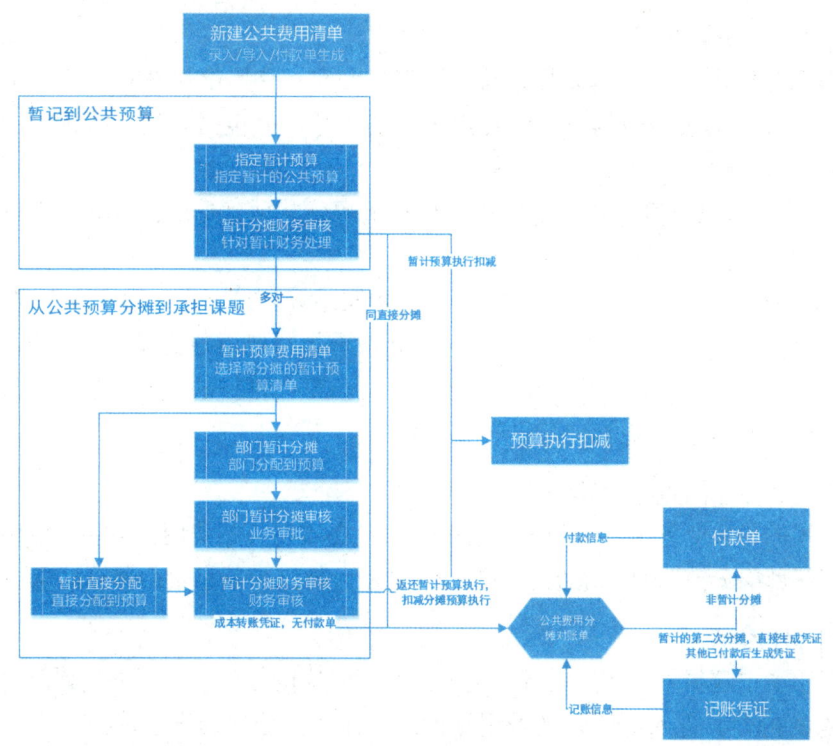

图 4.88 先支后摊模式流程

（2）公共费用分摊模式 —— 直接分摊：直接分摊指费用发生后，可直接分配到承担项目，需要在分摊完成后进行结算。分摊时，部门可参与分摊确认，也可由管理部门直接分配后通知（见图 4.89）。

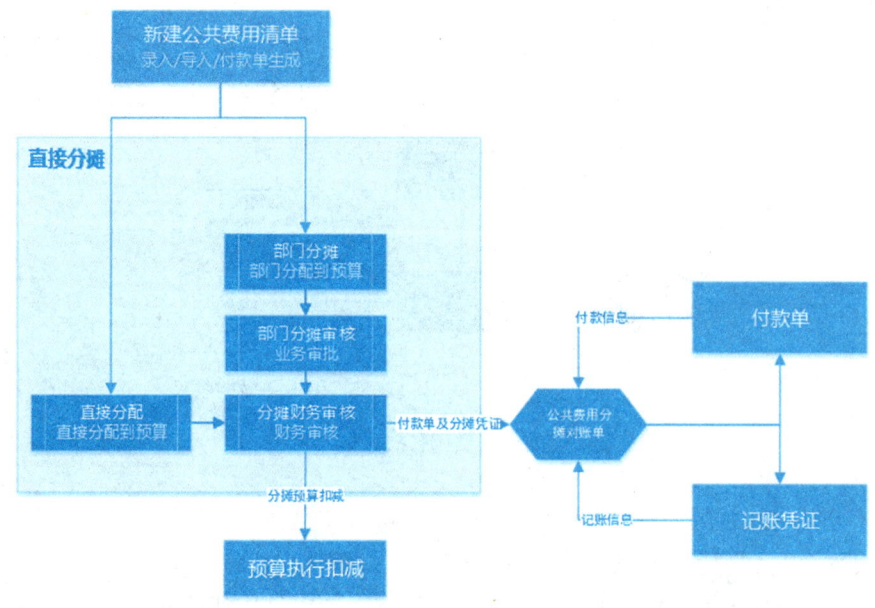

图 4.89　直接分摊模式流程

3）公共费用分摊申请

公共费用分摊申请是由相关业务的主管部门发起。分摊申请基本信息中包括费用类型、费用说明和根据表格数据自动计算出来的费用总额，包括总量、结算方式、支付账户、收款方等信息。

（1）暂记到公共预算：指该笔费用先从指定的公共预算支出，付款单支付后可后续进行预算分摊。

（2）无结算方式分摊：指该笔分摊不需要填写结算信息，完成后不会生成付款单。

针对公共费用分摊可以有两种方式，一种是没有填写费用归属部门，由创建人直接确认其分摊的内容。另一种是填写费用归属部门，则该部门维护的人员会收到一条部门公共费用分摊与计量的待办通知。

4）业务主管部门直接分摊

公共费用的相关业务主管部门可以直接分摊。在填写公共费用分摊表、费用分摊信息或者"按归属部门分摊"时，系统会根据公共费用分摊维护信息带出预算信息。

5）部门分摊

新建费用清单选择了费用归属部门，分摊后，对应的部门配置人员收到部门公共费用分摊与计量的待办，进入部门公共费用分摊列表，在待处理列表下选择清单进入分摊界面。分摊内容填写完毕后,提交至部门负责人审批,部门负责人审批完后,部门分摊审批流程结束,费用分摊由创建人进行后续提交。

6)暂计费用分摊

选择费用类型后,可查看能进行暂计分摊的清单。清单信息表格会带出相应信息,针对需要进行费用分摊的归属部门和预算的选择,该笔费用支出由暂计公共预算的执行数转至二次分摊的预算中。

待创单人确认分摊完毕后,则该费用清单将进入财务审核阶段,财务人员需对该清单进行财务处理。

4.9.6 会计核算与账务管理

1. 会计总账核算

财务核算系统提供符合科研机构管理需求和财政部门会计规范的财务会计、预算会计等总账系统。

总账管理是财务管理的核心和基础。总账承接前端业务形成会计凭证,是财务报告的直接数据来源。

科研财务管理需要支持统一的核算管理体系的建立,总账核算与其他业务系统实现无缝衔接,实现对所有业务的财务数据和其他财务模块数据的总账集中账务处理,减少数据的重复录入,提高财务工作的效率。

支持多主体管理,针对新型科研机构内部不同单位,支持设置遵循不同会计核算规则,包括政府会计核算准则、企业会计准则等。

面向多层级组织架构的财务管理,对于院所两级法人的大型科研机构,需要支持多层级组织架构,实现财务核算数据的向上汇总和基础数据的自上向下分配或共享(见图4.90)。例如,会计科目等基础数据的规范与管理,凭证、收款、付款等业务数据的归集。

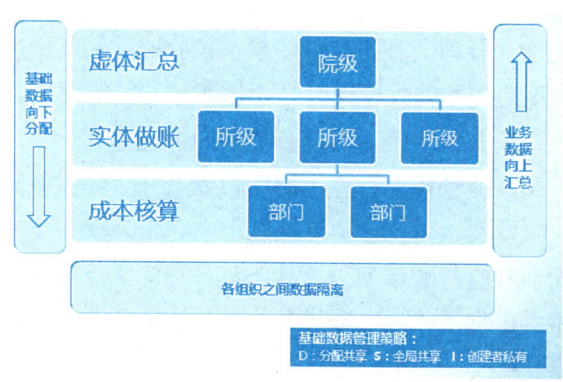

图 4.90 多层级核算体系

1）财务政策及基础规范：会计科目体系

建立统一与规范并符合下级个性化核算要求的会计科目体系，是财务核算规范管理的基础。

财务核算系统可在院级设置统一的科目和辅助账，并设置控制方式，将院级科目分配至下级。下级组织可增加允许的下级科目或辅助账，各级可进一步向下一级进行二次分配，上级设置的科目基本信息不允许下级修改，下级可扩大核算范围，但需要包含上级核算范围。这种策略既满足上级财务核算管理要求，又满足下级的个性化核算需要。

科研机构的财务会计核算实行权责发生制，科研机构的预算会计核算实行收付实现制。对纳入部门预算管理的现金收支进行"平行记账"。对于纳入部门预算管理的现金收支业务，在进行财务会计核算的同时也应当进行预算会计核算。对于其他业务，仅需要进行财务会计核算。

2）基于多法人的账簿联查

在集中核算体系下，总账管理可在上级财务组织实现逐级汇总和向下联查科目余额等账务数据。例如，从科目余额表中逐级查看下级科目余额表、下级明细账和凭证等，实现完整财务核算过程的追溯。

3）应收账款管理

对应收账款进行记录和管理。具备应收账款、预付账款和其他应收款的基础数据管理功能。包括将与单位发生的所有应收对象单位定义成为应收款的客户，可对客户信息在系统中进行维护，并对客户的基本信息、账龄设置等进行管理。针对机构对外开具的发票、收据进行管理，包括开具、核销、退回及统计查询，处理并监控应收业务发生，明细反映各项应收款的发生、还款、挂账等有关情况。

支持员工借还款管理、备用金管理。实现对应收账款和其他应收款的坏账准备计提的报账处理，包括填报、审批、审核和记账等，支持已核销坏账的后续管理。并且，支持提供多维度应收款信息分析表，如支持按组织、业务类型、账龄等多维度进行分析。

4）应付账款管理

对应付账款进行记录和管理。具备应付账款、预收账款和其他应付款的基础数据管理功能。能够明细反映各项应付款的发生、付款、挂账等有关情况。

实现供应商信息的维护，包括公对公结算业务的供应商和员工。支持对付款条件的维护，对不同种类的供应商或业务情况设置不同的付款条件。应付核算应实现从采购到付款全过程的管理（收货、收发票、付款、预算控制）。

支持供应商发票处理和应付账款处理，具备对各种应付款项的拼销功能。支持不需支付的应付款项在完成相关审批流程后自动进行账务处理。具备灵活的查询和分析功能，支持提供多维度应付款信息分析表，如支持按组织、供应商等多维度进行分析。

5）资产核算管理

资产管理平台具备对固定资产及无形资产基础数据进行管理的功能，建立固定资产台账，包括编号、初值、折旧方法、使用年限、净值，建立并打印资产卡片。

资产管理平台支持日常资产业务处理，包括资产的获得、转移、折旧和报废等业务，并且可以对各类资产发生的折旧等成本费用根据固定资产责任中心归属把折旧分摊到不同责任中心，对已减值的固定资产计提减值准备。

建立资产分类账与总账的集成，在登记资产分类账后，自动触发登记总账。具备对所有资产多维度灵活查询和分析功能，能够根据管理需要灵活设置并自动生成管理报表。实行资产管理的账实分离管理。

通常，资产管理信息化侧重于对资产的价值管理，由于资产业务管理缺少信息化工具而管理比较混乱。数字化平台加强对资产的业务管理，通过账实分离的方式，在业务系统进行资产全生命周期的实物管理，在财务核算系统进行资产的折旧等账务处理，满足资产管理部门和财务部门对资产的不同管理要求。

资产实物管理在"资产管理平台"中实现资产的全生命周期管理。

2. 财务审核与入账

财务审核平台是财务业务与预算、核算、结算的业务汇集点，所有财务业务经事前审批后汇集到此平台，经财务审核人员进行业务和财务的审核后，进入财务出纳和总账等专业系统，并联动更新预算系统。

在财务审核平台，主要处理待办和查询已办两类工作，包括收入、费用报销、公共费用分摊、经费转拨、账务调整和其他预算收支等财务审核。平台主要进行业务合规合理性审核、预算审核、会计与结算信息指定等处理。为提高效率，财务审核平台引入了银行柜台服务的模式，在财务审核的界面中，可以根据收到的封面上的二维码，通过扫码枪扫描二维码快速找到单据进行处理。

1）借款报销审核入账

财务审核选择会计科目和结算账户，如需要对预算分摊和结算方式进行调整，可进行修改和添加。记账日期为生成付款单与凭证日期。提交后会生成付款单，付款后生成记账凭证（见图4.91）。

如果发现审批后的单据有问题需要修改预算信息、结算方式、会计信息等，可进行重新提交操作。若已生成凭证则将凭证删除，打开已审批的单据，重新选择信息后单击重新提交，则会生成新的付款单并覆盖原来的付款单。

图 4.91 报销审批的入账设置

2）收入管理审核入账

收入管理审核方式与借款和报销审核相同，审核范围包括经费认领、直接收款、开票申请、退票申请、发票重开等。

3）经费转拨审核入账

经费转拨审核包括单位内到账资金转拨与成本转账、转至外单位的到位资金与成本支出。

4）公共费用审核入账

公共费用审核为针对分摊确认后的财务总体审核。

5）账务调整审核入账

账务调整审核包括经费到账调整、经费认领调整、经费转拨调整、费用报销调整、公共费用调整、无单收入调整、无单支出调整等。

3. 账务调整

账务调整指业务已处理完成且已完成结算，但因各种原因需将原业务上的经费到账或费用分摊归属预算进行调整，改变预算的执行数或到位资金，包括对已有业务单据的调整和没有历史记录而直接进行的无单调整。调整后，更新调整前后的预算到位资金或执行数，并按调整信息生成调整凭证。业务单据调整可由原业务发起人或部门发起调整申请，经审核确认调整结果。针对纯会计凭证的调整（不影响预算的），不在此范围内（见图4.92）。

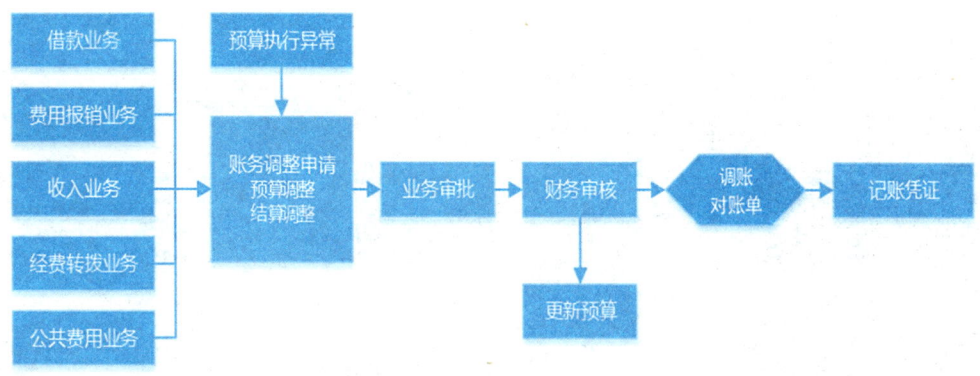

图 4.92 账务调整总体流程

1）账务调整申请

（1）无单支出调整。原费用分摊的预算执行数减少，新费用分摊的预算执行数增加。调整前后的金额总数需要保持一致，调整前后的增值税也需要一致。

（2）无单收入调整。到位资金调减中的预算到位资金减少，调增中的预算到位资金增加。调整前后的金额总数需要保持一致，调整前后的税金总数也需要保持一致。

（3）支出调整申请。报销单调整时，基本信息会显示报销单的基本信息与记账信息，原费用分摊与结算信息也会显示出原报销单的预算分摊与结算方式。在新费用分摊处或结算信息调整处填写需要调整的信息。

2）账务调整审批

账务调整申请单单击提交后，财务负责人会收到一条账务调整审批的消息，单击进入账务调整审批界面，对清单的详情进行查看和审批。

4.9.7 银行互联与回单智能处理

1. 银企互联

随着经营理念的转变和管理水平的提高，许多机构纷纷提出资金集中管理、提高资金使用效率、降低经营成本的财务管理需求。虽然网上银行的出现，一定程度上满足了机构对资金的需求，但还不能完全解决个性化服务，以及财务信息与银行账务信息的一致性问题。

为了满足科研机构对网上银行提出的个性化需求，进一步推进网上银行业务向纵深发展，银行推出了银企互联模式，这种新的网上银行业务模式是通过财务管理系统与银行的网上银行系统的有机互联，整合银企双方的系统资源，从而给单位带来安全、简易、实时、个性化的网上银行服务（见图 4.93）。

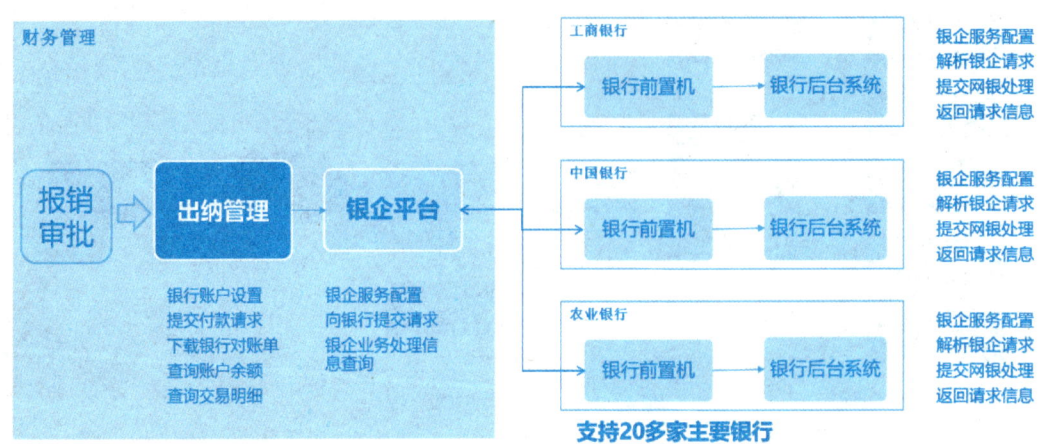

图 4.93　银企互联的应用架构

（1）银企同步账务信息。银企互联平台有机连接了财务管理系统和银行业务处理系统，整合了双方的系统资源，解决了长期困扰银企账务信息不一致问题，为财务决策提供实时、准确、全面的账务信息支持。

（2）实现个性化服务。单位可根据自身财务管理的需要，通过财务管理系统对银行提供的"原子"交易进行自由组合和控制，灵活定制内部授权机制，从而拥有自己的"专有银行"。

（3）操作简易、提高效率。财务人员无须在财务管理系统和网上银行系统重复录入指令信息，所有指令在财务管理系统一次录入，一经审核批准，立即完成对外支付并更新财务管理系统账务信息，简化了手续，使客户使用起来更方便、更顺手。

（4）安全放心。银企互联平台不直接和互联网连接，而是与银行客户端服务程序（此程序是安装在客户端的局域网内）进行交互。银企互联平台将交易的报文发送给银行客户端，再由银行客户端对交易的报文进行加密并传送给银行后台服务器进行处理。处理完成后，银行会将结果返回给银行客户端，再由银行客户端传送给银企互联平台。由于银行已经通过了 CFCA 认证，互联网传输的安全性是由银行来保证。所在局域网的安全由安全套接层协议（SSL）来保证。在银行方面，采取了更为有效的安全措施。例如，中国工商银行除采用与网上银行相同的安全机制外，还在转账交易中增加了"签名时间"字段、在所有交易中增加了"包序列 ID"字段，从而可有效地防止黑客攻击、指令重复提交。

注：CFCA 认证——中国金融认证中心（CFCA）作为金融领域国家信息安全基础设施，其核心是通过数字证书为国内网上银行、电子商务提供专业第三方信任和安全服务。

安全套接层协议是在 Internet 基础上提供的一种保证通信私密性的安全协议。它能使客户端/服务器之间的通信不被攻击者窃听，并且始终对服务器进行认证，还可选择对客户端进行认证。

2. 银行回单的采集与解析

科研经费管理的核心价值是事前预算、事中控制、事后核算等闭环管理。为了高效率处理科研经费的收支业务，需要以银行流水为基点，全面提升科研机构财务智能管理水平，利用银行流水的回单倒推财务业务的全自动化管理，使科研经费的收支账务与实际银行业务的结算实现对齐。

1）银行回单的相关业务流程

银行业务回单实现的相关业务流程包括以下 5 个方面（见图 4.94）。

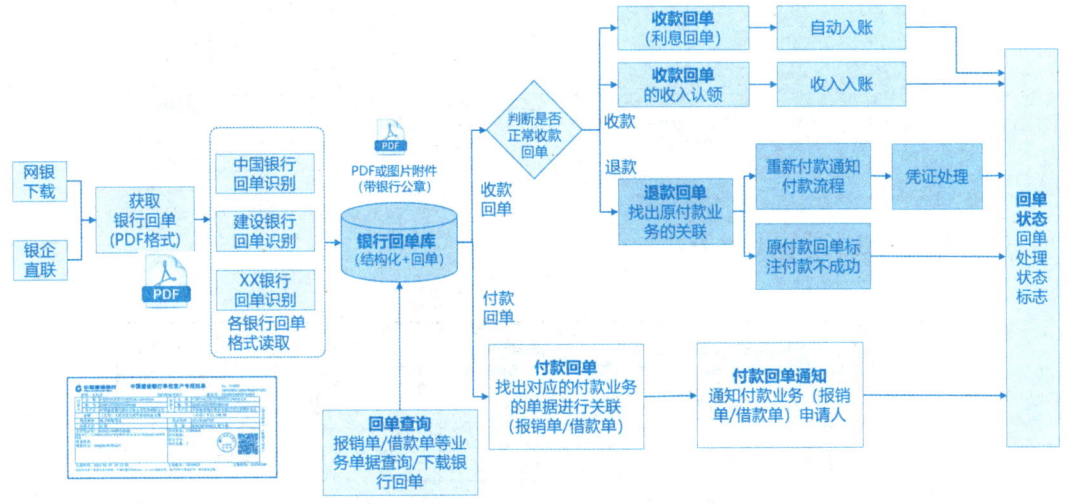

图 4.94　银行回单的相关业务流程

（1）建立以银行流水为基础的系统，驱动财务相关业务智能办理。实现银行回单与相关的借款单、报销单的付款结算信息直接关联。通过业务单据，业务申请人或经办人可以直接查询和下载相关的银行付款或收款回单，即时掌握相关收付款业务在银行端的收付款结果，避免业务申请人频繁到财务处查询收支结果情况。

（2）完善经费到账管理，通过银行到账的回单自动启动相关收入业务的流程，如经费到账通知与认领、收入到账通知等。

（3）对利息或其他相关的银行手续等财务费用类银行回单，实现系统智能化自动入账。

（4）对报销、借款、还款及经费转拨等业务，通过对银行付款回单的识别，可以判断支付是否成功，通知相关的业务经办人支付结果，并可以下载回单。如果付款不成功，需要由业务经办人查明原因，引导重新支付流程。

（5）建立往来账管理，实现对所有暂挂账目的管理与核销。

2）回单采集与业务关联分析及回单处理

（1）回单采集。智能财务平台需要分别与相关银行的回单接口对接，并且将附件回单内容解析存储到智能财务平台中,对回单的格式文件进行内容识别,形成结构化回单库及回单原始文件(见图 4.95)。

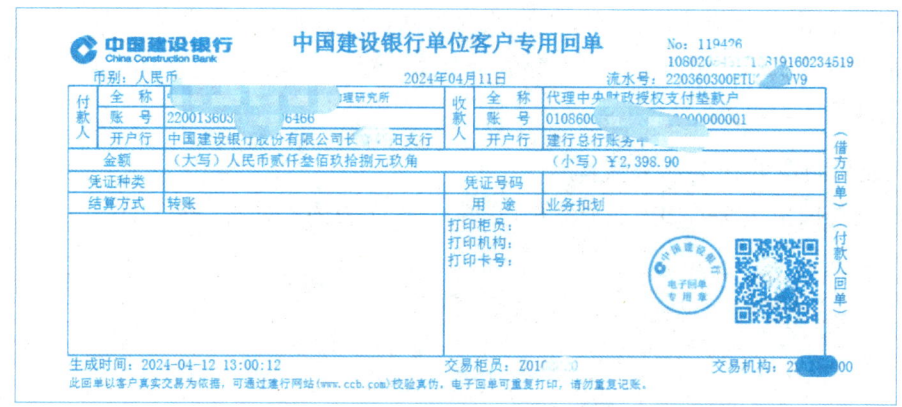

图 4.95　银行回单示例

回单库的关键字段说明见表 4.7。

表 4.7　回单库的关键字段说明

序号	字段名称	字段类型	说明
1	回单类型编码	C,2	—
2	银行编码	字符串	我方开户银行编码
3	收付款类型	S,F	S-收款,F-付款
4	交易时间	DateTime	回单读取
5	币种	字符	RMB、USD……
6	交易金额(元)	小数	回单读取
7	银行凭证号	字符串	回单读取
8	业务单号	字符串	回单读取
9	用途	字符串	回单读取
10	附言	字符串	回单读取
11	付款账户名称	字符串	回单读取
12	付款账号	字符串	回单读取
13	付款开户行	字符串	回单读取
14	收款账户名称	字符串	回单读取
15	收款账号	字符串	回单读取
16	收款开户行	字符串	回单读取

续表

序号	字段名称	字段类型	说明
17	流水号	字符串	回单读取
18	回单号	字符串	回单读取
19	回单文件（预览和下载回单）	附件	回单读取
20	回单处理状态	—	—

（2）业务关联分析。系统需要根据回单内容进行判断匹配业务单据，根据回单类型与报销单、借款单、报销补录单及外部转拨单等业务进行匹配关联。一旦匹配成功，系统需要发送系统消息到申请人，申请人可以通过短信消息查看回单详情。

（3）不同类型回单及其业务处理见表4.8。对需要后续处理的回单，系统启动相关的处理流程并发送相关的通知。智能财务平台解析附件回单，需要区分不同的回单类型，并对回单进行编码。

表 4.8　不同类型回单及其业务处理

序号	回单类型名称	收付业务类型	回单对应的业务处理
a	一般付款回单	付款	—
b	付款手续费回单	付款	自动生成凭证
c	转户付款回单	付款	智能财务平台增加转户付款申请流程
d	三方协议扣款回单	付款	自动生成凭证
e	一般收款回单	收款	经费到账处理和暂挂处理
f	零余额账户请款回单	收款	直接修改回单状态为"已处理"
g	退款回单	收款	暂挂凭证，申请重付
h	利息收款回单	收款	自动生成凭证
i	转户收款回单	收款	自动生成凭证

a. 一般付款回单

回单说明：

一般由智能财务平台支付业务的相关"结算信息"，经过网银或银企互联付款后产生的回单。

进口仪器设备或其他事项对境外付款时，主要通过中国银行（以下简称中行）付款，产生国际付款回单。

有些科研机构可能将一些退款打到零余额账户上，此时"代理中央财政授权支付垫款账户"会直接回收该笔退款，产生一个回单。

解析规则：

解析表单内容信息，并根据回单中的"用途"附上的单号与报销单、借款单、报销补录单、外部转拨单，通过回单时间（3天内）、支付账号、收款账户、金额与报销单据、借款单据、报销补录单据和外部转拨单据进行匹配关联。

如果回单时间比报销单据晚，并且回单状态是已回单、重汇中或者为空，关联上的回单状态为"已完成"。

如果有单号，但是没有找到对应的结算信息，那么需要直接关联该单据，并且回单状态为"已处理"。

如果收款方为"代理中央财政授权支付垫款户"的回单，则回单状态直接显示"已完成"。

如果无法关联，则回单状态为"未处理"。

通过抬头"国际结算借记通知"或者"国际结算贷记通知"判断为国际汇款，国际汇款回单有业务编号，则回单状态为"未处理"（由于这种回单一般由申请人借款，财务出具证明由申请人到银行现场付款，之后申请人再进行报销，所以需要通过人工处理该回单）。

b. 付款手续费回单（国际+国内）

回单说明：

进口仪器设备或其他事项对境外付款时，主要通过中行付款，一般会产生付款手续费，产生国际付款手续费回单。包括两种情况：一种是中行直接付款手续费回单；另一种是中行通过中间银行付款的手续费回单。

解析规则：

通过抬头"客户付费回单"判断是否为国际汇款手续费，国际汇款回单是有业务编号的。根据业务编号（如果是直接手续费则通过"业务编号"字段获取，如果是间接手续费则通过附言中的业务编号获取）找到对应的付款回单，解析完成并将回单状态设置为"未处理"（由于这种回单一般由申请人借款，财务出具证明由申请人到银行现场付款产生的手续费，之后申请人再进行报销，所以需要通过人工进行处理该回单）。

c. 转户付款回单

回单说明：

在科研机构内部各银行账户之间进行资金往来时，需要从一个银行账户转款到另一个银行账户。这种内部转账不涉及对外业务往来，对单位的损益不产生变化。

转户回单一定是成对出现的，且一一对应，转户付款对应转户收款。

解析规则：

转户存在不同银行账户之间的转款。如果能与转户申请单据关联，则将回单状态设置为"已处理"。如果无法关联,则将回单状态设置为"未处理"。

收款名称和付款名称都为本科研机构,并且完成了所内账户之间的互转后,直接生成相应的付款回单凭证。

收款名称和付款名称都为本科研机构,根据备注区分会计科目。

d. 三方协议扣款回单

回单说明:

个人所得税、失业保险、养老保险、医疗医保、工伤保险、职业年金、印花税、企业所得税、地方维护承建税、地方教育附加税、教育费附加、增值税、文化事业建设费等签署了自动扣款三方协议的,第三方扣款后,银行产生扣款回单。

解析规则:

扣税、扣社保、公积金等业务是第三方直接扣款,需要维护第三方扣款的账户信息。

自动扣款三方协议的管理模块如下。

扣款类型:如社保、公积金、税等。

扣款银行:银行编码(中行)。

扣款第三方账户:第三方的银行账户名称("国家税务总局××税务局")。

扣款回单解析:例如,对征收机关名称(委托方)为"国家税务总局××税务局"则为"三方协议扣款回单"。

解析完成后,如果能自动发起其他预算支出,则将回单状态设置为"处理中";如果无法自动发起,则将回单状态设置为"未处理"。

e. 一般收款回单

回单说明:

纵向项目或横向项目等科研和成果转化等业务产生收款,在对方支付我方款项时,银行会生成一笔收款回单。

境外付款到单位账户,产生国际收款回单。

解析规则:

将回单状态设置为"未处理"。

f. 零余额账户请款回单

回单说明:

财政部门拨款给单位的经费,如科研费用、运行费用等,单位直接使用零余额付款时,零余额账户会同时产生两个回单:一是零余额支付的回单,二是"代理中央财政授权支付垫款户"支付给零余额账户产生的收款回单,该收款回单被称为请款回单。

解析规则:

付款人是"代理中央财政授权支付垫款户"则视为请款,则回单状态为"已处理"(由于财政每年的资金总额度是确定的,单位统一做账,因此后面请款的单据不再做处理,直接修改为已处理状态即可)。

g. 退款回单

回单说明：

在对外付款时，跨行付款一般不是实时付款。在付款信息有误时，对方银行收到支付指令后发现付款不成功，就会将款项原路返还。此时对我方来说，就产生了一笔收款，但这不是真实的收款，而是对应付款的退款。

解析规则：

收款银行为建设银行，并且支付清算业务类型为 A105。

回单中的支付清算业务类型为 A105 则属于退款回单。退款回单可以通过回单时间（3天内）+银行账号+金额与报销单据、借款单据、报销补录单据和外部转拨单据进行匹配关联（退回回单时间晚于报销单据，并且回单状态是已回单、重汇中或者为空），如果关联上则系统自动发起重汇单据，回单状态为"重汇中"；如果关联不上则回单状态为"未处理"。

h. 利息收款回单

回单说明：

银行存款定期结息，银行对结息自动产生一笔利息收款回单。

结息规则：

（1）建设银行（以下简称建行）根据回单中的"计息项目"判断是否为建行利息回单，系统会自动生成其他预算收入单据，并显示回单状态为"处理中"。

（2）中行根据回单中的抬头"利息收入回单"判断是否为利息回单类型，系统会自动生成其他预算收入单据，并显示回单状态为"处理中"。

i. 转户收款回单

回单说明：

详细见"转户付款回单"。建行收款回单，中行收款回单。

结息规则：

收付款方名称都是本科研机构，如果与转户申请单据关联上则回单状态为"已完成"，否则回单状态为"未处理"。

3. 银行回单与业务关联

从银行回单库中，可以对回单进行综合查询，并支持检索、预览下载回单、查看关联的业务单据等功能。

可以查询回单的详细信息如下。

序号、回单类型、回单银行、交易时间、交易金额（元）、凭证号、业务单号、用途、附言、对方单位名称、对方账号、对方开户行、流水号、回单号、回单文件（预览和下载回单）和回单处理状态（见图 4.96）。

第4章 智慧科研的应用架构

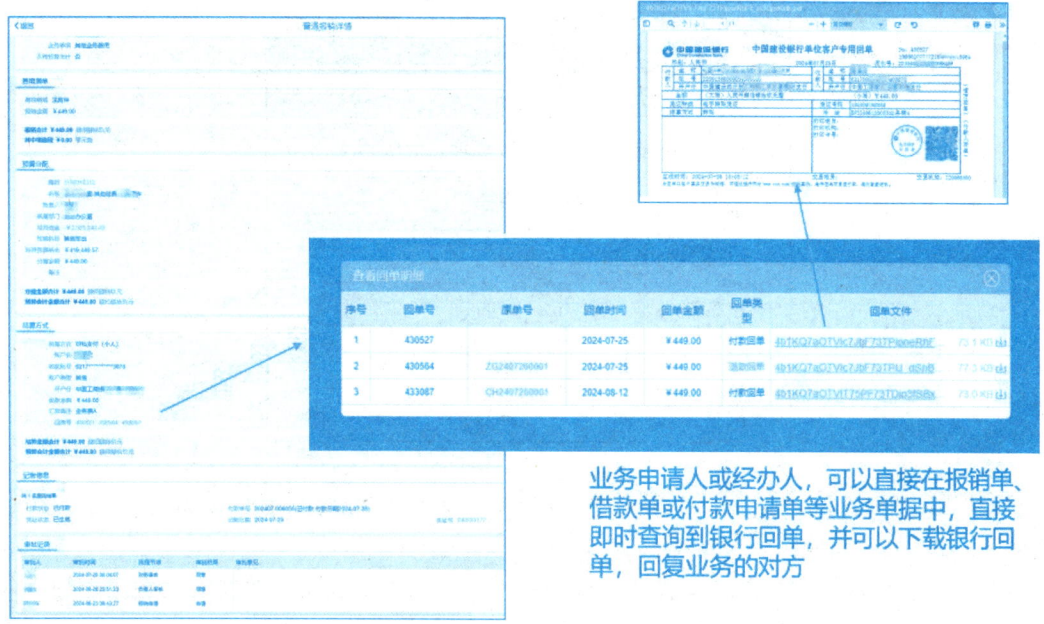

图 4.96　银行回单的业务关联获取

4. 自动入账的回单处理

1）自动扣款和手续费自动生成凭证（支出自动生成单据）

业务说明：

自动扣款单据会产生对应的银行回单，通过银行回单识别自动扣款的业务，生成其他预算支出单据，财务审批通过生成凭证（见图4.97）。

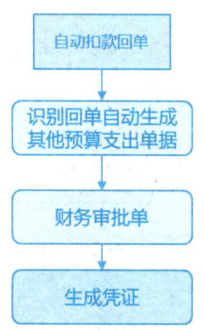

图 4.97　自动扣款回单处理流程

需求分析设计：

回单采集与解析，识别自动扣款的类型与回单类型配置的类型进行匹配（见表4.9），根据维护的类型自动匹配对应预算及科目信息。

表 4.9 基础配置—回单类型配置

字段名	字段说明
序号	—
收付款类型	选择项，收入或支出
回单类型编码	自定义
回单类型名称	自定义
核算账号	配置项
财务会计科目	配置项
预算会计科目	配置项

根据其他预算支出单据详情，增加费用类型字段，自动获取扣款回单对应的扣款类型。

根据回单扣款类型，自动生成其他预算支出单据；自动获取回单对应的费用类型、业务日期、支出金额、增值税信息；通过扣款类型自动获取匹配的预算及科目信息；自动生成预算支出单据关联自动扣款银行回单。

自动生成支付单并推送待审批信息给财务审批处理（可修改科目信息）。审批通过后推送至财务核算系统并自动生成凭证。随后推送到待审批中，并且所有财务管理人员都能进行复核。

其他预算支出查询列表，增加费用类型字段和金额合计功能，并且可以通过费用类型字段进行筛选数据。

2）利息自动生成凭证（收入自动生成凭证）

业务说明：

利息收入会产生对应的银行回单，通过银行回单识别利息收入的业务，生成其他预算收入，财务审批通过后生成凭证（见图 4.98）。

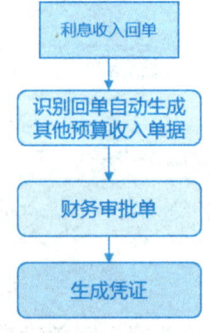

图 4.98 利息收入回单处理流程

需求分析设计：

根据回单类型设置生成对应预算及科目信息。

在其他预算收入单据详情中，增加收入类型字段，并使利息类型的其他收入单自动获取回单对应的利息类型。

根据利息回单，自动生成其他预算收入单据，自动获取回单对应的业务日期、收入金额，设置默认收入说明，自动匹配获取预算及科目信息，自动生成其他预算收入单据关联自动扣款银行回单（可修改科目信息）。推送待办信息到财务复核，复核通过推送至财务核算系统自动生成凭证，然后推送到待审批中，并且所有财务管理人员都能进行复核。

根据其他预算收入列表，增加收入类型字段和金额汇总合计功能，并且可以通过收入类型字段进行数据筛选。

5. 经费到账的回单处理

经费到账回单的处理流程见图 4.99。

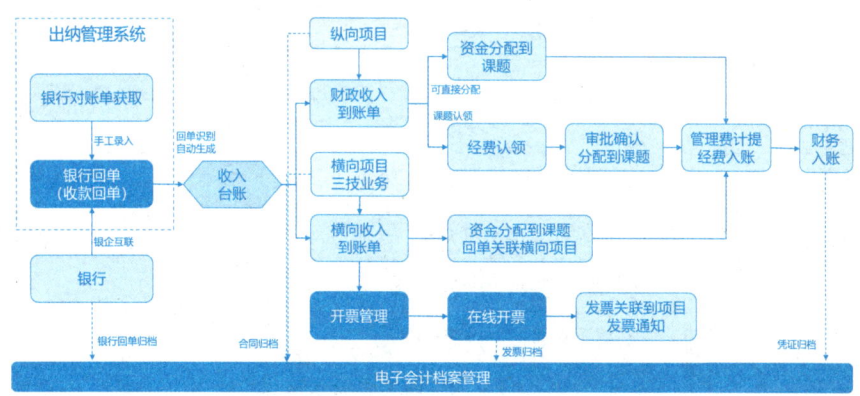

图 4.99　经费到账回单的处理流程

1）财政授权的到账回单

业务说明：

财政授权到账的回单处理是对银行提供的财政收入回单进行的财务业务处理（见图 4.100）。

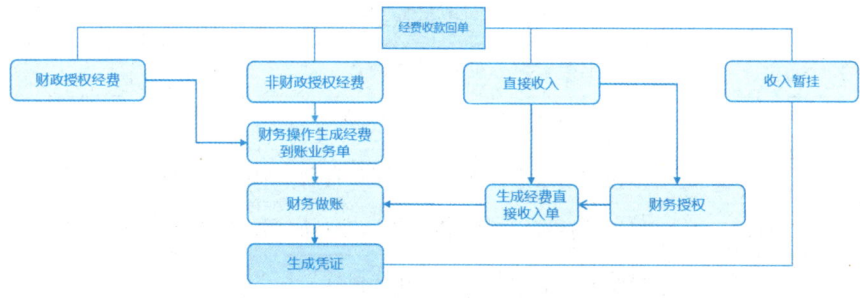

图 4.100　财政授权到账的回单处理流程

需求分析设计：

从回单处理管理列表进入操作，选择一张或者多张回单，操作选择进入"财政授权到账单"，系统跳转到账单界面。

在财政授权到账回单界面，需要人工补充款项类别、预算来源和收支性质，其他字段根据规则自动填写。填写完成会后提交（每个到账明细都需要生成一个到账单单据），提交后跳转到"财务处理"界面。

财政授权到账回单处理字段及获取说明见表4.10。

表4.10　财政授权到账回单处理字段及获取说明

字段名称	字段内容获取说明
基本信息	
到账日期	改为"业务日期"，默认发起时间
摘要	保持原规则——财务填写
收款总额	保持原规则——自动生成
单位	默认元
到账明细	
到账日期	新增字段，默认获取对应的回单时间
类款项	保持原规则——财务填写
预算来源	保持原规则——财务填写
收支性质	保持原规则——财务填写
关联号	放在计划行ID前面，财务手动填写
收款方式	新增字段，默认"银行转账（财务专用）"
收款金额	默认对应单条回单金额
计划行ID	放在最后一栏显示，数据获取规则
到账经费说明	默认回单用途和附言
付款账户名称	新增字段，默认回单付款单位
付款银行	新增字段，默认回单付款银行
付款账号	新增字段，默认回单付款账号
收款账户	根据回单的银行信息自动获取
收款科目	保持现行规则，根据收款账户自动获取收款科目
收款预算会计科目	保持现行规则，根据收款账户自动获取收款预算会计科目
备注	修改为"摘要"，默认获取付款人

2）非财政授权到账回单

业务说明：

非财政授权到账回单处理是对银行提供的非财政收入回单进行的财务业务处理。

需求分析设计：

从回单处理管理列表操作，选择一张或者多张回单，操作选择进入"非财政授权到账单"。

表单内容获取回单信息自动填充并自动提交（每个到账明细都需要生成一个到账单据）。

提交后直接跳转到"财务处理"页签界面。

非财政授权到账回单处理字段及获取说明见表 4.11。

表 4.11 非财政授权到账回单处理字段及获取说明

字段名称	字段内容获取说明
基本信息	
到账日期（建议改为业务日期）	默认发起时间
摘要	保持原规则——财务手动填写
收款总额	保持原规则——自动计算汇总
单位	默认元
到账明细	
到账日期	默认对应回单时间
收款方式	默认"银行转账（财务专用）"
付款人	默认回单付款单位，改为"付款账户名称"
付款银行	默认回单付款银行
付款账号	默认回单付款账号
到账金额	默认回单金额
摘要	保持原规则获取付款人
到账经费说明	默认回单用途和附言
收款账户	根据回单的银行信息自动获取
收款科目	保持现行规则，根据收款账户自动获取收款科目
收款预算会计科目	保持现行规则，根据收款账户自动获取收款预算会计科目

3）直接收款到账回单

业务说明：

直接收款到账回单处理是对银行提供的直接收款回单进行的财务业务处理。

需求分析设计：

从回单处理管理列表操作，选择一张或者多张回单，操作选择进入"直接收款"，则弹出授权处理和财务处理两个选项。

选择"财务处理"后，系统将直接跳转生成一个直接收款的草稿。操作人选择并填写收款单内容。多选的情况下，一个操作界面生成多个页签，提交后根据页签生成多张收款单。提交后，这些收款单将按照现有的审批流程进行审批。

如果选择"授权处理"，则需选择授权人员（单选）。系统将生成草稿的直接收款单据推送给被授权人员。被授权人员会收到一条或者多条待办信息，单击待办进入直接收款草稿界面编辑并提交。

每个回单详情界面和审批界面内容与现系统业务一样不作更改，生成一个直接收款单据（见表 4.12）。

表 4.12 直接收款到账回单处理字段及获取说明

字段名称	字段内容获取说明
到账信息	
业务日期	取回单时间
收款金额	回单金额
经手人	被授权人员
收款说明	默认信息规则：收××××公司到款，××××公司是回单中的付款单位名称
其他附件	保持原模式
金额单位	保持原模式
收款分配	选择预算
结算方式	
结算方式	默认银行转账（财务专用）
账户名	回单账户名
付款账户	回单付款账户

续表

字段名称	字段内容获取说明
付款银行	回单付款银行
收款金额	回单金额
收款账户	回单收款账户
汇款备注	保持原模式
提取费用	保持原模式
开票申请	保持原模式

4）暂挂处理管理

业务说明：

对于无法确认的回款回单，则需要进行暂挂处理管理。

需求分析设计：

从回单处理管理列表进入操作，选择一张或者多张回单，操作选择进入"暂挂申请"。

备注：暂挂申请界面新开发功能。

单张或批量操作暂挂时，界面包含两部分内容："人员信息"和"基本信息"。

基本信息包含：

挂账类型：默认收入挂账。

暂挂单号：单号规则：SZG+2位年+月+日+4位流水。

暂挂人：默认当前登录用户，可修改。

暂挂日期：默认当前登录用户，可修改。

是否生成预算会计：如果是则需要带上预算会计科目。

财务会计：选择。

预算会计：（如果"是否生成预算会计"为是时则需要填写）借方会计科目（默认科目为100 201），贷方会计科目（自选）。

暂挂金额：回单金额。

记账信息：记账日期（默认当前日期，可修改）、制单人：默认为当前登录人名称，可修改、摘要（默认为：收款人+付款人【回单付款单位名称】付款金额）。

注意：每个回单都需要生成一个独立的凭证。如果是多个暂挂单据同时做，则需要一个界面生成多个页签。

6. 退款回单的处理

智能财务平台与银行回单接口对接，并完成对银行的回单解析。如果是支付失败被退回的回单（根据回单中的错误代码，判断A105则为退款回单），则系统需要自动生成一个暂挂单据（见图4.101）。

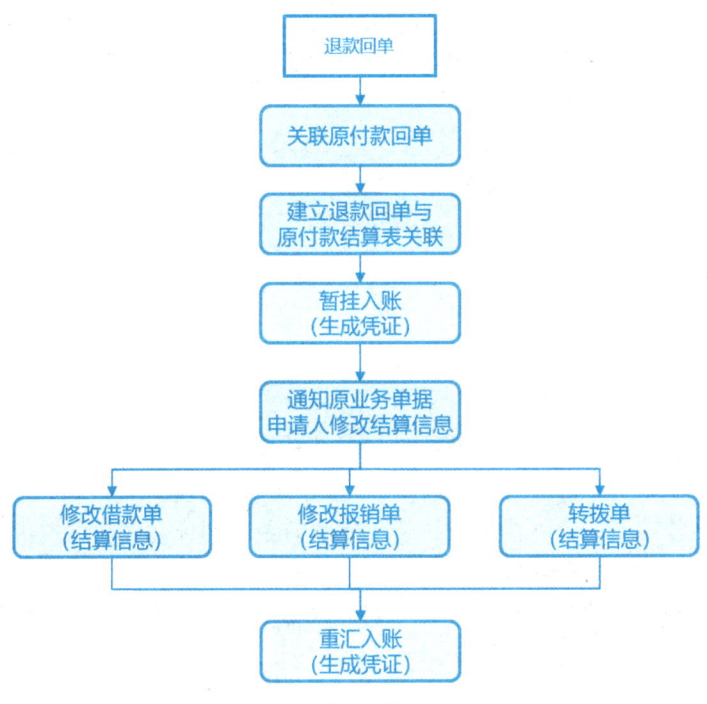

图4.101　退款回单的处理流程

1）暂挂业务

将退款的银行收款回单在财务系统中暂挂，不作为收款入账。

2）退款重汇

如果属于退款回单，并且生成了暂挂单据，系统需同步生成一个重汇草稿单据，并发送给申请人。申请人需要对错误的付款信息进行调整，完善重汇单据内容后，提交给财务人员审核。审核通过之后，则完成重新支付工作。

3）退款重汇查询

该功能主要是提供给财务部门综合查询所有的重汇单据。可以查看各个重汇单据的审批流程、状态、详细内容并且可以将内容导出。

4.10 采购与合同管理

4.10.1 采购模式与采购流程

1. 采购模式

科研机构的采购管理需求复杂多样,但通过完善采购管理制度、建立专业化采购团队、标准化采购流程、严格供应商管理、强化风险控制、加强预算管理、推进数字化招标管理,以及跨部门协作等措施,可以有效满足这些需求,提升采购管理水平,保障科研活动的顺利进行。

下面阐述科研机构采购管理的 4 种主要采购模式。

1)集中招标采购模式

集中招标采购是指科研机构将多个采购需求集中起来,进行统一采购。这种模式有助于提高采购效率,降低采购成本,并加强对采购过程的监管。集中招标采购模式通常涉及以下 3 个步骤。

(1)需求汇总:各部门和各项目提出采购需求,采购部门对需求进行汇总和整理。

(2)统一采购:根据汇总后的需求,采购部门组织统一的采购招标活动,一般委托招标代理机构执行。

(3)合同签订与执行:与供应商签订合同,并监督合同的执行和交付。

集中采购模式适用于采购量大、通用性强、标准化程度高的物资或服务。

2)集中自行采购模式

集中自行采购指除招标方式外的其他集中采购的方式。由使用或需求部门提出采购申请,采购主管部门采用谈判采购、询比价采购、直接采购(单一来源采购)和竞价采购等方式。这些方式各有其适用的场景。

(1)谈判采购:适用于采购需求、实施方案不明确或市场竞争不充分的情况。

(2)询比价采购:适用于采购人可准确提出采购项目需求和技术要求,市场竞争比较充分的情况。

(3)直接采购:适用于采购项目为特定专利或专有技术,原设备、装置、系统配套的物资或供应资源数量极少等情况。

(4)竞价采购:适用于技术通用、标准明确、市场竞争充分的采购项目,通过价格竞争确定供应商。

集中执行采购模式能够灵活应对各种复杂的采购需求,但也需要严格遵守相关法规和政策，确保采购过程的公正性和透明性。

3）分散零星采购模式

分散零星采购是指由各使用部门或科研项目组，自行组织采购活动，适用于采购量小、需求个性化强或紧急采购的情况。分散零星采购模式能够灵活应对各部门的特殊需求，但可能面临采购成本高、过程监管难等问题。

4）电商平台采购模式

随着信息技术的发展，电商平台采购模式在科研机构中越来越普遍。电商平台采购通过电子商务平台实现采购流程的全电子化操作，包括发布询价书、采购公告公示、供应商报价、合同签订与执行等环节。电商平台采购模式能够提高采购效率，降低采购成本，并加强采购过程的监管和追溯。

科研机构在日常办公用品的采购上较多使用京东企业采购平台。对于科研仪器设备、实验耗材等比较重要物资的采购平台是中国科学院的喀斯玛商城。喀斯玛（北京）科技有限公司作为中国科学院控股有限公司旗下的国有企业，中国科学院为解决科研"采购难、监管难、核算难"问题，指导喀斯玛在国内率先建立了规范科研采购管理的第三方电子商务平台——喀斯玛商城。喀斯玛商城是服务科研领域的垂直型 B2B + O2O 的第三方电子商务平台，商城集交易、管理、资讯 3 类功能于一体，以网络超市和信息化管理模式，充分满足了采购真实性、合规性、必要性、保障性、经济性等政策要求，实现了信息对称、程序规范、便捷高效。

商城业务范围涵盖生物试剂及耗材、化学试剂、科研仪器、技术服务（基因测序、检验检测等）、办公用品、电子元器件、农资农具和气体等。目前全国科研机构、高校、产业机构（企业、医院等）共有 2 500 多家采购单位入网采购，累计交易额约 230 亿元。

由于科研机构的科研项目具有高度的专业性和复杂性，采购模式往往需要根据项目的具体特点进行调整和优化。例如，对于需求不明确的项目，可以采用谈判采购或分阶段采购的方式；对于时间紧迫的项目，可以优先采用快速响应的采购方式；对于高价值或高风险的采购项目，则需要加强过程管控和风险评估。

综上所述，科研机构的采购模式多种多样，包括集中招标采购、集中自行采购、分散零星采购、电商平台采购，以及结合项目特点的采购模式等。这些模式各有优缺点和适用场景，科研机构应根据实际情况选择合适的采购模式以确保采购活动的顺利进行和科研项目的成功实施。

2. 采购流程

采购与合同管理模块是从供应商管理、采购计划与执行等方面入手，针对项目类采购进行优化，同时满足非项目类采购的整体业务线上支撑。

物资采购模块以实现项目采购和非项目采购的整体流程为出发点，实现对相关业务系统的数据化、流程化支撑和相关的业务数据分析，以提高物资采购相关业务的规范化，同时提供智慧化的、高效的应用服务。

智慧科研平台从物资、服务的采购需求来源，到采购计划的执行、供应商选择（询价/招标）、收货管理、物资领用、发货管理、付款、发票等众多环节的执行，对流程化的管理和各环节的有效控制起到重要作用。

整个采购过程对物资从开始到结束进行全面的记录和管理，实现对物资各环节的有效管控（见图4.102）。

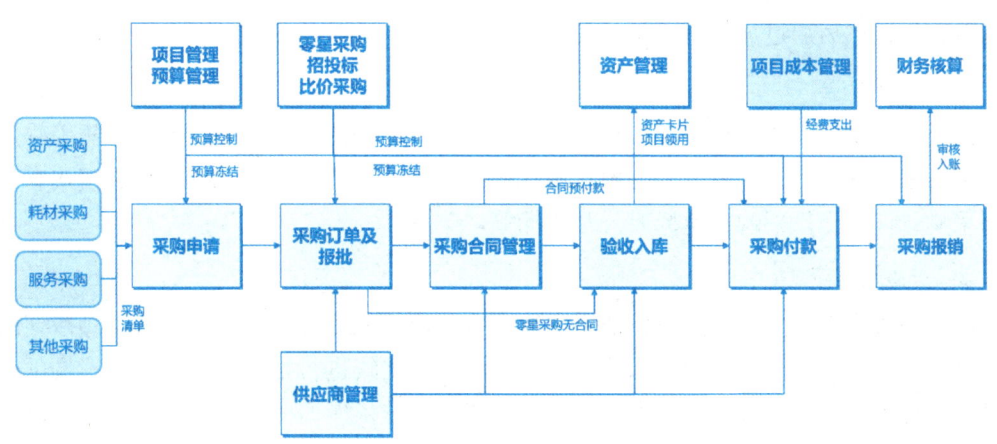

图 4.102　采购管理业务架构

针对双方签约的采购合同，可以通过在线平台进行合同执行的协同，协同内容包括订单信息、发货信息和收付款及发票等财务结算信息（见图4.103）。

图 4.103　采购管理的业务流程

1）采购需求申请

采购需求由各科研单元、业务部门的相关人员发起，填写"采购需求申请单"完成采购申请工作。

2）采购计划

采购需求申请提交审批通过后将统一提交采购管理部门进行统一汇总处理，生成指定的采购计划，并根据具体的情况进行执行。

采购管理人员可通过汇总未执行完成的采购申请，来生成采购计划。当用户选择采购申请单后，系统可自动列出采购物资列表。采购管理人员可勾选列表中的物资信息，并修改采购数量，然后通过加入清单将相关物资添加到采购清单中。

3）采购方案

已经完成审批的采购计划，根据采购的货物类型、采购数量和采购预计金额等确定采购方案。采购部门根据采购计划的要求确定采购执行的相关方案，包括的采购模式有自行零星采购、询价比价采购、邀标或公开招标等。

4）采购询价

已经完成审批的采购方案可将清单内物资拆分成相应的询价单，询价单可直接导出、打印，或直接通过供应商门户发送给选定的供应商，在线进行报价。采购管理人员可以收集供应商的报价文件，包括导入离线提交的报价单或从供应商门户中在线提交的报价单。根据价格比价规则，可以确定采购供应商。

5）采购招标

采购计划生成采购招标文件后，可以自行组织或委托代理机构启动招标流程。

采购管理人员根据采购计划具体的执行方式选择相应的定标操作流程，如执行线下报价或第三方机构招标方式，采购管理人员可上传相关的定标文件信息，如通过供应商门户完成投标操作，则可直接带入供应商门户系统的投标、报价文件。

6）采购订单

系统定标完成后可通过系统直接生成订单信息，采购管理人员可直接查询已完成定标的采购计划并生成采购订单信息，在订单生成界面选择供应商，填写订单信息和交货信息。填写完成后，订单经过审核传递到采购管理系统中。

已审核订单可根据订单模板导出生成订单文件或合同，如将在线操作订单传递到供应商门户中。

采购订单将约定付款计划和货物清单。付款计划与付款金额与财务系统进行关联。

7）采购合同管理

已依据采购订单生成的采购计划将生成采购合同管理，并进行采购合同审批、签署合同等操作，详细见"合同管理"一节。合同履约管理包括合同的履约条款、履约进度及合同付款申请等。在合同管理平台中相关管理人员有权限对履约计划、进度进行监督、预警、检查和指导，并对合同进行定期分析、及时反馈及适当处理。对每个合同的收付款情况，进行自动的预警，提前提醒执行合同的收付款。

8）应付账款与发票管理

合同付款的申请与发票开具将同步数据到合同台账和财务管理系统。

9）采购报销与核销

对采购费用进行报销，以及对预付款和应付款的核销（见 4.9.5 经费支出及成本管控中的 2. 报销管理）。

4.10.2 供应商管理

科研机构的采购与供应商管理有其特殊性，包括以下 4 个方面。

1. 高度专业化

科研机构由于其研究领域的专业性，对所需仪器设备、实验耗材和服务往往也有很高的专业要求。因此，供应商管理需要特别注重供应商的专业能力和技术水平，确保所提供的物资和服务能够满足科研需求。

2. 质量控制要求严格

科研活动对物资和设备的质量要求极高，任何微小的质量问题都可能影响科研成果的准确性和可靠性。因此，供应商管理必须建立严格的质量控制体系，对供应商的产品进行严格的检验和测试。

3. 供应链管理复杂

科研机构涉及的供应链往往较长且复杂，包括仪器设备供应商、零部件供应商、实验耗材供应商、专业服务供应商等多个领域。有效的供应商管理需要协调好各个领域之间的关系，确保供应链的顺畅和高效。

4. 风险意识要求高

科研活动往往伴随着较高的风险，如技术风险、市场风险、安全风险等。供应商管理需要具备较强的风险意识，对供应商进行风险评估和监控，及时发现并应对潜在的风险。

科研机构与供应商之间往往会建立长期稳定的合作关系，这有助于降低采购成本、提高采购效率并确保物资供应的稳定性与安全性。因此，供应商管理需要注重与供应商建立长期的合作关系，共同应对市场变化和技术挑战。

智慧科研平台采购管理针对供应商提供直接供应商门户，将供应商门户与数字化管理平台进行一体化流程管理，实现对供应商的准入、审核、评价协同办公、统计分析等业务的全面覆盖。

根据供应商的合作情况，智慧科研平台针对供应商进行多角度评价、管理。对于供应商的定期评估，平台将根据供应商的服务类型建立不同角度的评价指标。针对不同类型的供应商，平台会设立不同角度的评价准则，并在评价打分后综合评估供应商信用状况。此外，平台应对供应商的供货时间与质量进行统计分析，根据考核规则实现供应商的信用管理。并对合格供应商进行集中统一管理，各单位可以根据采购物资类别进行合格供应商申请，审批通过以后可以注册为合格供应商。同时对每个供应商进行采购合同和订单进行分类管理，并实现各供应商之间的结算和财务支付上的合并管理。

1）供应商选择与管理

（1）建立供应商注册程序：科研机构应建立完备的供应商选择程序，使用统一的供应商选择标准。通过市场调研、问询介绍、专业媒体推介和互联网搜索等多种渠道收集潜在供应商信息，并评估其供货能力、货源稳定性和可靠性。

（2）组建评选小组：成立由科研部门、采购部门和监察审计部门等组成的供应商评选小组，确保评选过程的专业性和公正性。

（3）动态管理：对供应商档案进行统一管理，及时更新和补充相关证书和资质信息，确保档案资料的完整性、及时性和有效性。

系统中供应商代码是唯一识别供应商的标识，供应商代码应依据相应编码规则生成。

供应商详情主要包括供应商编码、供应商名称、联系方式、联系地址、资质信息、法定代表人信息、联系人信息、税务信息和银行账号信息等内容（见图4.104）。

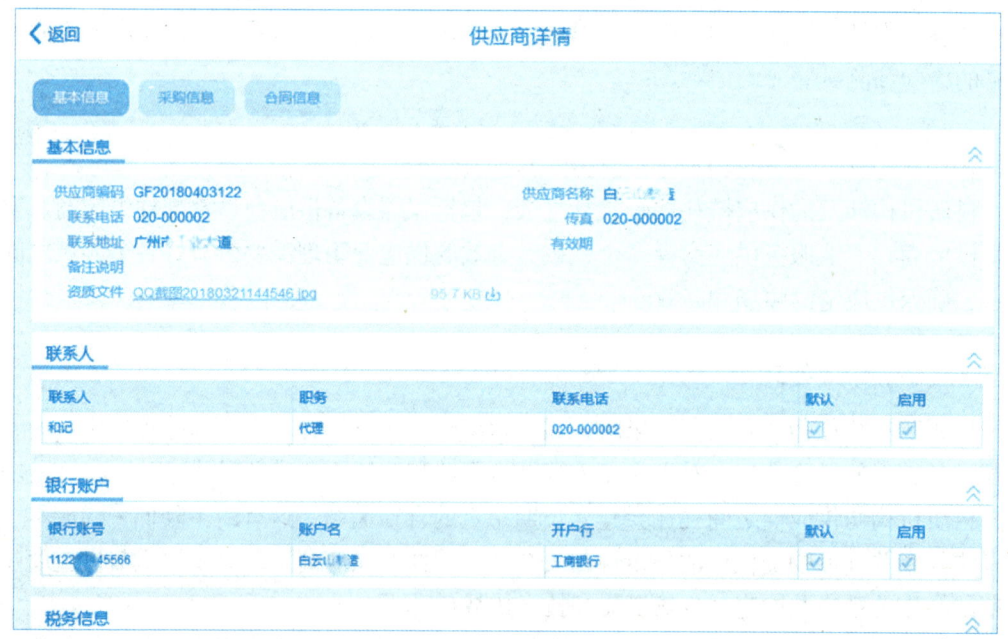

图 4.104 供应商详情

2）供应商信用管理体系

（1）分级分类管理：对供应商实行分级分类管理，根据供应商的信用和绩效表现将其划分为不同等级,并采取相应的管理措施。

(2)质量、收货与价格评定:定期对供应商的产品质量、收货情况、价格和服务质量进行评定,确保供应商提供的物资和服务符合科研需求和质量标准。

(3)激励与淘汰机制:对于表现优秀的供应商给予优先订货、加大订货量等激励措施;对于表现不佳的供应商则采取限制订货、淘汰等措施。

3)数字化与业务协同

(1)建立供应商管理系统:利用信息化手段建立供应商管理系统,集中管理供应商的核心信息,如公司资质、产品、服务和质量认证等。通过系统实现供应商信息的快速查询和比较,提高供应商选择和评估的效率。

(2)供应链协同:与供应商的 ERP 系统等实现数据实时同步和共享,提高供应链的运作效率和质量控制水平。智慧科研平台特别需要与采购量大、采购频繁的电商平台实现互联互通,将业务流程打通。

(3)长期合作:与长期大额供货的供应商建立战略合作关系,共同解决产品质量、成本控制和技术开发等问题。

(4)协同计划:根据生产需求协调供应商的供货计划,实现准时化采购和供应链的高效运作。

(5)协同商务:主要的供应商,特别是采购频繁的实验耗材供应商,应该建立采购订单或采购合同的格式化合同,双方拟定格式化合同模板,加快采购流程和合同拟定与审批流程。

综上所述,科研机构的供应商管理具有高度的专业性、严格的质量控制、复杂的供应链管理、强烈的风险意识和长期合作导向等特色。同时,通过建立筛选程序、绩效管理制度、信息化管理系统和战略合作关系等管理模式,科研机构能够有效地管理供应商资源,确保科研活动的顺利进行。

4.10.3 固定资产采购

科研项目课题组根据项目需求进行固定资产采购申请。采购申请可根据科研部门管理需求由采购管理人员、课题负责人、部门负责人、对口管理部门及科研部门领导等相关人员对资产采购行为进行审批。

1. 固定资产采购申请

所有科研部门在职员工都能发起固定资产采购申请。

在申请人发起固定资产采购申请时,可选采购用途、采购项目名称、采购组织形式、采购方式等。申请人可录入资产清单信息,指定资产类别、产品名称、参考品牌、型号等。申请人还需选择采购支出的预算来源,提交后需要预算课题负责人和相关管理部门审批(见图 4.105)。

(a)

(b)

图 4.105　资产采购申请

2. 固定资产采购订单与合同

固定资产采购申请审批通过后，在采购执行前，由采购管理人员对固定资产采购订单的相关信息发起申请。根据科研部门管理需求，由课题负责人、部门负责人、对口管理部门及科研部门领导等相关人员对资产采购订单进行审批。只有具有固定资产采购管理人员权限的人员才能发起固定资产采购订单。

可选择已审批通过的采购申请单进行采购订单执行。在报价清单中，可录入供应商报价信息，可多方报价。根据比价信息，选择推荐供应商，供订单审批人参考。采购订单的执行预算可通过参数控制是否允许修改采购申请单的预算信息（见图4.106）。

（a）

（b）

（c）

图4.106　资产采购订单

3. 固定资产验收入库

固定资产采购到货后，先由部门资产管理人员进行实物验收。验收合格后，由资产管理人员发起固定资产验收申请。通过审批的固定资产将被入库进行管理。只有具有固定资产管理员权限的人员才能发起固定资产验收申请（见图4.107）。

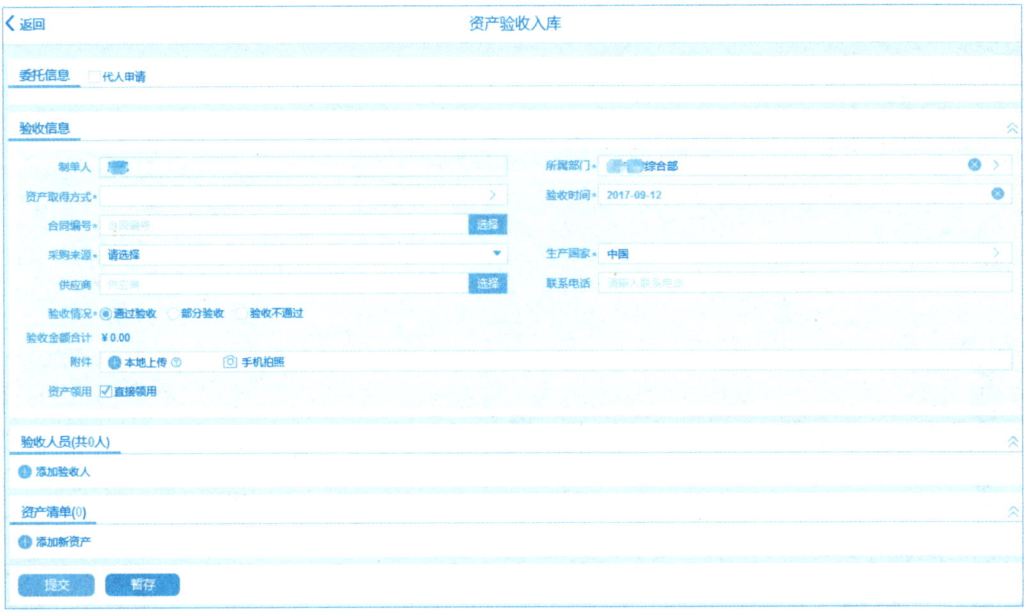

图 4.107　资产验收入库

采购到货后，科研人员发起验收申请，关联采购订单调取采购明细，并选择验收人员。系统支持验收完成后直接由领用人领用出库，并自动生成领用单，同时也支持验收后入库。

4.10.4　无形资产采购

1. 无形资产采购申请

科研项目课题组根据项目需求进行无形资产采购申请。采购申请可根据科研部门管理需求由采购管理人员、课题负责人、部门负责人、对口管理部门及科研部门领导等相关人员对资产采购行为进行审批。所有科研部门在职员工都能发起无形资产采购申请。

在申请人发起无形资产采购申请时，可选择采购类型、采购组织形式、采购方式等。申请人可录入资产清单信息，指定资产类别、规格需求、采购数量、预计金额等。还需要申请人选择采购支出的预算来源，提交后需要预算课题负责人和相关管理部门审批。

2. 无形资产采购订单

无形资产采购申请审批通过后，在采购执行前，由采购管理人员对无形资产采购订单的相关信息发起申请。根据科研部门管理需求，由课题负责人、部门负责人、对口管理部门及科研部门领导等相关人员对无形资产采购订单进行审批。只有具有无形资产采购管理人员权限的人员才能发起无形资产采购订单。

无形资产采购的流程与固定资产采购的流程类似。

3. 无形资产验收入库

无形资产采购到货后，先由部门资产管理人员进行实物验收。验收合格后，由资产管理人员发起无形资产验收申请。通过审批的无形资产将被入库进行管理。只有具有无形资产管理员权限的人员才能发起无形资产验收申请。

采购到货后，发起验收申请，可关联采购订单并带出采购明细，选择验收人员。系统支持验收完成后直接由无形资产管理人员或使用人员领用出库，并自动生成领用单。

4.10.5 耗材采购管理

1. 耗材采购申请

科研项目课题组根据项目需求进行耗材采购申请。采购申请可根据科研机构管理需求由采购管理人员、课题负责人、部门负责人、对口管理部门及主管领导等相关人员对资产采购行为进行审批。

在申请人发起耗材采购申请时，可选择采购类型、采购组织形式、采购方式等。申请人可录入耗材清单信息，指定耗材类别、规格需求、采购数量、预计金额等。申请人还需要选择采购支出的预算来源，提交后需要预算课题负责人和相关管理部门审批。

2. 耗材采购订单

耗材采购申请审批通过后，在采购执行前，由采购管理人员对耗材采购订单的相关信息发起申请。并提交审批。选择已审批通过的采购申请单进行采购订单执行。在报价清单中可录入供应商报价信息，可多方报价。根据比价信息，选择推荐供应商，供订单审批人参考。采购订单的执行预算可通过参数控制是否允许修改采购申请单的预算信息。

3. 耗材验收入库

详见（4.11.4 耗材管理）。

4.10.6 服务采购管理

服务采购管理所涉及的主要范围是服务采购申请、采购订单、采购验收，以及相关的查询功能等。

服务采购申请是在做服务采购前，由采购管理人员、课题负责人、部门负责人、科研部门领导等相关人员对服务采购行为进行审批。系统提供服务采购申请表单及流程审批功能，支持一个申请单包含多项服务的采购申请。

系统提供采购订单的申请和审批流程；采购订单表单内，可以选择审批通过的采购申请单中的无形资产明细作为订单的内容；采购管理人员在表单内选择3家以上的供应商，其中1家为推荐的供应商，并给出推荐理由，作为后续审批环节的决策依据。

服务采购验收管理主要对完成采购并验收合格的服务进行验收。系统提供服务验收申请表单及后续的流程审批功能。采购管理人员根据服务验收情况，从原审批通过的采购订单中选择服务进行验收；可以设定验收情况，如通过验收、部分验收、验收不通过等。申请时需要录入实际的验收人员信息。服务验收时，需要补充更多的服务详细信息等。

4.10.7 采购业务全过程跟踪

采购业务全过程跟踪是将采购从申请、订单、合同、付款/借款、验收入库、财务报销的全过程看板，为采购申请者、采购主管部门对采购业务的完成情况和流程状态，进行全过程实时动态的跟踪（见图4.108），掌握采购进度，促进业务流程优化。采购流程看板可以查询科研机构的采购的进度和综合查询采购订单的执行情况。

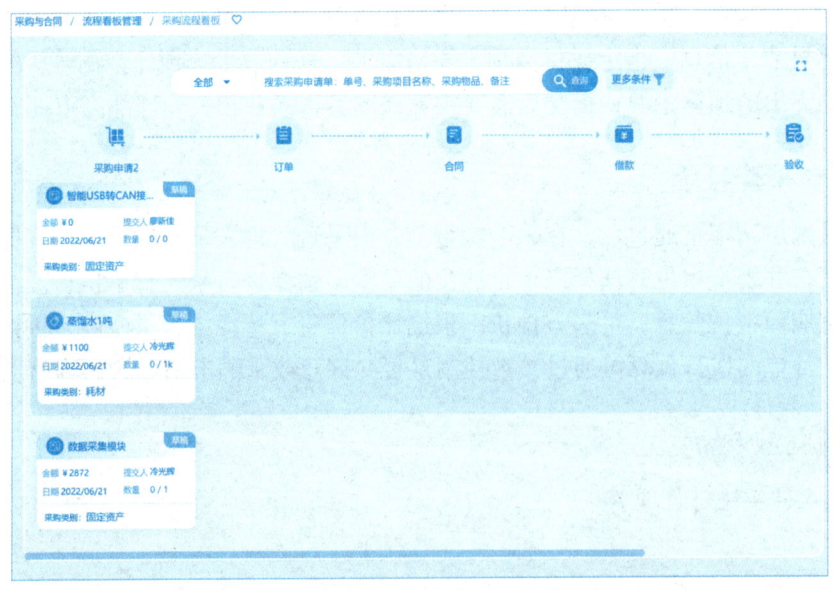

图4.108 采购业务的全过程跟踪看板

4.10.8　与竞价采购平台集成

随着云计算和互联网的快速发展，大规模的网上交易已经成为必然趋势。网上竞价采购系统提供了新的技术手段和方法，用于完成各类物资的采购，有效地降低了采购成本，为提高采购需求单位的竞争力提供了扩展的空间。

在科研机构的实际采购业务中，发布竞价形成供应商报价清单环节是在第三方专业采购和竞价平台完成，而后需要在智慧科研平台创建采购订单时人工录入供应商报价清单。因此存在以下问题：供应商报价信息录入量大、人工核对、人工花费的时间和人力成本高。迫切需要智慧科研平台与第三方竞价平台实现信息交互，推动采购事务智能化，优化采购制度流程（见表4.13）。

表 4.13　用户角色及其职责分配表

用户角色	所属部门	职责
部门/课题组采购专员	各部门/课题组	负责在智慧科研平台发起采购订单申请，接收竞价平台推送的竞价清单审核待办，并跳转至竞价平台进行审核，最后在智慧科研平台接收采购订单审批结果
采购组专员	综合管理部	负责在智慧科研平台发起采购订单申请，接收竞价平台推送的竞价清单审核待办，并跳转至竞价平台进行审核，最后在智慧科研平台接收采购订单审批结果
部门/课题组负责人	各部门/课题组	负责对智慧科研平台采购订单金额及预算审批

具体流程如下。

（1）采购专员通过智慧科研平台创建采购订单，选择关联前置采购申请单据/直接新增，完善除供应商报价清单外的信息后，单击"发布竞价"按钮。

（2）智慧科研平台采购订单提交审批后，进入待竞价平台审批状态，通过接口将招采信息同步到竞价平台，并直接发布竞价信息。

（3）竞价平台进入审批流程后，通过智慧科研平台创建的待办接口发送待办提示给智慧科研平台相关审批用户。

（4）智慧科研平台相关审批用户进入待办事项后，通过审批用户的同步传递接口跳转到竞价平台进行业务审批。

（5）若竞价平台审批流程不通过，则终止业务流程，同时通过智慧科研平台业务终结接口同步终结智慧科研平台业务流程，并通过智慧科研平台待办完成接口更新智慧科研平台待办。

（6）若竞价平台审批流程通过，则通过智慧科研平台待办完成接口更新至智慧科研平台待办。

（7）若竞价平台审批流程未结束，则重复步骤（3）和步骤（4），直到竞价平台审批流程结束。

（8）若竞价平台审批流程已结束，则智慧科研平台待办完成接口更新智慧科研平台待办，同时通过供应商报价清单同步接口将比价信息推送到智慧科研平台采购订单中，由申请人完善预算信息后提交开始进入智慧科研平台审批流程。

（9）若智慧科研平台流程审批不通过，则终止业务流程，同时通过竞价平台业务终结接口同步终结竞价平台业务流程。

（10）若智慧科研平台流程审批通过，则通过订单审批结果接口发送通过状态给竞价平台，竞价平台发布中标结果，双方业务流程完结。

4.10.9　与电商采购平台集成

随着电子商务的快速发展，大规模的网上交易已经成为必然趋势。在科研机构的实际采购业务中，对于一般仪器设备与耗材，可以在电商平台上直接采购。专业的仪器设备与耗材采购平台有喀斯玛商城，一般设备与办公用品的采购平台有京东。

智慧科研平台的采购业务与喀斯玛商城实现了业务的直接互联。智慧科研平台业务可以与喀斯玛商城电商采购之间形成完整的业务链条（见图4.109）。

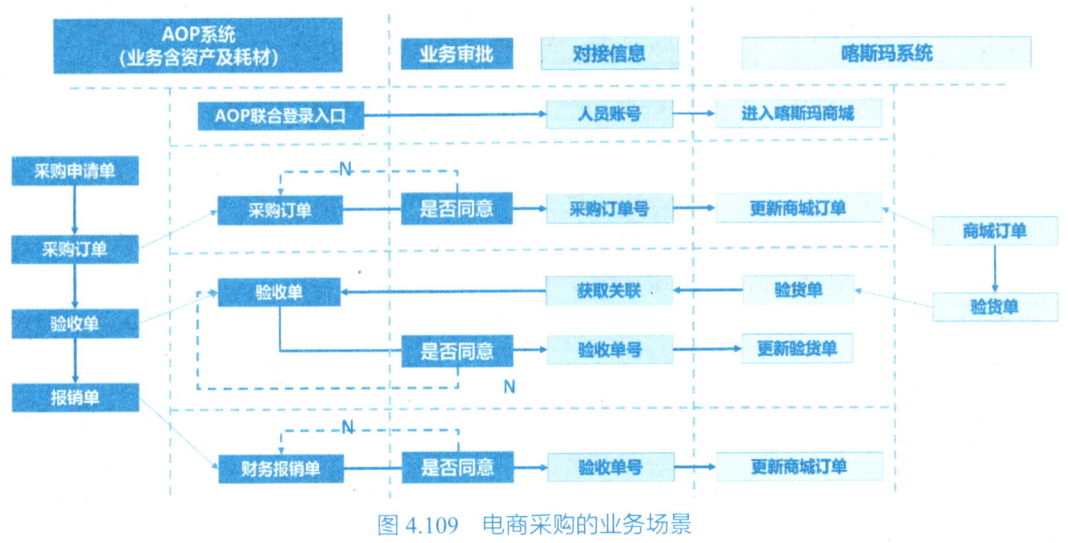

图 4.109　电商采购的业务场景

4.10.10　合同管理

科研合同是一种具有法律效力的书面协议。它明确了科研项目的研究方向、预期成果、时间安排等合作内容，有助于科研人员有计划地推进工作。

科研项目往往涉及多方合作，合同管理有助于促进各方之间的沟通和协调，确保科研活动的顺利进行。

科研合同管理贯穿了科研项目的全过程，对保障科研活动的顺利进行、维护科研机构的合法权益、提高科研效率和质量等方面都至关重要。

科研合同管理有助于确保科研项目所需的资金、设备、人力等资源得到合理并有效地分配和使用。科研成果通常涉及知识产权，如专利、技术秘密等。通过签订科研合同，可以保障双方的合法权益，避免资源的浪费和不必要的纠纷。

1. 合同类型

科研合同主要包括科研任务类合同、采购类合同、劳动及人事类合同和其他行政类合同。

1）科研任务类合同

（1）科研任务与项目合同：科研任务与项目合同是指科研机构承担的政府科技计划研究项目或其他委托科研项目的合同。这类合同通常包括科研项目任务书、重大任务书、委托科研合同等。合同规定了科研项目的研究目标、研究内容、考核指标、科研人员与团队组成、科研计划与项目经费预算等内容。

（2）科研成果转移转化合同：科研成果转移转化合同是指科研成果（主要是专利等知识产权成果）对外进行授权、转让等成果转移转化的合同。根据转让内容的不同，科研转让合同又可分为技术转让合同、专利许可合同、科研秘密转让合同和科研实施许可转让合同。这类合同的核心在于科研成果的权属转移和使用权的许可。

（3）科研咨询合同：科研咨询合同是指科研机构为企业或其他机构就特定的科研项目提供可行性论证、科研预测、专题科研调查、分析评价报告等科研咨询服务所订立的合同。这类合同侧重于提供智力服务，帮助企业解决科研生产与决策中的不确定性问题。

（4）科研服务合同：科研服务合同是指科研机构以科研知识为企业或其他机构解决特定科研问题所订立的合同。

科研任务类合同类似于企业的销售合同，是科研机构获得科研经费等收入的主要途径，科研任务类合同的执行需要与收入管理进行关联。

2）采购类合同

采购类合同是科研机构为科研活动等业务需要，采购仪器设备等资产、实验耗材、专项服务等签订的合同。采购类合同是科研机构获得科研资源、科研经费的主要途径，其执行需要与付款、成本核算管理进行关联。

3）劳动及人事类合同

劳动及人事类合同是科研机构与科研人员确立劳动关系、明确双方权益的重要法律文书，双方应严格遵守合同条款，确保科研活动的顺利进行和科研目标的实现。在实际操作中，科研机构应根据具体情况制定合法、合理、详细的劳动合同条款，并在签订前与劳动者进行沟通和协商。此类合同一般包括劳动合同、聘用合同、保密协议、知识产权协议等。

4）其他行政类合同

科研机构签订的其他非经济类的协议或合同。

2. 合同管理流程

合同管理流程包括合同申请与起草、合同审批、合同变更、合同履约管理、合同评价与分析等环节（见图4.110）。

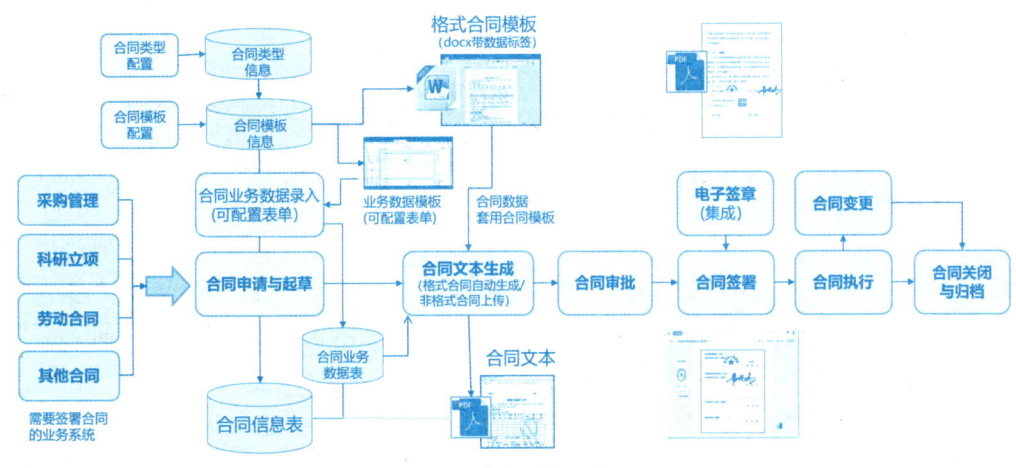

图 4.110　合同管理流程

1）合同申请与起草

合同申请是由合同起草人或项目负责部门提出的申请。合同申请是合同管理流程中的一个重要环节，它涉及合同的起草、审核、批准和签署等步骤。合同申请的流程有：起草合同、内部审核、申请批准和签署合同。

合同可以由采购方或供应商起草，也可以通过格式合同模板根据输入的合同数据来自动生成。下载格式合同模板后，填写合同内容并上传拟好的合同文本到系统中。

2）合同审批

合同申请由项目负责人提出后，经过部门负责人审核、法务审核、管理层审核、单位领导审批后通过（具体流程可以灵活设置）后生效。

3）合同变更

项目负责人根据合同的实际情况对合同进行变更，需要填写变更原因，记录好变更的时间。

4）合同履约管理

合同履约管理包括合同的履约条款、履约进度及合同付款申请等，在合同管理平台中相关管理人员有权对履约进度进行监督、检查和指导，并对合同进行定期分析、及时反馈及适当处理。

对每个合同的收付款情况，能够提前自动提醒执行合同的收付款。

5）合同评价与分析

（1）签订情况评价。合同预定的战略和策略是否正确，是否已经顺利实施；招标文件和合同风险分析的准确程度；该合同环境调查、实施方案、预算及报价方面的问题；合同谈判的问题及以后签订同类合同的注意点；相关合同之间协调的问题等。

（2）履约情况评价。合同履约是否正确，是否符合实际，是否达到预想的结果；在合同履约中出现的特殊情况；是否可以事先采取措施避免或减少损失；权衡合同风险的利弊；相关合同在执行中协调的问题等。合同履约情况的评价分析是对供应商的信用评估的最重要一环，对产品质量和服务的履约情况，进行记录和评价。

（3）合同条款分析。注重合同条款的执行，特别是对项目有重大影响的合同条款；在合同签订和执行过程中遇到的特殊问题的解决方案；对具体的合同条款如何表述更为有利等。

3. 合同数字化管理

科研机构的合同数字化管理是指利用信息技术手段，对科研机构的合同进行收集、存储、处理、传输和共享的管理。

1）合同数字化管理的流程

（1）合同起草。通过合同申请，对合同文本进行拟稿，或将合同内容的数据通过合同模板自动生成合同版式文件。及时收集所有与合同相关的书面和电子文件，包括合同文本、附件、审批意见、签字盖章文件及变更通知等（见图4.111）。

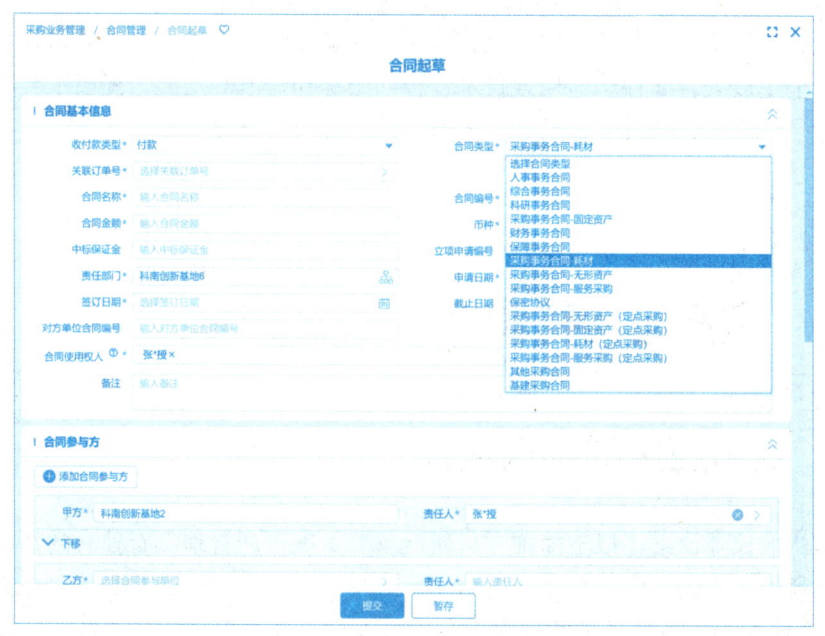

图 4.111　合同起草

（2）合同库管理。将数字化合同存储在安全的电子档案中，按照集中化管理、分类整理、定期备份和保密措施等要求进行操作。利用信息技术对数字化合同进行检索、编辑、批准和归档等操作，提高合同处理的效率和准确性。

（3）合同处理流程。通过业务流程引擎及业务管理数字化，实现合同的起草、审批、签署、执行、变更、结项等全程管理数字化。

2）合同数字化管理的技术

（1）自动化流程引擎。利用自动化流程引擎，实现合同的创建、审批、签署、执行跟踪等全过程管理，减少人为错误，降低人力和运营成本，提高合同管理效率和质量。提供可定制的审批流程，允许科研机构根据自身需求设计合同审批流程，提高审批流程的透明度和规范性。

（2）电子签名技术。使用电子签名、签章等技术，使合同的签署更加便捷和安全。电子签名、签章需符合国家认可的技术标准，并确保签署人的身份真实性和签名文件的完整性。

（3）合同模板与文本智能生成。利用文本处理技术，生成合同模板与合同数据的嵌入，生成合同文本的版式文件。

利用大语言模型，实现合同文本的智能生成，以及进行合同的合规性和风险性的检查与智能审验。

（4）合同存档与检索技术。利用云存储技术，为合同文件提供安全的存储环境，便于合同文件的检索和共享。同时，支持合同版本控制功能，以追踪合同修订的历史记录。

（5）合同跟踪和提醒。实时跟踪合同的状态和执行进展，并发送提醒和通知，确保不会错过合同截止日期和其他重要事件。确保合同数字化管理过程符合相关法律法规和行业标准，采取必要的安全措施保护合同信息的安全性和隐私性。

综上所述，科研机构的合同数字化管理通过自动化流程引擎、电子签名技术、合同模板与文本智能生成、合同存档与检索技术、合同跟踪和提醒等功能，提高了合同管理的效率和准确性，降低了管理成本和风险，推动了科研机构的稳健发展。

4.11 资产与耗材管理

4.11.1 业务应用的架构设计

科研机构的仪器设备（以下简称"科研设备"）等资产管理具有独有的特征，这些特征主要源于科研工作的专业性和复杂性。

（1）专业性强。科研设备往往具有高度专业性，涉及多个学科领域，且技术更新迅速。这些设备通常只能在特定的科研环境下使用，对操作人员的技术要求较高。

（2）价格高昂。科研设备一般具备高精度、高灵敏度等特点，并且往往价值不菲。一台高精尖的科研设备可能价值数百万甚至上千万。

（3）使用频率不均。某些设备可能因特定研究项目而频繁使用，其他设备则可能长时间闲置。因此，通过科研设备的共享或有偿使用不仅降低了设备购置成本，还能提高设备利用率。

（4）管理复杂。科研设备种类繁多，管理起来较为复杂。同时，随着科研项目的不断推进，科研设备不断更新换代，以反映最新的科研成果和技术趋势。

一般科研机构都设立专门的资产管理部门或岗位，负责科研设备的采购、验收、使用、维护和报废等全生命周期管理，制定详细的管理制度和操作规程，确保设备的安全、高效使用。

资产与耗材管理平台为科研单位提供全生命周期管理服务。科研单位可以通过智能终端完成资产的采购申请、资产登记、设备领用与责任管理、设备维修、资产盘点、资产处置等相关业务，保障资产信息全周期可追溯性，实现科研单位资产的保值增值（见图 4.112）。

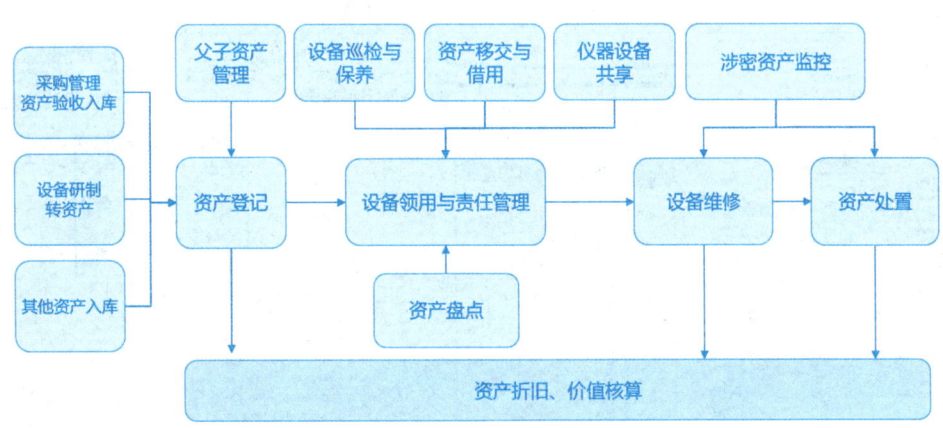

图 4.112　资产管理的应用架构

资产与耗材管理平台对进口设备采购提供针对性的优化辅助功能，包括通过该平台提供采购咨询、进口设备报销的智能指引等服务。资产与耗材管理平台主要包括固定资产管理、无形资产管理和耗材管理。

（1）固定资产管理。固定资产管理包括科研仪器设备和大型装置。通过账实分离管理模式，优化资产管理和财务管理，提高管理工作的针对性与专业性，减轻相关工作人员的工作负担，利用标准服务接口实现财务系统与固定资产管理系统的互联互通，保证固定资产的信息的完整性和一致性。

（2）无形资产管理。提供了专利权、非专利技术、商标权、著作权、土地使用权、特许权等无形资产的管理，包含无形资产的采购申请、审批、采购询价、供应商管理、合同管理，保管与维护等全生命周期的跟踪管理。

（3）耗材管理：为实验用材料（包括试剂、耗材、辅助用品等）的领用、成本分摊提供了便捷的管理方法，降低财务人员和部门主管之间的沟通成本，减少耗材领用中出现领用材料与项目不适用的现象，加强项目预算执行的合规性控制。

1. 资产的全生命周期管理

资产与耗材管理平台提供了资产的全生命周期管理。通过账实分离管理模式，优化资产管理和财务管理，加强管理工作的针对性与专业性，打通采购模块、资产管理模块和财务管理模块，实现了从采购、入库、报销到处置全流程贯通，将每个资产的来源去向记录清晰明确。

资产与耗材管理平台强化了资产领用、保养、检测与维修等资产实物使用方面的管理功能，改变了传统ERP重财轻物的模式。通过该平台，可以方便地查询资产的领用记录、维修保养情况，以及是否需要特殊维护或检查等信息，从而实现资产的全息信息管理（见图4.113）。

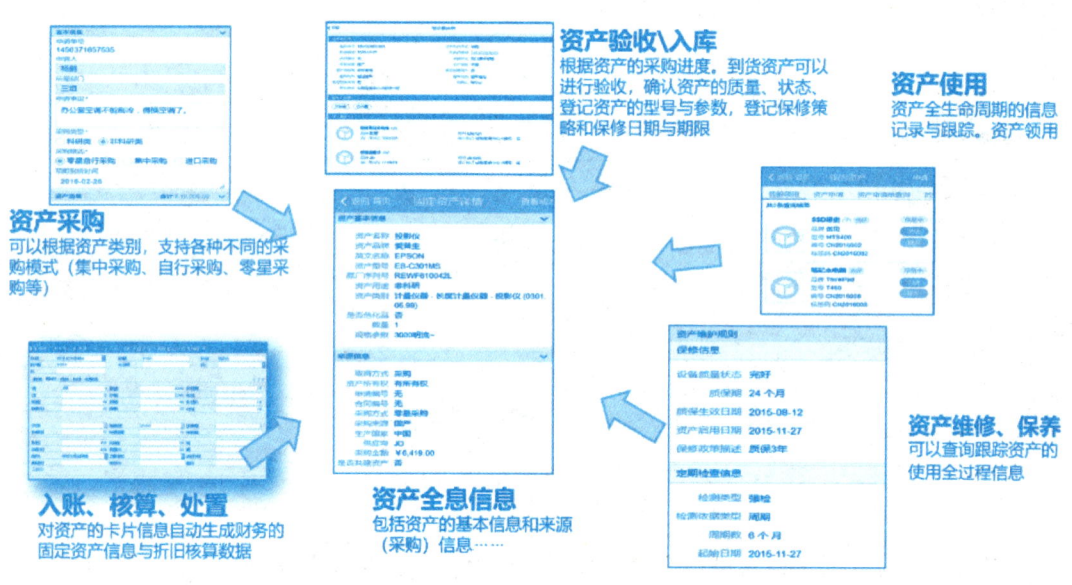

图 4.113　资产的全生命周期管理

2. 面向全员的资产管理

资产与耗材管理平台提供面向全员的资产管理功能，而不是像传统ERP只给资产管理员和财务使用。

科研人员可以通过资产与耗材管理平台随时查询自己名下管理和使用的资产，根据实际业务需求而变化，利用该平台快速提出资产领用申请，有效保障各项业务的顺利进行。

资产与耗材管理平台拥有移动商城式的资产查询领用界面，方便普通员工将需要领用的资产加入自己的领用篮，生成领用申请，完成资产领用，还能随时通过移动终端进行资产维修申请、挂失申请等操作，并能查看处理进度和相关情况。

资产与耗材管理平台同时可以向资产管理人员和财务人员提供科研人员资产领用信息，做到账实清晰。例如，在员工办理离职流程中，系统可以自动进行员工资产清理和归还操作，大幅减轻资产管理人员的工作量，提升资产管理能力。

3. 智能质量管理

与传统的 ERP 资产管理相比，资产与耗材管理平台为资产的保养、检测、维修等传统 ERP 没有考虑的环节提供了服务支持，除满足资产日常管理外，还能智能提醒用户注意资产的定期维护保养。

资产与耗材管理平台除了可以定期提醒资产管理员提前准备需要保养或检查的资产，还可根据资产的保养或检查计划准备相关的材料。在资产完成保养或检查后，可以将结果（保养或检查）上传系统，形成完整的资产记录，方便资产管理员随时查询。对保养检修的费用，系统自动生成费用报销申请单，完成费用的审批流程自动化。

使用过程中出了故障的资产，通过提交资产维修申请，资产与耗材管理平台可以实现对使用资产的保修政策进行检查，提示资产管理人员该资产的历史维修情况和详细保修条款，方便资产管理人员联系供应商对资产进行维修。同时资产与耗材管理平台还记录了整个维修环节的过程信息，确保能及时反馈给最终用户，实现资产管理的信息实时公开。

4.11.2　固定资产管理

固定资产管理功能为用户提供包括固定资产入库、固定资产领用、固定资产归还、固定资产变更、固定资产移交、固定资产维修、固定资产挂失、固定资产盘点、固定资产折旧和固定资产处置的全生命周期管理。

1. 固定资产入库

科研条件管理支持管理设备多种入库方式，包含采购入库、研制转入、基建转入、租赁、供应商寄存、接受捐赠、外部调入、盘盈、合作建所方投入和融资转入等方式。

固定资产入库由资产管理员统一管理。有固定资产管理员权限的用户，可以新增、修改、审批入库单据，全方位满足科研条件管理对固定资产入库的管理需求。

固定资产验收入库时将进行资产标签的统一管理，系统支持二维码和 RFID 的资产标签类型（见图 4.114）。

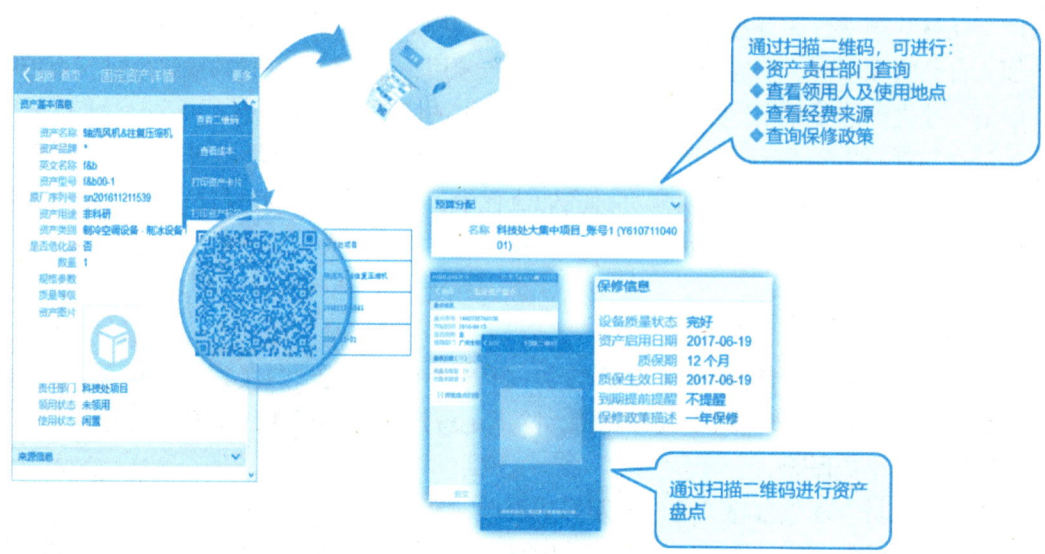

图 4.114　固定资产的标签管理业务原型

2. 固定资产领用

用户可以对库存的资产发起领用申请，经过相关负责人及固定资产管理人员审批后才可领用成功。

固定资产领用采用"购物车"式的资产领用模式，支持多个资产同时领用，操作简单快捷（见图 4.115）。

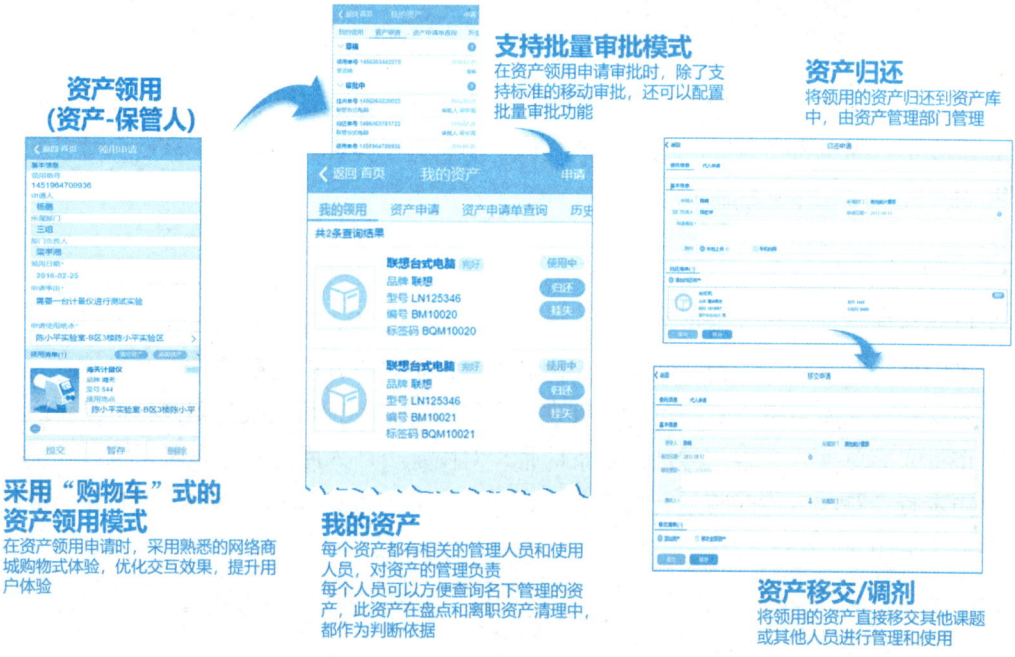

图 4.115　固定资产领用的业务原型

3. 固定资产归还

用户可以对已领用的固定资产发起归还申请，经过相关负责人及固定资产管理人员审批确认后，固定资产归还入库，供后续需要使用的其他用户领用。

系统支持用户对多个已领用的固定资产同时发起归还，由固定资产管理人员指定入库位置，支持指定入库不同的仓库。

4. 固定资产变更

实现对已入库资产的信息变更，包含资产的基本信息、来源信息、维护规则、资产增值或减值等。

固定资产变更支持个别变更和批量变更，且受系统权限控制，必须由固定资产管理人员或相关权限的人员进行变更，并通过规定流程审批后才可以完成变更。

系统支持追溯变更记录，可以查询历史变更记录和变更信息。

5. 固定资产移交

用户可以把名下的资产移交给另一个用户使用或管理。资产移交支持按照管理规定的流程进行审批。

资产移交支持按照不同的移交级别配置不同的审批流程和管理控制，如相同部门内或相同项目内的固定资产使用权移交；跨部门或跨项目的固定资产使用权移交等。

固定资产管理人员可以对所有资产进行移交操作。

6. 固定资产维修

用户或固定资产管理员发现故障时，可以发起固定资产维修申请。

申请审批通过后，固定资产管理人员或维修跟进人负责反馈维修完成情况，并由资产使用人进行维修满意度反馈，反馈结果计入维修服务商的考核中。

7. 固定资产挂失

若用户发生自己领用资产丢失的情况，可以在系统中发起挂失申请，或由固定资产管理员发起挂失申请。

每次挂失可以选择多个资产，挂失申请支持根据相关规定配置审批流程。

当已挂失的固定资产找回后，可以由固定资产领用人或固定资产管理人员发起固定资产挂失撤销。

支持同时选择多个已挂失的固定资产申请撤销挂失，撤销挂失支持根据相关规定配置审批流程。

系统提供了撤销挂失申请的时限控制功能，超过规定时间后，挂失申请不允许撤销（见图 4.116）。

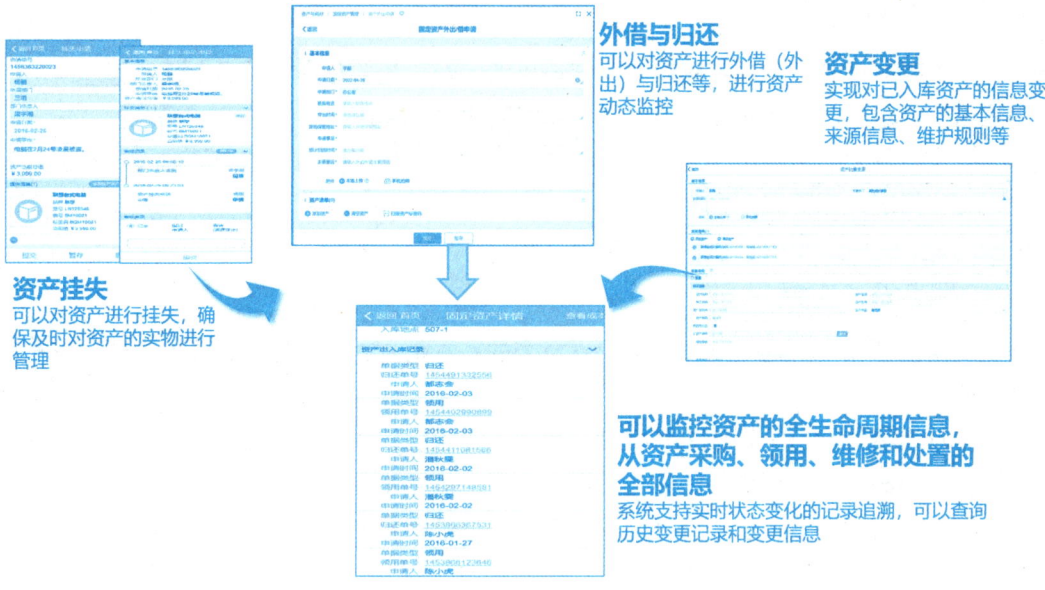

图 4.116 固定资产挂失的业务原型

8. 固定资产盘点

支持固定资产盘点功能,可以按照资产分类、领用情况进行盘点。

支持 Excel 格式导出盘点清单和导入盘点结果。

支持通过手机端打开盘点清单进行扫描资产二维码标签盘点,支持使用专用终端通过 RFID 进行无接触的快速盘点。

盘点操作由资产管理人员发起、部门资产管理人员进行盘点上报,外出资产支持领用人进行手机扫描二维码标签报盘(见图 4.117)。

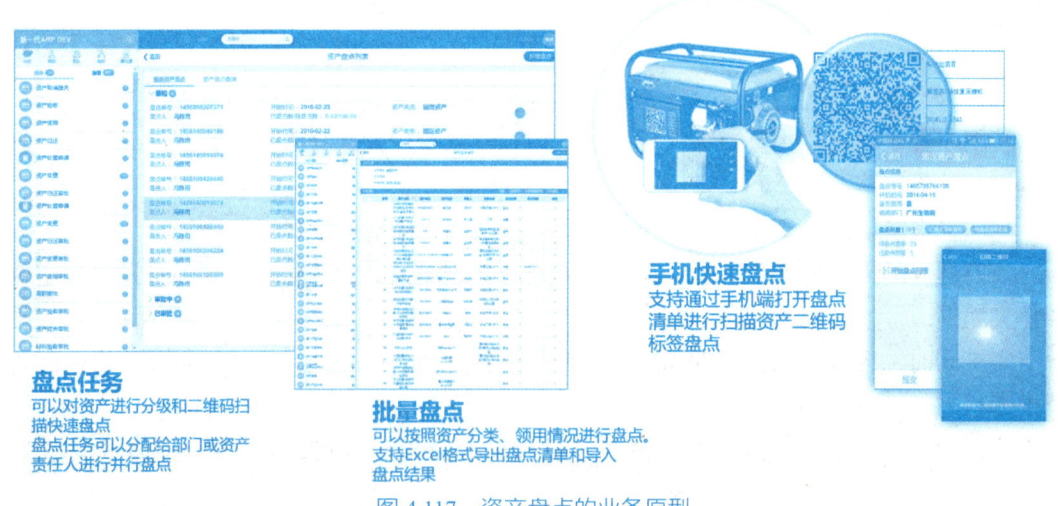

图 4.117 资产盘点的业务原型

9. 固定资产折旧

支持按照财政部科学事业单位会计制度要求进行固定资产计提折旧，采用直线折旧法。固定资产新增当月不折旧，如固定资产启用日期早于新增当月，则在次月补提折旧。折旧由固定资产管理员进行操作和管理。

10. 固定资产处置

已达到处置条件或者因其他原因，固定资产需要进行处置时，资产责任人、部门资产管理员可以对固定资产发起处置申请，处置方式包含报废、报损、出售、无偿调拨（划转）、对外捐赠、盘亏、报失和对外投资等。

处置申请支持根据相关规定配置审批流程。

固定资产管理员月末给财务传送凭证，系统根据固定资产的增加、调整、处置生成汇总凭证，财务用户接收凭证。

当传送凭证时，当月期间不可对固定资产进行增、删、改操作；如财务未接收凭证，凭证可退回。

4.11.3 无形资产管理

提供科研项目过程中采购的无形资产、已经在项目过程中产生的科研成果转化成的无形资产等进行管理的功能，无形资产包括软件、专利、著作权、商标、商誉、非专利技术、土地使用权等。

1. 无形资产登记

系统支持对非采购方式取得的无形资产进行登记入库，登记入库后的无形资产会记入无形资产台账。

无形资产登记信息可根据不同的无形资产类型展示不同的信息界面。

只有无形资产管理员或有权限的人员才能进行无形资产登记。

2. 无形资产领用

系统支持用户对库存的无形资产发起领用申请。每次申请可以领用多个库存的无形资产，支持对无形资产的批量领用。

所有用户均可以发起无形资产领用申请，需要无形资产管理员最后审核确认。

3. 无形资产归还

用户可以对已领用的无形资产发起归还申请，经过相关负责人及无形资产管理员审批确认后，无形资产归还入库，供后续需要使用的用户再次领用。

系统支持用户对多个已领用的无形资产同时发起归还，由无形资产管理员指定入库位置，支持指定入库不同的仓库。

4. 无形资产变更

系统支持对已入库的无形资产的信息进行变更，包括无形资产的基本信息、来源信息、维护规则信息、归档信息等。只有具有无形资产管理人员权限的人员才能发起无形资产变更申请。

系统支持追溯变更记录，可以查询历史变更记录和变更信息。

5. 无形资产移交

系统支持将资产从一个用户名下移交到另一个用户名下。每次申请可以添加多个无形资产，支持对无形资产的批量移交。

只有具有无形资产管理人员权限的人员才能发起无形资产移交申请。

6. 无形资产摊销

系统支持按照财政部科学事业单位会计制度要求，对无形资产进行摊销，计算方法为直线折旧法。

使用年限以购入合同为准，如无法明确，不得少于10年，从启用日期当月开始摊销，1 000元以下无形资产当月转销。

只有具有无形资产管理人员才能查看无形资产的摊销信息。

7. 无形资产处置

已达到处置条件或者因其他原因，无形资产需要进行处置时，资产责任人、部门资产管理员可以对无形资产发起处置申请，处置申请支持根据相关规定配置审批流程。

4.11.4　耗材管理

耗材管理提供科研消耗品的管理功能，含采购过程、领用、公共耗材费用分摊等（见图4.118）。

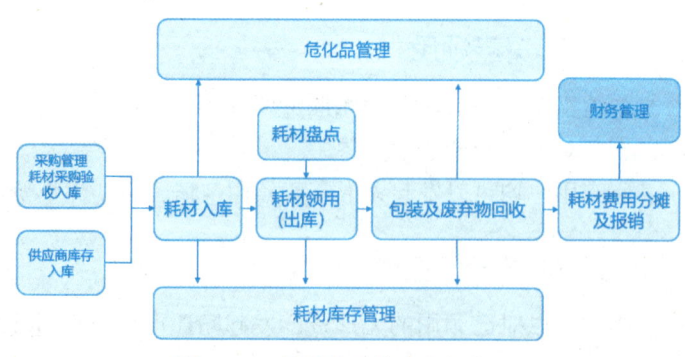

图4.118　耗材管理的应用架构

1. 耗材验收入库

耗材采购到货后，先由耗材管理人员进行实物验收，验收合格后由资产管理员发起耗材验收申请，通过审批的耗材将入库登记。只有具有耗材管理人员权限的人员才能发起耗材验收申请。系统提供流程环节的配置、审批服务和信息记录功能。

采购到货后，发起验收申请，可关联采购订单并带出采购明细，选择验收人员。

支持验收完成后直接由领用人领用出库，系统自动生成领用单。也支持验收后入库。

2. 耗材领用

领用人可以对库存的耗材进行领用申请，可根据科研部门管理需求配置领用审批流程。每次申请可以添加多个库存耗材，支持对耗材的批量领用和零散领用。

领用人在库存耗材中选择需要领用的耗材明细，可以看到耗材的库存情况。当库存不够满足领用需求时，可以发起采购申请。

关联到领用单据时，可以选择需要领用的数量，系统自动计算领用金额。

领用人可以指定本次领用的费用支出预算的核算账号，单据提交后可以配置预算负责人和部门负责人审批。

3. 公共耗材费用分摊

根据耗材领用记录，定期将耗材使用的成本分摊到相关的科研项目，形成科研项目预算的对应科目的科研经费执行数。

支持科研部门耗材管理人员定期对科研部门的公共耗材领用情况进行汇总，根据科研部门管理需求配置分摊审批流程，进而将耗材领用的费用分摊到课题上。

由耗材管理人员发起公共费用分摊的汇总，系统自动按照领用部门（课题组）进行汇总计算，然后耗材管理人员把汇总结果通过系统推送到领用部门（课题组）进行分摊。

各部门（课题组）负责人或科研助理，对本部门（课题组）的领用情况进行核实及支出预算，提交后由支出预算的负责人和部门（课题组）负责人审批。

耗材管理员、部门（课题组）负责人、科研助理等有相关权限用户，可以随时查询公共耗材领用清单明细。

4.11.5 危化品管理

危化品管理是集科学实验中的危险化学品的采购、存储、使用、回收处置等环节为一体的物资管理平台。该平台立足于实现危化品的采购、过程管理及处置的全流程信息化管理，使管理部门获取准确、实时且全面的数据，实现对科研机构内的危化品的全程管理，包括严格控制各实验室的危化品存储量，并提出对危化品的采购、使用和处置的实时监管。此外，为保证危化品采购信息的实时更新，平台需要与耗材管理系统无缝对接来完成。

科研人员通过平台可以采购所需危化品，根据其类型自动分类并启动相应审批流程；录入危化品使用台账；申请实验室废弃物包装及处置服务。

危化品管理人员审核管制类订单；查询、统计其管辖范围内订单、台账；审核、汇总实验室废弃物包装申请；审核、汇总实验室废弃物处置申请。

主管部门管理员审核管制类订单；查询、统计订单及台账，报销；审核、发放实验室废弃物包装申请；审核、回收实验室废弃物处置申请；录入、编辑实验室信息；审核厂商基本信息。

主要模块内容包括以下3个方面。

（1）采购订单管理模块：针对危化品的采购，新建危化品采购申请、采购订单审批、订单报账（见图4.119）。

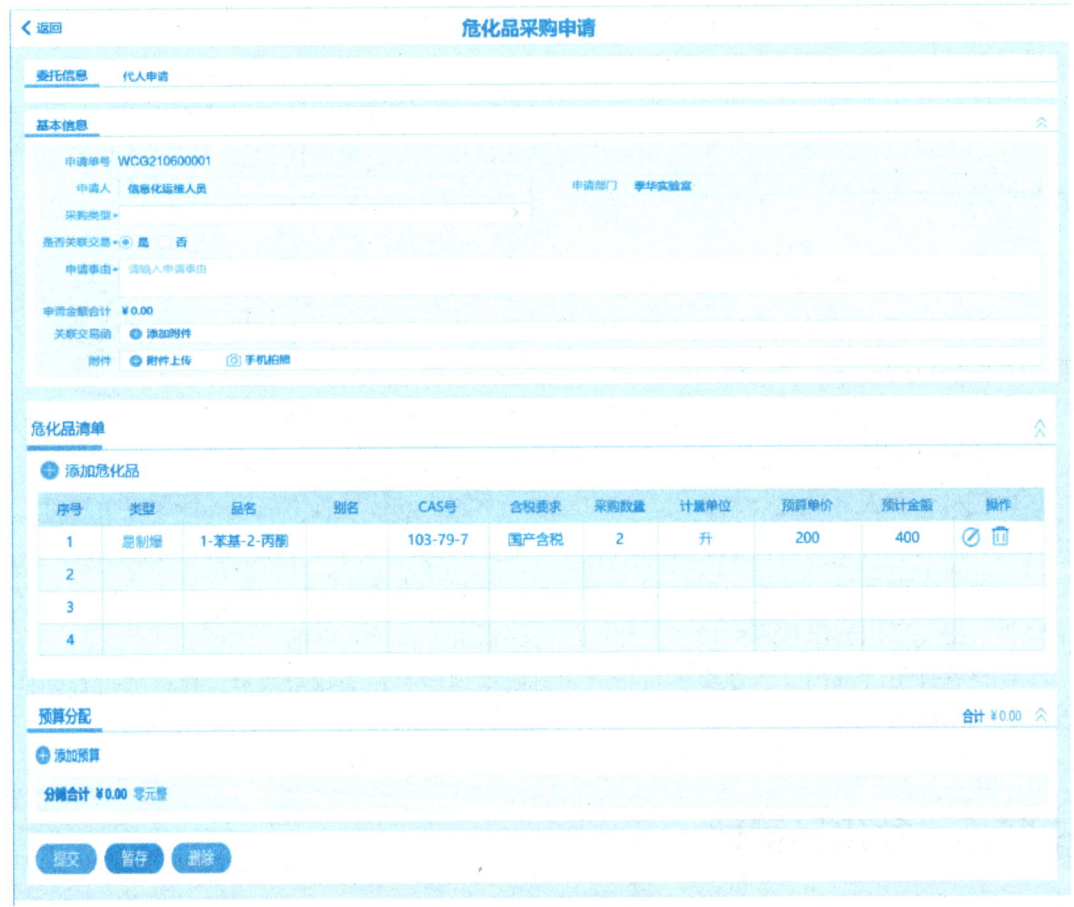

图 4.119 危化品采购申请

用户在平台中新建订单后，根据所购危化品的类型自动归类并走相应的审批流程。在用户同意支付后，厂商可对平台中的多笔订单进行统一结算。

(2）危化品管理：功能主要包括危化品录入管理、MSDS 管理（Material Safety Data Sheet，危化品安全技术说明书）、危化品台账管理。

①危化品录入管理是订单管理的核心基础，负责录入危化品基本数据，包括危化品名称、别名、分子式、CAS 号（Chemical Abstracts Service，物质识别号）、英文名称、危化品类别和受管制类别等。

②MSDS 是一份系统、标准化的安全数据表，通常由化学品的制造商或供应商提供，包含有关化学品的重要信息。通过 MSDS，用户可以快速了解化学品的基本成分、潜在危险、急救措施、储存和处置方法等。MSDS 的内容涵盖化学品从初次接触到最终处置的全生命周期，为用户提供了详细的安全信息。科研机构在管理 MSDS 时，需确保所有员工都能够方便地查阅相关信息，并且要有明确的更新机制。建立 MSDS 数据库，为便于员工查阅，企业可将 MSDS 存储于数字化数据库中，方便查询和下载。定期更新，MSDS 信息需根据实际情况进行更新，尤其是在化学成分或使用方法发生变化时，以确保使用最新信息。应指派专人负责 MSDS 管理工作，并定期组织化学品安全知识的培训和演练。

③危化品台账管理是用户以基本包装单元为单位录入危化品的使用情况，当某实验室的危化品总量或某个危化品的单量达到阈值，将无法采购新的危化品。

(3）实验室废弃物管理：实现废弃物包装申请、废弃物处置管理、废弃物台账管理。实验室废弃物包装申请在危化品管理员审核通过后，即可办理领取手续，管理员定期汇总统计报表备案。

废弃物处置由各实验室在平台中申请，管理员审核通过的废弃物申请按桶或箱为基本单位生成包含废弃物的实验室信息、联系人信息、废弃物类型等内容的二维码，管理员收储废弃物时通过扫二维码将现场称重结果录入系统。废弃物台账管理包括查询、汇总、统计等功能。各单位管理员在现场收储完成后，可查看本单位某时间段内废弃物收储明细，并汇总统计后上报管理部门备案。

4.11.6　仪器设备共享服务

固定资产中重大的仪器设备以"每次使用仪器的机器工时数（小时、日两种计量单位）为依据"，通过财务会计根据"固定资产折旧算法"计算得出每小时/每日的折旧费用，并分摊到使用仪器机时数的科研项目，由此得出每个科研项目使用重大仪器设备的固定资产分摊的费用；旨在核算出多维度时间（月、季度、年）下，每个项目使用重大固定资产仪器的费用，进而形成不同数据维度的综合统计报表。从项目数据维度透视预约仪器设备的时间工时量、核算的费用金额、申请人等信息；从共享的仪器设备数据维度透视项目数据、项目费用分摊金额、申请人等信息（见图 4.120）。

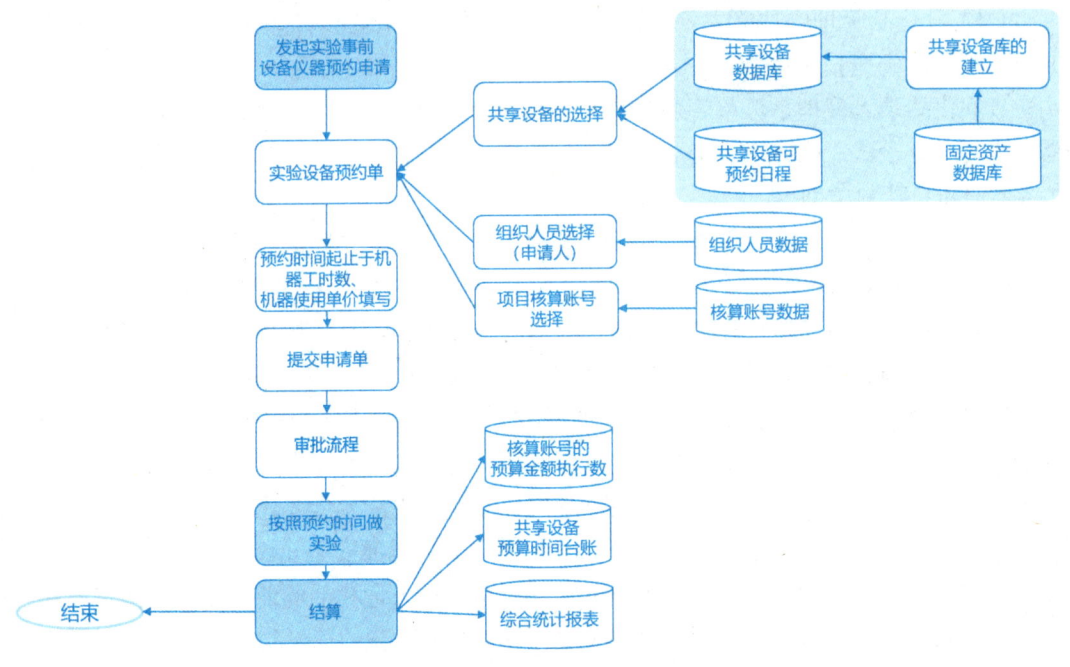

图 4.120　仪器设备共享服务的业务流程

1. 建立仪器设备共享库

内部的固定资产仪器设备可通过系统中直接获取资产信息数据转入共享库,外部仪器设备通过建立新增操作方式,录入仪器设备共享库中。

2. 仪器设备使用预约

对内部与外部预设到系统中可用于共享的重大仪器设备进行使用在线预约申请。使用仪器设备可以同步提出对实验员和相关耗材的需求。用户在预约申请中提交自带实验耗材或委托仪器设备中心提供。预约完成后,可以从耗材库中根据耗材类型和价格选择需要准备的实验耗材。

3. 仪器设备调度

设备管理人员对使用申请进行统筹调度,安排设备的使用排程。

4. 仪器设备使用费用结算

在仪器设备使用中,如果产生费用(实验员服务、耗材使用),则按实际发生的费用结算。

4.12 行政与办公管理

4.12.1 业务应用的架构设计

行政与办公平台是科研机构数字化平台的重要组成部分,实现员工之间网络化、移动化的快捷简易沟通与协作,实现办事、办文、办会等事务性工作的网上处理。

行政与办公平台的建设将综合分析内部协同办公的应用需求,聚焦协同办公或公共事务处理方面的基础性、通用性服务功能,运用开放、成熟、先进的技术手段和方法完成相应功能服务的建设、应用部署及迭代完善等方面工作。

1. 基于移动的用户体验

行政与办公平台全面支持移动化、社交化的用户体验,提升管理软件的简洁性,实现系统免安装、免培训的极佳用户体验。

相对于传统 ERP 的 PC 应用,行政与协同办公平台充分利用智慧终端的独特体验,支持语音留言、视频拍摄、附件拍照扫描、GPS 自动定位、二维码识别等功能,可以快速方便地进行沟通协作、内容提交、审批批复等工作,提高办事效率。

通过手机的信息推送特性,可以方便地将各类信息主动推送至各用户,并将待办事宜、日程提醒、会议通知等消息推送到终端,直接进入相应处理界面,实现事找人的工作模式,确保高效便捷。

2. 基于业务的主动式日程管理

根据用户角色,系统自动按照日期为时间线对各项事务、流程、待办和提醒进行汇集与导航,实现日程自动管理。行政与办公平台可以实现日程的共享,方便查看下级或团队成员经过授权的日程以进行工作协同。平台还可以授权给相关人员对自己的工作日程进行维护,如 PI 的工作日程可以由学术助理进行填写,PI 或领导只需要通过手机查看日程就可以快速了解相关行程,作出工作安排。

3. 通用自定义的审批流程

行政与办公平台可以方便地建立以审批流为基础的办事流程,流程包括审批流的模板管理,审批的申请、打印和盖章,审批流支持移动和 PC 端的应用。

行政与办公平台的审批流服务实现自定义审批类型、自定义审批表单和自定义业务流程,具备灵活的扩展功能,满足科研机构根据业务需要能够灵活、快速地建立审批事项的服务。

4. 各类会议管理

行政与办公平台的会议服务可以方便地对各种会议进行从计划、申请、审批、到会务的管理，实现会议管理的有序进行。

行政与办公平台支持日常会议的快捷服务，包括会议室预订、人员邀请、自动会议通知、参会人员日程提醒与冲突检查等。平台还支持网络视频会议，对跨区域、跨学科的大型科研项目组成员之间的学术交流、专题研讨、员工培训和项目协调，都可以提供会议服务。

5. 基于业务场景的实时沟通协作

沟通协作能够便捷地通过移动终端，通过员工通讯录，找到需要协作的同事，并可以进行各种通信。相关的交流记录可以存放在集中数据中心，方便查询和跟踪工作事项。

行政与办公平台基于业务场景的沟通与协作，如基于会议、业务审批流程、项目、文档撰写等场景，通过业务上下文的联系，能够实现为工作而沟通与协作的模式。

行政与办公平台还可以实现上级对下级分派任务、同级之间进行业务协调、下级对上级的请示汇报等工作。任务接收人可以提交任务办理的进度和文档，系统自动推送任务信息，团队成员之间可以进行对话留言，共享信息，让任务协作更顺畅。

6. 用于科研项目协作的共享文库

行政与办公平台提供科研项目组、各项目和群组之间的文档共享平台，通过全文检索工具实现知识挖掘。

行政与办公平台建立文库的分类体系，支持多维度的文档分类。用户可以方便地进行检索和查阅，并支持文库内的全文搜索。平台支持上传各类文档，支持对文档分类和对文档添加说明，并可在多人协作文档编辑过程中进行加锁与解锁等版本控制功能，确保文档的版本一致性。用户在检索查询文档后，可以对文档进行点评和批注，形成有效互动。

7. 快捷的信息发布

行政与办公平台通过内部新闻、通知、公告、公示等应用提供便捷的科研动态、新闻等信息发布的平台，以加强内部之间的动态信息传播，促进文化建设。

员工可以投稿内部新闻，由各部门起草通知/公告/公示。平台通过可配置的流程审批和审核之后进行发布，并快速向相关人员进行手机消息推送，确保信息的实时性，提高送达率（见图 4.121）。

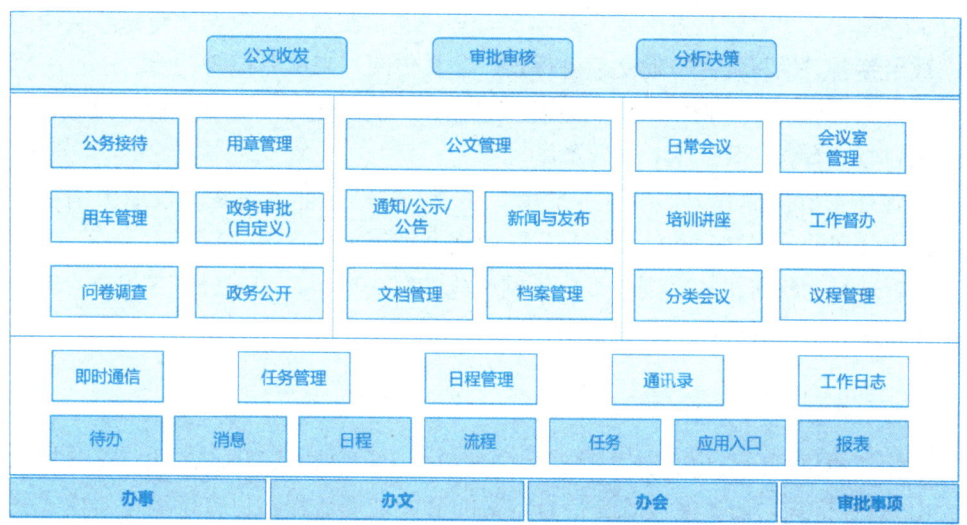

图 4.121　行政与办公的应用架构

4.12.2　公文管理

公文管理功能从分布式系统向大集中应用平台转变，总体方向为"规范化"、"模板化"、"人性化"和"智能化"，并遵循国家相关标准规范，实现公文办理过程的全生命周期管理。在集中应用模式下，重新规划公文流转流程，实现公文直接流转，并支持收发文全过程查询、跟踪与督办，实现全程实时动态跟踪反馈的闭环监管（见图 4.122）。在符合安全保密要求的前提下，公文流转系统实现发文工作的主动推送、自动纠错和检查功能，提高办理过程的便捷性和准确性。

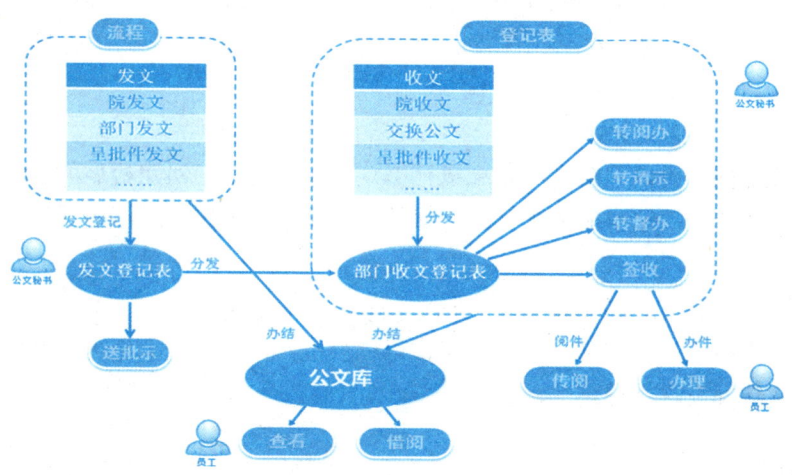

图 4.122　公文管理流程

公文管理功能主要包括发文管理和收文管理两类，实现公文撰写、审核、会审、电子签章、数字签名、手写批注、发文痕迹保留、公文传阅、来文登记等功能。

发文管理主要包括拟稿、审核、签发、登记、印制、用印、分发等业务流程，按照级别和组织划分，有党、政、工、团等类别。

收文管理主要包括登记、拟办、批示、办理、注办等业务流程，按照级别和类别划分，有普通公文的收文办理和请示件公文的收文办理等。

公文管理是为科研机构实现无纸化、网络化的解决方案，实现公文在起草、审批、签发、电子签证与发文过程中的全面自动化。

1. 公文类型及模板管理

公文管理模块可以自定义公文类型和公文模板。公文模板既支持 MS Word 格式，也支持金山 WPS 格式。公文模板既支持自定义的公文处理流程，也支持浏览器模式下的流程配置与流程监控。

2. 公文起草

公文管理模块支持 Word 或 WPS 在线公文的起草，自动将公文的基本信息填写到公文模板，支持文档在线编辑和标准化文本格式。

3. 公文审批

支持在线的原文修改留痕，保留各环节的审核意见。公文审批支持按照自定义的流程，包括加签、会签和个性化的流程调整。

4. 公文签发

公文签发可以在审核后进行签发。用户在 PC 端拟稿公文后，管理人员及单位领导可以通过 PC 端完成公文的签发。

5. 电子签章

签发完成之后，可以对公文的正文进行格式优化和定稿，对定稿后的公文正文进行电子签章。公文系统支持原有的电子公章 U-KEY，签章之后的公文正文会限制打印数量。

6. 发文

公文系统支持定向的公文发文，对附件可以分类并同时发送，还可实时跟踪发文在接收单位的收文情况及收文处理的过程。

7. 收文

公文系统既支持系统内的发文的自动接收和收文处理，也支持外部纸质来文的登记、扫描和分发及收文处理。在公文管理模块中系统实现了公文在线流转、收文承办在线传阅、发文审批、模板表单自动套用、文件分类统计和查询，可自定义流程，可限制接收人打印、下载等权限。

4.12.3 信息发布

智慧科研平台通过内部新闻、通知、公告、公示等应用提供方便快捷的科研动态、内部新闻等信息发布平台，加强内部之间的动态信息传播，促进文化建设。

员工可以投稿内部新闻，各部门可以起草通知、公告、公示，通过可配置的流程审批和审核之后，可以进行发布，并快速向相关人员进行手机消息推送，确保信息的快捷，提高送达率。

相关人员可以在平台中对需要发布的信息进行编辑。除支持标准通知的审核及发布流程外，针对紧急事项，可通过紧急通知的审核及发布流程，缩短信息发布审核周期。

平台可以接收发布的通知，并按照紧急程度的优先级展示（见图4.123）。

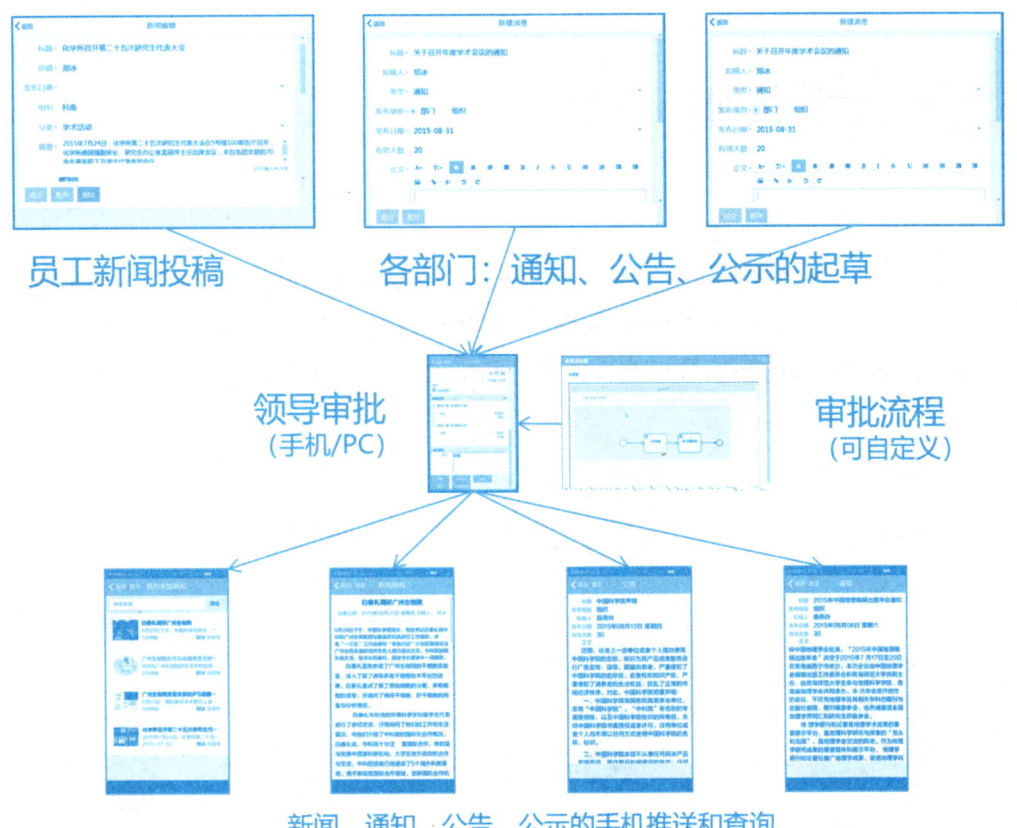

图 4.123　信息发布的应用架构

1. 新闻拟稿

用户可以在线进行新闻的拟稿与撰写，利用图文的网页编辑功能提供新闻稿件的撰稿。

2. 新闻审批

新闻机构或相关部门对撰写的新闻进行内容审核。

3. 新闻发布管理

对于拟稿的新闻，提供线上审批的功能，实现线上审批和定时发布。

4. 通知拟稿

用户可对单位的各类通知进行拟稿，并通过业务流程审批后发布到门户中。

5. 通知发布管理

用户可以查看所有审批通过的通知，并对通知进行"发布""取消发布""置顶"等操作。

4.12.4 会议管理

1. 重大会议管理

会议管理功能实现会议申请、会议安排、会议通知的统一管理，保障会议资源平均分配。全面提高会议系统的可靠性和易用性，实现会议全程无纸化管理。会议管理功能兼容总部与各部门标准的会议管理流程，支持各单位会议与总部部门会议一体化管理（见图4.124）。

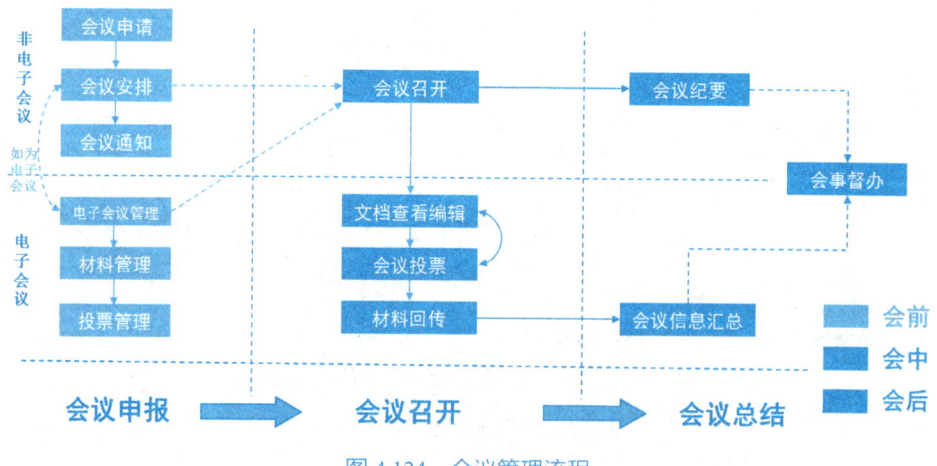

图 4.124 会议管理流程

1）会议申报

任何授权员工均可以作为会议申报人员进行会议申报，填写会议申报单。系统根据具体要求进行申报流程设置，支持按不同级别会议设置申报流程。审核通过的会议由会议管理员进行安排发布。系统还支持对电子会议进行管理，包括议题、材料、投票等。已安排的会议，自动通知参会人员并加入参会人员的日程。

2）会议召开

通知进行会议召开准备，参会人员签到并召开会议。电子会议可以在线查看、在线投票与编辑文档，会议结束前回传会议的材料。

3）会议总结

会议结束后，会议申报人员记录会议纪要等信息。电子会议可以自动生成会议召开情况并汇总信息。会后需要督办的事项，支持便捷发起督办流程。

会议管理实现各类会议申请、资源配置审批及变更调整、在线会议提醒通知、分类统计和查询等功能，与公文管理、会议室管理、车辆管理、计划日程管理等功能关联。公务活动为单位领导提供支撑，使管理需求和流程与会议模块基本一致。

通过会议申请业务，将相关人员（会议相关负责人、会议参会人及会议室管理员）和资源（会议室）联系在一起。用户通过日常会议申请，可以查看可用的会议室资源并预订会议室，如果是网络视频会议也可以自动配置网络会议的参数。可以添加会议室参与人，参会人会收到会议通知，而且系统会自动为参会人添加日程记录，在会议召开前发送会议提醒。通过设置开关通知会议室服务员，让其提早进行特定的会场准备，如水果茶水及座位牌等。

会议结束后，可以方便上传会议纪要，发布会议的决议事项。有需要跟踪的决议事项，可以自动启动任务安排。任务执行人可以随时上传任务的进度，提交任务执行过程的文档，进行任务的沟通和交流。

行政管理人员通过审核、审批等环节，对会议举行的目的、意义，以及费用是否合规进行检查和控制。会务管理用户可以使用会务管理功能，可以对会议全过程及相关的资源（参会人、会务人员、费用及文档）进行管控和服务（在线沟通、通知、签到、会议资料及接送等）。

2. 会议室与日常会议管理

会议服务系统可以方便地对会议进行从计划、申请、审批到会务的各种会议管理，实现会议管理的有序进行（见图 4.125）。

支持日常会议的快捷服务，包括会议室预订、人员邀请、自动会议通知、参会人员日程提醒与冲突检查等，并支持网络视频会议，对跨区域、跨学科的大型科研项目组成员之间的学术交流、专题研讨、员工培训和项目协调，都可以提供方便的会议业务支撑。

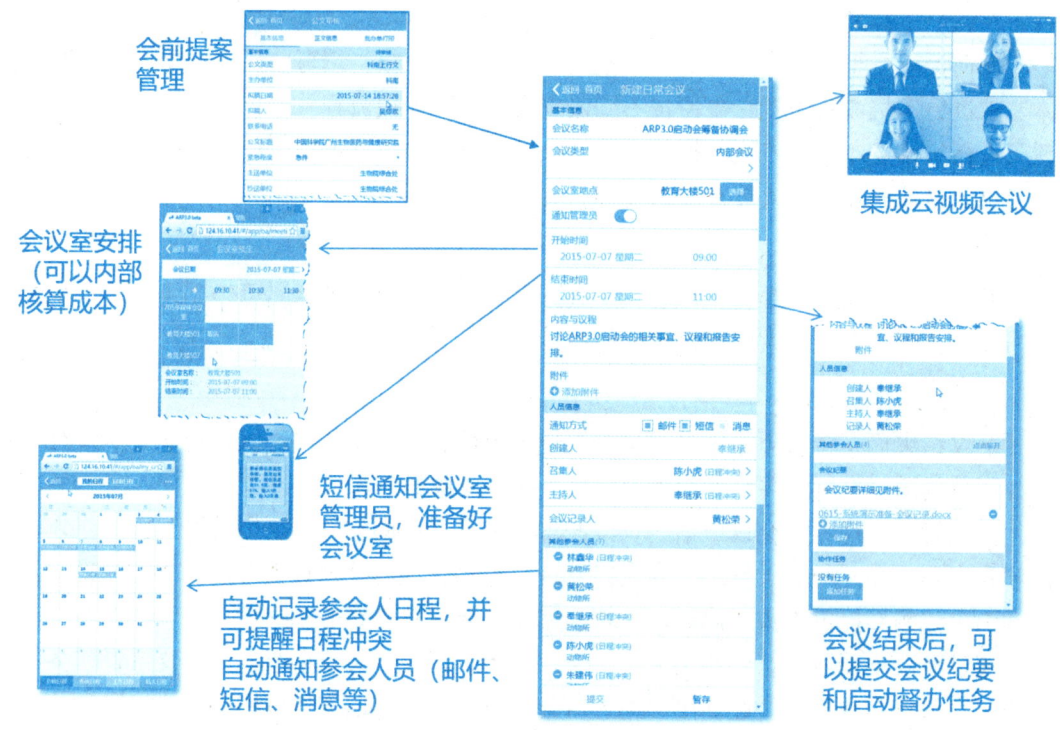

图 4.125　会议管理的业务原型

会议室资源预定管理，申请会议时可选择会议室，对会议室资源进行预定管理，避免会议室使用冲突。

参会人员邀请，可通过系统消息、邮件和短信通知参会人参加会议，避免错过重要会议。

参会人日程冲突提醒，如果参会人在会议期间有其他日程安排，会议自动提示创建人。

3. 加强领导办公会管理

领导办公会作为定期召开的科研机构重大事项的决策会议，需要进行会前的议案征集和管理，会后的决议与督促执行的闭环管理。

1）议案管理

相关人员申请课题作为会议的议案，申请后由主管领导进行审批。审批通过后该课题可以作为会议的议案。

2）会议安排

制定会议计划，安排会议议程，并提交主管领导审批。

3）会议决议

会后，记录会议纪要并形成会议决议，对重要事项督促执行。

4.12.5　行政审批与督办

1. 行政审批系统

行政审批的办事流程在一般科研机构牵涉的业务面和审批事项比较复杂，为了满足可配置和自定义的审批流程事项管理需求，智慧科研平台需要设计模型化驱动的引擎和应用配置，包括表单模板管理、业务流程设计，以及与相关业务系统的数据接口等部分。

行政审批流程可以实现审批类型的自定义、审批表单的自定义和业务流程的自定义，具备灵活的扩展功能，根据业务需要，灵活、快速地提供审批事项的服务。

1）表单设计器

系统提供表单设计器（从菜单"表单模板维护"进入），用户可以使用系统标准的界面组件，如文本框、输入框、下拉框等组件构造表单界面，也可以使用系统的业务组件，如人员选择组件、组织选择组件、地区选择组件等。

2）流程设计器

沿用平台的流程设计器，而审批流程大厅在配置业务时，可以引用用户在平台配置好的流程。

3）内部、外部数据接口

办事流程审批表单由标准组件和业务组件构成，其中业务组件能通过内部业务接口从业务模块获取数据，如人员组件、部门组件能从人事模块获取人员、组织列表。

2. 工作督办

工作督办涉及对相关工作任务进行分配、认领及进度汇报管理，以形成任务管理闭环。

督办任务包含督办内容、主办人、截止日期、任务类型、重要程度、提醒方式、协办人、知会人、补充说明、附件及子任务等要素。

督办者督办任务时，如果选择督办的相关人员，对应的人员收到任务，就在待确认任务中选择一条任务进行确认。

针对督办任务进行分类管理，可以根据实际情况自定义督办任务类型。

3. 用章管理

印章是科研机构在科研和管理活动中行使职权的重要凭证和工具。用章管理关系到科研机构正常的科研和管理活动的开展，甚至影响到科研机构的生存和发展。所以，加强建设现代科研机构制度，规范各类印章的保管、监督使用及登记建档等。

1）印章登记管理

在系统中对印章的管理信息进行记录和管理，包括但不限于印章的管理部门、使用文件、使用情况等信息。

实现在系统中完成印章使用的申请、审批、反馈,并对印章的使用情况进行记录和存档。

用章管理人员从应用菜单中,用章类型管理,查看目前已启用的用章类型。可以通过新建/编辑来维护单位用章类型信息。

2)用章申请及审批管理

印章管理模块中,可以对印章进行统一的管控,包括印章的登记、借用、盖章、损毁等,还可以对印章具体信息进行新建、修改和保存。全部功能均可通过审批进行管控,使印章的使用有据可查。

系统支持电子签章及电子签名的盖章业务见图4.126。

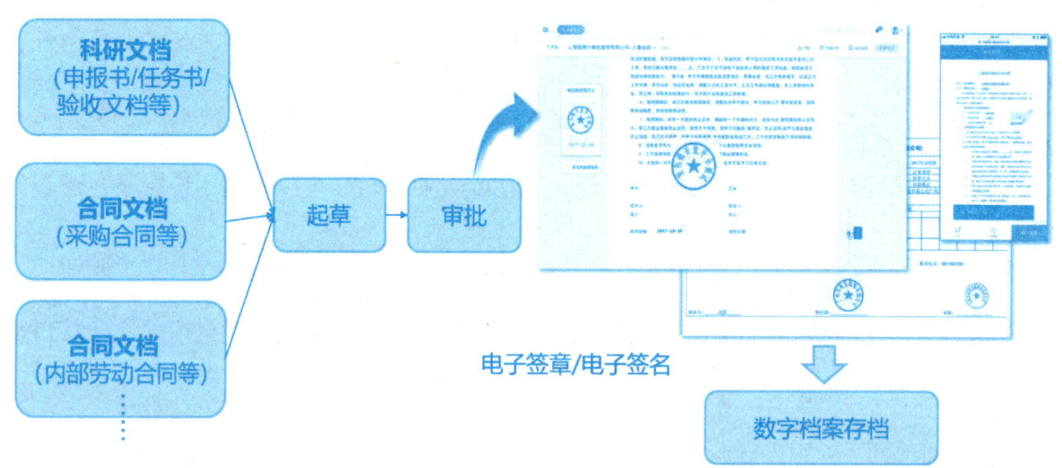

图4.126　系统支持电子签章及电子签名的盖章业务

用章申请可查看暂存和审批中的用章申请,对所有用章申请信息进行筛选查看。

审批人对用章申请进行审批。在待审批页面,系统会显示当前需要审批的用章申请。在已审批页面,能查询历史审批信息。允许对批量审批的用章申请进行批量处理。

3)用章跟踪

盖章员可以实现用章跟踪,可查看待盖章和已盖章的用章申请记录。还可对线下已盖章但未发起申请的用章信息进行补录。

系统实现了各类印章使用审批、统计,与相关审批流程、业务流程、资质管理流程相关联。同时系统有电子印章相关接口,便于需要时集成。

4.12.6 后勤管理

1. 用车管理

用车管理功能可以有效、系统地管理利用车辆资源，具体管理内容包括购车、车辆的信息登记入库、司机信息的记录、用车申请、出车记录及相应的费用报销。人员在用车申请中填写申请信息及行程信息内容，并提交审核（见图 4.127）。

图 4.127　用车管理的应用架构

用车管理审批完成后，由车辆管理人员，复制用车申请信息发送给车辆外包或驾驶员。车辆管理人员可在该界面的"出车安排表"查看本单位的用车申请记录，并可为相关用车申请安排车辆（见图 4.128）。

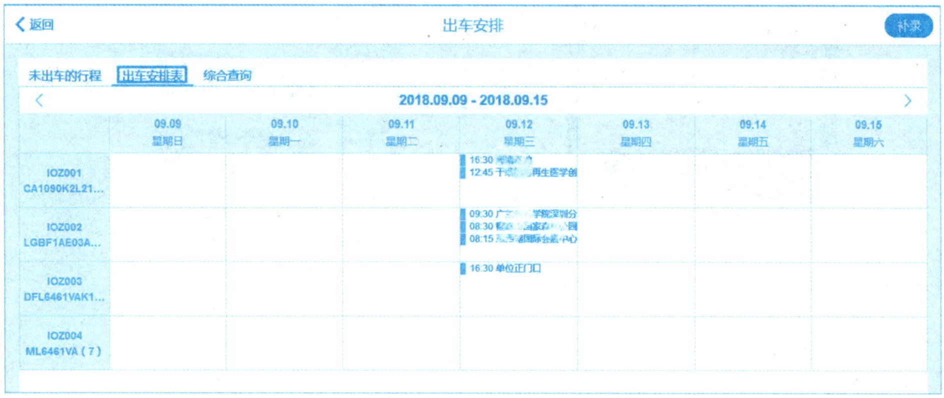

图 4.128　用车管理的业务原型

车辆管理员可通过用车部门、用车时间等筛选条件查询单位内用车申请记录，可导出相关的用车申请单信息。还可通过月份及用车部门筛选查看车辆使用次数，支持 Excel 表格导出。

2. 访客管理

访客管理，主要管理访客来访登记，访客审批，来访接待人信息，是否需要会议室，是否需要转公务接待等业务。

（1）访客登记：访客可通过系统登记访客信息和车辆信息。

（2）来访审批：对访客进行审批。

（3）来访通知：访客审批时根据访客填写情况通知接待人员，并告知人员来访情况，接待人员进行访客确认并可关联发起会议申请，公务接待等流程。

（4）访客预登记管理：登记并上传访客信息。访客登记审核通过后可根据来访情况进行会议室的预订，和发起公务接待流程。

3. 公务接待

公务接待指解决接待上级领导视察、外部单位考察等业务需求。用户通过一个公务接待的申请，就可以同时发起接待费用申请、会议室预订、接待用车申请及通知其他陪同人员。该模块还提供了业务规则，通过业务规则来检查招待费用是否合规（见图4.129）。

图 4.129　公务接待的业务原型

4.12.7　外事管理

1. 出境证件管理

员工首次申领证件提供在线申请服务，由单位人事部门和主要负责人按规定分别签署审批意见。获得批准的员工持证明到公安机关出入境管理部门办理证件。

办理因私出境证件的员工均须将本人持有的全部有效因私出境证件（含护照、港澳台通行证等）交由本单位人事部门集中统一管理。

若员工脱密期满或因私出境证件超过有效期，单位可将因私出境证件归还员工本人，但脱密期满的厅（局）级领导干部及仍在涉密工作区工作的人员除外。

各单位应定期组织对员工持有的因私出境证件进行清理，发现重要及核心涉密人员持有证件的，可在征得其本人同意的情况下对该证件予以注销。

调离本单位的涉密人员，若已办理因私出境证件，按以下规定处理：对方单位为涉密单位的，应将证件转交对方单位的因私出境管理部门，严禁交给员工自行保管或代为转送；对方单位为非密单位或无明确单位的，仍由原所在单位保管，超过脱密期后方可归还员工本人。

2. 出访与出境管理

涉密人员上岗前（在审查通过后），其出入境备案流程如下：由人事部门发起，国安部门办理备案之后人事部门归档，同时涉密人员上交护照和港澳台通行证等证照。

建立统一台账，内容涵盖姓名、证照类别、办理时间、到期时间、出国境记录等，其中出国境记录在出国境审批通过后，自动更新该字段。

证照办理：办理审批程序包括本人及时上交情况、证照管理人员办理情况、自动更新台账信息。

证照领用：办理证照领用审批程序，即由本人发起，注明领用事由，经人事部门领导同意后，由证照管理人员办理，同时要记录本人归还记录及证照管理人员办理情况，并且在审批程序中记录领用时间与归还时间。

因私出境：办理审批程序、行前教育、归国回访。

重要等级的涉密人员（含脱密期）和在职或离（退）休的厅（局）级干部要办理因私出境事宜的，应说明因私出境原因，提供相关证明并填写《员工因私出境特别审批表》（见附表2），由所在单位的部门负责人、单位组织、人事部门、单位党委主要负责人分别对申请人的涉密等级、是否具有本办法第十二条所列情形等进行审查把关，签署是否同意因私出境的明确意见，报院保密部门、组织和人事部门审核后，由主管领导批准。

其他登记备案人员申请办理因私出境事宜，应填写《员工因私出境审批表》，由所在单位的部门负责人、组织和人事部门，分别对申请人的涉密等级、是否具有相关情形等进行审查把关，签署是否同意因私出境的明确意见。

因私出境审批实行一事一批，审批有效期从获得批准之日起计算，超过有效期的员工应重新办理证件。

获批因私出境的员工，由单位人事部门在出境前将因私出境证件发放给本人。

若持有因私出境证件的人员因公出境，应向外事主管部门申请办理审批手续。出境前，持外事部门审批手续到单位人事部门领取因私出境证件。

3. 外事来访管理

外事来访管理是指来访交流时由单位邀请访客的审批流程管理。具体包括来访邀请、顺访邀请、台胞来访审批等。

系统实现《被授权单位邀请函》打印及打印提醒等功能。

来访邀请支持来访业务的填写、审批、邀请函盖章、打印及办结后的数据将自动同步至系统等基本功能，同时支持数据复制、审批重启等操作。

顺访邀请支持数据的填写和审批功能，办结后的数据将自动同步系统。

4.12.8 档案管理

1. 文档与内容的预归档

信息和知识资源是一项重要的资产。对科研活动过程中产生的科研文档、技术报告、实验数据及分析报告等大量的文档与内容管理需要人、过程和信息的集成，它需要及时地对内部网络和电子商务应用创建、审核、发布和存档内容。使用熟悉的软件应用程序和写作编辑工具，终端用户可以迅速在科研管理过程中使用写作编辑工具并对文档管理和网站内容进行管理与维护。

2. 数字档案管理

数字档案实现档案的全数字化管理，实现在科研、生产、管理过程中形成文档，可以按照档案编目进行自动的档案归集。

数字档案系统作为科研机构档案业务的基础平台，和多个业务系统做集成，实现数据互联互通，自动归档，做到各个单位的流程、管理模式和权限控制自定义，做到在整个科研机构范围内规范的档案权限控制和最大化共享档案信息。

数字档案系统在功能上主要分为档案采集管理、档案利用、档案业务和系统管理四部分。使档案工作人员可以轻松掌握系统的应用，在档案采集功能上强调简便，对系统设置功能上强调强大，对综合利用功能上强调易用，档案业务则强调个性化。这样划分系统，能够更加符合档案使用者的实际情况，实现了功能强大和简易使用的结合（见图4.130）。

1）收集整编

（1）文件管理：日常文件管理，可管理归档文件和不归档文件。归档文件可转到整编库中，不归档文件可转到不归档库中。

（2）项目管理：按年度或项目进行文档收集。

（3）收集整编：收集整编是系统的核心模块，集归档文件的收集整理功能于一体。因此收集整编中的数据展示、功能操作会受到业务定制、权限管理、年度项目管理设置的约束,是大部分业务定制约束集中体现的模块。

(4)移交管理:用于对各业务部门提出移交申请的归档文件或案卷/盒进行审核接收。

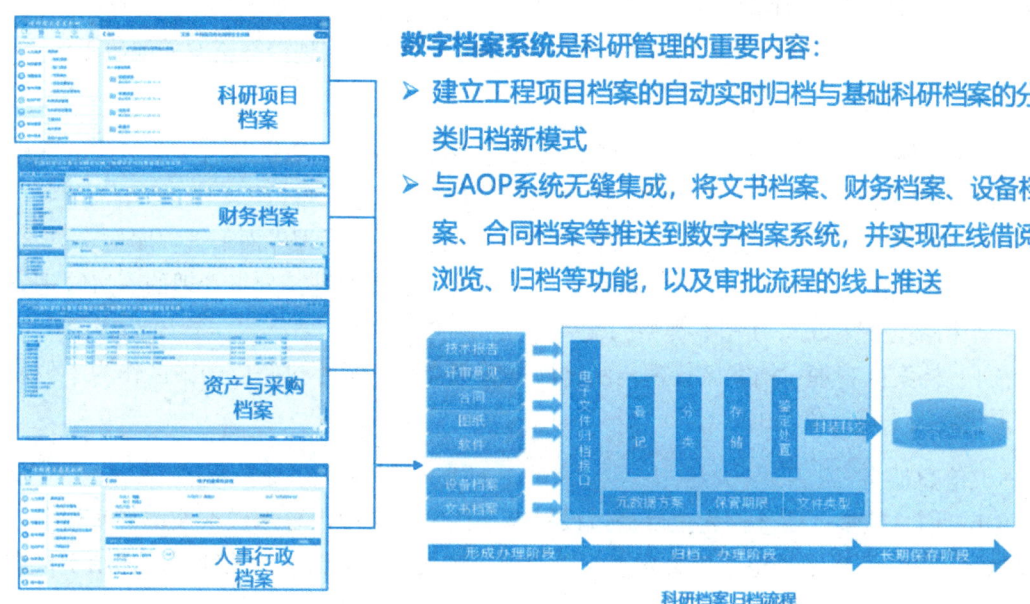

图 4.130　数字档案管理的应用架构

2)档案管理

(1)数据管理:数据管理主要对已归档的档案数据进行维护和管理,还具有数据录入功能。

(2)鉴定销毁:鉴定销毁是通过鉴定档案的价值从而决定保留还是销毁。

(3)辅助管理:主要用于对档案的辅助管理,例如,对实物档案的库房管理、人员管理、温湿度管理等进行登记的操作。

(4)借阅预约:借阅预约是在系统中进行预约并借阅实体的应用。

(5)借阅登记:借阅登记模式处理的是当用户不是通过网上申请的实体借阅,而是直接通过电话或到档案室进行借阅时,由专职档案员进行手工登记借阅的操作。

(6)借阅管理:此功能对预约登记、电子借阅和借阅登记模块流转过来的借阅数据进行管理。

3)开发利用

(1)年报统计:年报统计提供了档案年报的标准报表模板。

(2)档案统计:档案统计是指档案管理员在所管理的档案类型中,对每一个档案类型按照不同维度进行统计汇总的功能。档案管理员可以把当前全宗数据,统计每个年度/项目(或归档单位)在不同保管期限(或者分类)下的档案条目数。

(3)利用统计:用于统计用户通过系统对电子档案的访问和利用情况。该功能可以将文件编号、文件名和时间列表统计,并可对网上用户对电子档案的浏览和下载情况分别统计。

（4）工作量统计：工作量统计是将档案系统中档案管理员、兼职档案管理员、录入员 3 种角色对档案类型的操作的工作量进行统计。

（5）档案编研：通过动态和静态专题库辅助档案管理员实现档案资源的编研工作。

4）库房管理

（1）实体库房：实体库房是指按库房的实际情况，在系统中定制出一个对应的虚拟库房，定制出其面积、列数、档案区、温湿度等信息。

（2）实体库房管理：实体库房管理是为用户提供图形化管理界面来管理库房。

（3）档案区：档案区是指人为对某库房中的某些档案架进行分组管理的库房管理方式。一个档案区只存放一种档案类型的文件。

（4）档案区管理：档案区管理与实体库房管理类似，只不过是以档案区作为单位使用图形化界面来进行管理的。

5）信息服务

（1）信息检索：信息检索主要通过设置电子档案原文中内容来检索关键字或档案，可以检索系统中所有数据电子原文题名，以及内容中是否包含输入的关键字，适用于检索不明确所属门类的电子原文。

（2）分类检索：分类检索主要针对档案条目信息所对应的电子原文内容进行检索，适用于知道所属门类的档案。

4.13 决策与监管平台

4.13.1 概述与应用架构

决策与监管平台是通过智慧科研平台的数据积累，利用数据分析来实现监督管理与宏观决策分析的。该系统充分运用一体化平台的资源聚合环境，实现科研机构发展相关要素数据的有效融合及深度关联分析，明确科研机构的发展态势，为科学决策提供支撑服务以实现战略目标。

基于大数据架构，构建科研机构发展态势数据中心和相应生态环境。实现科研机构发展态势数据的"一体化"设计，汇集内外部的信息资源（信息资源与文献系统、专利系统等），对接科研活动、科研管理、科教活动和科技智库等相关数据，以及科研机构态势监测系统、舆情监测系统等。构建面向外部互联网、媒体和社会反馈信息的数据收集渠道，实现科研机构发展态势外部评价数据的整合和融合，为数据分析提供充实的数据源。构建数据管理平台,以发展态势为目标,建立数据检索和查询工具库,建立态势数据的长效运行机制(见图 4.131)。

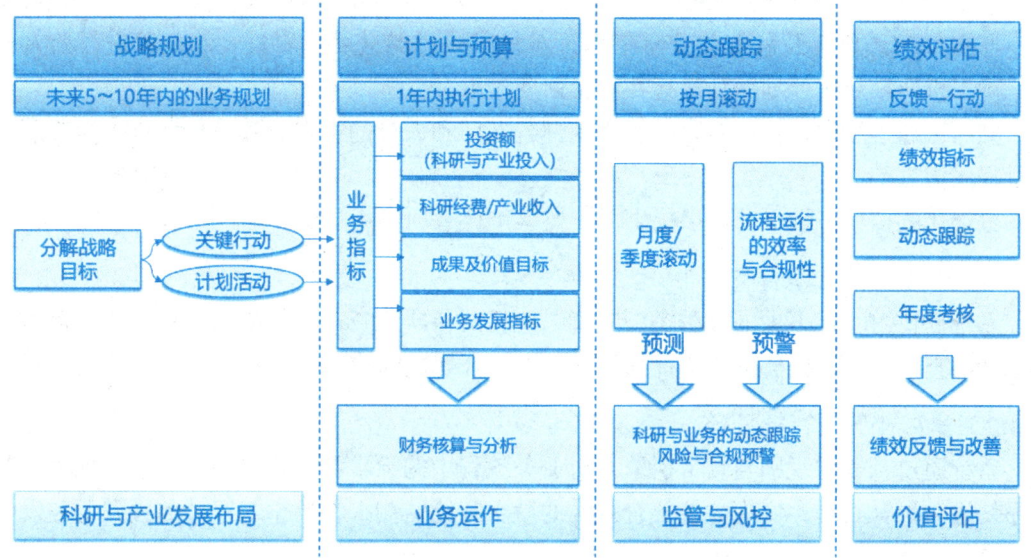

图 4.131 决策与监管平台的应用架构

决策与监管平台主要面向的用户是各级管理人员和科研机构领导。决策与监管平台包括三大模块:审计与监察、分析决策与数据可视化。

4.13.2 监察与审计

在科研机构中,监察与审计的应用场景广泛,它们分别承担着不同的职责和功能,共同促进科研机构的健康运行和持续发展。

1. 科研经费管理的监察

监察部门在科研机构的经费管理中发挥着重要作用,通过对"资金流"的监管,促进监督制约机制的形成,保证资金的安全运行和高效使用。

在科研项目的招标、采购、合同管理等环节,监察部门通过制定和执行相关规章制度,确保过程的公开、透明和合规性,防止腐败和违规行为的发生。

2. 加强内部管理和人员行为监督

监察部门侧重于对"人"的监督,通过日常排查、举报处理等方式,发现并纠正内部人员的不当行为,如违规操作、利益输送等。

对涉嫌违规违纪的人员进行约谈、调查,并根据调查结果采取相应的处理措施,如警告、处罚、开除等,以维持科研机构的纪律。

3. 效能监察和绩效评估

监察部门还负责开展效能监察工作,对科研项目的进度、质量、效益等进行监督检查,确保科研项目按计划顺利进行并取得预期成果。

同时,通过绩效评估,对科研机构内部各部门和人员的工作成效进行评价,为奖惩和激励提供依据。

数据化的监察审批平台可以提供以下监察审计事项。

1)个人业务事项的监控

系统提供对个人事项的多种类型查询,包括对科研、资产、耗材、无形资产、借款、报销等的查询,由纪检监察或审计部门进行人工合规性的检查。

2)异常业务的智能预警

系统通过预置的规则与预警引擎,对业务流程中的异常和不合格的业务进行预警,监察系统进行异常处理,实现对业务合规性的后台智能监测,将监察与审计前置到业务发生过程进行监管。

处理异常的业务流程,包括需要申请人解析、补充材料或业务终止、处分等。审计与监察的流程图展示了业务合规性预警、异常处理、预警配置等关键环节(见图4.132)。

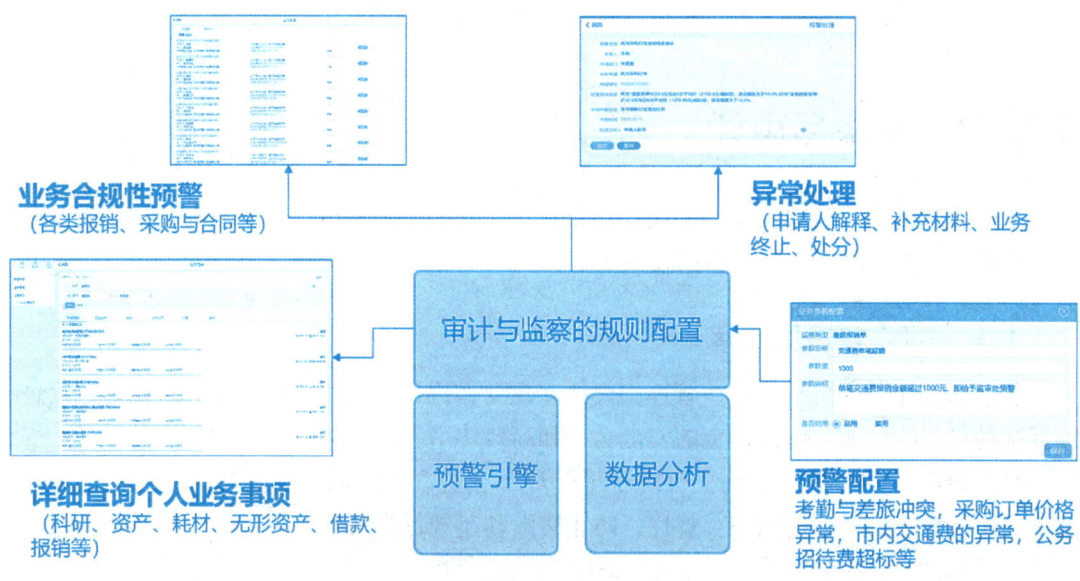

图 4.132 审计与监察的流程

4.13.3 科研绩效评估

1. 建设目标

建立完备的绩效评估体系,可以科学评价科研机构的工作质量,评估各级部门和职工的绩效成果及工作表现,引导并激励职工发扬团队精神,不断提高自主创新能力,保持科研机构稳定可持续发展。

通过智慧科研平台打造科研机构、部门、团队等垂直绩效管理体系(见图4.133)。

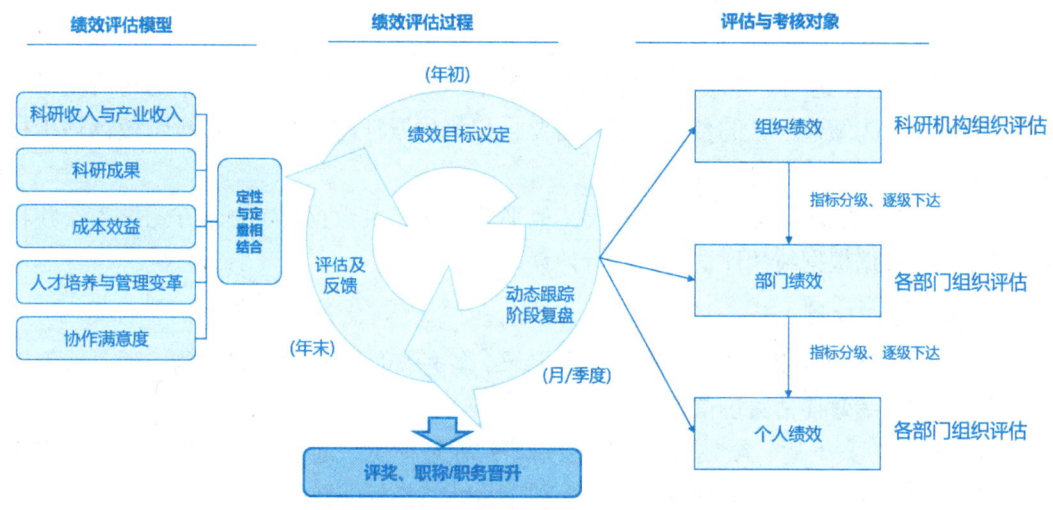

图 4.133　绩效管理的业务架构

2. 业务需求

1)绩效评估模型管理

从战略目标出发,建立各项业务的绩效指标,形成科研机构内标准的绩效指标库。系统支持定性和定量两类绩效指标。根据各法人单位、部门和团队的性质(科研机构和支撑单位,科研部门、职能部门等)的不同,可以支持各种不同绩效指标的组合、结构和权重,形成组织的绩效评估模型。

模型的建立可以结合组织、指标、时间等多种维度,并且制定模型可在不同层级组织范围下复用,要考虑考核制度推广的便捷性。

2)绩效评估的过程跟踪

根据绩效评估模型,针对定量绩效指标,可以从智慧科研平台中采集数据动态跟踪绩效指标的达成过程。以 AOP 应用为例,展示绩效评估的过程(见图4.134)。

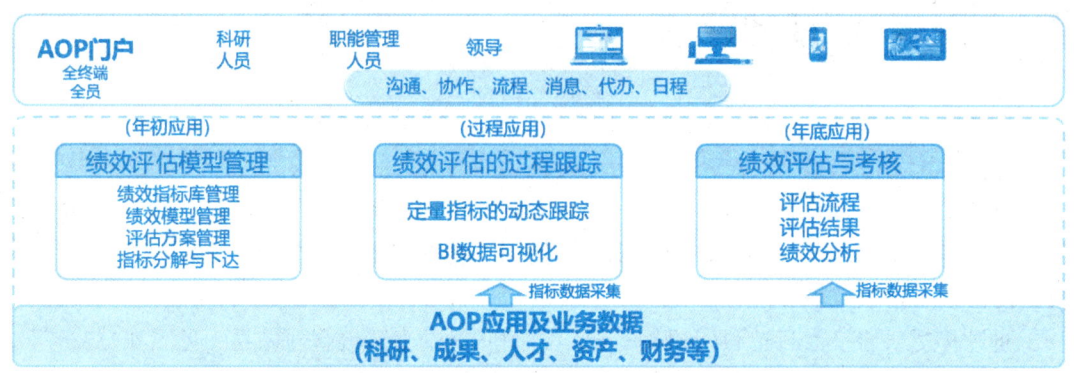

图 4.134 绩效评估管理的应用架构

（1）业务数据运用。定量绩效指标的计算可以实现把智慧科研平台中的科研项目、成果等数据，作为绩效评估的数据来源，需要将相关数据打通，并支持根据绩效评估指标进行量化动态计算。

（2）其他业务数据收集。将线下或其他平台绩效相关数据以 Excel 方式导入，并且可以对导入的数据根据绩效评估指标进行计算。

3）绩效评估任务

形成绩效评估的流程规范，评估人员、专家、管理部门人员等同时参与，通过线上协同的方式，记录绩效评估关键信息。

（1）评估方案下达。绩效管理部门根据绩效评估模型，通过任务下达的方式，安排相关人员参与定性绩效指标的评价（评分）和定量绩效指标的数据准备。

（2）考核任务下达。根据考核周期建立一个考核任务；以任务的方式来管理整个绩效考核活动；可以设置自评、主管评分、评委评分、群众评分等多个环节。

（3）评估过程。被评估人员可以通过线上填报的方式，参与定量绩效指标的数据采集；领导针对定性绩效指标对各评估对象进行在线评分。智慧科研平台中管理的数据，可以自动实现定量绩效指标数据的获取和计算。

（4）评估结果。程序按照评估方案规则和等级设定，结合评估过程收集数据、评分数据并自动计算分数与等级，形成评估结果数据。

（5）绩效分析。绩效管理人员可以对已产生的绩效考核结果进行分析，以提高工作效率。对于未来产生的绩效评估结果，可以应用于薪酬、职称评审、职务晋升等相关方面。

4.13.4 统计分析与决策

通过决策与数据分析平台（BI）系统的建立，加强各级管理人员对科研与机构运行的宏观分析能力，提升科研和各项业务的决策水平，实现科研全程动态跟踪和管理，以及科研数据的智能分析，满足决策咨询需求。

决策与数据分析平台具有数据采集、补录/填报功能，能够将这些数据有规则地汇总到数据仓库中，对数据进行整合、挖掘、统计、可视化分析，从而能自助且敏捷地制作与业务主题相关的分析报表、图表等内容。

产品功能层面核心模块包括数据源管理、数据处理、数据采集与补录、可视化分析、多维交互分析、数据门户、移动端应用等。除满足操作简单、数据分析快、报表及图表直观等需求外，还可以覆盖可视化大屏模式及PC、移动端可视化门户等不同终端平台的展示。

项目数据概览提供各类科研项目的总体性综合展示功能，包括项目浏览、项目进度、风险、经费、预算执行情况、转化成果等。系统对项目数量、状态进行分类统计，以统计图的形式进行可视化数据穿透展现。

预算执行统计分析、科研成果统计分析以顶层管理的全新视角建立科学的决策分析模型，形成智能化的决策数据采集整理机制，提供实时准确的综合管理报表和指标，科研信息数据、科研项目管理数据、科研经费数据、科研人员画像数据、科研项目成果转化等以统计图形式进行可视化数据穿透展现，从而为科学研究领域的决策提供科学的量化支撑手段。

智慧科研平台人力成本分析包括薪酬成本分析、培训成本分析、招聘成本分析和费用成本分析。通过建立成本中心，实现基于组织单元的人力成本分析，并且支持基于职务、职位、各个时间范围和个人维度的人力成本分析。通过人力成本分析结果，为组织战略、人力资源战略的制定和调整提供依据。同时，可通过预警平台设置相关预警规则，在数据异常时系统给予预警提醒。

1. 数据统计与分析

1）业务建模平台

（1）只有特定账户拥有超级权限，才能访问业务原始数据。对一体化平台中的业务数据建立多维度的数据访问的标准模型，该系统需要支持SQL模型。业务方（系统内各单位的业务管理员、IT管理员）默认仅可使用数据仓库中的自助数据集（二次加工的业务数据）作为数据源，用于搭建业务模型。

（2）对系统中尚未采集的业务数据和关键指标数据，系统支持数据填报模板的制作和发布，各单位进行采集填报。

（3）对业务模型的新增、修改、发布进行授权管理，保障数据信息安全。

（4）各单位只能引用已授权的业务模型，并且可以进行模型关联组合。若上述操作不满足实际使用情况，可在系统中提出新建业务模型申请，由特定用户进行处理。

2）数据报表平台

数据报表平台可按业务分类提供人事管理报表、绩效管理报表、素质模型报表、招聘选拔报表、培训发展报表、薪资管理报表、社保福利报表、考勤管理报表，以及审批工作流业务查询、变更历史记录查询等。每位管理员都可以根据职位权限通过报表查询到相关人力资源业务数据。

此类报表的特点如下。

（1）每个报表都有简便而灵活的条件查询界面：可以随时设置各种条件、排序、显示项目、统计方式等来查询报表，并能保存设置为查询方案，支持查询结果的导出、打印、输出统计图表等功能。

（2）查询方案分配：业务管理员可将复杂查询条件设置保存为查询方案，将查询方案直接分配给各级管理员，管理员自己不用设置复杂的查询条件，在查询方案向导中单击方案名称就可直接得到报表查询结果。

（3）查询方案分类：可以将已经设置为可分配方案的报表方案按照不同业务模块分类并发布给管理员使用，管理员还可以在自己的角色平台调整分类。分类标准可实现自定义。

自定义报表：在自定义报表平台，用户可对各种人力资源业务的数据按客户需要，以设计发布自定义报表的方式供不同需求的管理员查询。

自定义套打：智慧科研平台系统中的自定义套打功能能够将各种业务数据在同一个界面中设计展现出来，例如，对于表格结构较复杂且包含多种不同形式数据的员工简历等，可使用自定义套打工具将其展现出来，并能授权在【查询报表】→【自定义套打表】中查看。系统提供组织信息、职位说明书、员工简历等不同业务的套打模板供用户选择使用，用户可以在模板基础上做适当调整得到所需要的报表展现形式和内容。

3）评估决策分析平台

（1）用户需依托系统已提供的业务建模，可自行设计多种统计分析报表，以及定制报表。所设计的报表应做到设计合理、查询统计灵活等特点。

（2）可以跨业务、跨部门对业务数据进行组合关联查询并设计定义结果呈现方式。

人员：按照学科专业、学历、职称、学术头衔等维度统计人力资源的相关数据并进行可视化展示。

项目：按照年度、学科、组织/部门、项目来源及分类、状态等维度统计科研项目的数量、项目经费等数据。

经费：按照年度和项目类别统计科研项目经费到账数据，按照预算科目和项目统计科研经费支出数据。

成果：按照年度、组织/部门、成果分类统计各项科研成果的数量。

资产：按照年度、组织/部门、资产分类统计各项资产的新增数量、原值、净值等数据。

2. 管理驾驶舱

管理驾驶舱是在科研机构大数据平台的基础上，为管理决策人员提供智能化的管理平台（见图 4.135）。

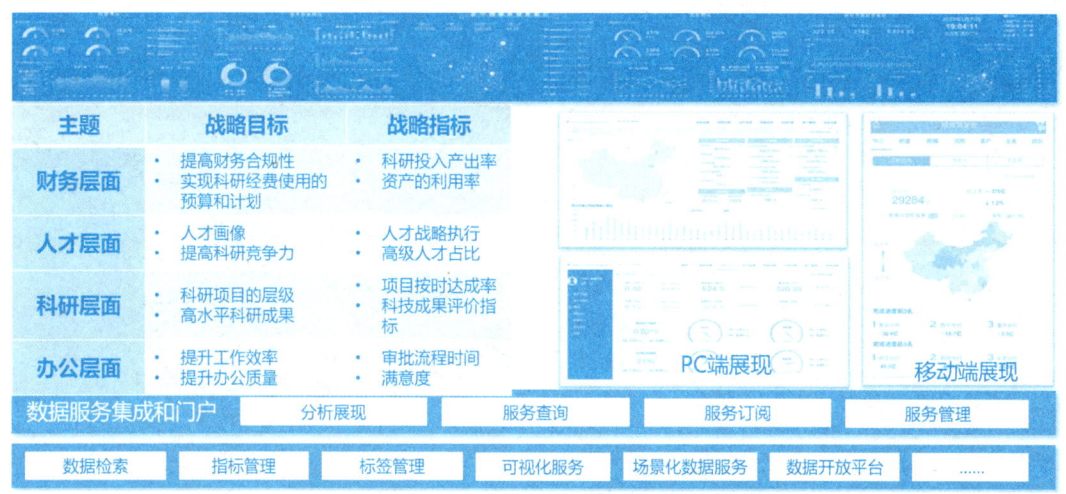

图 4.135 管理驾驶舱的应用原型

分析门户与管理驾驶舱,包括业务提醒、单位内各种业务的实时、历史数据统计图(使用人员:院领导、所领导、各业务管理员、部门领导、分管业务领导),实现看板式展示关键业务指标的分析数据。

统计分析是为决策支持服务的,面向机构各层级领导,服务于数据驱动的科学决策。基于综合办公、资源管理、任务科研等过程管控服务产生的各种数据,进行数据抽取、综合分析,采用大数据处理技术,为各级领导提供多维度报表、看板(财务看板、资源看板、任务项目看板等)和管理驾驶舱。

(1)能够生成年终综合统计报表数据,辅助完成统计工作。

(2)满足项目日常管理及相关信息的查询、导出,主要包括项目基本信息、项目任务分解情况、项目团队信息、项目人员情况、项目分类信息、项目预算信息、经费执行情况、项目收支情况、项目决算表等。

(3)支持用户以拖拉拽的方式进行自定义格式报表的制作。报表实现通过报表设计平台进行定制化设计,按照总体应用集成要求提供报表模板定制服务,包括基于数据库进行模板制作,基于 Web 的可视化界面以拖曳方式进行设计和与系统用户集成,以及生成的报表可导出到 Excel 等。

(4)能够生成按年度查询的资产明细报表,辅助完成财政资产决算和国管局资产报表工作。

(5)提供数据查询的自定义工具。管理驾驶舱系统运行时,无须停机即可在其平台上随意创建及调整数据查询。一个查询功能从开发到交付给用户使用可以在分钟级别内完成,旨在为用户提供随时获取及应用数据的能力。

平台使用数据中台建立的业务对象模型定义查询模型,引擎负责解析、执行查询模型,并向用户呈现查询及导出结果。定义好的查询,可以直接挂载菜单供用户随时使用,也可以作为报表设计的输入数据源。

第 5 章
智慧科研的系统架构

5.1 技术架构设计

5.1.1 微服务与原生云应用架构

智慧科研数字化平台是一个基于网络服务计算的多层级架构（见图 5.1）。

应用层	智慧科研微服务应用组件					
开发工具层	数据建模	前端开发与组件	客户端封装	流程设计	报表设计	后端服务开发
	项目管理	代码管理	构建管理	测试管理	发布部署	运行监控
统一平台层	数据平台			技术平台		业务平台
	元数据管理 / 主数据管理 / 数据可视化 / 数据交换 / 数据服务 / 数据分析			流程平台 / 报表平台 / 表单平台 / 搜索平台 / 消息推送		组织管理 / 身份与认证 / 三员管理 / 租户隔离 / 应用管理
基础软件层	分布式文件DFS		分布式缓存		消息队列MQ	
	Java微服务框架			信创数据库平台		
基础设施层（私有云/公有云）	信创基础设施		信创OS		信创容器云	

图 5.1　智慧科研技术架构

（1）基础设施层：基础设施包括由服务器、存储和网络组成的数据中心。智慧科研数字化平台基础设施需要全面支持信创环境，包括国产 CPU、国产服务器、国产存储器和国产网络等硬件设备。

（2）基础软件层：基础软件是支撑应用运行和数据存储管理的基础软件平台。智慧科研数字化平台需要全面支持信创软件平台，包括国产操作系统、国产 Java 中间件、国产数据库和分布式文件服务、分布式缓存、分布式消息队列等基础软件平台。

（3）统一平台层：智慧科研数字化平台支持基础数据架构、基础技术架构和基础业务架构的组件与服务平台。

（4）开发工具层：智慧科研数字化平台全面支持自主可控的低代码开发，实现数据建模、前端开发、流程建模、报表建模和后台服务的开发，提供低代码开发的工具与平台，并实现项目管理、代码管理、构建管理、测试管理、发布部署、运行监控等应用的快速开发与构建。

（5）应用层：智慧科研数字化平台支撑科研、生产、经营、管理各应用模块。

科研机构对智慧科研的设计旨在支持原生的云计算应用，并采用基于微服务的系统架构。

相对于智慧科研技术架构，传统的单体架构系统存在以下劣势：它导致了重量级的运行架构；负载均衡机制限制了应用的可扩展性；系统的可维护性受到影响，尤其是对于那些大型应用；零停机部署变得非常困难，特别是对于那些有状态的应用；多个团队在开发传统的单体架构系统时效率低，并且需要额外的工程管理和运维管理来维护系统的稳定运行。

纵向分解系统，按照使用部门切割成各种"系统"，如财务、CRM、OA等，这会造成信息孤岛和流程割裂；应用会依赖架构环境，导致开发平台和工具不兼容，复用程度降低，开发效率降低且成本增加；数据会分散、重复，出现数据不一致，无法形成组织的全局数据视图的情况；硬件与应用绑定，资源不能共享，导致性能不足与资源浪费的问题并存。

智慧科研按照微服务架构的思想，构建一个满足云应用场景的原生云计算架构。

系统支持kubernetes的微服务管理平台，通过部署容器的方式实现快速部署和负载均衡的性能扩展，并支持动态扩容。

5.1.2 系统可靠性设计

确保系统没有单点故障，系统可以连续稳定运行（7×24小时的可靠设计目标）。在成本效益平衡原则下，个别连接自动恢复在秒级的可靠性下，实现可靠的运行保障。

系统的可靠性涉及整个系统数据流的完整流程中的每个环节，包括链路、应用服务和数据存储服务等节点的设计（见图5.2）。

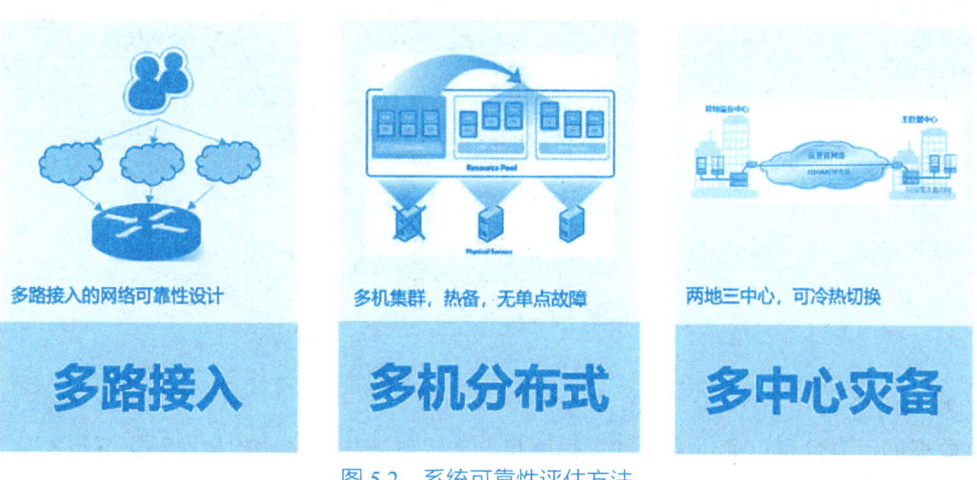

图5.2 系统可靠性评估方法

1. 多路接入的连接可靠性

整个系统借助链路和应用服务的可靠性，通过各种方式保证业务应用的可靠性。

终端通信可靠性：基于移动设备快速移动的特点，设计网络监测、断网重连，实现网络透明自动连接，以保证网络通信的业务可靠性。

通信协议可靠性：关键的信息采用请求和确认应答的机制，实现数据发送一次且仅有一次的信息确认协议，避免数据丢失和重复。

数据链路可靠性：提供多个负载均衡器、多个网络接入点，通过硬件冗余实现数据链路的可靠性。如果是无状态的链路将自动进行失效转移。

应用可靠性：通过无状态应用轮询或其他负载均衡机制进行应用的可靠访问，同时通过心跳服务和会话服务器完成有状态服务的失效转移。

应用可靠性还应充分考虑各种因素，采用高可用策略、超时重试、异步调用、服务分级、服务降级的机制保障应用的可靠性（见图5.3）。

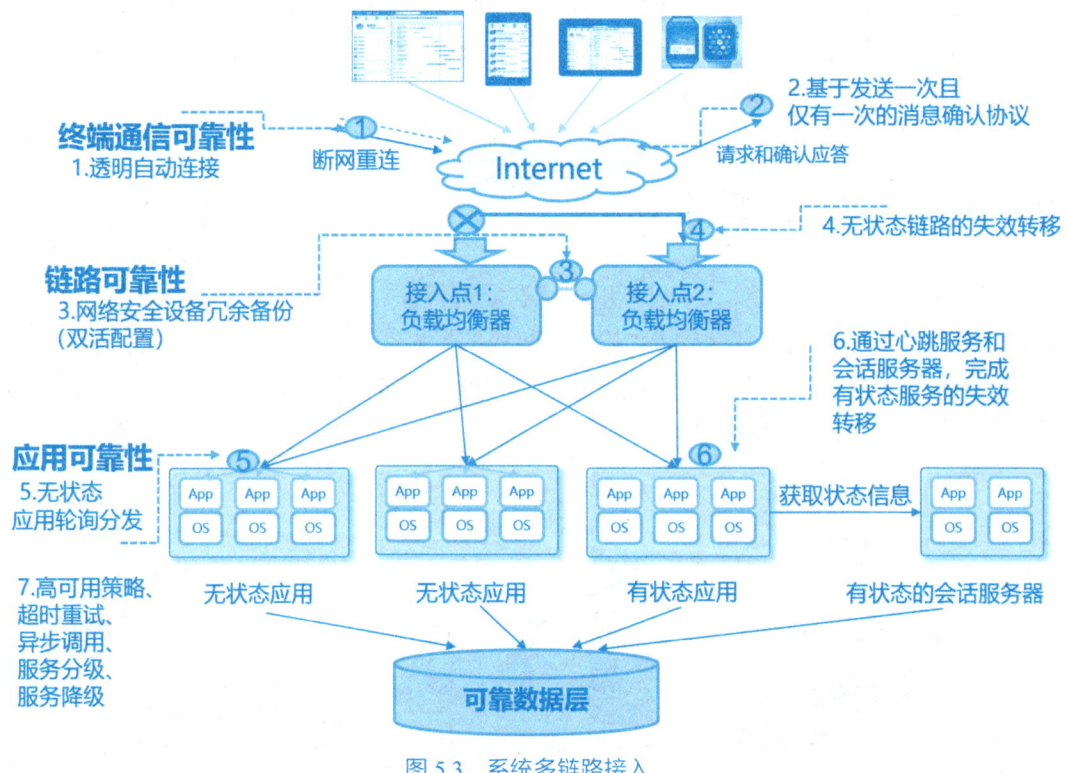

图 5.3　系统多链路接入

2. 多机分布式架构的高可用性

数据的可靠性可以通过专业的数据库集群来提供解决方案，比如实时集群技术。

关系型数据库采用集群的复制技术。

在智慧科研系统中，存储的信息主要是业务数据、科研数据、日志信息、跟踪信息等。

非结构化数据库的分布式部署支持的数据结构非常松散，是类似 JSON 的 BJSON 格式，因此可以存储比较复杂的数据类型。

分布式文件服务通过专有 API 对文件进行存取和访问,采用应用级的分布式文件存储服务。

分布式文件服务是为互联网应用量身定做的分布式文件系统,充分考虑了冗余备份、负载均衡、线性扩容等机制,并注重高可用、高性能等指标。分布式文件系统的架构和设计包括轻量级、分组方式和对等结构 3 个方面。

3. 多中心灾备和业务连续性

为了减小由重大硬件故障、自然灾害或其他灾难带来的用户业务服务中断的影响,系统需要设计重要系统异地容灾方案,保障用户业务连续性。具体如下。

(1)数据及关键应用同城容灾:用户数据除了在同城数据中心服务器进行备份,也定期备份至异地数据中心,以存放和验证数据的有效性,关键应用在不同 IDC 机房实施多点分布部署。

(2)灾备演练:定期对应急预案和灾难恢复计划进行演练测试,以验证在灾难情况下组织的应急能力和业务恢复能力。

主数据中心包括生产环境、模拟环境、测试环境(见图 5.4)。

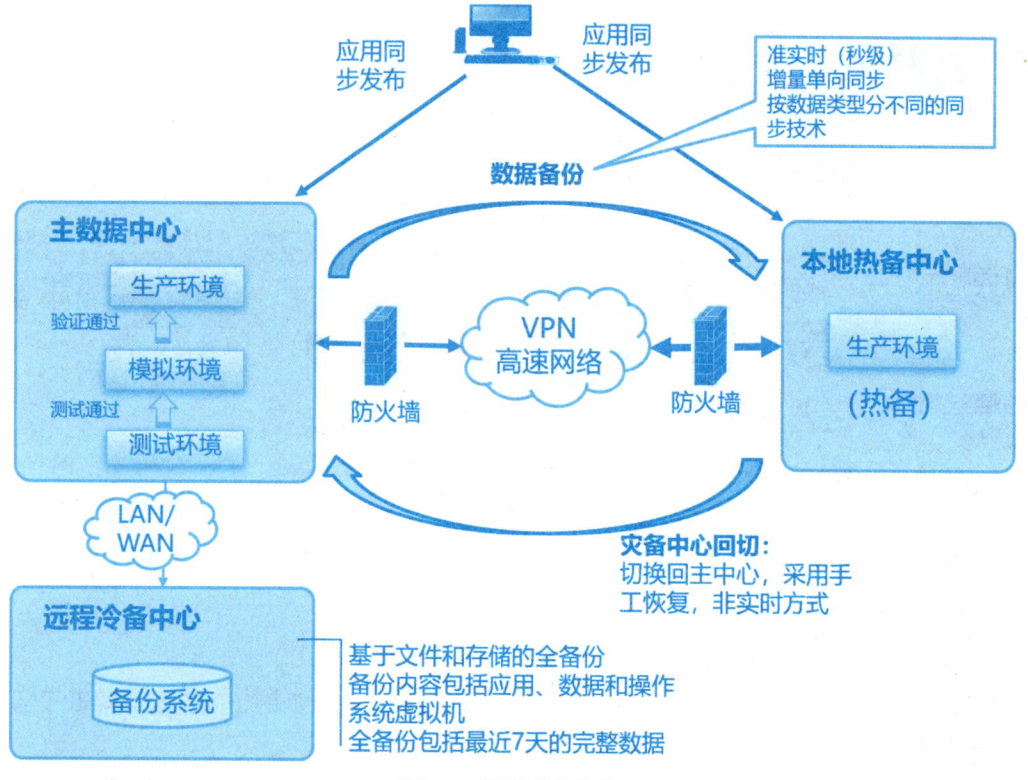

图 5.4 系统灾备架构

应用在测试环境测试通过后,将发布到模拟环境进行验证,验证通过后,将同步部署到主数据中心和同城灾备中心，数据在主数据中心和同城灾备中心进行实时数据同步。

5.1.3 系统高性能设计

1. 分布式可横向扩展架构

把用户最外层的请求通过负载均衡器加载到系统的不同服务器集群中。

其中，主要的应用服务器采用虚拟机进行部署，在虚拟机上安装操作系统和应用系统。由于应用服务器采用了无状态服务的设计，单机应用服务器不依赖其他集中式的资源，因此很容易通过增加机器硬件来扩展应用服务器的处理能力。应用服务器还包括各种应用网关服务器、消息服务器等，这些服务器也具备横向扩展能力。

数据库服务器集群进行部署。数据库服务器包括 SQL 集群、NoSQL 集群、文件服务器集群、内存缓冲集群。数据库服务器集群采用分库、分区（分表）机制，也可以实现横向扩展。存储服务器采用共享存储 SAN 和分布式存储（见图 5.5）。

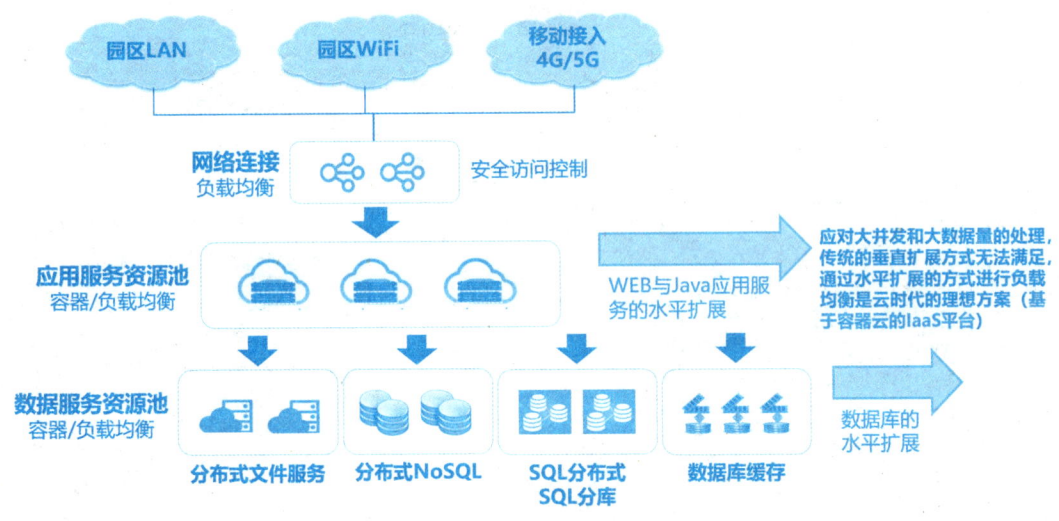

图 5.5 系统分布式架构

2. 分布式缓存，加速数据访问

对系统的数据访问，采用多级数据缓存的方式加速热点数据的访问，大幅降低了后台数据库存取的压力。

系统把经常访问的数据存储成行缓存、数据缓存和片段缓存，加速系统数据的访问。同时为了避免出现缓存穿透的情况，系统采用多级分布式缓存的机制，防止缓存服务器崩溃。

系统的缓存离用户越近效果越好。对于应经常访问的界面，系统将存储热点界面缓存，以减轻热点事件或热点新闻对系统访问造成的冲击。

3. 提升系统并发性，减少系统串行性

系统的最大并发处理能力取决于系统串行运行的部分，因此，要提升系统的并发处理能力，需要从减少系统串行的方案入手，主要有如下几种方式（见图5.6）。

（1）对常用的文件系统、数据库系统等串行性较高的子系统进行数据分区，使不同的系统请求能访问不同的数据分区，提升系统的并行性。

（2）减少系统组件中的争用的情况，减少线程的等待次数和时间；优先缓冲串行资源池，最大限度地减少系统资源争用的情况。

（3）系统的业务流程不能依赖系统串行的部分，需要把系统串行的部分独立出来，优先采用异步处理的方式，减少系统业务洪峰对系统的冲击。

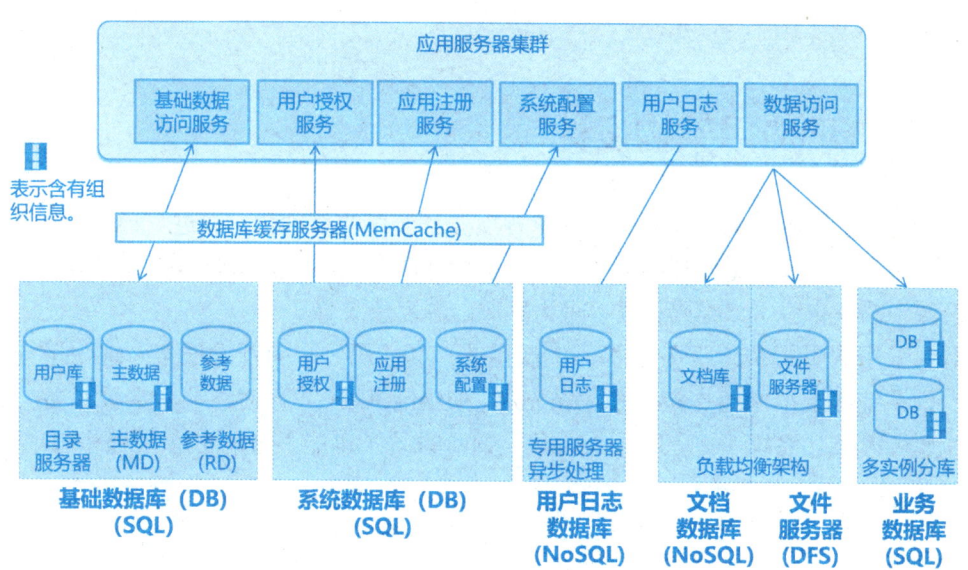

图 5.6　系统分类数据管理技术

4. 长事务和短事务进行逻辑分离

短事务是指系统高并发的一次数据处理时间较短的业务事务请求，主要特点是业务请求多、要求实时快速返回。

长事务指的是系统处理一次业务请求需要进行较长的业务处理流程或较长的计算资源。

长事务对系统资源的影响主要体现为长期占有系统核心资源，导致后续资源等待，进而使系统响应缓慢。因此对于长事务性业务，需要首先考虑把长事务性业务分割成几个短事务性业务。如果切分后的业务还是需要很长时间进行处理，需要把短事务和长事务的业务处理进行区分部署，以免相互影响（见图5.7）。

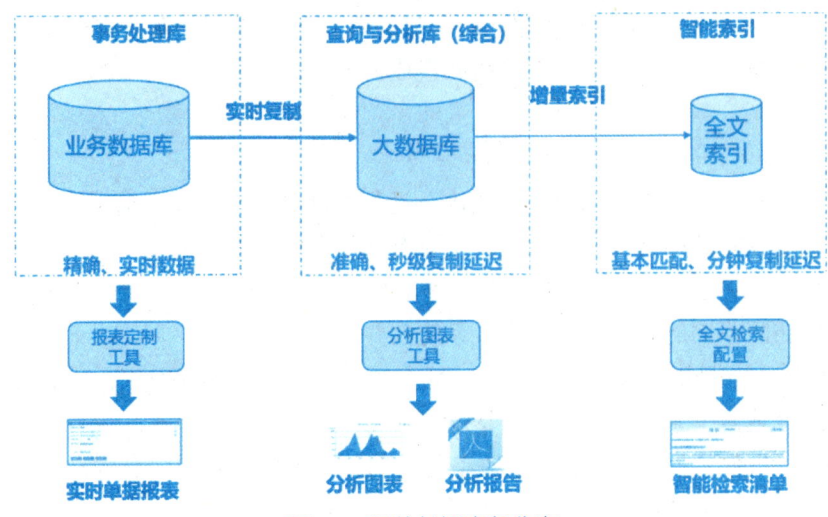

图 5.7　系统长短事务分离

5.1.4　移动应用架构设计

智慧科研从底层架构出发，全面支持各项业务应用的移动化，通过 HTML5 实现各种智能终端自适应。平台充分利用移动终端的独特特性，提供全新使用体验，包括录音、拍照、录像、GPS 定位、二维码扫描、重力感应、温度感应等。

平台采用响应式 Web 开发技术，实现系统一套代码、一套开发框架、统一运行引擎和平台，系统除了很好地支持 iOS、Android、HarmonyOS 等移动终端和穿戴设备，对传统的计算机（PC）系统（Windows、Linux、Mac 系统）也能很好地支持（见图 5.8）。

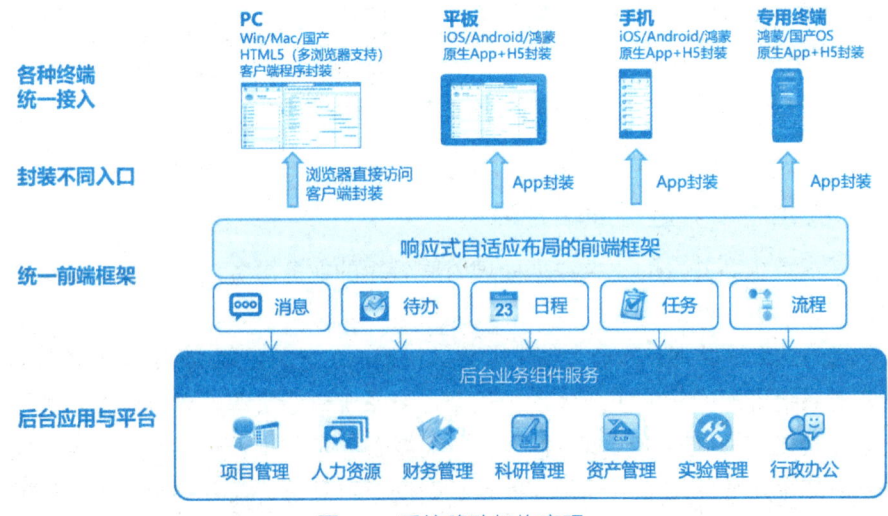

图 5.8　系统移动架构实现

通过样式控制展现和图标字体控制图标显示，兼容不同移动设备 DevicePixelRatio 的显示差异，从根本上解决多终端响应式设计和展示的难题。

平台的移动应用框架支持 Android、iOS、HarmonyOS 等智能设备，通过 HTTP、TCP、WebSocket 与后端的协议层和业务服务进行通信，无论是智能设备端还是后端服务，均可根据业务的变化灵活定制业务应用。

移动应用框架采用本地原生和 HTML5 界面混合的方式进行架构，本地应用容器支持界面展现层、业务逻辑层和数据存储层。界面展现层支持本地原生应用渲染和 HTML5 网页渲染，支持屏幕自适应的技术；业务逻辑层支持本地应用逻辑，同时提供 App 模型、逻辑控制、网络安全控制等功能；数据存储层则提供灵活安全的数据存储，包括加密的文件和加密的数据库两种方式（见图 5.9）。

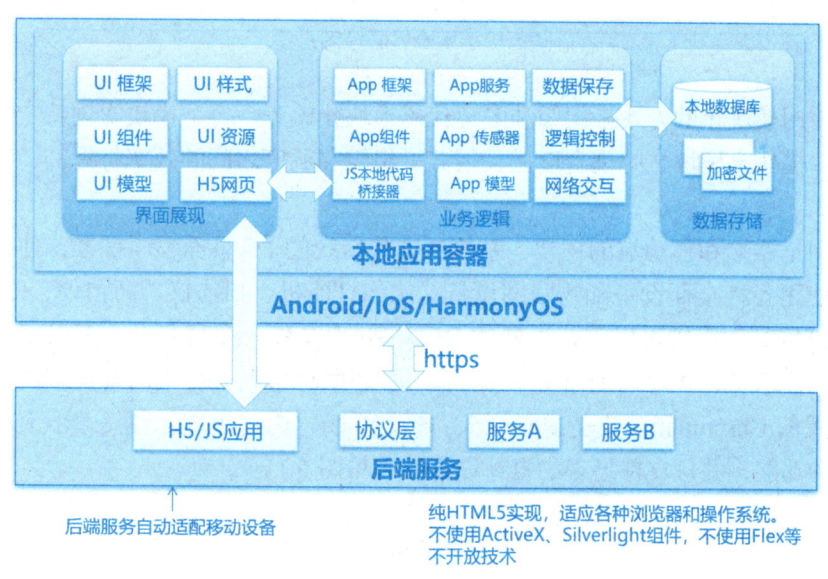

图 5.9 移动应用架构

平台的本地容器对 App 内的 WebView 做深度体验优化，通过 Native 跳转路由、缓冲技术和 Native 组件技术对 Web App 性能进行优化，大幅提升了 WebView 的显示速度和显示效果。

平台前端框架基于 MVVM 框架的单页应用解决方案，支持双向数据绑定，以数据为驱动，帮助开发人员更多地关注业务逻辑，而不是界面更新；支持前端模块化，可依据业务需求划分模块，降低系统模块间的耦合性；支持嵌套路由，有界面资源的懒加载（Lazy Load）机制，可以动态按需加载模块及资源文件。

开发平台基于 Vue 作为前端底层框架来实现一整套的单页应用。和传统的 Web 应用相比，用户在单页应用中操作时，减少了界面重载与刷新，极大地提升了系统速度及操作流畅度，使得用户在浏览器中也可以有像操作原生客户端程序一样的顺畅体验（见图 5.10）。

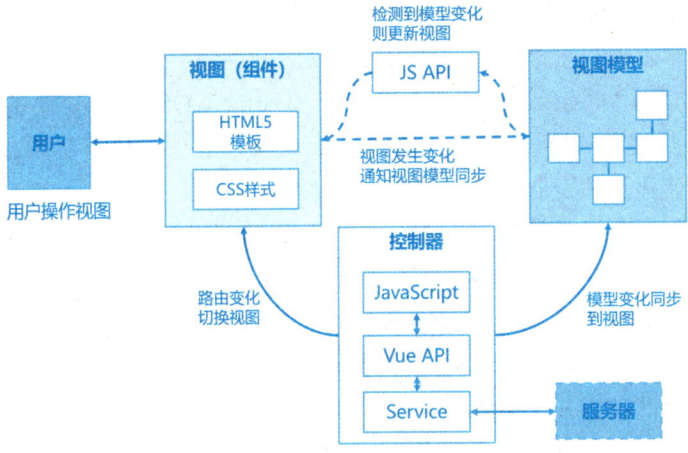

图 5.10 系统界面控制方法

平台使用模块化的方式来组织和隔离代码模块化编程，每个模块实现特定功能，业务比较单一，模块与模块之间耦合度低，因此，组织和调度之间的效率将提高，增加代码的重用性。

除了浏览器端和移动端的框架，系统还支持传统的 PC 桌面程序框架，使得桌面程序能很好地使用各种桌面设备和物联网设备，比如打印机、扫描仪、高拍仪、RFID 设备、二维码扫描枪等。系统可以支持本地的 DLL、so 库文件，在高安全、高保密或者嵌入式系统接入的需求下，还可以通过 C++ 编写本地应用来实现。PC 桌面客户端的界面渲染部分采用内置的 Chromium（支持 HTML5）来展现 UI，因此也能采用一套代码实现 PC 桌面客户端的功能，并且支持展现的自适应特性（见图 5.11）。

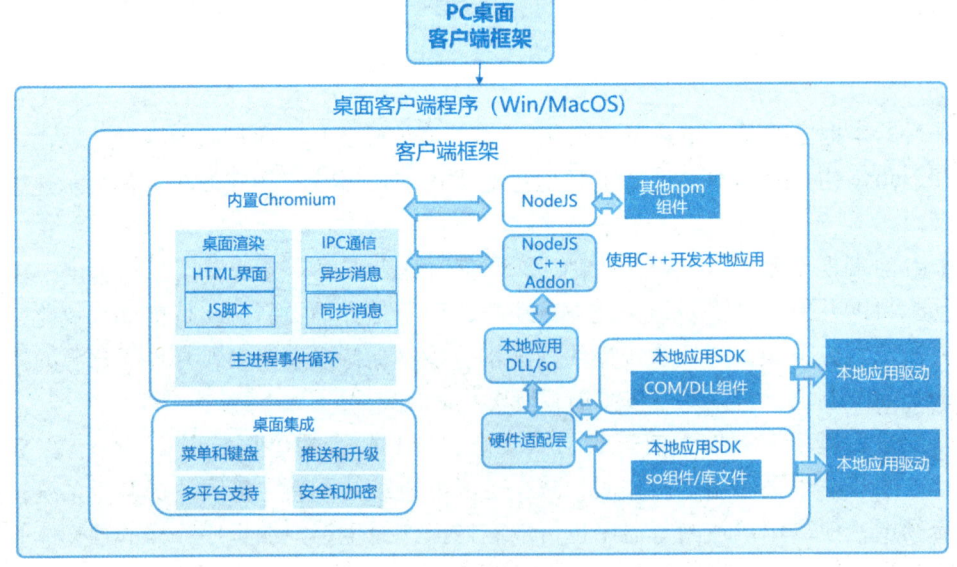

图 5.11 PC 桌面客户端程序结构

5.1.5 基础设施规划

1. 统一网络接入

智慧科研数字化平台的访问通过多路网络接入数据中心（见图 5.12）。

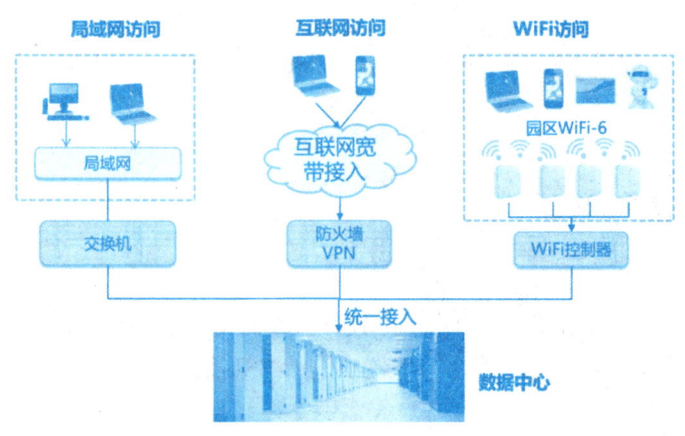

图 5.12 多路网络接入

（1）局域网：各园区的局域网，通过局域网直接连接数据中心。

（2）WiFi：各园区统一配置电信级园区 WiFi，实现园区无线网全覆盖，实现移动终端、智能机器人、智能园区设备设施的统一接入。

（3）互联网访问：通过与电信运营商的 Internet 骨干网宽带接入数据中心，实现远程互联网接入。移动终端在园区外部时，可以通过 4G 或 5G 接入网络，通过互联网的通路接入数据中心。

数据中心部署逻辑架构见图 5.13。

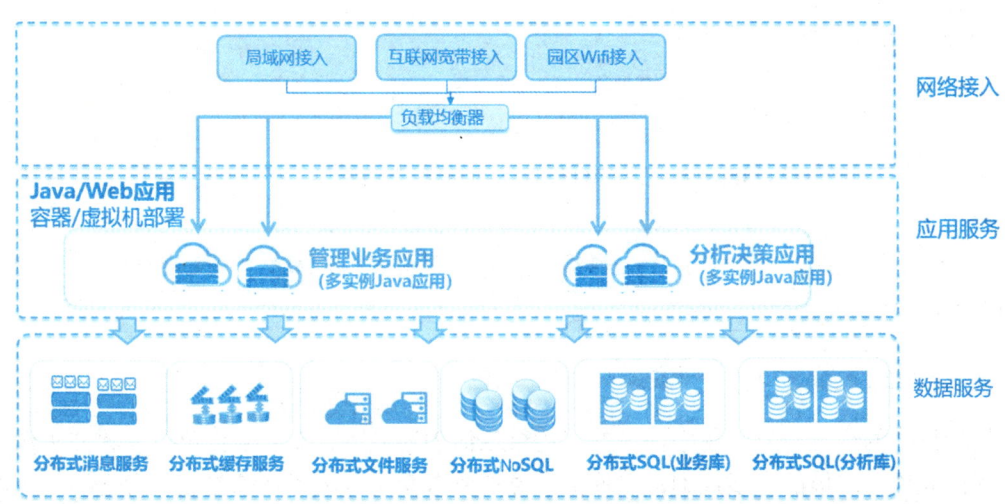

图 5.13 数据中心部署逻辑架构

网络访问的带宽需求和设计见表 5.1。

表 5.1 网络访问的带宽需求和设计

类型	带宽要求	线路质量要求
局域网	客户端到服务器：10 Mbps；服务器之间：10 Gbps 以上	丢包率小于 0.1% 并且延迟小于 10 ms
互联网	客户端到服务器：1 Mbps；互联网接入：1 Gbps 以上	丢包率小于 2% 并且延迟小于 50 ms
WiFi	客户端到服务器：5 Mbps；无线网接入：1 Gbps 以上	丢包率小于 2% 并且延迟小于 50 ms

2. 安全的网络通路

1）SSL 连接

智慧科研数字化平台的网络访问，要求在服务器端配置 SSL 访问，由用户申请域名证书，在智慧科研数字化平台配置的服务器中进行 SSL 访问。

2）VPN 访问

智慧科研数字化平台部署于内部局域网，通过防火墙或 VPN 进行访问。

VPN 通过安全隧道建立一个安全的连接通道，将分支机构、远程用户、合作伙伴等和数据中心网络互联，形成一个扩展的网络。

VPN 的基本特征如下。

（1）能享受到与专用网相同的安全性、可靠性和可管理性。

（2）网络架构弹性大——无缝地将 Intranet（内联网）延伸到远端办事处、移动用户和远程工作者。

（3）可以通过 Extranet 连接合作伙伴、供应商和主要客户（建立绿色信息通道），以提高客户满意度，降低经营成本。

VPN 的实现方式如下。

（1）硬件设备：带 VPN 功能模块的路由器、防火墙、专用 VPN 硬件设备等，如华为、华三等。

（2）软件实现：Windows 自带 PPTP（点到点隧道协议）或 L2TP、第三方软件（深信服等）。

（3）服务提供商（ISP）：中国电信、联通、网通等。如果是比较敏感的客户，建议采用 VPN 进行访问。

3. 数据中心的配置

科研机构的智慧科研软硬件环境要求运行在信创环境下，需要平台及应用软件实现对全部国产软硬件环境的全栈适配，以保证系统在要求使用全国产环境时能平滑迁移，保护现有投资。

服务器端的平台支持见表 5.2。

表 5.2　服务器端的平台支持

平台	系统支持
硬件	开放系统：Intel 架构（X86 服务器），HP-IA 架构/IBM p 系列，龙芯、申威、飞腾、华为鲲鹏等国产服务器
操作系统	Linux/UNIX、Windows、国产操作系统，如麒麟、华为欧拉
中间件	Java 标准应用服务器：IBM WAS、Oracle Weblogic；国产中间件 Apusic/TongWeb、Tomcat/JBoss
数据库	Oracle DBMS、MySQL/PostgreSQL、达梦数据库、神舟通用数据库、人大金仓数据库、华为高斯等国产数据库

各种终端及环境见表 5.3。

表 5.3　各种终端及环境

终端	操作系统	浏览器和支持方式
手机/PAD	Android/iOS	支持 App
	Harmony OS	支持 App
PC 端	苹果 Mac OS X	浏览器：内置
	Windows 32/64	浏览器：Firefox、Google Chrome、、Microsoft Edge 等
	国产化 PC：信创 CPU，信创桌面操作系统	浏览器：Firefox

5.2　系统部署方案设计

5.2.1　系统部署架构

大型科研机构，特别是多法人的集团化科研机构，往往是院所两级法人，而且各研究所在区域上分布较广，国家级的科研机构下属二级机构网络覆盖全国各省市，地理分布广。各二级单位与总部之间，系统如何部署在应用模式、系统架构和运维体系上，都有重大影响的技术策略。

智慧科研数字化平台应立足于一体化运营能力的提升——从组织层面，以科研机构总部为管理核心，同时覆盖至科研单元及内设功能性载体；从业务和应用层面，基于科研单元的管理特点和诉求构建两级信息协同体系，实现机构一体的核心管理和管控能力的落实，同时能够支持分支机构基于业务特点的差异化管理诉求。

一体化运营有利于深化科研机构的信息化水平，夯实并提高信息化能力，保证整体信息化建设发展的有效、均衡提升。

大型科研机构包括本级和下属多家单位，本级直接向上级主管部门汇报，同时下级单位同上级主管部门也存在直接对接关系（科研经费的拨付和管理等工作）。两级单位间目前管理信息的汇总和统计主要依靠手工线下完成，一方面管理效率低，另一方面管控效果差。

大型多级法人科研机构的系统部署在二级架构下，有3种方式，优缺点分别分析如下。

5.2.2 部署方案1：分散式部署

第一种部署模式是分散式部署，即科研机构总部和每个所属机构各自独立拥有一个数据中心（机房），全系统统一软件版本，每个单位是一套独立运行的实例，数据库是独立存取的。该部署模式通过虚拟专网，实时或定时将各所属机构的数据经由数据交换和集成平台，采集到院级集中性的大数据中心进行数据的统计和分析（见图5.14）。

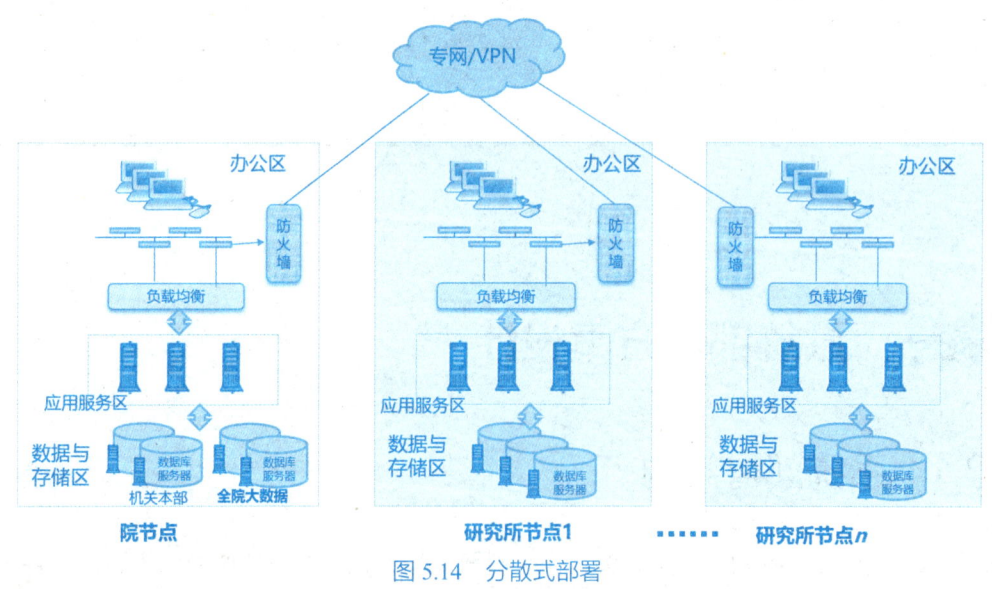

图 5.14 分散式部署

部署特点如下。

这种部署模式的特点是软件统一选型、统一开发，保持版本一致；各单位（总部和各二级机构）独立建设数据中心等基础设施。

部署优点如下。

(1)这种部署模式的优点是比较容易实现各科研单元个性化需求和个性化业务模式的满足。

(2)一个科研单元的运行状态不影响其他科研单元,互不影响的分散式部署的运维压力小,对运维人员的能力要求比较低。

部署缺点如下。

(1)整体成本高。该部署模式不能发挥云计算中的资源共享和资源池的管理优势,每个科研单元都必须按照峰值进行服务器、存储的配置,整体的基础设施投资成本高。如每个科研单元配置两台服务器,则整个科研机构和各所需要配备大量服务器,而按照经验,集中的云部署,只需要原来服务器数量的 1/5 就可以了。

(2)实施成本高,运维开销大。整个系统的部署、安装、调优需要重复多次,实施成本和运维成本高。软件在各单位之间是独立部署的,在满足个性化需求时,软件的版本控制比较难,技术挑战比较大。

(3)组织间协作困难。科研单元与科研机构总部之间的跨法人的业务审批流程比较难以实现,实时性处理难度大、成本高,对于跨所和跨法人之间的大科研协同比较难以实现。

5.2.3　部署方案 2:多实例集中部署

第二种部署模式是多实例集中部署,即科研机构总部和每个科研单元的系统运行在一个集中的数据中心(机房),全系统统一软件版本,每个单位是一套独立运行的实例,数据库是独立存取的。该部署模式通过虚拟机和资源池实现基础设施的共享,实时或定时将各科研单元的数据经由数据交换和集成平台,采集到院级集中性的大数据中心进行数据的统计和分析(见图 5.15)。

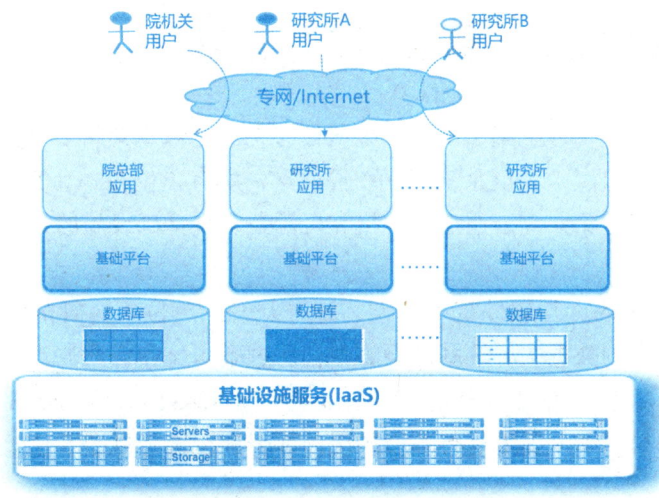

图 5.15　多实例集中部署

部署特点如下。

这种部署模式的特点是软件统一选型、统一开发，能保持版本一致；各单位（科研机构总部和各科研单元）运行在一个集中的数据中心等基础设施中，通过虚拟化和资源池，实现资源的共享。

这种部署模式实质上是建设私有云计算中心，在 IaaS（基础设施即服务）的层面，为各科研单元提供运行环境的统一部署和运维。

部署优点如下。

（1）这种部署模式的优点是比较容易实现各科研单元的个性化需求和个性化的业务模式的满足。

（2）一个科研单元的运行状态不影响其他的科研单元，互不影响的分散式部署的运维压力小，对运维人员的能力要求比较低。

（3）整体成本降低。这种部署模式能发挥云计算中的资源共享和资源池的管理优势，整体的基础设施投资成本可以大大降低。

（4）实施成本和运维开销比较可控。整个系统的部署、安装、调优可以通过虚拟机的软件设备化或者容器镜像，大大降低实施成本和运维成本。

部署缺点如下。

（1）组织间协作困难。科研单元与科研机构总部之间的跨法人的业务审批流程比较难以实现，实时性处理难度大、成本高，对于跨所和跨法人之间的大科研协同比较难以实现。

（2）业务规则不统一。由于各个所都采用独立的运行实例，数据的一致性和业务规则不能统一管理，因此运行和维护不能充分发挥云计算的优势。

（3）组件重用难度大。

5.2.4 部署方案3：单实例集中部署

第三种部署模式是物理上集中部署，即科研机构总部和每个科研单元的系统运行在一个集中的数据中心（机房），全系统统一软件版本，所有单位在一套实例中，数据库是一个大数据中心，实现逻辑隔离，通过虚拟机和资源池实现基础设施的共享。

部署特点如下。

这种部署模式的特点是软件统一选型、统一开发，单位（科研机构总部和各科研单元）运行在一个集中的数据中心等基础设施中，通过虚拟化和资源池，实现资源的共享。

这种部署模式实质上是建设私有云计算中心，在 IaaS、PaaS、SaaS 等 3 个层面实现完全的云化，为各科研单元提供运行环境的统一部署和运维（见图 5.16）。

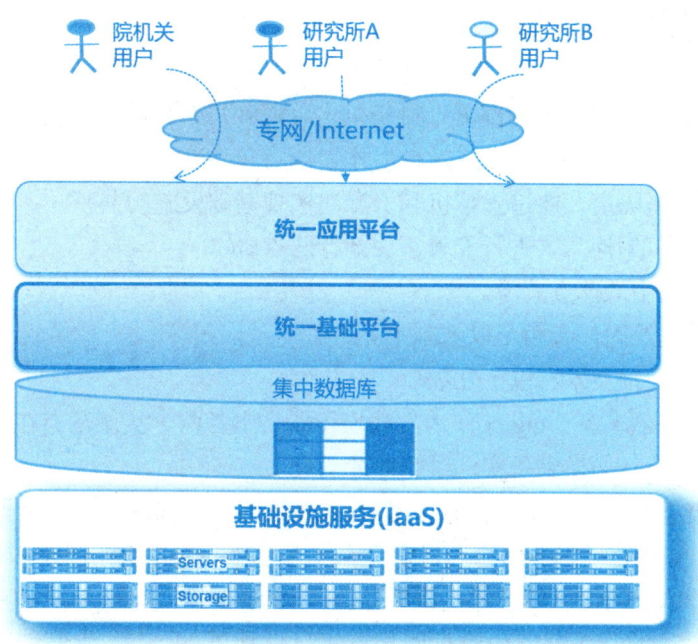

图 5.16　单实例集中部署

部署优点如下。

(1) 系统的应用和数据的集中管理,便于推行标准化和规范化的业务管理模式,数据编码和主数据的集中统一维护非常方便。

(2) 整体成本降低。这种部署模式能发挥云计算中的资源共享和资源池的管理优势,整体的基础设施投资成本可以大大降低。实施成本和运维开销比较可控。整个系统的部署、安装、调优可以通过虚拟机的软件设备化或者容器镜像,大大降低实施成本和运维成本。

(3) 实施周期短。无论是系统的安装部署和配置调优,还是数据的初始化和数据治理都非常方便实施。

(4) 组织间协作灵活。科研单元与科研机构总部之间的跨法人业务审批流程、跨所和跨法人之间的大科研协同能实现实时化和自动化。

部署缺点如下。

(1) 系统架构复杂。由于是统一的应用、集中的数据存储,因此要实现逻辑的隔离,系统架构比较复杂,技术难度比较大。

(2) 运维复杂和对运维人员的能力要求较高。由于系统架构的复杂,运维的复杂性增加,因此对运维人员的综合能力要求较高。

(3) 个性化实现和单点故障的规避难度增加。在单实例的架构下满足各项业务个性化需求,需要设计比较复杂的应用架构和数据架构。

5.2.5 部署方案的选择

建议部署模式是物理上集中部署，科研机构总部和每个科研单元的系统运行在一个集中的数据中心（机房），全系统统一软件版本，所有单位在一套实例中，数据库是一个大数据中心，实现逻辑隔离，通过虚拟机和资源池实现基础设施的共享。

整个应用按照可用性需求进行部署，关键有两点。

（1）消除系统中的单点故障。

（2）保证数据及附件有两个以上副本。

达成该目标的关键技术有以下几项。

（1）Web 服务器主备：nignx 作为负载均衡器，主备两个实例分布在两台物理机上，当主实例故障时，自动切换到备实例继续服务。

（2）应用服务器集群：Java 容器使用 Tomcat 或信创中间件集群，至少有两个 Tomcat 或信创中间件在线并分布在不同物理机上，当一个 Tomcat 或信创中间件故障时，剩余存活的 Tomcat 或信创中间件可以继续提供服务。

（3）数据库集群：系统使用数据库集群（可以配置 MySQL 或信创数据的集群），至少有两个数据库在线并分布在不同物理机上，当一个数据库故障时，剩余存活的数据库可以继续提供服务。

（4）文件服务集群：分布式文件服务使用 FastDFS 或 Minio 集群，至少有两个 FastDFS 或 Minio 在线并分布在不同物理机上，当一个 FastDFS 或 Minio 故障时，剩余存活的 FastDFS 或 Minio 可以继续提供服务。

（5）冷备份：数据库、附件均提供全量冷备份作为补充，进一步加强数据的安全。

5.3 数据架构设计

5.3.1 数据标准与规范

智慧科研平台的数据架构，将按照 DAMA（国际数据管理协会）数据管理规范进行规划和设计。

智慧科研平台的数据管理是融合架构设计的核心，也是影响系统性能和扩展性的关键因素。按照 DAMA 所提出的数据管理功能模型，数据管理以数据治理为核心，包括数据架构、数据开发、数据操作、数据安全、参考数据与主数据、数据仓库与商务智能、文档和内容管理、元数据管理、数据质量等领域（见图 5.17）。

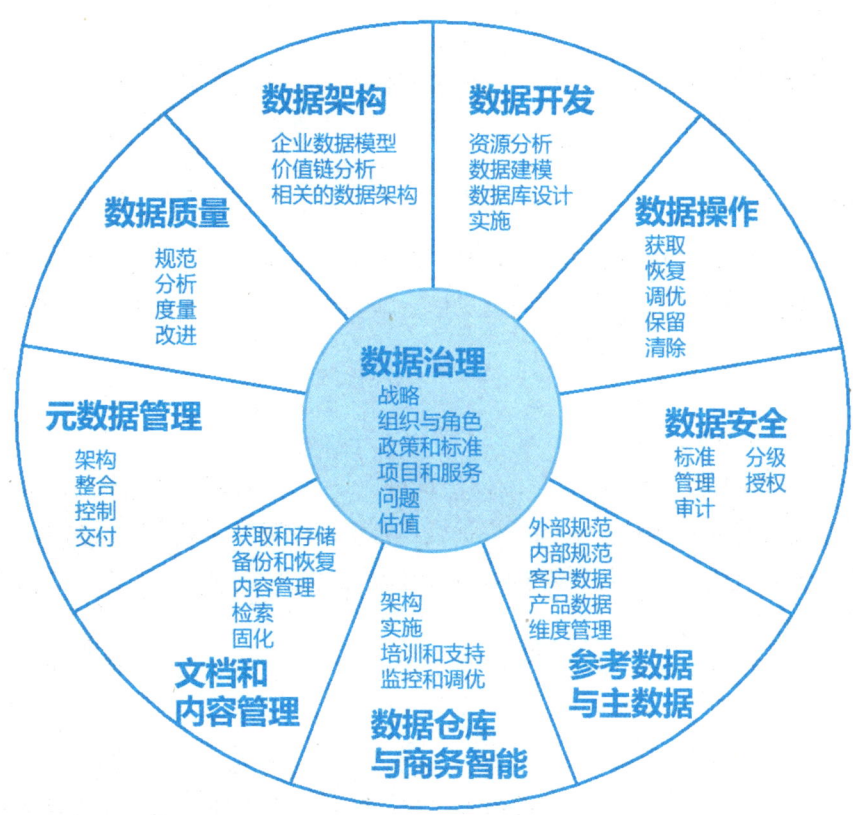

图 5.17 智慧科研平台数据管理的功能模型

数据管理不仅仅是技术问题,也不仅仅是 IT 问题。在大数据时代,业务大数据将成为驱动组织的业务单元进行流程重组和组织优化的重要力量,最成功的那些组织已经培养了一个数据驱动型组织文化。在这样的文化中,通过提供必要的训练及促进各级员工和部门间的数据共享来实现数据的最大化利用。

5.3.2 数据生命周期管理

数据生命周期(见图 5.18)管理包括 6 个阶段。

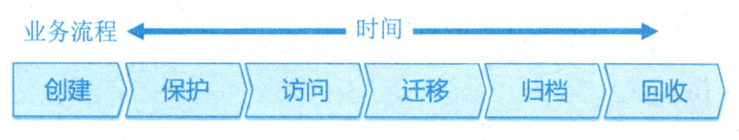

图 5.18 数据生命周期

1. 数据创建阶段

数据在创建时需要根据数据类型、数据价值和相关法规的要求对数据进行分析，并将数据映射到合适的存储位置。

2. 数据保护阶段

数据受到无意或者有意的破坏，将对组织造成重大的损失。数据生命周期管理将按照数据和应用系统的等级，采用不同的数据保护措施和技术，以保证各类数据和信息得到及时且有效的保护。

3. 数据访问阶段

数据生命周期管理的主要目标是确保信息可以支持业务决策，并为科研机构提供长期的价值，因此，数据必须便于访问。根据数据被访问的频率，数据存储基本可以分为3类：每天都需要访问的数据；需要随时访问，但访问频率和访问速度要求不高的数据；偶尔需要查询或访问的数据。

从数据被访问的频率上，可将数据存储划分为在线、近线和离线3种存储方式。

4. 数据迁移阶段

数据生命周期管理考虑数据迁移的需求，采用必要的技术加以配合，使数据的迁移简单、自动化，而且不影响业务的运作。

5. 数据归档阶段

数据备份和归档是科研机构数据存储战略的重要组成部分。数据备份和归档对数据访问的频率和速度要求不高，价格低、容量大的存储介质成为数据备份和归档的优质选择。

6. 数据回收阶段

科研机构应在遵守相关法律法规和科研机构条例的前提下，建立科学的和明确的数据回收规则，对不需要保留的数据进行销毁或回收。

智慧科研平台的数据架构将按照 DAMA 数据管理规范进行规划和设计。

数据治理要围绕数据"采集、管理、应用、治理"建设业务数据化、数据资产化的闭环流程，为应用架构和数据价值赋能提供体系化支撑能力，为应用开发与系统运维提供数据支持（见图 5.19）。

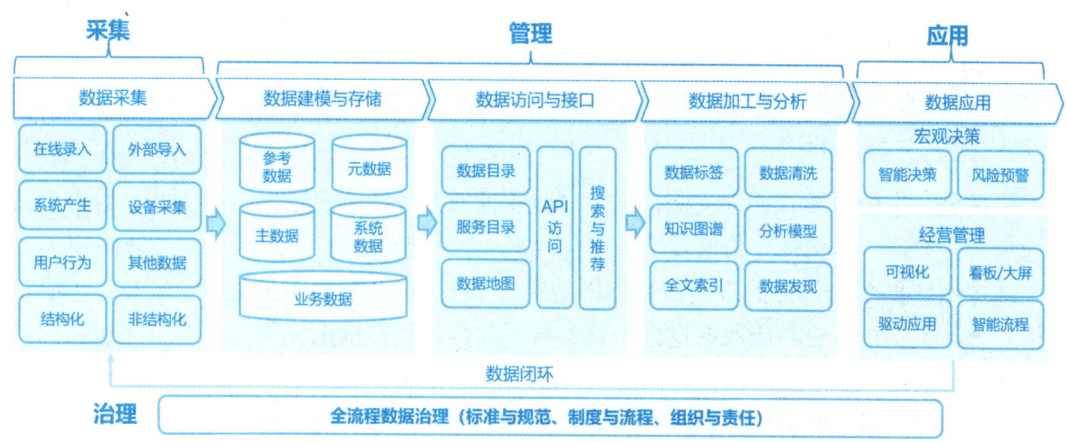

图 5.19 数据治理架构

智慧科研数据管理的重要性,使数据治理成为数据架构的基础。数据要实现驱动应用、形成数据资产和累积数据资产的目标,就必须建立数据治理体系。

数据治理的主要任务是确保数据共享与一致性管理,建立数据治理规范,并结合业务流程形成数据管理及服务流程。

要实现良好的数据治理,除制度和政策层面的体系建设,还需要数据治理的平台与工具,包括元数据管理、主数据管理、数据集成平台、数据服务管理、数据质量管理等(见图 5.20)。

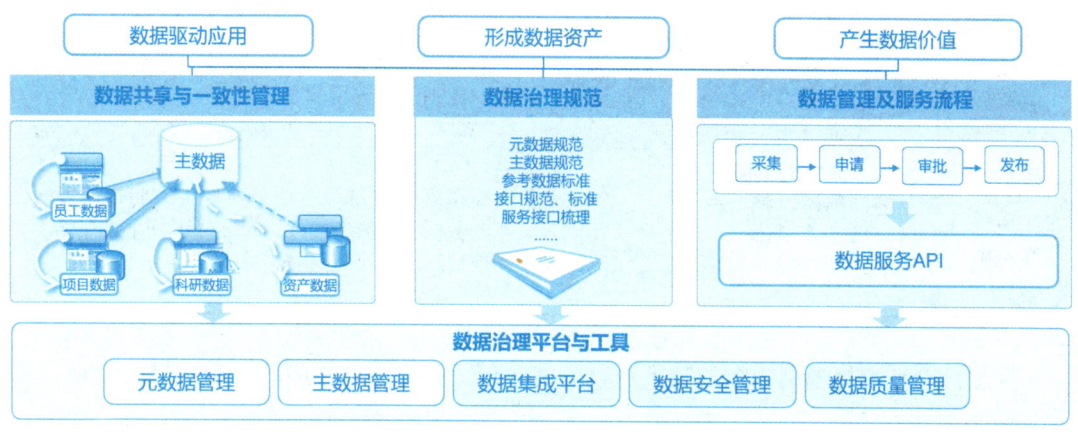

图 5.20 智慧科研数据治理体系

5.3.3 数据分类管理方案

本次生产中心、灾备中心及冷备中心的存储架构及存储详细设计均以数据生命周期管理理论为指导，从上述数据库创建、数据保护、数据访问、数据迁移、数据归档、数据回收 6 个阶段对存储系统进行规划设计。

1. 数据分类说明

依据数据生命周期管理方法论，结合科研管理的业务特点及数据结构现状，数据大致分为结构化数据、非结构化数据及半结构化数据 3 种数据类型。

结构化数据不仅包括关系型数据库的数据，如 OLTP（联机事务处理）、DSS（决策支持系统）类型批量交易或数据挖掘（这类数据和数据生命周期无关），而且还包括归档数据和历史数据。

非结构化数据一般包括各类操作系统、应用文件、文件历史数据等。

半结构化数据一般包括邮件数据、影像文件、虚拟化数据文件等。

针对的业务数据可按照上述数据类型分类，不同数据类型分类的存储系统架构建议见表 5.4。

表 5.4　不同数据类型分类的存储系统架构建议

数据结构	数据类型分类	建议存储类型	说明
结构化数据	OLTP 数据库、DSS 数据库、数据库归档数据、数据库历史数据	统一存储	根据应用级别、数据量、性能、高可用性等多个维度来选择相应的存储类型，原则上为 SAN 存储、统一存储
非结构化数据	操作系统、应用文件、文件历史数据	分布式存储	非结构化数据容量大，需要的存储空间规模大。原则上，选用分布式存储
半结构化数据	邮件数据、影像文件、虚拟化数据文件	分布式存储，或统一存储	对于文件数量多、单个文件大，而且增长快速的数据，如影像文件，应该选用分布式存储，其他情况下也可以选择统一存储

智慧科研平台将根据数据的特征进行分类管理，各自采取不同的分布式架构策略（见图 5.21）。

按照数据的类型，基本包括 3 类数据：基础数据、业务管理数据、内容数据，通过数据的归类管理，形成数据库等。

基础数据包括元数据、参考数据（数据字典）和主数据，是以科研机构共享数据中心的管理模式为重点管理的数据。

业务管理数据一般是通过结构化数据模型记录业务过程和结构数据。系统数据是以非结构化形式存储的文档和过程资料（见图 5.22）。

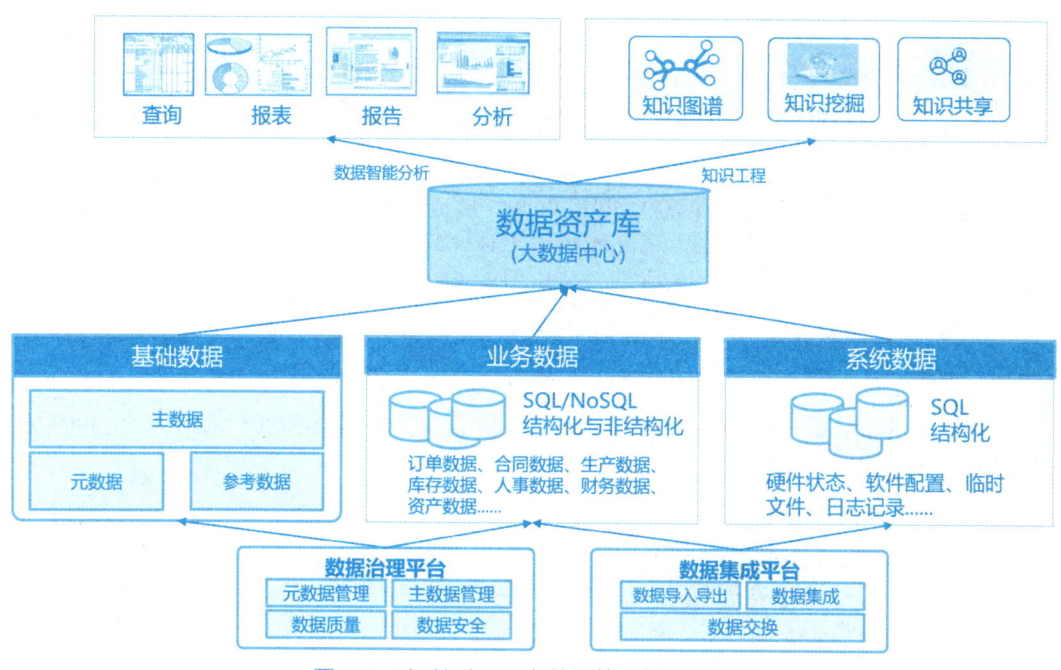

图 5.21 智慧科研平台数据管理的分类模型

元数据：元数据是描述数据属性、结构、来源和管理信息的数据，其本质是"关于数据的数据"。根据 ISO 标准及行业实践，主要分为技术元数据，即描述数据的技术属性（如存储格式、编码、创建时间等）；业务元数据，即解释数据的业务含义（指标定义、部门归属等）；管理元数据，即涉及数据生命周期管理（权限、安全等级等）。

系统数据：系统数据指在计算机或智能设备中，系统运行时自动产生的各类信息集合，如硬件状态、软件配置、临时文件、日志记录等，主要用于维持系统稳定性和优化资源分配。

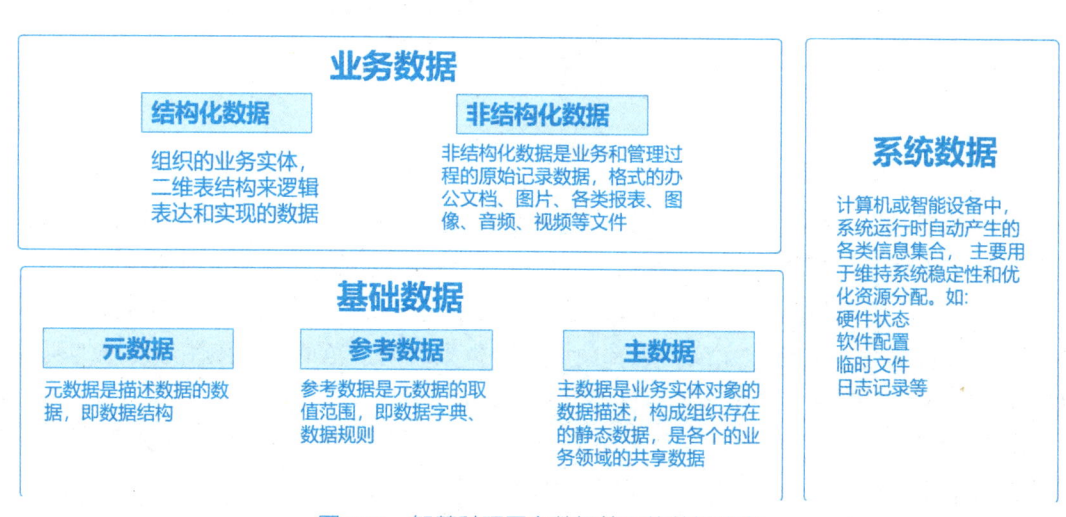

图 5.22 智慧科研平台数据管理的数据分类

主数据：在整个智慧科研平台范围内合并和维护唯一的、完整的和准确的主数据（包括组织、员工、各类项目、资产等及其对应关系数据），需要集中、全面地维护详细、可信任（多变）的主数据管理策略；在需要的时候共享主数据信息到所有的应用系统。

主数据的管理方案和策略如下。

（1）主数据整合：归并不同系统的主数据，形成单一版本的主数据用于业务处理和决策分析。原则上以主数据原始产生的应用作为唯一的维护接口。主数据共享是指在智慧科研平台内各系统间集中管理主数据，并不断完善主数据的内容。

（2）集中式主数据管理：集中维护主数据，保持单一版本，通过 API 或服务访问共享到其他应用系统，原则上不能采用多副本的方式，以降低数据一致性的影响。

智慧科研的主数据一般包括组织信息、人员信息、项目信息和资产信息等核心的数据对象（见图 5.23）。

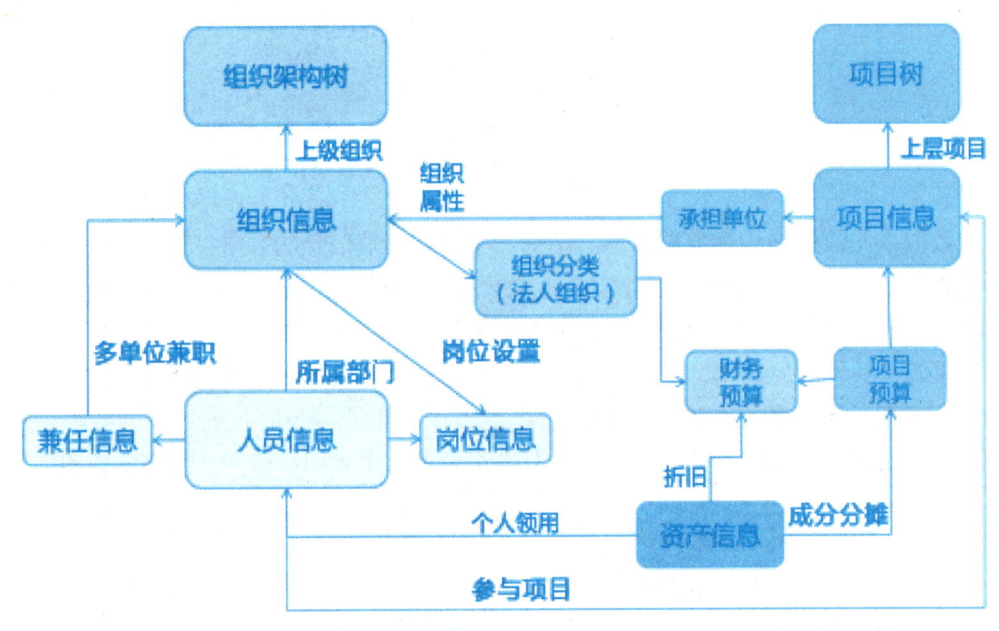

图 5.23　主数据

参考数据：参考数据又称数据字典，是指编码数据的规范化管理，一般是通过代码—名称对应来管理编码标准数据，有国家标准编码、行业标准编码的需要采用相应的标准，其他的需要建立科研机构标准，以保证标准编码数据统一，包括其他各系统都要采用统一的编码体系。原则上对于国家或相关部门已经有数据编码规范的，应该使用标准编码数据，如学科编码、专业与学位编码、仪器设备分类编码等。

业务管理数据：业务管理数据（包括财务、资产、薪酬、绩效等）采用 SQL 数据库。业务数据库在管理上实行集中管理，按照组织架构进行权限隔离。

2. 生产系统存储建议

智慧科研平台为满足全国科研机构大集中需求设计了一个面向未来的解决方案。

依据上述数据生命周期管理和数据分类的规划，结合智慧管理一体化系统的应用分类，生产系统存储原则建议如下。

（1）恢复优先级 A 类应用系统采用基于 SAN 架构的高端存储设备作为该类应用系统数据存储位置。

（2）恢复优先级 B 类应用系统采用基于分布式架构的中高端存储设备作为该类系统数据存储位置。

（3）恢复优先级 C 类应用系统建议利用分布式存储系统作为该类系统数据存储位置。

在上述生产存储原则基础上，还需综合考虑业务数据的数据量、数据类型、部署应用系统重要程度，最终确定存储设备类型、存储设备数量和详细规划。

这种设计的好处如下。

（1）强大的横向扩展能力：支持数据库的横向扩展能力，非结构化数据采用 Map/Reduce 架构可以实现大规模高并发的处理能力，而 SQL 数据库通过垂直分区和水平分区相结合，可以实现不同规模组织的数据处理能力，甚至支持全业务大集中的数据处理的扩展性。

（2）面向未来云计算中心的架构：由于采用了分布式的负载均衡技术，该技术支持 SQL 数据库和 NoSQL 数据库的横向扩展能力，因此未来可以非常方便地升级到全业务大集中的模式。在升级过程中，应用程序和架构设计无须修改，只需通过配置即可实现全业务大集中的处理能力。

（3）高可用性架构：所有的数据库服务器都采用了分区和主从架构设计，这种设计可以实现单点故障下的服务切换，确保其高可用的可靠性服务。

（4）低成本的开放式架构：技术架构采用开放式架构，硬件、操作系统、数据库管理系统等都是支持跨平台的，不受限于某个供应商。开放式架构以开源软件为核心，通过 PC 服务器实现大型机的处理能力和可靠性。

5.3.4　关系型数据库的分布式方案

一般的小规模互联网应用采用应用服务器和数据库部署在同一台服务器上的架构方法。该方法用户量、数据量、并发访问量都比较小，否则单台服务器无法承受。在遇到性能瓶颈的时候，升级硬件所需的费用非常高昂；在访问量增加的时候，应用程序和数据库都来抢占有限的系统资源，很快就又会遇到性能问题。

在这种情况下，可以将应用服务器和数据库分开部署，应用服务器和数据库各司其职，在系统访问量增加的时候可以分别升级应用服务器和数据库，这种部署模式是一般小规模互联网应用的典型部署模式。在将应用程序进行性能优化并且使用数据库对象缓存策略的情况下，这种部署模式可以承载较大的访问量，比如2 000个用户、200个并发、百万级别的数据量。规模更大一些的系统，则需要考虑数据库集群的部署策略。

数据库集群部署策略能承担的负载是比较大的，数据库管理介质为一个磁盘阵列，多个数据库实例以虚拟IP的方式向外部应用服务器提供数据库连接服务。这种部署策略基本可以满足绝大多数的常见Web应用，但还是不能满足大用户量、高负载、数据库读写访问非常频繁的应用。

超大并发和高负载的大型互联网应用或者云应用，则需要数据库的负载均衡等分布式处理能力才能解决。这方面的技术架构包括主从架构（读写分离）、数据库分区（水平分区、垂直分区等）。

1. 主从架构（读写分离）

面向上万的高并发用户，系统有千万级别的数据量，存在众多数据库查询操作，也有较多的数据库写操作，并且在多数情况下，读操作都远大于写操作。假如能将数据库的读写操作分离，将很大地提高系统的效率（见图5.24）。

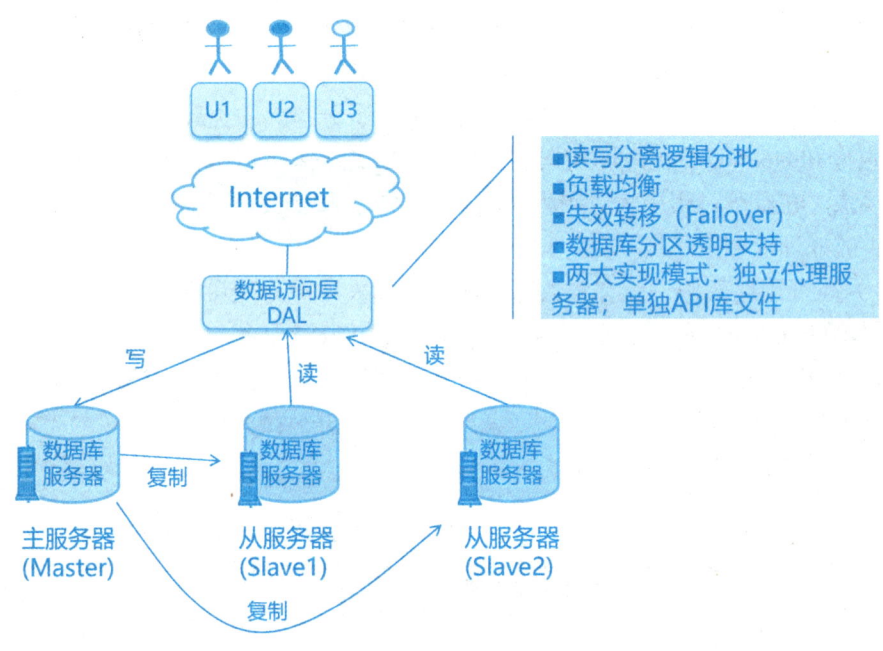

图 5.24　智慧科研平台数据管理主从架构

几乎所有的主流数据库都支持复制，复制是进行数据库简单扩展的基本手段。下面以MySQL为例，它支持主从复制，配置也并不复杂，只需要开启主服务器上的二进制日志，以及在主服务器和从服务器上分别进行简单的配置和授权即可。MySQL的主从复制是依据主服务器的二进制日志文件进行的，主服务器日志中记录的操作会在从服务器上重放，从而实现复制，所以主服务器必须开启二进制日志，自动记录所有对于主数据库的更新操作，从服务器再定时到主服务器取得二进制日志文件进行重放则完成了数据的复制。主从复制也用于自动备份。

为保证数据库数据的一致性，我们要求所有对于数据库的更新操作都是针对主数据库的，但是读操作是可以针对从数据库来进行。大多数站点的数据库读操作比写操作更加密集，而且查询条件相对复杂，数据库的大部分性能都消耗在查询操作上了。

主从复制数据是异步完成的，导致主从数据库中的数据有一定的延迟，在读写分离的设计中必须考虑这一点。以科研文档管理为例，用户登录后发表了一篇文章，他需要马上看到自己的文章，但是对于其他用户可以允许延迟一段时间（1秒、1分钟、5分钟），不会造成什么问题。这时，对于当前用户需要读主数据库，对于其他访问量更大的外部用户可以读从数据库。

在读写分离的方式使用主从部署模式的数据库的时候，会遇到一个问题：一个主数据库对应多台从服务器，写操作是针对主数据库的，但是从服务器的读操作需要使用适当的算法来分配请求，尤其是当多台从服务器的配置不一样的时候，读操作甚至需要按照权重来分配。

对于上述问题可以使用数据库管理来实现。就像 Web 代理服务器一样，MySQL Proxy 同样可以在 SQL 语句被转发到后端的 MySQL 服务器之前对它进行修改。

2. 数据库分区

最简单的垂直分区方式是将原来的数据库中独立的业务进行分拆（被分拆出来的部分与其他部分不需要进行 Join 连接查询操作），比如科研成果管理应用和人事应用是相对独立的，与其他的数据的关联性不是很强，这时可以将原来的数据库拆分为一个科研成果库，一个人才数据库，以及剩余的表所组成的库。这 3 个库再各自进行主从数据库方式部署，这样整个数据库的压力就得到了分散（见图 5.25）。

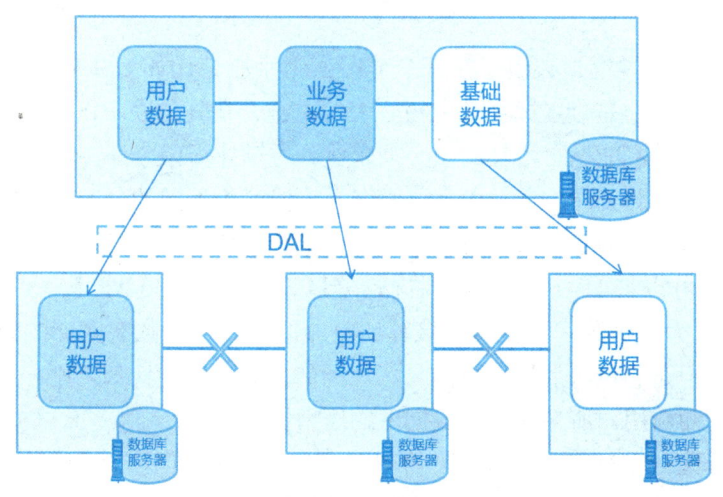

图 5.25　智慧科研平台数据垂直分区

另外，查询扩展性也是采用数据库分区最主要的原因之一。将一个大的数据库分成多个小的数据库可以提高查询的性能，因为每个数据库分区都拥有自己的一小部分数据。假设想扫描1亿条记录，对一个单一分区的数据库来讲，该扫描操作需要数据库管理器独立扫描1亿条记录，如果将数据库系统做成50个分区，并将这1亿条记录平均分配到这50个分区上，那么每个数据库分区的数据库管理器将只扫描200万条记录。

水平分区意味着可以将同一个数据库表中的记录通过特定的算法进行分离，分别保存在不同的数据库表中，从而可以部署在不同的数据库服务器上。很多大规模站点基本都是主从复制＋垂直分区＋水平分区的架构。水平分区并不依赖特定的技术，完全是业务逻辑层面的规划，需要的是经验和业务的细分（见图5.26）。

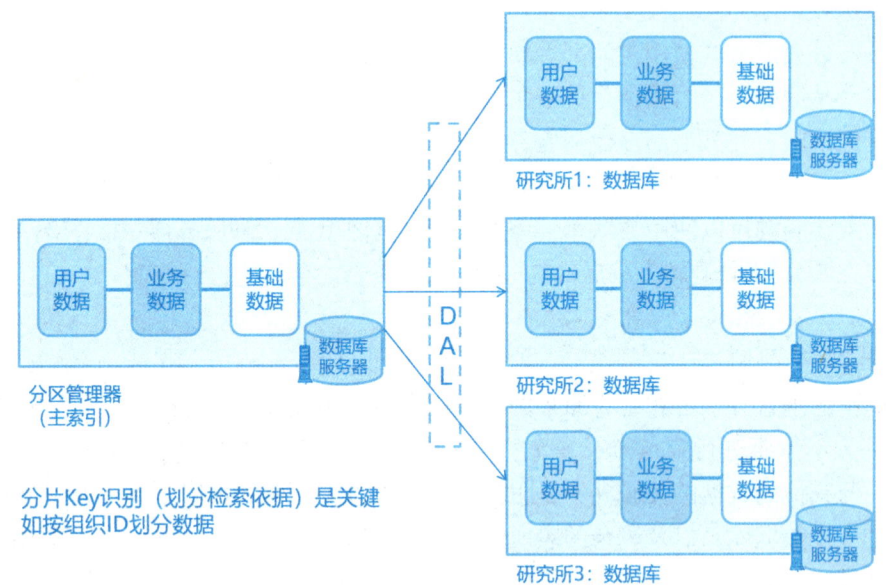

图 5.26 智慧科研平台数据水平分区

在对数据分区的时候，必须存在一个分区索引字段，比如USER_ID，它必须和所有的记录都存在关系，它是分区数据库中核心表的主键，在其他表中作为外键，并且在使用主键的时候，该主键不能是自增长的，必须是业务主键才可以。

余数分区：可以将User_ID%10后的值作为依据存入不同的分区数据库中，该算法简单高效，但是在分区数据库个数有变动的时候，整个系统的数据需要重新分布。

范围分区：可以将User_ID的范围进行分区，比如1~100 000为一个分区数据库，100 001~200 000为一个分区数据库。该算法在分区数据库个数有变动的时候，非常有利于系统的扩展，但是它也容易导致不同分区之间的压力不同，比如老用户所在的分区数据库的压力很大，而新用户所在的分区数据库的压力偏小。

映射关系分区：将对分区索引字段的每个可能的结果创建一个分区映射关系，这个映射关系非常庞大，需要将它们写入数据库中。比如当应用程序需要知道User_ID为10的用户的博客内容在哪个分区时，它必须查询数据库获取答案，当然，我们可以使用缓存来提高性能。

这种方式详细保存了每个记录与分区的对应关系，所以各分区有非常强的可伸缩性，可以灵活地进行控制，同时，将数据库从一个分区迁移到另一个分区也很简单。此外，也可以使各分区通过灵活的动态调节来保持压力的分布平衡。

5.3.5　NoSQL 数据库的分布式方案

NoSQL 数据库的适应场景如下。

科研文献动态数据需要实时地插入、更新与查询；可以做高性能的持久化缓存层；存储大尺寸、非核心业务的数据；高伸缩性的集群场景；文档化结构的数据存储及查询。

NoSQL 数据库选用 MongoDB。MongoDB 数据库有主从架构和集群架构（Sharding）两种部署模式。

主从架构：Primary 主服务器负责处理所有的写操作，并通过保存操作日志（Oplog）将数据同步到多台 Secondary 从服务器上。Secondary 从服务器能热机备份主服务器上的数据，并分担主机的读操作压力。一旦主机发生故障不能工作，Secondary 从服务器可以随时待命接管主机的工作。

集群架构部署包括 3 类服务器角色：Shard Server - mongod 实例，存储实际数据的模块；Config Server - mongod 实例，存储集群的元数据，如分片信息、数据块映射等；Route Server - mongos 实例，客户端访问路由（统一接入点），查询优化、数据合并、排序、裁剪、请求推送等。集群部署即分片部署，是指将数据拆分，并将其分散到不同服务器上的过程。通过分片能够增加更多的服务器来应对不断增加的负载和数据。

智慧科研平台分布式数据 NoSQL 部署架构见图 5.27。

图 5.27　智慧科研平台分布式数据 NoSQL 部署架构

5.4 安全架构设计

5.4.1 总体安全架构设计

智慧科研平台作为服务于管理人员和各级科研人员的核心业务系统，其信息安全是系统发挥价值的基础保障。建立完整的信息安全架构是信息安全管理的基本方法（见图 5.28）。

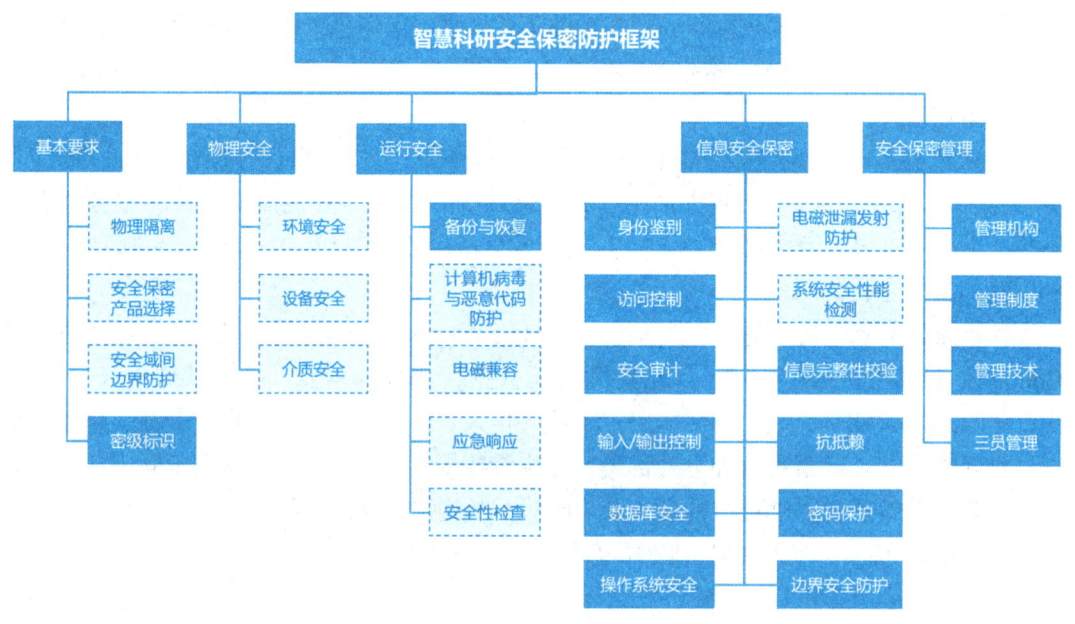

图 5.28 智慧科研平台信息安全架构

智慧科研平台作为私有云架构，保密性、完整性、可用性是云服务的关键属性。为保障用户数据安全和业务持续性，需要采用先进的互联网安全技术，并参照 ISO 27001 国际信息安全管理标准、国家信息系统安全等级保护标准、CSA 云计算关键领域安全指南，从合规、用户隐私及数据、业务应用、基础架构、灾备与业务连续性、组织与人员、管理规范流程等方面为用户打造一个"技术＋管理，预防为主，纵深防御"的云服务安全保障体系。

智慧科研平台系统的信息安全架构由安全管理和信息安全，以及信息安全目标等指标组成。

真实性：对信息的来源进行判断，能对伪造来源的信息、信息安全相关书籍予以鉴别。

保密性：保证机密信息不被窃听，或窃听者不能了解信息的真实含义。

完整性：保证数据的一致性，防止数据被非法用户篡改。

可用性：保证合法用户对信息和资源的使用不会被不正当地拒绝。

不可抵赖性：建立有效的责任机制，防止用户否认其行为，这一点在电子商务中是极其重要的。

可控制性：对信息的传播及内容具有控制能力。

可审查性：对出现的网络安全问题提供调查的依据和手段。

系统在整体的安全架构中，充分考虑终端安全、传输安全、应用安全、数据安全、设施安全几个维度来设计安全方案（见图 5.29）。

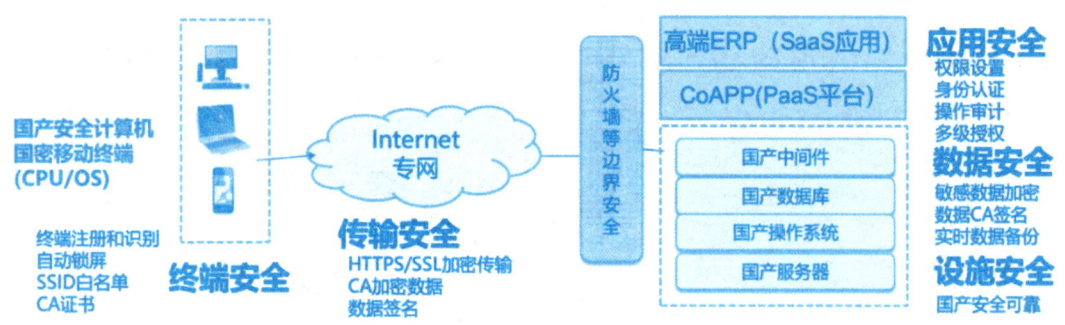

图 5.29　端到端的安全架构

（1）设施安全：系统可以支持国产 CPU、国产服务器和国产基础软件平台（操作系统、数据库、中间件），形成完整的、安全可靠的安全系统。

（2）终端安全：支持手机等移动终端的注册认证、设备更换验证，移动端不存储敏感数据，数据全部存储在云端，确保在移动终端遗失的情况下也不会泄密。同时提供数据同步、自动锁屏等设备管理功能，SSID 白名单、移动热点等网络限制功能。

（3）数据安全：使用加密方案对敏感数据的保护贯穿数据的整个生命周期，对静态数据、动态数据和使用中的数据都能提供持续保护，同时保持良好的灵活性和性能。

（4）传输安全：用户认证可以支持 CA 证书，用户访问系统的通道是经过 SSL 加密的安全通道，关键数据进行加密存储（密码等），支持对公文、申报书等关键单据进行数字签名和签章。

（5）应用安全：系统提供多级的系统管理，不存在超级权限的用户。系统管理员没有业务操作权限，但可以配置业务管理员。各法人单位可授权其业务管理员进行业务规则管理和用户权限配置。只有最终用户才能操作授权的应用和数据，同时拥有完善的数据的访问控制、操作行为审计功能。

信息化建设总体安全目标、总体安全策略为：要有事前预警监控、事中防御控制、事后审查追溯等防护策略。安全防护要管理与技术两手抓。设计实现的目标如下。

（1）系统设计达到《信息安全技术 网络安全等级保护基本要求》（GB/T 22239—2019）和《涉及国家秘密的信息系统分级保护技术要求》（BMB17—2006）的要求，说明该系统可以达到国家信息安全等级保护制度第二级及以上要求。

（2）具有完善的安全防护措施，结合现有硬件资源情况、网络安全情况，确保系统安全运行。

智慧科研平台承载的应用和数据安全性级别非常高。系统需要建立物理安全、运行安全、信息安全保密、安全保密管理等综合保密防护框架。

5.4.2 多域网络安全

智慧科研平台采用云计算部署架构，按照涉密网、内网和互联网 3 套网络架构部署（见图 5.30）。

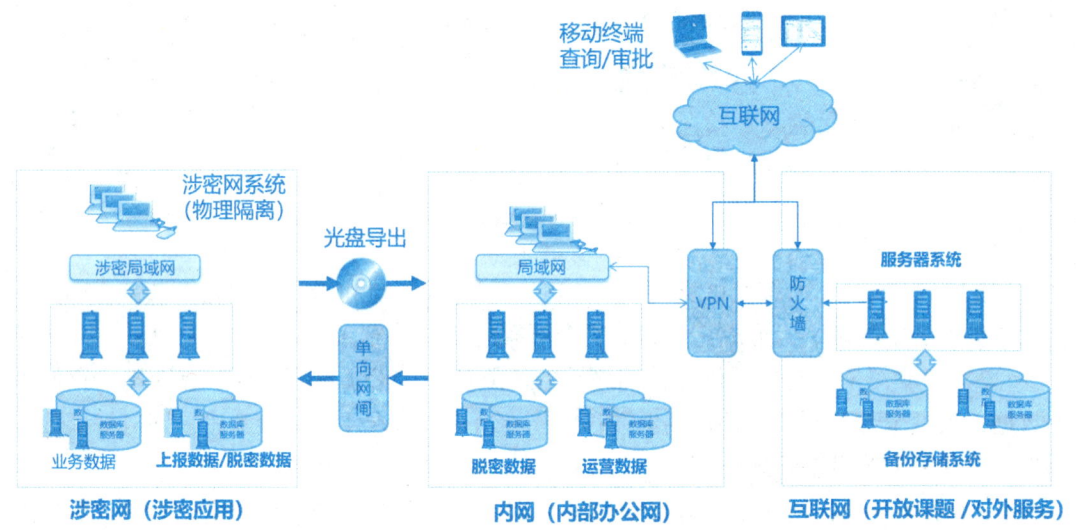

图 5.30 多域网络安全架构

院内 PC 用户通过局域网直接访问位于内网的智慧科研平台数据中心（IDC）。内网服务器通过 VPN 与互联网连接。

移动终端或用户在互联网上从外地或外部访问智慧科研平台，需要通过防火墙或 VPN 访问 Web 服务器。应用服务器、数据库服务器、存储服务器等部署在内网，仅与 Web 服务器连接，用户只能访问 Web 服务器，不能直接访问其他服务器。

三网之间的应用和数据部署规则见表 5.5。

表 5.5 三网之间的应用和数据部署规则

网络	网络配置说明	应用部署	数据存储
涉密网	按照涉密网的建设标准独立建设、独立组网,在物理上不与其他网络连接(物理隔离)	涉密人员的涉密应用(涉密项目管理、涉密资产管理、涉密信息管理、涉密专用软件)及智慧科研平台(涉密部分应用)	涉密应用所存储的数据库;综合管理数据(涉密+非涉密)。高密级的数据库中含有全部数据,数据统计分析在涉密网内
内网	内部办公局域网采用私有 IP 地址访问。通过 VPN,外部互联网用户可以访问内网的服务器资源	一般员工(含涉密人员)的日常办公应用及智慧科研平台(非涉密应用模块)	综合管理数据(非密);互联网服务中的开放课题数据;互联网服务中的采购数据等
互联网	对外提供服务的局域网,服务器采用公网 IP 地址。通过防火墙,外部互联网用户可以访问互联网的服务器资源	一般员工、外部用户、供应商、合作伙伴等用户的服务应用:开放课题的管理(指南、申报、进度汇报)、供应商采购平台等	互联网服务中的开放课题数据;互联网服务中的采购数据等

多域网络的应用部署见图 5.31。

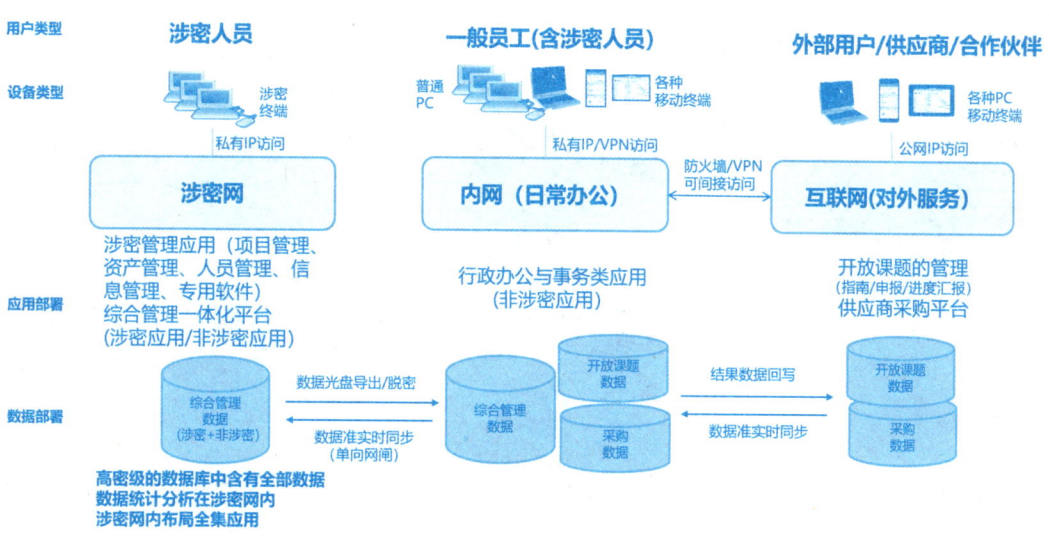

图 5.31 多域网络的应用部署

涉密网和内网之间的数据交换遵循涉密网的信息安全管理办法进行。

原则上,涉密人员与涉密项目在涉密网中运行;非密项目在内网中运行;涉密网中事项需要传输到内网中时,需要领导在外部审批,并对相关数据脱密后进行数据交换(见图 5.32)。

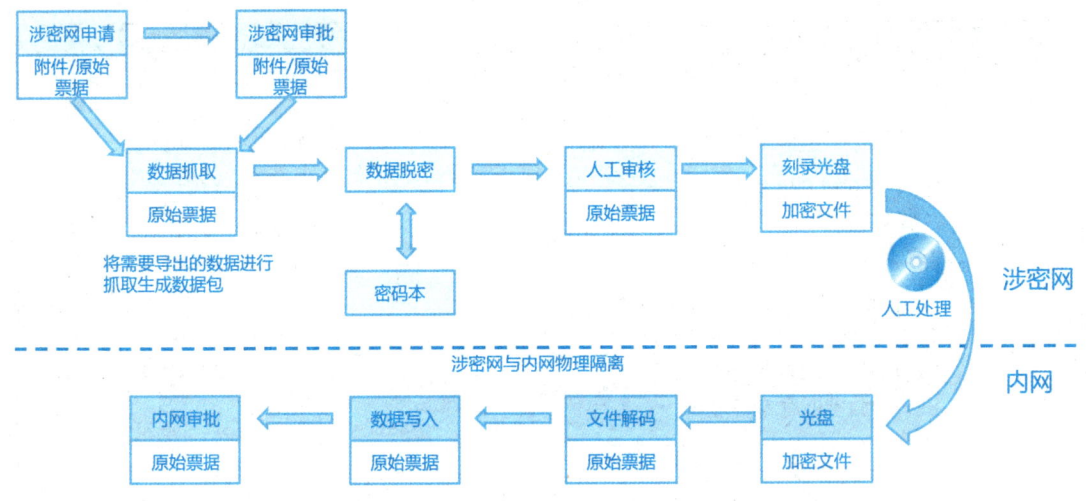

图 5.32　涉密网的数据脱密

1. 涉密网与内网的数据交换

跨网数据交换，一般用于需要非密网进行审批等特殊场景下的小量数据的管理（见图 5.33）。

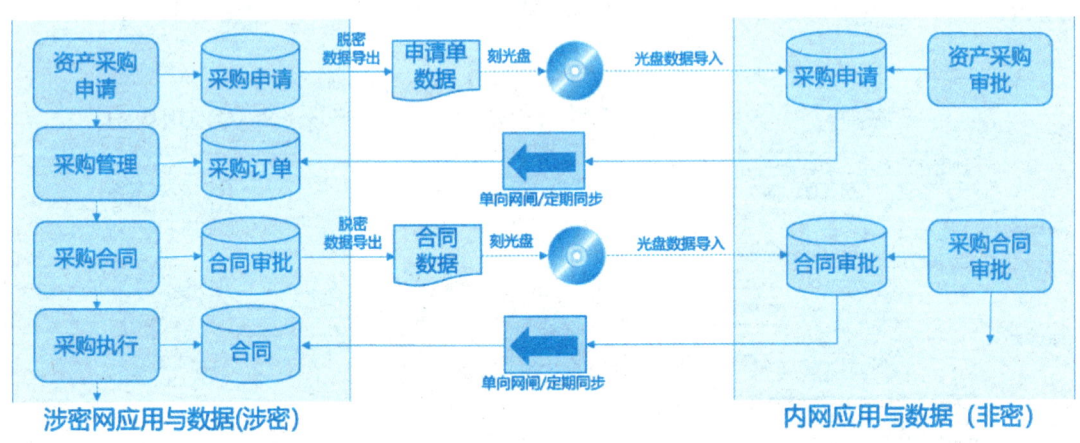

图 5.33　涉密网与内网的数据交换

1）涉密网数据到内网

涉密网执行库数据通过内网 ETL 系统定时抽取增量数据到内网审核系统，数据审核通过后，则将数据脱密后通过光盘进行数据导出，最后同步到内网数据库中。

2）内网数据到涉密网

内网执行库数据通过单向网闸，经由数据采集与交换系统定时抽取内网 ETL 系统中的增量数据，最后同步到涉密网数据库中。

2. 互联网与内网的数据交换

在内网的管理系统中，以开放课题为例。科研管理人员在内网中进行发布指南管理，生成"指南库"，系统中的数据交换平台将内网中的指南库数据准实时同步到互联网的"指南库"中。外部用户在互联网系统中进行用户注册，根据指南就可以使用在线申报模块功能，填写申报书，形成"申报数据库"，系统中的数据交换平台将互联网中的申报库数据准实时同步到内网的"申报库"中，系统即可在内网中的评审管理模块组织专家对申报数据进行评审，评审意见可以实时同步到互联网中，外部用户即可查询申报的评审结论（见图 5.34）。

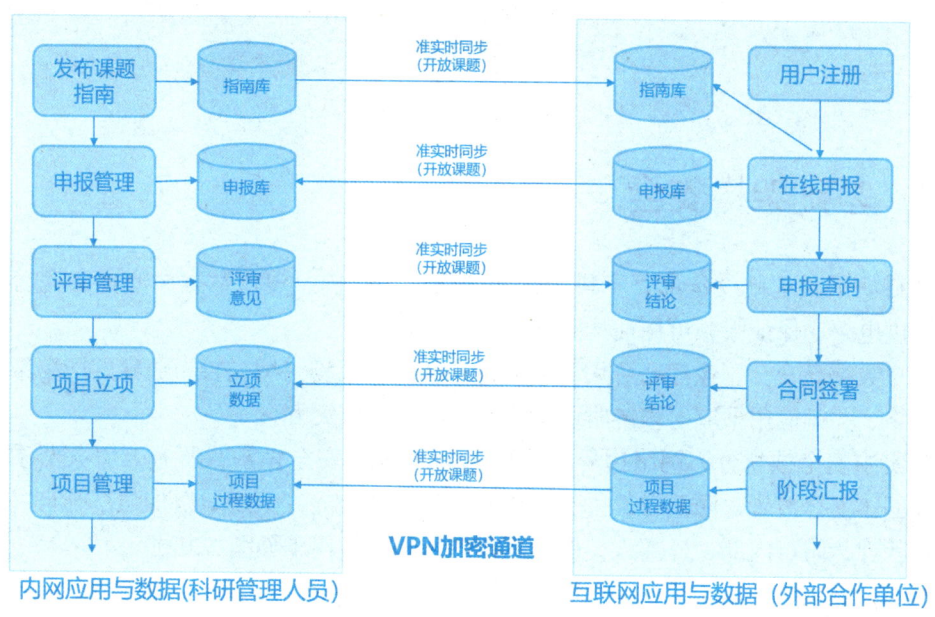

图 5.34　互联网与内网的数据交换

5.4.3　终端安全

在涉密单位或科研单元中，根据需要提供专用的安全终端（专用手机或平板计算机）。这些安全终端可以达到更高的安全防护，主要的安全设计点包括身份认证安全、专用加密芯片，4G 加密通信，信息防泄密、防盗，专有硬件安全及终端的安全通道（见图 5.35）。

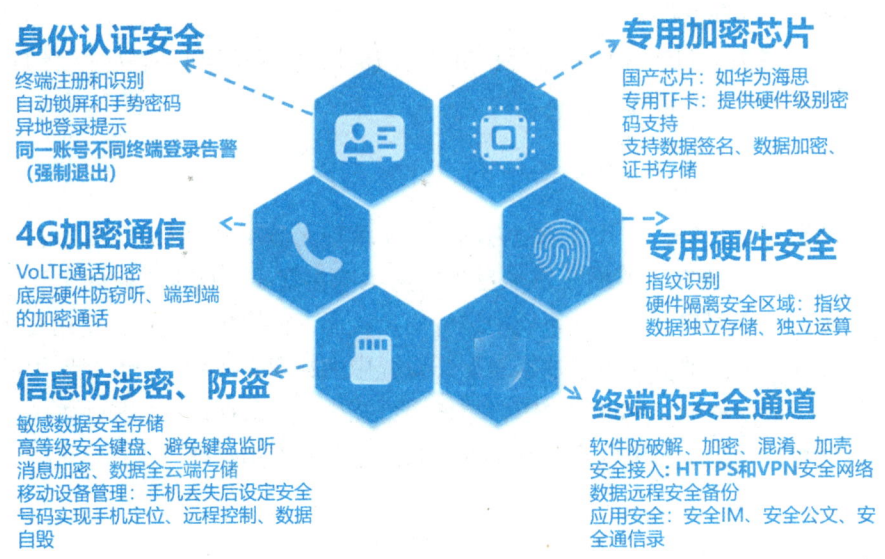

图 5.35　终端安全架构

5.4.4　基础架构安全

智慧科研平台基础设备部署于科研机构的数据中心内,建议数据中心配备完善的制冷、双路供电等,保证服务可用性达到 99.9%。

以用户数据高安全、业务高可用为目的,系统基础架构采用完善、成熟的网络架构,对核心网络、关键应用采取了多链路、多机冗余、异地容灾方案。

网络实施安全域划分,网络边界部署防火墙和 Web 安全设备,所有云服务器系统须经安全加固(安全配置、防病毒软件、升级补丁等)才被允许上线,以加强系统自身的安全性和强壮性,防御内部、外部入侵者未授权的访问和入侵(见图 5.36)。

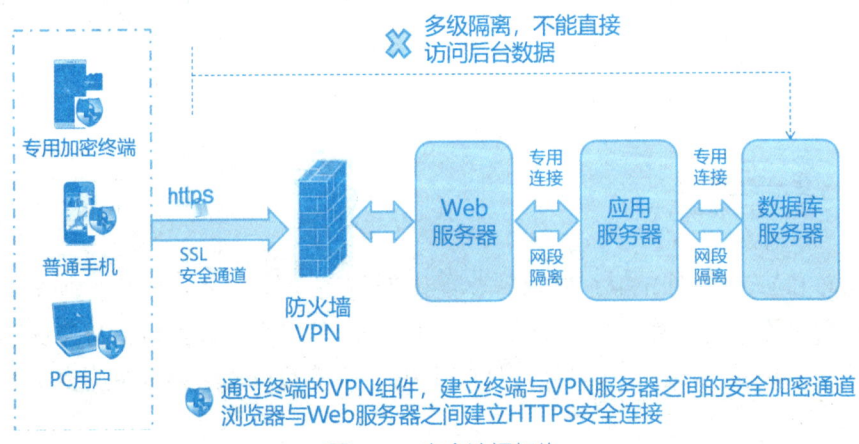

图 5.36　安全访问架构

在用户端，无论是 PC 用户，还是普通手机、专用加密终端，都配置了 VPN 专用加密通道，以建立终端和 VPN 服务器之间的安全加密连接。

各台服务器进行分区安全隔离，采用不同的网络设备进行安全防护。

5.4.5 用户隐私安全

系统涉及用户诸多隐私信息，包括用户的姓名、有效身份证件号码、家庭住址、电话号码、IP 地址、电子邮件信息、与财务相关的各种信息及用户使用行为等。这些数据如果不加以控制可能被窥视、侵入、干扰、非法收集和利用，因此需要对个人数据的收集、传递、存储和加工利用等各环节加以控制。

系统在未经授权或法律允许的情况下不得采集或使用用户隐私信息。系统的用户隐私保护将采取如下 4 种策略。

（1）在用户不知情或者未授权的情况下，系统 App 不得获取涉及用户个人具有隐私性质的各种信息，包括邮件、沟通记录、地理位置、本机手机号码、本机已安装的运行进程、各类账号信息、各类密码、用户文件内容；不得非法记录分析用户行为，获取用户网络交易信息、收藏夹信息、用户联网信息、用户下载信息，利用移动麦克风、摄像头等设备获取音频和视频信息等。

（2）系统允许个人对隐私信息进行定制。隐私可检索，即隐私数据经授权后可以被应用或搜索到。隐私资料可导出，即授权用户可以导出个人资料副本。内容传播访问控制，即控制 UGC（用户生成内容）传播范围。屏蔽和黑名单，即系统可以设置过滤某类信息、屏蔽特定来源的信息、屏蔽特定类型信息、开放灵活的自定义屏蔽功能。第三方链接控制，即第三方链接管理、第三方隐私控制、第三方的数据访问权限。App 控制管理，需要提供 App 应用管理、App 隐私访问控制的机制。

（3）移动设备手机丢失时的数据安全。系统支持绑定手机及禁止手机号码登录的功能，避免移动设备丢失后登录系统窃取数据。更换手机时需要重新验证手机号码。

（4）Web 应用为了安全要求，需要在后台采集 IP 的地址信息，但不得在 Web 浏览器中存储敏感的个人数据。

5.4.6 业务应用安全

智慧科研平台的业务应用安全指系统在软件设计、软件开发、软件部署、软件升级、软件维护过程中，保证业务和应用可靠安全的各种机制。

业务应用安全包括后台（云端）业务安全、移动应用业务安全。

云端业务安全分为互联网层、Web 层、应用层和数据层 4 个层次的保护方式。

互联网层重点在于用户识别和认证，以及数据传输通道的安全。

Web 层重点在于防攻击、多级防火墙。

应用层关注用户授权、服务授权、访问审计。

数据层关注数据加密、数据备份保护（高可用）及授权终端访问等方面。

移动应用 App 自建应用的业务应用安全需要考虑云端的安全，同时也要考虑设备本身的安全和各种外设的安全。

业务应用安全还包括多个子系统之间的身份认证，因此统一登录服务也是安全的一个重要环节。

系统通过用户名、密码、动态验证码、CA 验证方式通过单点登录系统登录到各业务系统中，通过应用授权和数据授权确定功能和数据的访问范围，同时对用户的操作过程进行各种审计，保留用户操作的历史痕迹。同时用户验证的时候需要访问统一的账户，统一账户中密码等关键信息都需要进行加密存储（见图 5.37）。

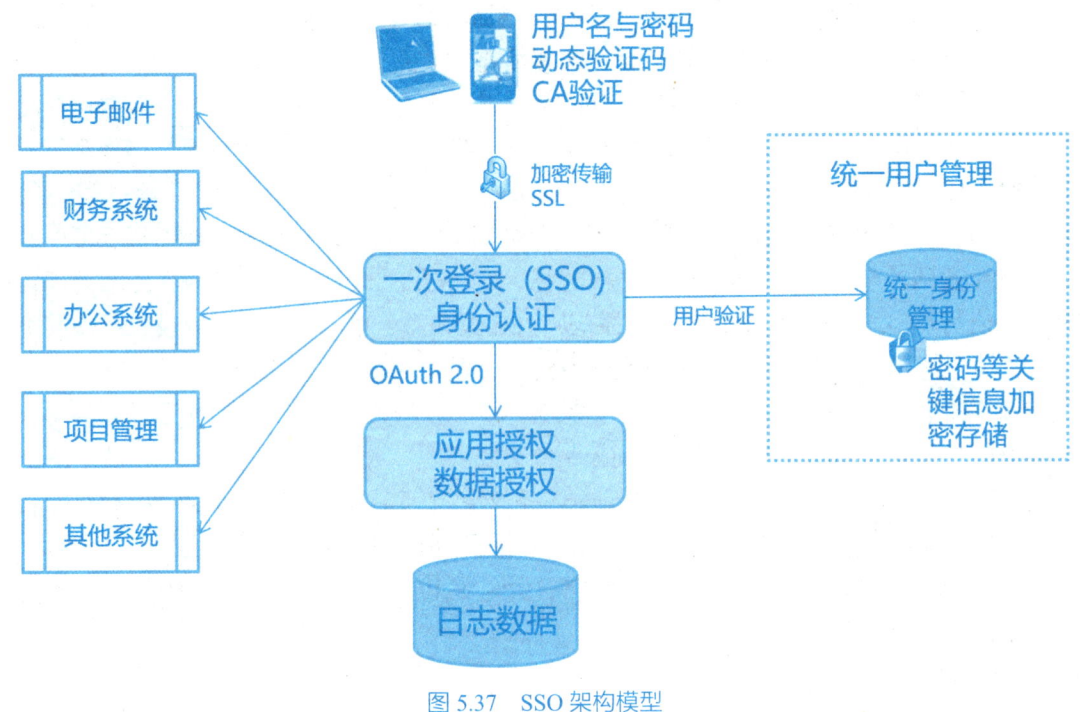

图 5.37　SSO 架构模型

5.4.7　基于角色的数据安全隔离

系统权限模型是系统管理员通过应用授权给每个用户进行权限设置，设置内容包括功能角色和数据范围。其中，功能角色是指定某个人可以访问的功能的集合，数据范围则是指定某类资源的访问范围。通过给某个用户指定功能角色和数据范围，最终确定该用户可以访问的功能角色和数据范围，实现按组织进行数据授权的功能（见图 5.38）。

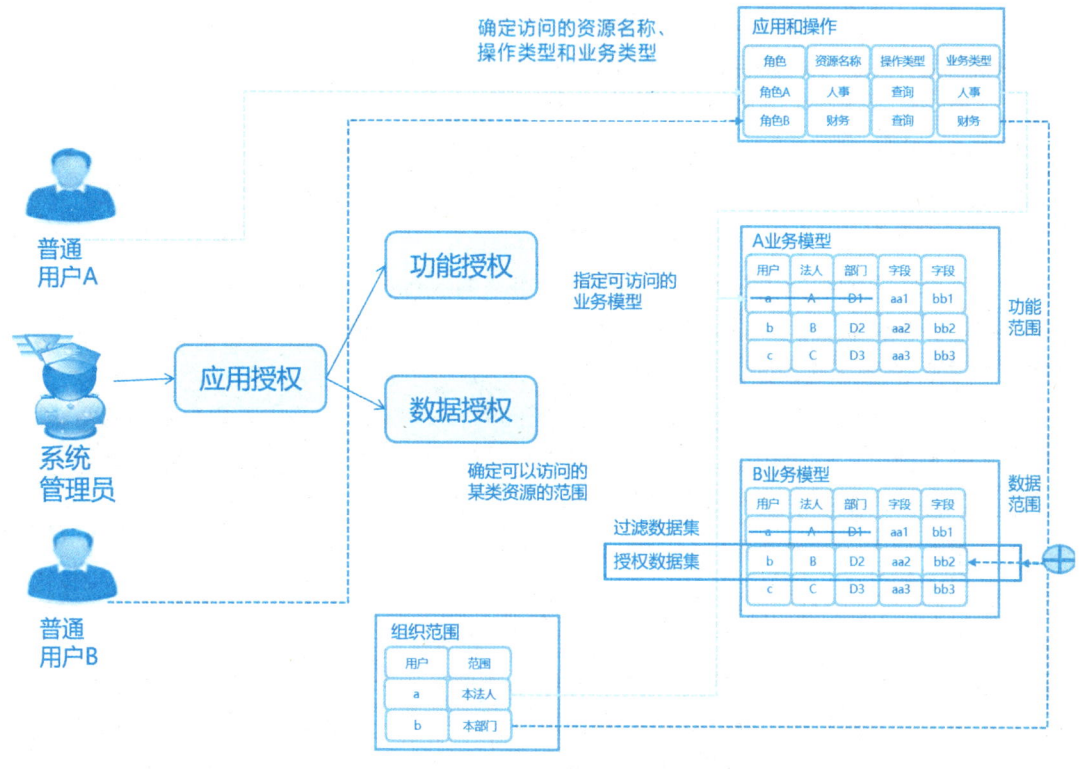

图 5.38　数据授权模型

5.4.8　安全管理与三员管理

　　智慧科研平台内部控制的目标是规范和改进业务流程、减少人为操纵因素，增强信息系统的安全性、可靠性和合理性及相关信息的保密性、完整性和可用性，并为建立有效的信息与沟通机制提供支持保障。内部控制的主要对象是信息系统，由计算机硬件、软件、人员、信息流和运行规程等要素组成。

　　内部控制将采用信息系统内部控制典型模型——COBIT 模型。

　　COBIT 是由国际信息系统审计与控制协会（ISACA）在 1996 年公布的，目前已经更新至第五版，是国际上公认的最权威、最先进的安全与信息技术管理和控制标准。COBIT 是信息技术治理管理的集大成者，为衡量、审计和控制信息系统提供了一个普遍适用的控制模型，能够指导科研机构有效利用信息资源，有效管理与信息相关的风险。

按照信息系统生命周期，COBIT将IT过程分为4个领域：策划与组织、获取与实施、交付与支持、监控，这些领域就是规划、实施、运行维护和监控4项传统的职责领域。

其中，策划与组织主要从战略的高度对智慧科研平台信息系统进行全面规划，致力于识别智慧科研平台为实现业务目标作出优秀贡献的途径。在该阶段需要明确智慧科研平台信息系统的目标和范围，对智慧科研平台项目的风险进行评估，从技术、经济和管理等方面对系统规划方案进行可行性研究，做好资源的规划。

系统的操作审计就是应用系统和核心数据的审计，对应用系统的整个生命周期中的策划、开发、使用、维护等相关活动和产物进行完整、有效的检查和评估。操作审计主要解决谁在什么地方对什么对象采取了什么样的操作。

安全审计的主要功能包括审核点的制定、审核的执行、审核库的完善、审核异常的处理，最终达到操作管理统一化、管理流程规范化、操作风险最小化。具体来说，安全审计包括应用安全审计和网络安全审计。

应用安全审计采用应用日志审计方式，用于审计影响系统的各业务活动和系统活动。其中的登录审计日志包括登录的用户名（手机号码）、登录的时机、登录的IP、登录的次数、访问的重要数据或URL（统一资源定位符）、操作的文档名等。

各种审计日志将被放到日志存储队列中，通过解密和格式化之后再进行统一的数据分析和处理，并且实时显示审计监控UI，如果有异常信息则提示审计提醒信息，最大限度保证系统的安全。

智慧科研平台实现系统管理员与业务管理员分离，安全审计员和安全保密管理员分离，避免一个账号因权限过高而存在泄密风险。

在设计方案中，智慧科研平台的管理成员包括：1名单位系统管理员、1名单位业务管理员、1名安全保密管理员、1名安全审计员。

智慧科研平台实现三员分离的对照表见表5.6。

表5.6 智慧科研平台实现三员分离的对照表

保密标准	智慧科研平台	备注
系统管理员	单位系统管理员	一般是IT部门人员
	单位业务管理员	一般是业务部门负责人
安全保密管理员	安全保密管理员	一般是保密部门负责人
安全审计员	安全审计员	一般是保密部门或审计部门人员

用户采用复杂口令方式登录，只有使用正确的口令才能登录智慧科研平台。

单位系统管理员有账号的三员角色及系统参数的配置权限。

单位安全保密/业务管理员有账号的创建功能，可以分配账号权限。

安全审计员有查看管理人员操作日志的权限，没有其他业务的操作权限。

三员分权，按下属科研单元法人单位进行数据隔离，各组织的管理人员只能查看及操作本组织的数据。

总部系统管理员只能修改总部系统管理员及其下属各科研单元的系统管理员密码。某法人的系统管理员只能修改其所属法人的系统管理员及其下各科研单元的系统管理员密码。某法人的业务管理员只能修改其所属法人的业务管理员及其下各科研单元的业务管理员密码。某法人的安全审计员只能修改其所属法人的安全审计员及其下各科研单元的安全审计员密码（见图 5.39）。

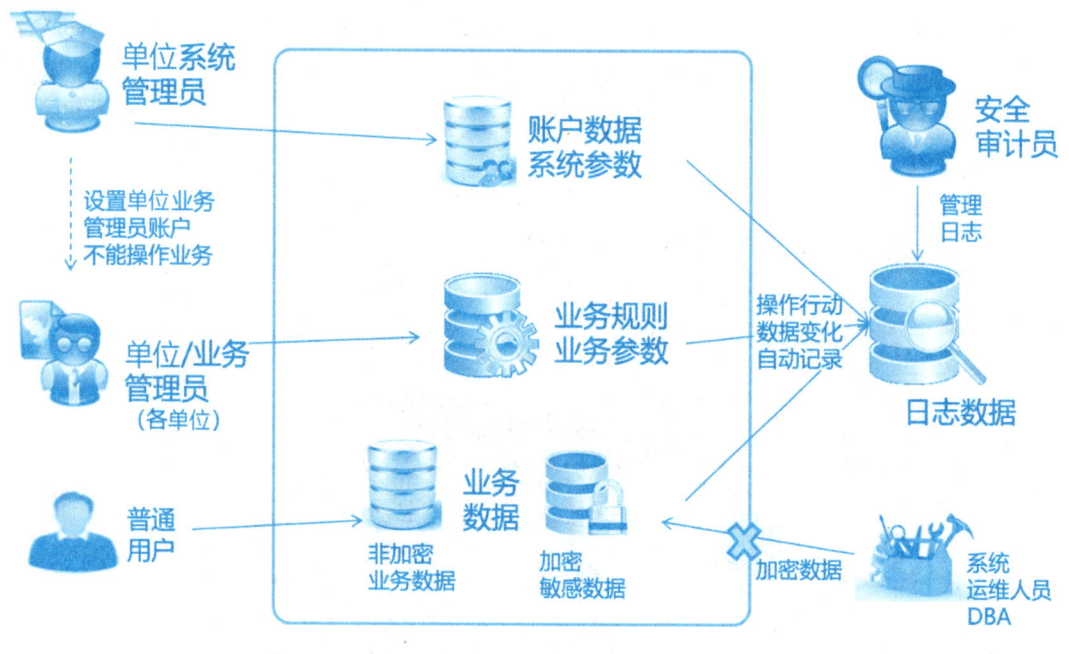

图 5.39　三员管理的授权模型

对于系统默认内置用户，不能移除其角色。系统初始设计遵循安全管理的互斥性原则进行设计。

数据需要对"所属组织"进行过滤，只能看到用户当前法人及下级法人数据。

三员管理授权的开发框架支持云架构应用部署。

应用服务要求支持国产应用服务（东方通）、Tomcat 等常用应用服务。

数据存储要求表结构、字段支持 Oracle、MySQL、达梦数据库等国产数据库。账号的密码字段以加密存储。

5.5 平台与应用开发

5.5.1 应用支撑架构与治理

1. 应用治理的需求与目标

分析科研机构目前信息化的现状，以及面临的困境和技术挑战可以发现，如何做好数字化转型工程信息化建设的总体规划，避免信息孤岛的产生，以及如何消除已存在的信息孤岛，打造无边界信息流，是数字化转型工程的必然需求。

应用治理需要解决业务的场景化描述、结构化分析、模型化表达，形成业务模型，并与应用架构的流程、模块、组件进行映射，分析业务的实现程度与满足度，并通过应用融合实现互联互通，打破信息孤岛，通过平台融合实现组件共享；指导应用系统的开发与遗留系统的整合（见图5.40）。

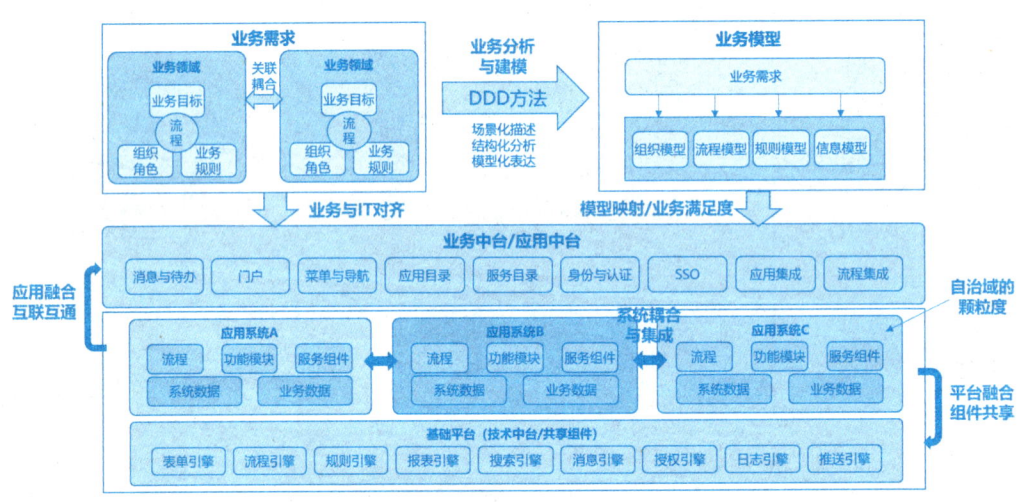

图 5.40　应用治理架构

2. 应用治理的策略

应用治理与架构整合是一项综合性的系统工程，涉及IT规划方法论的标准和统一、纵向的组织整合、横向的业务整合、基础数据的整合及基础设施的整合等多个层面。当前我国数字化转型的趋势是由粗放型、分散建设向集约型和融合模式转变，支持精细化管理，多级部署和集中管控，重视各分支机构和上下游供应商、客户、伙伴之间的信息资源的互联、共享和综合利用，加强业务联动和整合，创新并持续改进业务模式，提高IT资源的综合利用率。

1）从规范化 EA 架构规划出发，推进应用治理

EA 架构的理论和方法正日益受到政府、企业和 IT 厂商的关注和重视。EA 架构的作用是它能在对业务战略和流程被充分理解的基础上，进行信息化的顶层设计，形成灵活、稳定、健壮的 IT 架构，构建和谐的 IT 应用环境。因此，在标准和规范的方法论指导之下发展 EA 架构，是促进应用治理与架构全面整合问题从根本上得以解决的最有效途径。

2）实现组织一体化，打通业务协同和展现的边界

组织一体化就是要在组织内部上下级部门之间统一组织架构、访问途径和身份认证，在此之上实现为科研机构的每个科研和生产人员提供个性化的工作平台，实现基于角色的综合交互与展现。

3）实现业务协同一体化，打通业务的边界

规范业务流程的结构化方式和访问途径，从而推动科研机构内科研生产的发展，实现物流、资金流和业务控制流的统一，以及进行事前预算、过程控制和事后分析的闭环管理。

4）实现应用一体化和数据一体化，打通应用和数据的边界

规范应用系统、数据资源的封装方式和访问途径，实现数据集中管理，统一基础资料和业务单据，打破横向业务能力互操作和数据共享的壁垒。

5）实现平台一体化，打通 IT 基础设施的边界

建设整合的 IT 技术架构平台，通过对平台资源的一体化和集中式智能化管控，实现 IT 基础设施资产与基础架构与核心服务的按需高效合理利用，降低总体拥有成本，保护已有投资，促进 IT 投入的集约化和集中式转变。

应用治理的基本策略是核心业务尽可能一体化；非核心、相对独立的商品化软件（会计核心、档案管理、图书馆等系统）可以与一体化平台进行集成（见图 5.41）。

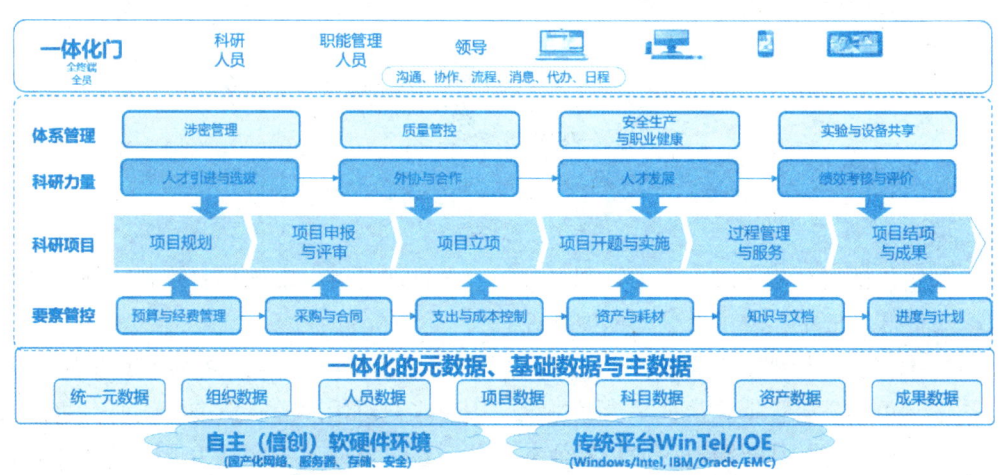

图 5.41 核心业务的一体化

3. 应用治理的基础平台

通过应用治理实现 IT 架构的整合框架，互联互通是整合的基本内涵，其主要目的是打破业务之间、流程之间、领域之间和系统之间的层层壁垒，消除信息孤岛，实现纵向和横向关键信息资源的全面融合，实现以业务驱动的无边界信息流。毋庸置疑，任何系统之间都存在边界。边界的产生源自种类繁杂的信息系统间不可避免的数据异构、应用异构、基础设施异构，因此，针对性的解决途径是在各系统之间搭建一条统一的平台，即中台架构，把数据和应用在标准封装之后，接入服务网关或 API 网关进行统一管理；然后提供一个跨系统的流程集成和管理平台，将目前功能驱动的架构转变成流程驱动、模型驱动和领域驱动；最后将整合后的业务流程、应用和数据，通过一个统一的交互入口，即门户，经过统一的身份认证之后，推送到用户的桌面，形成统一的工作台界面。这个过程十分鲜明地体现了中台架构最根本的理念：标准化、松耦合、可编排。

1）统一身份管理与认证

用户管理系统是人员信息、机构信息及权限信息的统一管理入口，为其他应用系统提供完整的、可靠的用户数据及认证支持。用户管理系统使用支持轻量目录访问协议（LDAP）的服务器作为数据存储设备或数据库系统存储；主要功能包括人员/机构管理、属性管理、权限管理、安全日志等；对外提供用户数据服务，包括用户信息查询、用户权限查询等（见图 5.42）。

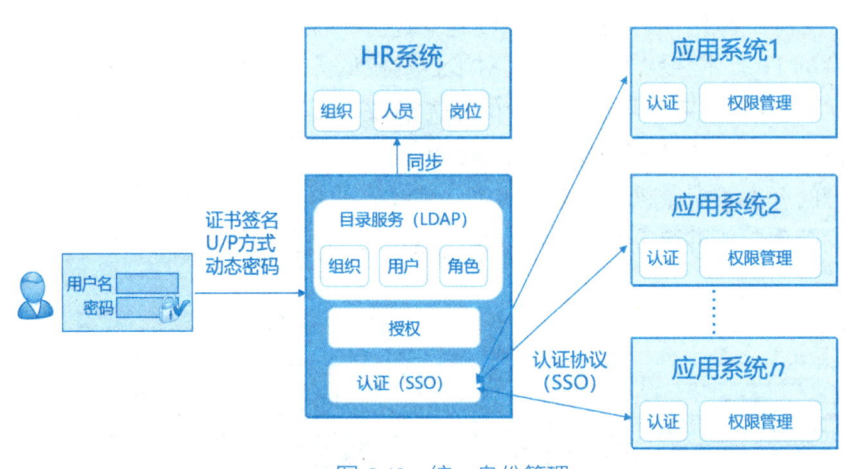

图 5.42 统一身份管理

大型组织地域分散，难以集中管理，采用分布式部署可以实现集中控制、分级管理，减少上下级联系成本，真正做到"属地管理"。

在集中存放、管理和获取用户身份基础数据信息的基础上，需要对所有 IT 用户进行身份认证和单点登录管理。认证平台通过统一用户账户对用户的身份进行认证，通过认证后，用户可以访问与其权限对应的目标业务系统，在多业务系统之间实现用户身份认证信息的共享，从而完成多系统的单点登录。在技术上，系统应实现基于单点登录，为多业务系统整合提供安全服务，使用户得以"一次登录，全网通行"，享受"一站式"服务。

2）业务流程集成

在实际的科研生产场景中，业务审批、单据流转等业务场景非常常见。并且往往这些业务流的场景需要跨部门、跨业务领域之间的协同。

在整合的 IT 架构中，除了有效地打破了应用领域的边界，实现各个不同应用领域业务功能的服务的统一管理，还需要实现业务流程的协同和关联，通过对服务的应用，根据实际的业务需求将各个孤立的、离散的、实现单一功能的服务有机地关联起来，解决业务流程的流转问题。

业务流程管理以应用为基础，并最终面向业务，因此强调业务流程的建模和业务流程的优化这两个与业务息息相关的问题（见图 5.43）。

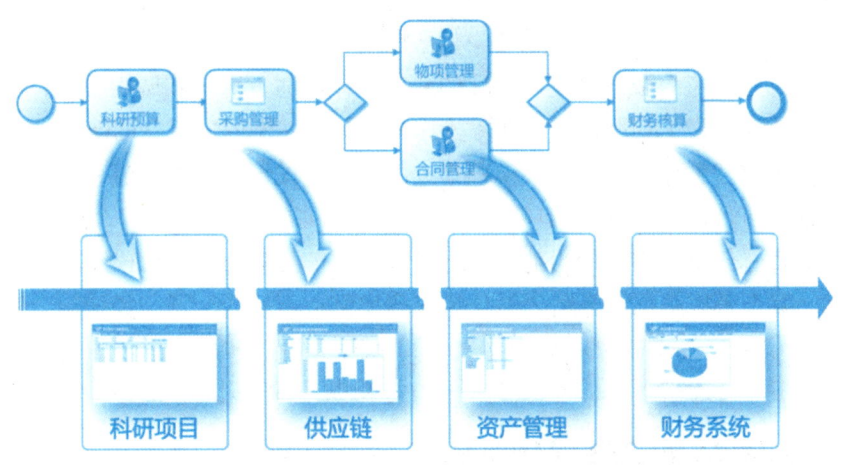

图 5.43　科研预算到财务核算的业务流程

业务流程的建模由业务驱动，即业务流程的设计由业务人员完成，保证所得到的业务流程一定是符合实际业务场景的。

在实际的运行中，已有的业务流程不一定是最合理的，且实际工作中可能会出现业务瓶颈，所以需要进行业务流程的优化。

业务流程管理强调业务流程的绩效监控，不断地对业务流程进行改善，从而提高效率。

由此，提升业务流程管理能力，首先在流程建模方面需采用业务人员可以看懂并识别，且能够进行业务流程建模的图形建模语言。从开放性看，BPMN（业务流程建模与标注）建模语言符合这样的目标。通过符合 BPMN 规范和标准的建模工具，业务建模人员可以快速建立符合实际应用的业务流程。

业务流程管理还需要提供对业务流程绩效的全面监控，详细记录每条业务流程实例的运行期信息，包括执行的次数、每个节点执行的时间与效率等信息。通过定期对这些信息进行分析和发掘，可以从时间、业务领域、组织等多个维度查看业务流程运行的情况，从而发现业务上的瓶颈。例如，如果发现某段流程的某个节点处理时长总是很长，发现了这个瓶颈之后，就可以进行进一步地跟踪，定位实际的业务问题，如人力资源不够或者员工消极怠工等，为业务流程优化提供关键的量化数据。

业务流程管理将有效利用和调用已有的各种标准服务，抽取和整合现有的业务流程，将服务所代表的信息流和业务流合二为一，形成合力，实现业务流程的信息化，实现跨应用领域、跨部门的流程协同。

业务流程集成所面向的基础单元包括3个部分：一是谁来做，二是做什么，三是做的次序。业务流通过绑定特定的组织架构模型来解决第一个问题。业务流程集成可以与应用环境中存在的统一用户管理模块无缝集成，在业务流程中的每个节点实现任务、用户、组织、角色之间的绑定。在业务流程配置中，可以指定每个节点的任务是由哪个角色、哪个岗位、哪个具体的人员来处理。业务流与整合IT架构中的服务体系相结合，解决了"做什么"的问题。在业务流程建模得到的图形中，每个节点都代表业务流程中需要执行的任务。每个具体的任务，都对应整合IT架构中的一个服务。业务流在执行到该节点的时候，会自动地调用对应的服务，完成实际的业务操作。通过绑定和调用服务，业务流中的每个节点都有效地诠释了其所执行的业务操作，解释了"做的次序"的问题。

对于流程监控和管理，也是业务流程集成的重要组成部分。业务流程管理可以实时地监控业务流程的执行情况，帮助用户快速响应出现的问题并感知潜在未知的问题。用户以可视化的方式查看任意流程实例当前的运行状况，了解当前流程引擎健康状况，迅速地作出相应调整，甚至可以根据业务需要对任意流程实例进行后台干预，如挂起、恢复、强行跳转等。

5.5.2 传统开发平台的挑战

1. 开发效率低

随着应用复杂度的增加，越来越少的开发人员能对应用有全局性的深度理解。新功能开发和缺陷修复难度呈几何性增加，代码修改的正确性无法保障，而庞大的代码库需要更庞大的开发团队来维护，无形中又增添了管理、沟通和协调的成本。另外，新加入的团队成员需要花费大量的时间和精力来熟悉一个复杂的代码库。

2. 交付周期长

在单一进程的单块架构下，任何微小的改动都需要重新编译、集成、测试和部署整个应用。随着应用体积的增大，交付流程和反馈周期都会相应变长，应用发布的代价也随之增加。于是应用交付周期变长，交付间隙积累的代码变动增加，从而对于下次交付产生更大的压力，形成恶性循环。

3. 技术转型难

单一进程、单块架构意味着中心化的技术选型。比如，应用的不同逻辑组件通常需要采用相对统一的编程语言、框架和技术栈，这些在项目初始阶段便已定型。之后，即便是应用中全新的逻辑组件，也很难采用不同的技术栈。而当应用达到一定规模后，全局化的技术栈更新会面临很高的风险。所以，单块架构应用一旦定型，就很难再享受行业技术变更、发展所带来的红利。

4. 需求阶段与开发阶段分离

传统应用软件的开发周期长。按照传统软件工程的理论与方法，基本上需要经历需求调研、需求分析、概要设计、详细设计、代码开发、测试和运行等阶段。如果需求理解的偏差大，需求调研和分析的表达形式就是一系列的文档，使得用户、设计人员和开发人员对需求的理解不一致，导致开发工作量大、周期长，甚至开发出来的系统可能无法满足用户的需求或者用户需求已经发生变化。

即便采用原型法进行系统设计，在需求阶段设计的界面原型、流程图和报表格式，与开发阶段的代码是不能共享的。因此，在开发设计阶段，开发人员需要重新使用开发工具对所有界面进行重构。

5. 开发无法前后端分离

从 C/S 架构到 B/S 架构，软件技术架构已经实现了多层访问。但传统软件开发的前后端（特别是 B/S 架构下），MVC 架构也无法在开发人员的代码开发过程中，实现代码和人员的彻底分工，这样造成人员技能无法专业化，耦合度高，平台灵活性差。

6. 多终端适应性问题

传统的开发平台对环境依赖度高，开发维护复杂性增大，开发成本增加，用户体验不一致。如基于 PC 的应用开发，由于浏览器的标准和屏幕大小不同，需要与 Android 和 iOS 等移动终端的应用分别进行开发。而且，由于现在 Android 和 iOS 操作系统的原生应用的操作系统和开发语言不同，所以此平台上的应用往往需要单独开发。PC、手机和平板计算机等不同的屏幕规格，造成了如果要实现多终端的访问，需要维护多套代码，开发成本非常高。

7. 非原生云应用

传统应用开发是在单一实例、单一数据库类型下，针对单一用户环境进行的系统开发。这种开发模式不能实现微服务化，也不能与虚拟化、容器化的弹性计算技术结合，因此被视为非原生云应用架构。这种开发平台及其开发出的系统，无法在 X86 架构下通过大规模负载均衡技术实现高性能、大负荷的处理。数据库受制于单例，性能提升很困难，

IaaS 平台优势难发挥。

8. 代码开发工具与工程管理工具分离

传统的软件项目工程管理复杂，效率低下。从代码管理、开发平台和团队小组的管理等方面，开发工具与工程项目管理工具是分离的，而且开发的代码运维和 BUG 异常信息，不能与开发人员的平台实现整合，开发与管理、运维是分离的。

5.5.3 前后端分离的开发模式

从 C/S 架构到 B/S 架构，软件技术架构已经实现了多层访问。但传统软件开发的前后端（特别是 B/S 架构下），MVC 架构也无法在开发人员的代码开发过程中，实现代码和人员的彻底分工，这样会造成人员技能无法专业化、耦合度高、平台灵活性差。

传统的开发平台对环境依赖度高，开发维护复杂性增大，增加开发成本，用户体验不一致。浏览器的标准和屏幕大小不同，与 Android 和 iOS 等移动终端要分别开发，而且现在 Android 和 iOS 的原生应用操作系统和开发语言不同，往往需要单独开发。而且 PC、手机和平板等不同的屏幕规格，造成了如果要实现多终端的访问，需要维护多套代码，开发成本非常高。

新一代无代码开发平台就是要实现一套代码、一套框架一次性开发能够自动适应终端操作系统和屏幕规格的系统。

前后端分离的开发模式，实现代码分离、人员分离、进度分离（见图 5.44）。

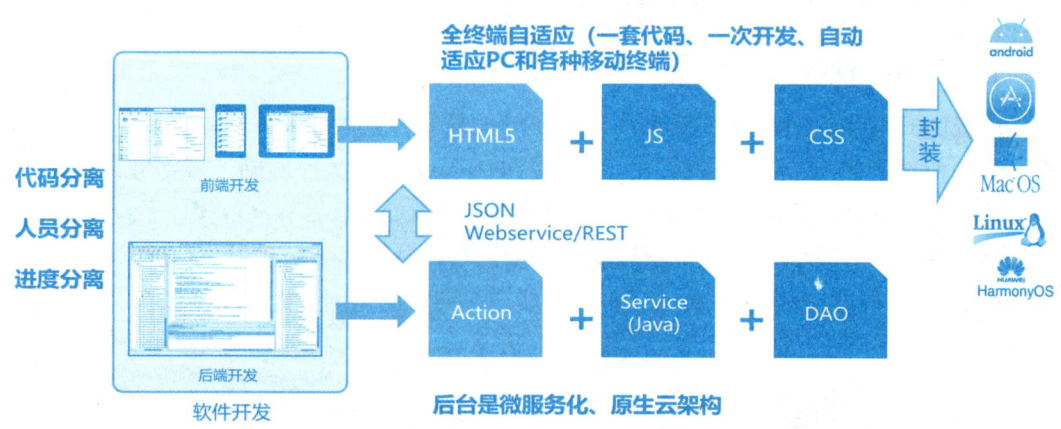

图 5.44　前后端分离的开发模式

代码分离：新一代的智能应用系统，前端侧重于用户体验，且自适应终端类型，后端侧重于业务逻辑和系统的性能和扩展性。前后端分离在移动互联网与原生云时代尤为重要，因为一个后端代码要服务于多个智能终端，代码分离可以实现前后端的应用解耦，实现业务逻辑的一致性。

人员分离：传统的应用软件，前后端是紧密耦合的，一般开发人员前后端需要一同开发，不可拆分。但事实上，前后端开发的流程和使用的技术，以及对开发人员的能力要求都是不同的。前端开发的核心技术包括用户体验的设计、交互操作的人性化、界面的美观和艺术化，前端的技术侧重于 HTML5、JS、CSS 等；后端开发侧重于系统性能、业务逻辑、数据处理等，后端应用的技术侧重于 Java 和 SQL 等。传统应用软件开发因为架构上的局限和技术限制，无法实现前后端开发分离，导致开发人员分工的专业化和能力提升上有困难。

进度分离：前后端分离的网络架构使前端技术和后端技术在进行技术升级的时候不会相互影响，同时，在保证前端和后端交互协议的前提下，避免以往前端开发人员和后端开发人员因相互等待而影响开发进度的问题。最终用户使用和体验的是前端系统，进度分离就可以先将前端开发完成，落实需求，然后再优化后端的开发，这样就能大幅提高开发效率，解决需求管理的难题。

5.5.4　基于业务的模型驱动开发模式

传统软件的编程模型是代码驱动的，因此软件开发最终都需要将业务需求和程序处理编写为一行一行的软件代码。传统编程就是将软件程序用编程语言写程序的过程，因而叫编码。因此编程必须由懂得程序设计语言的专业人员来完成，即使如此编程过程也可能存在效率低下，质量难以保证的问题。

要实现低代码或无代码的开发，其中一个最重要的编程思想就是模型驱动的体系结构（MDA）。模型为物理系统提供了一个抽象表示，它可以让工程师们忽略无关的细节，从而把注意力放到系统的业务和功能部分上。工程中的所有工作都依赖模型来理解复杂的、真实世界的系统。模型能预期系统的质量，当系统的某些方面变化时，能推理其特定的属性，并为各种涉众沟通关键的系统特征。模型可以作为实现物理系统的表达被开发，也可以根据一个已存在的系统或者开发中的系统被创建，以作为理解系统行为的辅助手段。将复杂的业务与应用需求进行领域分解（或业务解耦）。我们将一个复杂的软件系统，通过业务解耦成为业务对象、前端交互、业务服务、业务流程及报表与分析。

MDA 是指一种用于应用系统开发的软件设计方法（信息系统开发的重点是应用软件的设计），它提供了一套软件设计的指导规范，这套指导规范是用模型来表示的。

MDA 能够创建出机器可读和高度抽象的模型，这些模型独立于实现技术（编程语言和运行环境）。MDA 把建模语言用作一种特定领域模型描述语言（DSL-Domain-Specific Language），而不仅仅是传统的程序设计语言。MDA 是为应对业务和技术的快速变化而提出的一种开放、中立的系统开发方法和一组建模语言标准的集合，其最终目的是构建可执行模型（通过平台相关的引擎解析执行），实现软件的开发的平民化。MDA 是软件开发模式从以代码为中心向以模型为中心转变的里程碑，是未来最重要的方法学之一。

模型驱动架构是以模型为核心并由模型映射驱动开发的过程。MDA环境下的系统开发方式就是在开发活动中通过创建各种模型精确描述不同的问题域，并利用模型转换来驱动包括分析、设计和实现等在内的整个软件开发过程。

基于业务的模型驱动开发模式以业务建模为重要活动，是一种全新的软件开发方式。这种开发模式提供一个框架结构，以确保应用系统与经常改进的业务流程紧密匹配（见图5.45）。

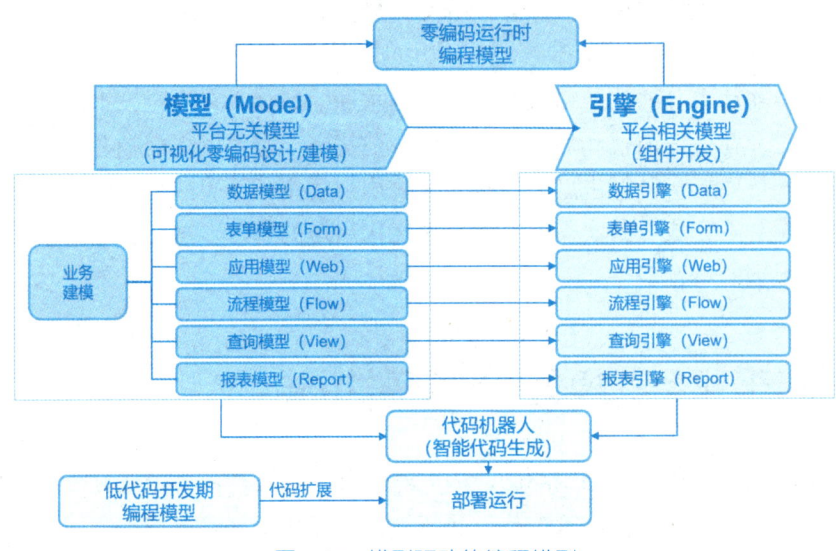

图 5.45　模型驱动的编程模型

建模的视图不同，决定了建模的方法论不同。

针对高端软件的开发特色，我们将从几个维度对不同视图进行分解或解耦，来实现对复杂高端应用进行业务建模。

角色：针对不同的用户角色提供不同的应用场景。

场景：对不同的应用场景，包括工作环境、使用方式进行建模（包括在线或离线，移动场景或办公室场景等）。

组织：针对高端软件的多组织架构，如集团化架构下，不同组织层次有不同的需求与应用场景。

业务活动：业务活动可以从软件的结构和功能组件方向进行分解与建模，包括业务对象（数据建模）、交互界面、业务逻辑、业务流程与路由、数据分析与报表呈现、数据可视化等。

5.5.5　无代码与低代码的编程模型

新一代的开发模式（见图5.46）根据业务应用场景，提供无代码开发、低代码开发、代码开发 3 种开发模式。

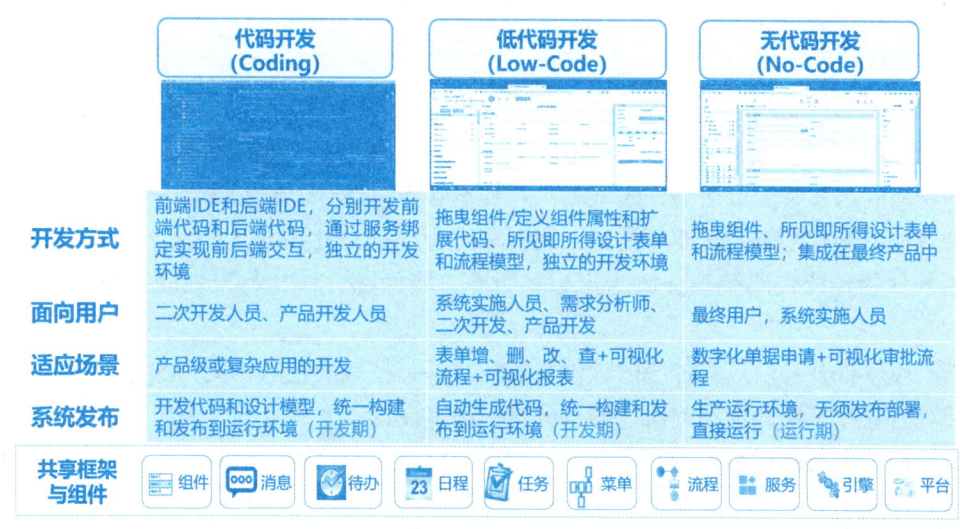

图 5.46　新一代的开发模式

通过低代码与无代码开发，结合前后端分离的开发模式，可以快速实现应用的构建。

1. 提高研发效率

业务人员可以自行搭建基础业务流程管理系统，而将个性化功能交给 IT 部门即可，以将管理者的业务流程管理需求线上化。

2. 节省开发成本

优秀开发者的高薪早已不是秘密，所以开发资源不能浪费在一些通用而且易于实现的需求上。低代码平台可以用非常低的成本，来代替开发人员的部分工作内容。

3. 减少 IT 依赖

业务人员一旦有需求，就会向 IT 部门求助。而且很多情况下，如果处理不过来这些需求，IT 部门也会向第三方寻找一些解决方案，如调研、联系，甚至是招投标，整个周期非常漫长。找到的第三方也是"项目制"，不能够保障产品的性能。然而对于低代码、无代码开发平台来说，一切都是公开且透明的，可以直接去检验这些平台的能力，进而快速优化用户体验。

4. 提升开发质量

无论开发人员的经验多么丰富，代码实现的效益都不可能追赶上一种低代码解决方案。因为这种解决方案通常情况下就像一种智能机器的行为，自动编写相应的代码。而且再有经验的开发人员，也无法避免开发所引入的 BUG，然而经过检测的低代码开发平台，

BUG 数量会被降到最低。

5. 易于维护

对于传统的应用程序，维护和升级都需要投入很大的人力成本。开发人员急需处理新的特性需求，同时也要修复历史的 BUG。而低代码平台甚至不需要维护服务器，就能够实现新功能的增加（运行期编程模型），并且不需要额外考虑兼容性。

通过抽象的模型来表达业务需求，用引擎进行解析，最终实现业务需求和软件功能。这样，软件的传统代码就被分解为模型和引擎，将两部分结合起来就能实现传统的代码功能。

新一代软件开发模式将传统的软件研发从艺术、技术的范畴转变为业务管理工具，而且将传统的软件工程从需求调研、需求分析、系统设计、系统开发、系统调试等专业性的分工，到编程人员使用编程语言"翻译"用户的需求，变成可以通过所见即所得的工具，将编程转化为业务定义，即基于业务的软件研发模式。

除了业务服务需要使用专业的编程语言，在后台完成复杂的业务政策处理、业务算法的实现，其他的都可以通过基于业务定义，用所见即所得的方式进行模型设计。只要懂得业务需求，无须了解复杂的 Java 编程，也可以开发出应用。

数字化转型工程将针对 MDA 的编程模型进一步发展成为两种场景下的软件开发模式与编程模型。

1）无代码的运行期编程模型

将业务应用与需求进行分解或解耦，分别利用可视化的无代码建模工具，采用图形化的拖曳方式设计业务模型，包括数据模型（Data）、表单模型（Form）、应用模型（Web）、流程模型（Flow）、查询模型（View）、报表模型（Report）等，每个模型都有对应的引擎来解析和执行模型所表达的业务应用与功能。通过应用程序框架，这些模型在运行时就可以在线实时运行。这种编程模型实际上就是模型的可视化设计过程。因此，无须懂得程序设计语言（Java 和 JS/HTML5 等），只要简单熟悉一下模型设计工具，就可以无代码地极速开发应用程序。

这种编程模型不仅简单、效率高，而且无须发布、构建和部署等复杂的处理流程，可以在运行环境下直接运行，所以叫运行期编程模型。

2）低代码的开发期编程模型

对于复杂的业务，模型无法表达其需求或功能，就需要进行代码开发。因此开发期编程模型需要将模型与引擎所表达和描述的功能，通过一个代码机器人进行自动智能地生成整套的代码，开发人员只需要将扩展的复杂业务逻辑部分的组件，与生成的代码进行统一构建，然后发布为前后端的应用模块，并部署到运行环境，最终形成完整的应用系统。

这种编程模型将无代码的模型描述与代码编程的扩展进行整合，是一种高效率、高质量的复杂应用实现方式，因此也被视为一种低代码的编程模型与开发方式。

5.5.6　应用架构的组件化

1. 应用服务化

建立应用的解耦、组件的服务化和模型化，实现数据驱动、模型驱动的架构。应用系统的开发、部署形成对应的原生云化。在规划指引下，分阶段、分步骤地迁移到微服务架构，以提升应用的管理性、性能和可用性。

2. 治理层次化

从数据治理、应用治理，到 IT 治理的融合，实现系统建设、运营和价值产出的协同，构建多级治理与 IT 管理体系。

建立高效标准化的数据治理和随需应变的应用治理体系，并匹配 IT 的组织架构，实现自动化部署和快速业务上线。此外，建立业务状态感知和用户体验的统一监控机制，以加强快速定位问题和性能监控的能力。

3. 安全体系化

建立业务数据与应用的授权访问机制，实施密级管理的分级管理策略，确保业务可靠性的安全管理措施，提供信创技术设施的全栈支持。

4. 数据资产化

统一管理基础数据、业务数据与知识文档，通过数据、业务、流程的积累，利用知识工程实现知识管理工程的全要素、全流程服务，实现智慧科研、智慧研发、智能制造、智慧管理。

5.6　智慧科研的集成架构

5.6.1　集成系统与分析

科研数字化建设是涉及系统、流程、数据、人员等多方面因素的复杂工程。因此，建立贴合科研机构自身需求的集成架构对于开展数字化工作来说具有重要意义。科研机构 IT 集成将通过整合各类现有应用系统和资源，使之成为一个互联互通的集成平台，以解决应用系统之间连接和协同问题。IT 集成架构作为数字化建设的重要内容，应以科研机构战略目标为导向,以支持端到端业务开展为目标,全面覆盖科研机构前端交互、流程、数据、服务等方面的集成工作。科研数字化的各模块或平台具有较强的松耦合性,各系统之间数据贯穿,基础数据一致,实现相似功能集中在一个管理平台中,其他平台通过扩展定制或调用实现所需功能,保证一数一源,尤其是人员的数据和管理,确保流程规范管理(见图 5.47)。

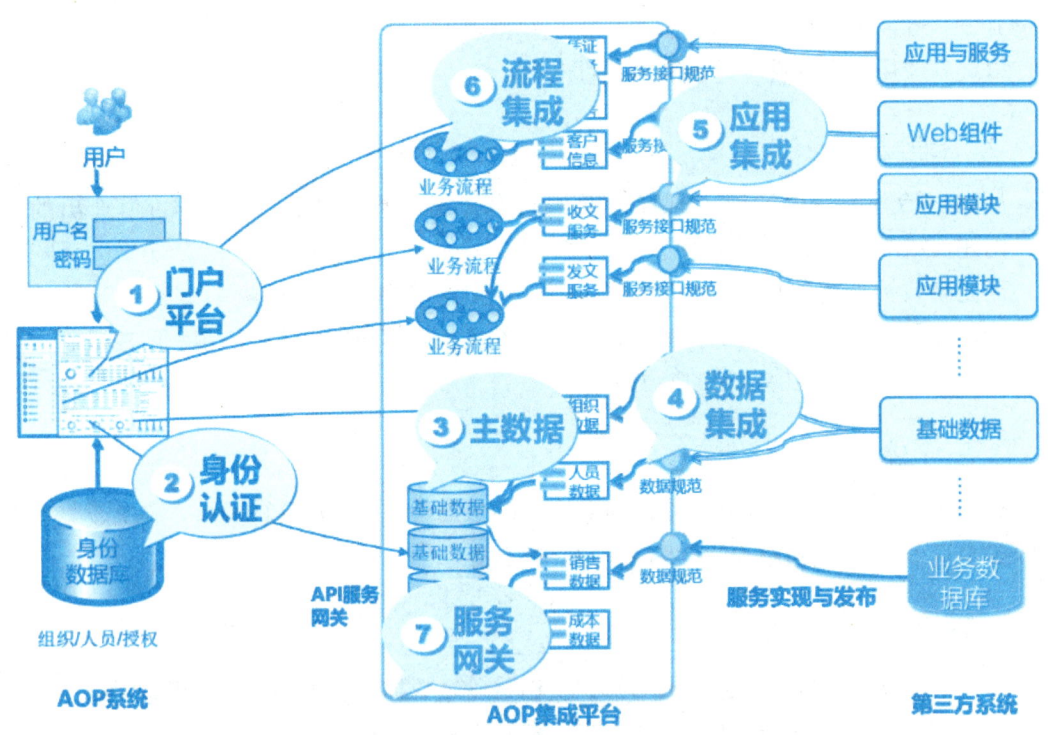

图 5.47 智慧科研平台的集成架构

1. 应用及其耦合关系

应用系统的模块与组件之间的交互处理,或者耦合关系,正从 SOA 发展到微服务架构,特别是在云计算与移动互联网的应用模式下。科研机构智慧管理一体化平台将不仅仅支持传统的 SOA,也需要对微服务架构提供支持,而且一体化的组件和模块内部以微服务架构为主,与其他异构系统之间的整合和集成采用 SOA 模型。

智慧科研平台提供统一的集成接口,实现与基础设施、外部服务系统的集成,支持与其他业务系统的集成。

数据集成关系如下。

(1)主数据管理系统:平台主要提供人员、组织机构、科研项目等基础信息。

(2)专业系统:各科研机构根据专业特点和需求,建立与平台的集成关系,支撑项目、人才、仪器设备、科研经费等资源的信息交互。

（3）应用基础设施：实现登录认证、表单数字签名和电子签章，集成数据交换平台实现应用系统数据推送；同时向相关的运维或安全监控系统提供辅助运维（故障诊断、性能瓶颈分析、关键运行指标监控等）和安全监控（行为分析、安全状态等）的接口。

2. 前端及界面集成

前端集成可以通过统一科研机构门户平台实现。统一门户平台建设可考虑自主开发或采用通用门户平台，并且支持所有应用系统功能在多种渠道的 Web 内容管理、搜索、工作流、单点登录及个性化定制，实现用户灵活、个性化的需求。

科研机构信息化建设过程中，可能涉及定制化应用系统及套装软件实施的应用系统。对于一些定制化的非紧耦合应用系统，建议可以通过松耦合界面集成方式集成到门户平台中。对于一些基于套装软件的紧耦合应用系统，建议可以通过紧耦合界面集成方式（连接器）集成到门户平台中。

3. 流程集成

流程集成主要用于处理合作伙伴、内部应用及相关人员间的流程协作，包括流程自动化处理及需要人工交互的工作流程管理，并提供图形化的流程建模、流程运行和流程监控。科研机构搭建具备整合业务流程建模、执行、监控功能的业务流程管理平台。业务流程建模应支持流程模板库、导入和导出流程设计、模型组件定义、建模标准及流程模拟；流程执行引擎应支持流程运行、事件管理、工作流路由、状态保持及工作分配；业务活动监控应支持实时监控、监控展示、流程变更管理、事件关联、预警设置、报表和分析等。建设方式可考虑采用成熟的商业套件或自主研发。

4. 数据集成

数据集成指可以提供集中的数据获取、数据转换、轻度数据处理加工及数据分发等服务，为科研机构提供整体的数据交换控制，实现批量数据（文件）的交换，为目标应用提供规范的数据。

5. 服务集成

服务集成指通过服务总线实现应用系统之间的连接，处理应用之间的服务请求，进行通信协议、消息格式和消息内容的转换，并提供路由服务，实现服务请求和信息在应用之间安全而有效地传输。数字化建设过程中可以通过建设科研机构统一的服务集成平台，实现科研机构各应用系统的广泛集成。统一的服务集成平台应涵盖协议转换、服务路由、格式解析、格式转换、异常处理、日志记录、服务校验、事务控制、服务水平控制、日志管理、业务监控、系统统计等功能。建设统一服务集成平台主要有 3 个关键点：一是集成平台根据各应用系统的技术特点，支持不同的接入协议，如 Web Service、MQ、Socket 等

API 协议；二是应用系统通过适配器接入到集成平台，由适配器完成协议及报文格式转换工作，使得应用系统的改造量最小；三是应用系统接入到集成平台后，即与其他应用系统实现互联互通。

5.6.2 集成应用技术

1. 门户集成技术

信息门户的功能包括统一终端接入、统一界面管理和单点登录、统一的界面交互标准，以及信息与应用聚合（见图 5.48）。

图 5.48 门户集成的应用场景

多个系统之间的门户系统集成需要解决的基本问题如下。

1）单点登录

一种身份认证技术，它允许用户通过一次登录，即可访问多个相互信任的应用系统。在信息系统门户集成中，单点登录技术使得用户只需登录门户系统，即可无缝访问其他已集成的应用系统，无须在每个应用系统中重复登录。这种集成方式极大地提高了用户体验，减少了密码管理成本，并增强了系统的安全性。

2）应用的链接与访问

应用链接与访问是将不同的应用系统通过门户链接或菜单可以统一访问，具体实现方法如下。

基本接入：直接将其他应用系统的链接地址（URL）作为集成应用的接入地址。

传参接入：除提供接入地址外，还需要提供接入应用系统的登录验证参数。

嵌入 Web 元素：通过 Web iframe 技术，可以将界面内容嵌入到 Web 界面中，实现从一个应用访问另一个应用的 Web 对象。

2. 用户身份管理集成技术

用户身份管理的集成，主要包括的相关技术有两个方面。

1）用户信息与账户集中管理

标识一个用户的身份主要有用户的属性和系统登录的账户信息。用户信息在系统中需要维护唯一的基准信息，包括个人基本信息、工作岗位、组织关联信息等重要数据。这些信息是数字化系统中权限和流程职责的基础。用户信息一般来自人力资源管理系统，通过与人力资源管理系统集成，实现有效的基础数据管理。

一般意义上，个人基本信息与系统账户是一对一的关系，但在某些系统允许存在一个用户对应多个账号，以满足一人多岗的需求。此外，也存在一个账户对应多个用户身份信息的场景。例如，某个账户对应某研究所的科研人员，该人员在专家库中是入库专家，还在某实验室担任双聘研究员，如果以手机号或电子邮箱作为账户 ID，则需要多个用户在不同身份之间进行切换。

如果采用 LDAP 或 AD 域等标准化的账户管理系统进行存储账户信息，可能更有利于系统账户信息的标准化管理。但在一般的数字化平台中，可能采用私有的数据库系统管理账户数据，是更务实与可行的技术路线。

2）统一身份认证或单点登录 SSO

单点登录 SSO（Single Sign On）通过用户的一次性鉴别身份登录系统，可获得访问单点登录系统中其他关联系统和应用软件的权限，同时这种实现是不需要管理员对用户的登录状态或其他信息进行修改的，这意味着在多个应用系统中，用户只需一次登录就可以访问所有相互信任的应用系统。

SSO 的实现技术和组件有很多种，但技术原理都是类似的。当用户第一次访问应用系统 A 的时候，会被引导至认证系统中进行登录。根据用户提供的登录信息，认证系统会进行身份认证，如果通过认证，则会返回给用户一个认证的凭据（Token）；用户在访问其他应用的时候，就会携带这个 Token，作为自己认证的凭据，应用系统接收到请求之后会把 Token 送到认证系统中进行校验，检查 Token 的合法性。如果通过认证，用户不用再次登录就可以直接访问应用系统 B 或应用系统 C，从而实现一次登录。

常见的 SSO 实现技术或组件包括以下 3 种。

（1）SAML（Security Assertion Markup Language）：一种基于 XML 的标准，用于在身份提供者（IdP）和服务提供者（SP）之间交换身份验证和授权数据，以验证用户的身份和权限，然后授予或拒绝他们对服务的访问权限。

（2）OpenID Connect（OIDC）：一种基于 OAuth 2.0 的认证协议，提供了身份验证和授权的简便方法，广泛应用于现代 Web 应用和服务。

（3）CAS（Central Authentication Service）：耶鲁大学研发的单点登录服务器的开源项目。CAS 架构主要包含两部分：CAS Server 和 CAS Client。CAS Server 负责完成对用户的认证工作，需要独立部署。它处理用户名/密码等凭证，验证用户的身份，并生成相应的凭据。CAS Client 负责处理客户端对受保护资源的访问请求。当需要对请求方进行身份认证时，CAS Client 会将用户重新定向到 CAS Server 并进行认证。

3. 业务流程集成技术

业务流程的集成是数字化转型中比较高阶和复杂的集成技术，通常是将端到端的业务流程通过将不同模块或系统中割裂的应用操作，融合为一个全流程的业务处理，以确保业务流程顺畅、高效运行。

1）业务流程集成的策略

（1）业务流程架构设计。业务流程架构设计是根据科研机构的中长期战略目标及业界领先实践，应用系统的方法为科研机构构建流程体系架构的过程。它通过对流程进行分层、分类，理顺业务流程之间的接口关系，为数字化业务管理提供坚实的基础。

流程架构通常分为多个层级，如 L1~L5 等。每个层级都有其特定的功能和重要性。L1 层级代表流程的大类划分，如科研规划流程、科研项目管理流程、人才管理流程、科研条件保障流程、科研成果转移转化流程、行政事务流程、安全保密与知识产权管理流程等。L2 层级则对 L1 下的流程进行进一步细化，形成具体的流程组，如科研项目立项流程、科研项目开题流程、科研项目变更流程、科研项目阶段检查流程、科研项目验收与结题流程等。L3 层级则关注具体的业务流程，确保方针政策和管控要求的落实。

在业务流程集成的过程中，需要在这些流程中识别关键流程或主线流程。在流程架构中，需要识别出关键流程，如科研项目管理流程、科研经费保障流程、科研仪器设备保障流程等。

这些关键流程是科研活动业务流程的核心组成部分，对于科研机构的运作效率和科研成果取得都具有重要影响。

（2）流程集成与业务协同。流程集成不仅是将各个业务流程进行简单地连接和整合，还需要实现不同系统、不同部门之间的协同工作。

通过采用流程集成技术，建立协同工作机制等方式，可以确保业务流程在不同系统、不同部门之间的顺畅流转和高效协同。

（3）流程优化与持续改进。流程集成架构不是一成不变的，需要随着科研与学科的发展和业务流程的变化进行不断优化和持续改进。

通过采用流程优化技术、建立持续改进机制等方式，不断提高业务流程的效率和质量，为科研机构创造更大的价值。

2）具体的业务流程集成技术

主要的集成技术包括以下 3 种。

（1）机器人流程自动化。机器人流程自动化 RPA（Robotic Process Automation）是一种通过软件机器人，模拟人们在计算机上的操作来实现业务流程自动化技术的。它能够自动执行重复性、规律性的任务，如数据输入、文件处理、报表生成等。因此，RPA 是智能自动化的技术基础，在业务流程自动化过程中扮演着"执行者"的角色。

通过 RPA 技术，科研机构可以实现诸如采购流程自动启动、科研项目信息与成果的自动报备等高度重复任务的自动化，从而提高相关业务系统的流程集成。

（2）低代码开发实现流程集成。低代码开发平台通过少量编码或无须编码即可快速构建应用，具有可视化、可扩展、可重用的特点。在流程集成中，低代码开发平台可以扮演"辅助者"的角色，通过敏捷、高效的方式定制自动化业务流程应用。借助可视化拖曳工具，开发人员可以快速构建和部署业务应用，并将其对接到流程引擎，从而快速实现业务流程的集成。

（3）应用与服务集成技术。在跨异构系统的流程集成中，可以采用流程引擎调用不同系统、不同平台之间的业务应用调用接口与服务接口实现流程的连接和整合。

这些集成接口技术包括 API 接口、Web 服务、消息中间件等，它们可以实现不同系统之间的数据交换、信息共享、应用访问等，从而确保业务流程在统一的引擎下进行端到端的运行。

4. 主数据集成技术

经过多年 IT 的建设，信息对于组织的日常运营已经日益重要，并逐渐成为组织内的重要资产，信息资产的管理也已经成为组织日常管理中的一个非常重要的环节。如何管理和利用组织内部纷繁的数据资产也越来越成为组织管理的一项重要工作。

然而，在以业务为驱动的信息化建设时代，由于信息化应用的构建多是自下而上的，且主要以满足某个领域或某个部门的业务功能需求为主，从而造成了分立的应用，分立的应用导致了的静态竖井。由于数据从属于应用，缺乏组织全局的单一视图，形成了信息孤岛。分立的系统之间缺乏沟通，因此只能获得片面的信息，无法形成全局的单一视图。存储这些信息的载体既有可能是各种异构的关系型数据库，如 DB2、Oracle、Microsoft SQL Server 等，也有可能是 XML、Excel 等文件。因此，当组织开始发现数据的价值而准备利用这些数据时，却发现梳理这些异构的数据面临着前所未有的困难。

从数据的变化和共享性来看，我们也可以把组织中的数据分为交易数据和主数据（或称为基础数据）。

交易数据：交易数据是在应用系统运行中不断产生并且随着业务发生变化的数据。典型的交易数据是科研经费的收入与支出，它在科研活动和科研项目实施过程中不断地发生变化，而且不同的交易数据往往只被某个应用使用。所以交易数据的应用属性很强，往往有一类的交易数据只在一个单独的应用系统中存在。当然根据业务流程的复杂程度不同，交易数据也可能被几个应用系统共享或修改，但是这并不具有普遍性，而且交易数据在不同的应用系统内的格式往往也不完全相同。

主数据：主数据是在应用系统间共享的数据，是组织内部的关于业务实体的参照数据，如下面的一些数据都是主数据。

（1）人员：如员工、客户、供应商、合作伙伴等。

（2）实物：如产品、生产设备、固定资产等。

（3）场所：科研机构所在的地点。

（4）其他的实体：科研机构内部其他的数据。

主数据作为组织数据中最为重要的基础性数据，其管理需求在组织数据集成与整合中占重要地位。主数据管理的目标是使主信息从不同的应用程序中分离出来，其中主信息定义为描述核心业务实体（科研项目、科研成果和仪器设备等）的事实。这种主数据可以通过一组规则、技术和解决方案来实现，它们可以为所有信息保管者创建和维护一致的、完整的、上下文相关的和精确的业务数据。主数据可能位于许多隔离的系统中，以不同的格式进行存储和维护，从而导致主数据高度的不一致性和不完全性，这是主数据管理的驱动因素。为了生成精确的和一致的信息集（可以在中央主数据管理系统中对其进行管理），需要对数据进行收集，将其转换为主数据模型，并整合到主数据存储库中。

主数据管理平台建设，目的是覆盖科研,试制各个环节的关键业务数据，完善元数据管理，形成全局的数据字典、业务数据规范和统一的业务指标含义，能够灵活地获取科研机构业务数据的单一视图（为保证数据的一致性、完整性、准确性和及时性，需要实现数据的联邦、多个数据源的抽取、转换、装载、汇总等）。数据的交换和共享主要发生在上下级组织机构之间或同级的不同部门（或科研单元，比如不同省或地市机构）之间。最终，这些数据可以为生产分析、决策支持（多维分析、即席查询、数据挖掘）等应用提供更及时、准确、有效的支持。

主数据管理由信息资源标准、信息安全保障、数据交换服务、数据加工存储和数据分析应用5个体系组成。主数据管理总体架构见图5.49。

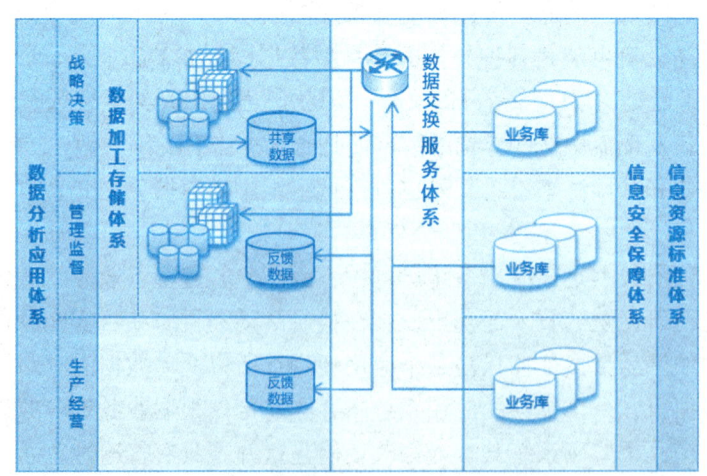

图5.49　主数据管理总体架构

信息资源标准体系实现了数据中心的标准制定和规范管理；信息安全保障体系实现了数据中心的安全可控和有序运行；数据交换服务体系实现了数据中心的数据汇集和服务通道；数据加工存储体系实现了数据的规范加工和存储管理；数据分析应用体系实现了数据的科学分析和增值服务。

1）信息资源标准体系

信息资源标准体系主要规定数据定义和处理的标准与规范。信息资源标准体系是主数据管理系统总体架构中的基础部分，影响数据的完整性、规范性和一致性，决定主数据管理功能建设的质量与效果，所有进入主数据管理模块的数据都要符合相应的信息资源标准。信息资源标准体系主要包括数据元标准管理、信息分类及编码标准管理、数据交换标准管理等。信息资源标准体系见图 5.50。

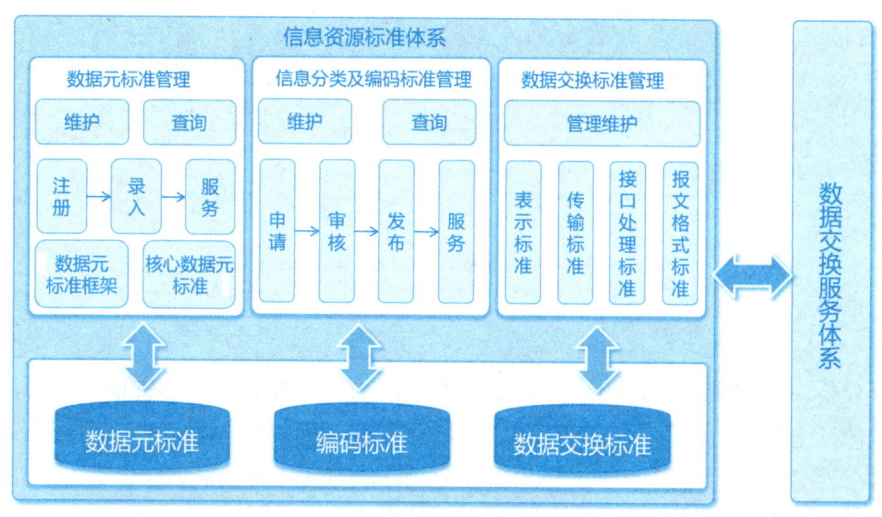

图 5.50　信息资源标准体系

2）信息安全保障体系

主数据管理方案将依照安全总体架构建立严格有效的管理机制和制度，运用先进的安全技术，保证主数据管理功能的安全可靠、运行高效。信息安全保障体系的主要功能是依据主数据管理的安全保护等级实施不同的安全策略，保证数据的传输安全、数据的存储安全及数据的使用安全。

3）数据交换服务体系

数据交换服务体系是统一的、具有一致性和可扩展性的数据交换及服务共享平台，满足横向应用系统间的数据交换和信息共享需求。数据交换服务体系可作为数据集成解决方案的一部分，由数据集成解决方案统一实现。

4）数据加工存储体系

数据加工存储体系主要是从数据源采集数据，并对数据进行清洗、整理、加载和存储，构建数据仓库。数据加工存储体系主要包括数据源、原始数据、规范数据、数据仓库。数据加工存储体系见图5.51。

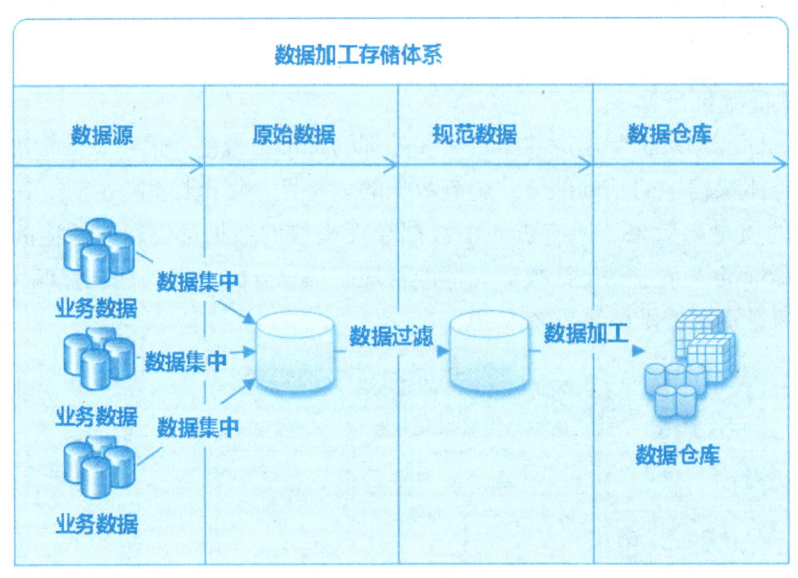

图5.51　数据加工存储体系

5）数据分析应用体系

数据分析应用体系主要是为用户提供数据应用的工具和平台，推进信息资源的有效开发利用，包括为管理、决策提供随需而变的信息查询、报表生成和分析结果展现等，以及为用户的个性分析应用提供工具。

5. 业务数据集成技术

对于科研机构而言，业务数据的集成包括两个方面：横向业务的数据交换与集成和纵向的业务数据集成与整合。前者主要是指在各独立信息系统之间进行数据交换与集成，使得业务数据能在各部门及各应用系统之间顺畅地流转。比如在采购系统中的采购付款流程中，就要整合合同信息系统中的付款条款、合同金额，财务系统中的相关已付金额，ERP系统中的原料入库数量等。后者主要是指科研机构和下属科研单元之间的业务数据集成及整合，使得集团能通过及时、准确的各种业务数据对下属科研单元进行掌控。比如总部可通过下属科研单元的科研数据的每日上报、汇总、分析和挖掘，来分析各下属单元的科研是否正常和其潜在的问题。

数据集成平台是一个底层的系统，全面负责科研机构各应用系统运行过程中的数据集成工作，为业务集成提供数据支持。通过调用标准的信息共享交换接口，实现科研机构内部应用系统数据的自由交换。通过数据集成和交换，实现跨平台、跨系统、跨应用、跨地区的互联互通和信息共享，为大型科研机构的科研单元之间进行公文交换、并联审批、数据挖掘等提供支持（见图 5.52）。

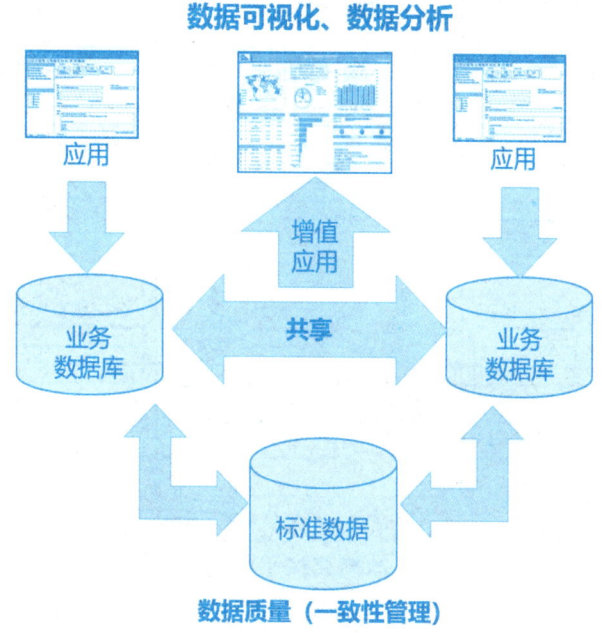

图 5.52 数据集成的应用场景

数据交换提供基于事件和消息的多种会话模式，包括以下 3 点。

（1）推：点到点或点到多点的主动信息推送方式。

（2）拉：点到点或点到多点的被动信息获取方式。

（3）组播：在一个域或群组范围内的多点群发方式。

数据交换必须能够支持多种不同的会话策略，包括以下 3 点。

（1）实时：基于事件驱动，由系统运行时动态产生和控制的会话方式。

（2）定时：由系统定时器根据预设的定时策略产生和控制的会话方式。

（3）手工：系统运行时由用户手工产生和控制的会话方式。

数据交换的过程，必须能够支持跨平台，跨协议，跨存储介质，跨数据结构的数据交换、映射、转换，提供不重、不漏、不错、不丢的，可靠、安全、稳定的数据传输。

数据集成平台总体功能应该从以下 4 个角度考虑。

1）数据共享规则

在公共数据的采集、共享、交换过程中，不同部门有不同的数据库，有数据提供方，相应地也有数据需求方，由哪个系统提供哪些数据，哪个系统需要其他系统提供什么样的数据，这就是数据共享规则。有了数据共享规则，数据提供方就可以自己定义对外共享的数据格式，而各应用系统则可以根据这些格式来获取数据并解析，达到数据共享的目的（见图 5.53）。

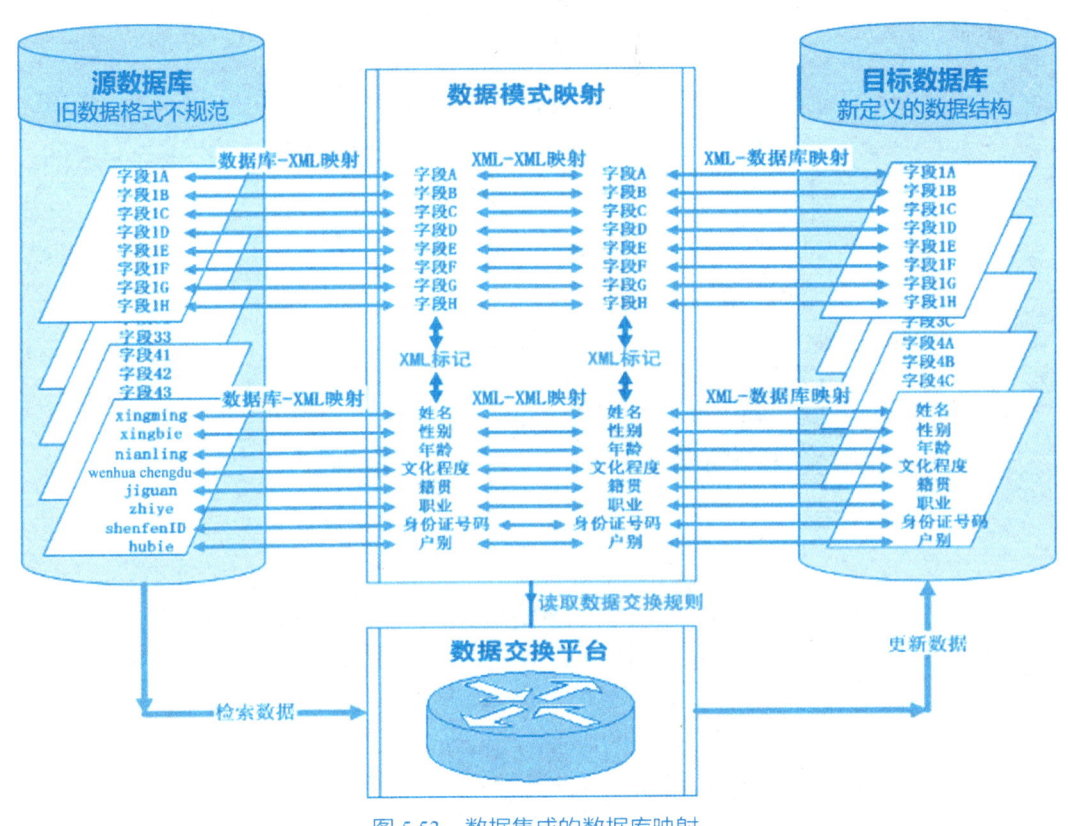

图 5.53 数据集成的数据库映射

2）多数据资源支持

数据交换平台能够支持多种数据资源，包括各种主流的关系数据库产品，并且能够支持各种 Excel、文本文件等文件存储资源，以及 LDAP 等成熟的数据存储资源。数据交换平台能够从上述的多种多样的数据资源中采集数据，也能够将数据写入各种数据存储资源中，实现和数据资源之间的双向数据操作。

3）完成跨平台异构应用系统的数据集成

数据交换平台应支持两种类型的数据集成和共享，即分布式的数据汇集和分布式的数据访问。对于新的应用系统，以及已有的采用中间件的应用，可以实现分布式的数据访问。在这种情况下，数据存放在应用系统的数据库中，每个应用节点通过建立 Web Service 展示所能提供的数据的模式，在接到数据服务请求时，通过 Web Service 调用向外提供数据服务，在交换过程中使用 XML 封装数据。对于网络状况不好的一些应用，或者基于 C/S 架构的应用，可以将其需要共享的数据通过节点服务器提取到数据中心，并定期进行更新。平台在接到数据服务请求时，将直接从数据中心提供数据服务。

4）保证数据交换和传输的高效、可靠、安全

平台利用按需连接、多路复用、优先级管理、压缩传输等技术，保障数据高效、可

靠、灵活地传输；平台可以对传送数据包加密和解密；平台本身提供传输节点间的身份认证机制，另外还提供了对第三方安全策略的支持，多层次保证数据传输过程中的安全。

6. 应用集成技术

应用集成的核心是如何将分散在科研机构各应用中的业务功能包装成标准的业务服务组件，打通应用系统间固有的边界，实现科研机构范围内的 IT 资产（应用）重用和流转。在大中型科研机构中，经过长期的信息化建设，会留下各种各样的应用系统，如集团财务 FI、人力资源管理 HR、资源计划 ERP、办公自动化 OA、供应链管理 SCM 等，这些应用系统往往在科研机构中发挥重要的 IT 支撑作用，对科研机构的战略落地和业务发展不可或缺。但是，伴随着业务的发展，各单一、封闭的应用系统已经成为科研机构业务联动、业务整合、业务变革的新"篱笆"。因此需要通过松散耦合、扁平化、快速应用、快速实施、快速扩展的方式，将支撑科研机构核心业务的各应用系统有机结合起来。

应用集成一般需要考虑集团型科研机构集中控制、多级分布部署的模式，以及不同应用间的通信协议转换和路由问题，同时应用集成需要考虑一种通用的技术模型来屏蔽科研机构底层技术架构间的异构性，为用户提供一个统一、标准的应用功能调用框架，将科研机构的多个隔离的业务系统之间形成完全的松耦合关系，将网状的应用系统之间的依赖关系扁平化。成功的应用集成技术，依托服务封装、注册、发布、寻址和交互等技术手段，可以极大地提高应用的可移植性、可扩展性和可靠性，实现科研机构内各业务线和下属科研单元之间，以及科研机构和外部上下游供应商、客户、伙伴的业务系统之间端到端的功能操作（见图 5.54）。

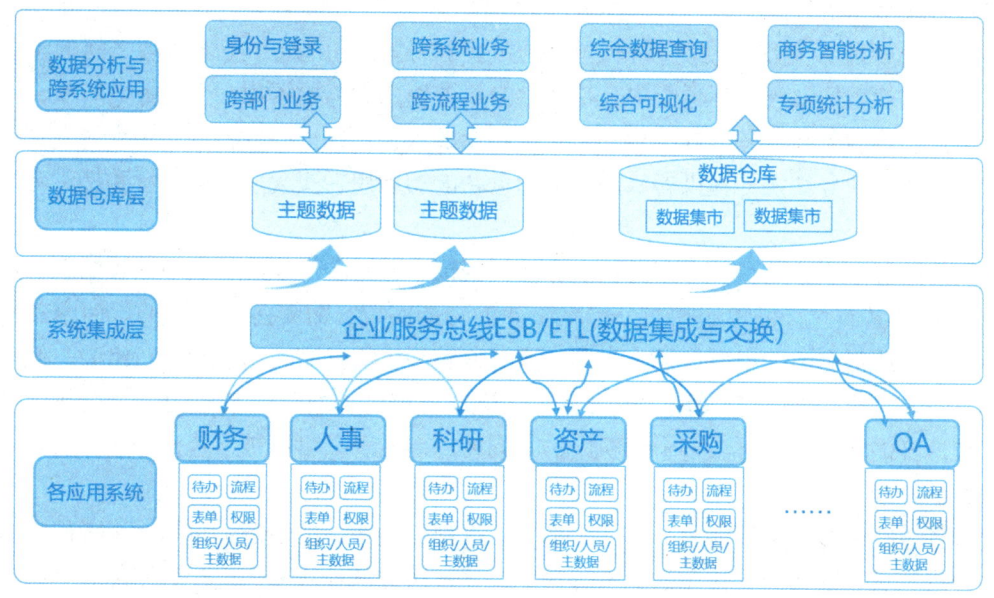

图 5.54　应用集成的应用场景

支撑应用集成的重要解决途径是搭建一个科研机构范围内的统一的服务总线。服务总线的一个重要职责是在运行期充当服务的运行支撑平台，为运行期服务的创建、业务绑定、组装、调用提供基础引擎。通过服务总线的服务支撑能力，一方面，将业务功能的提供方和业务功能的使用方解耦，增加企业IT架构的适应性和可扩展性，业务功能的提供方可以随时被替换，而业务功能的使用方不受这种替换的任何影响；另一方面，通过服务总线，可以获得标准的、统一的、规范的业务功能服务，提高企业IT架构在面向业务支持能力上的标准性和权威性。

在企业IT架构整合过程中，通过对业务的梳理，可能会形成一系列业务接口规范。这些业务接口规范可能包括但不限于以下3点。

（1）所实现的业务功能的详细描述。

（2）完成该业务操作功能所需的输入数据模型。

（3）完成该业务操作功能后得到的输出数据模型。

根据这些规范，通过服务开发工具，把规范化的业务接口用计算机语言描述，形成标准的、统一的、规范的业务服务。这些业务服务在服务总线所提供的服务容器上运行，由服务总线负责维护其运行期的创建、调用与销毁。

这些根据接口规范所定义得到的服务，本身不具备业务处理功能，仅仅描述了调用该服务的调用契约（服务输入及服务输出），这些服务可以称为"标准服务"。标准服务对外提供了一组规范化和标准化的业务功能，为业务调用提供了标准与规范。

服务总线提供了一组对标准服务进行业务功能实现的技术规范，其他的软件供应商、开发人员可以在这组技术规范的指导下，完成和实现标准服务接口规范中所要求的功能的业务服务（接口），这些服务可以称为厂商服务。

服务总线能够实现标准服务和厂商服务之间的适配与绑定，实现两者之间的消息路由、消息转换、协议转换等适配中介功能。当业务使用者需要调用一个服务的时候，不会直接调用厂商服务，而是以标准化的方式调用标准服务，标准服务将调用请求转发到厂商服务，也就是业务功能的提供者，并完成业务功能的调用，实现业务使用者和提供者之间的解耦。

同时，标准服务的功能界定源自业务接口规范，其颗粒度取决于业务梳理的颗粒度。在这样的情况下，有可能面临一个标准服务的功能实现，需要多个不同的厂商服务的情况。服务总线提供服务组装的能力，多个服务能够根据需要和技术规则进行组装，组装后的构件可以以服务的形态展现。多个细粒度的服务能够被有效组装成为一个粗粒度的服务。在这样的功能框架下，多个细粒度的不同的厂商服务，可以被组装在一起，实现一个粗粒度的标准服务。

服务总线的服务管理能力分为两个部分，一部分是服务的治理，包括对服务的生命周期的管理、版本的管理、演化的管理等功能，通过服务储存库来实现；另一部分是服务的调用地址透明化，实现在运行期服务的注册与查找，通过服务注册库来实现。

5.6.3　集成接口规范建议

1. 调用类接口

调用类接口是指科研管理系统提供给外部系统调用的各种服务，根据交互的数据报文的处理方式，可以分成同步调用和异步调用两种方式。

同步调用：一个完整业务调用一个接口，调用后直接返回业务接口。这种方式适用于小数据量的查询。

异步调用：一个完整业务调用多个接口，调用后直接返回业务处理状态，需要调用其他接口才能完成完整的业务逻辑。这种方式适用于大数据量的查询或提交。

2. 推送类接口（外部接口注册）

外部系统将提供一个调用的服务注册到科研管理系统中，当科研管理系统的数据发生变更时，将调用推送数据模块（通过接口适配器），把业务的变更数据更新到外部系统中。

3. 报文通信

1）通信协议

采用 HTTP 协议；字符集统一采用 UTF-8；请求方法采用 POST，通常 POST 报文的大小不能大于 1 MB。服务地址：http://xxxxx/service/{serviceID}。其中服务 Service ID 为具体的服务地址，服务地址由业务系统确定。

2）报文格式组成

技术报文与业务报文格式见图 5.55。

图 5.55　技术报文与业务报文格式

报文格式由两部分组成，最外层为技术报文，报文规则全系统唯一，包括服务参数、应用信息、数据描述。业务报文则放到整个报文的 data 节点中，data 节点中的数据格式由具体的业务内容决定。

请求报文和返回报文的格式是一致的。

3）报文格式

```
    {
  "service": {
      "//": "service 放置用户名、加密的密码，服务版本号、响应码和响应报文 ",
      "principal": "principal",
      "credentials": "credentials",
      "version": "1.0",
      "replyCode": "000",
      "replyMsg": " 响应报文 "
  },
  "appInfo": {
      "//": "appInfo 放置应用 iD, 请求代码和请求时间、响应代码和响应时间、交换 ID",
      "appID": "appID",
      "requestAppCode": "10000000",
      "requestTime": "2015-01-01 09:00:00",
      "responseAppCode": "00000000",
      "responseTime": "2015-01-01 09:00:01",
      "exchangeID": "exchangeID"
  },
  "dataDesc": {
      "//": "dataDesc 方式数据格式是否加密、压缩和代码类型（预留扩展）",
      "encrypt": "0",
      "zip": "0",
      "codeType": "000"
  },
  "data": {
      "//": "data 放置业务数据报文，由实际的业务来决定报文的格式 ",
      "data": {}
  }
    }
```

注意:"//" 节点是为了方便描述报文进行的报文注释,在实际的报文中不包括 "//" 节点。

4)报文格式说明

服务项(service)说明见表 5.7。

表 5.7　服务项说明

数据项	名称	类型	长度	说明
principal	用户名	String	6	用户名 userName
credentials	加密的密码	String	—	密码 password,6 位随机数 + Base64({(6 位随机数 + 原密码)MD5})
version	服务版本号	String	4	预留,直接填写 1.0
replyCode	响应码	String	3	000 成功,其他为错误
replyMsg	响应报文	String	—	000 返回成功,其他返回错误描述,Base64 编码

应用信息(appInfo)说明见表 5.8。

表 5.8　应用信息说明

数据项	名称	类型	长度	说明
appID	应用标识	String	6	—
requestAppCode	请求代码	String	8	服务请求方:接入的系统账号
requestTime	请求时间	String	—	格式 YYYY-MM-DD HH:MI:SS SS
responseAppCode	响应代码	String	—	—
responseTime	响应时间	String	—	格式 YYYY-MM-DD HH:MI:SS SS
exchangeID	交换 ID	String	25	requestCode+8 位日期(YYYYMMDD)+9 位序列号,数据交换流水号唯一

数据属性描述(dataDesc)的数据项说明见表 5.9。

表 5.9　数据属性描述的数据项说明

数据项	名称	类型	长度	说明
encrypt	加密标识	String	1	0 不加密 1 加密;预留项目,不填
zip	压缩标识	String	1	0 不压缩 1 压缩;预留项目,不填
codeType	代码类型	String	3	预留项目,不填

数据报文(data)的数据项说明见表 5.10。

表 5.10 数据报文的数据项说明

数据项	名称	类型	长度	说明
data	需要交换的数据内容	String	—	"data 放置业务数据报文，由实际的业务来决定报文的格式"； 如果数据；是压缩或加密的，则 data 里面存放压缩或加密之后的 Base64 的字符串

① 样例报文

```
{
  "service": {
    "principal": "usernameA",
    "credentials": "123456ABCEEFD",
    "version": "1.0",
    "replyCode": "000",
    "replyMsg": ""
  },
  "appInfo": {
    "appID": "EAS",
    "requestAppCode": "10000000",
    "requestTime": "2015-01-01 09:00:00",
    "responseAppCode": "00000000",
    "responseTime": "2015-01-01 09:00:01",
    "exchangeId": "100000002015010100000000001"
  },
  "dataDesc": {
    "zip": "0",
    "encrypt": "0",
    "codeType": "000"
  },
  "data": {
    "data": {
      "userName": "查询的用户名"
    }
  }
}
```

样例报文中具体的业务报文见图 5.56。

```
"data": {
    "userName": "查询的用户名"
}
```

图 5.56　样例报文中具体的业务报文

② 报文响应码见表 5.11。

表 5.11　报文响应码

响应代码	描述
000	成功
100	接入应用用户名或密码错误
101	报文格式错误
102	数字格式错误
103	日期格式错误
200	数据操作错误
400	交易不存在
500	内部错误

第 6 章
智慧科研的治理体系

6.1 智慧科研的架构治理

6.1.1 数字化转型治理的重要性

1. 数字化转型

数字化转型的技术非常重要,但数字化的本质不仅仅是 IT 技术的应用,更是组织战略的落地、业务流程的重构及系统化工程的实施。

从国内外的相关调研中,可以看出数字化转型失败的原因中,技术问题往往是容易解决的,而失败的数字化转型更多的是治理问题,即"人"的问题(见图 6.1)。

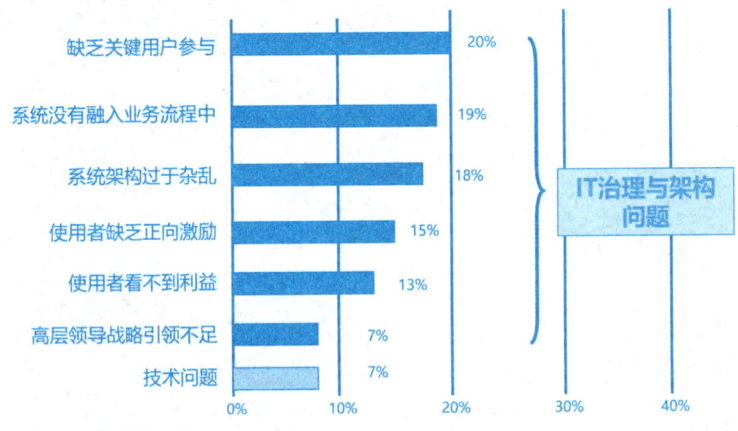

图 6.1 数字化转型失败的原因调查统计

在数字化转型的治理方面,除了技术架构问题,治理体系中的关注点还包括以下 4 点。

(1)业务领导深度参与:进行持续的业务变革与业务流程的匹配。

(2)组织关键用户组:每个部门都必须培养热情的参与者,使其成为 IT 的带头人。

(3)过渡期的使用习惯风险:习惯了原有的操作方式,熟悉了原有的业务模式,不想改变的惰性,思维定式的业务处理。

(4)目标务实、逐步推进:先固化,再优化;快速见效,迭代推进;取得经验,持续发展;优质资源保障。

2. 库布勒 - 罗斯变化曲线

数字化转型的系统建设有其本身的规律。数字化转型,也存在库布勒 - 罗斯变化曲线问题。库布勒-罗斯变化曲线是美国学者 E. 库布勒-罗斯（EIizabeth Kubler-Ross）在研究人们面对重大变故时的心理变化所提出的理论模型。这一模型最初用来解释人们在面临死亡时的心理历程，但后来被广泛应用于生活和商业领域，以解释人们面对各种重大变化时的心理反应。数字化转型的发展过程基本遵循了库布勒-罗斯变化曲线的规律（见图6.2）。

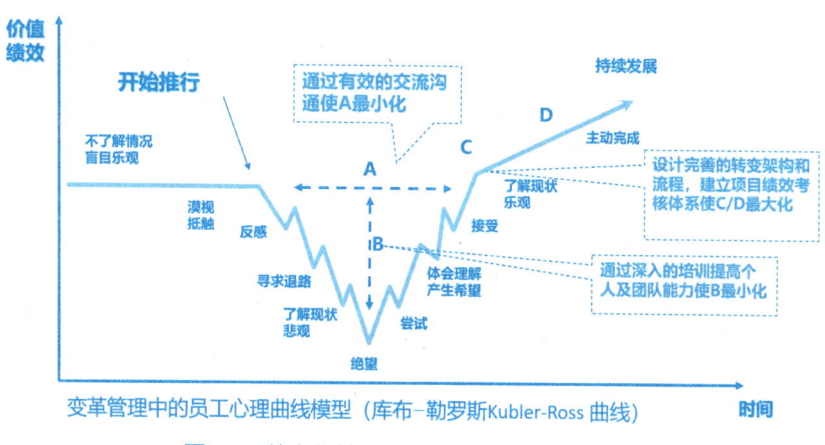

图 6.2　数字化转型的库布勒-罗斯变化曲线

库布勒-罗斯变化曲线主要包括以下 5 个阶段。

（1）否认：这是曲线的第一个阶段，通常也是经历时间最短的一步。当面对突如其来的重大变故时，人们的第一反应往往是不相信、震惊或否认，大脑会启动防御机制，拒绝接受现实。

（2）愤怒：随着对变故的进一步确认，人们可能会开始感到愤怒。他们可能会责怪自己、他人或命运，试图通过愤怒来发泄情绪，缓解内心的痛苦。

（3）讨价还价：在这一阶段，人们可能会尝试与变故进行"讨价还价"，希望找到某种方式来减轻其影响。他们可能会寻求妥协方案，或者幻想事情会有所转机。

（4）抑郁：当发现无法改变现实时，人们可能会陷入抑郁状态。他们可能会感到悲伤、无助、绝望，对周围的事物失去兴趣。

（5）接纳：最终，大多数人会进入接受阶段。他们开始正视现实，接受变故带来的结果，并尝试寻找新的生活方向和目标。

值得注意的是，不是每个人都会完整地经历这 5 个阶段，他们可能会跳过某些阶段，或者在某个阶段停留较长时间。此外，库布勒-罗斯变化曲线也发展出了不同的变体，如七阶段模型等，这些变体在保留基本框架的基础上，对各阶段进行了更详细地描述和划分。

3. 数字化转型治理策略

数字化平台的建设是一个系统化的工程，需要进行科研与管理全领域业务流程的梳理和整合、技术平台和运维体系的建设，以及相关管理体系和规章制度的建立、培训等工作，工作量大，牵扯面广，周期长，平台的建设和持续的时间比较长，平台建成后还需长期的升级和维护与持续发展，人力和经费投入大。目前整个项目的预算力度不是很理想，可能产生项目进度受影响、质量不可控等风险。

根据库布勒-罗斯曲线规律，数字化转型治理方面有针对性的策略如下。

1）否认阶段

增强意识：首先，需要认识到数字化转型的必然性和紧迫性，通过内部培训、外部咨询等方式，增强管理层和员工的数字化转型意识。

明确目标：明确数字化转型的目标和愿景，确保所有员工都能理解并认同这一目标。

2）愤怒阶段

沟通与交流：建立有效的沟通机制，鼓励员工表达在数字化转型过程中的疑虑和不满，及时解答他们的疑问，减少误解和抵触情绪。

激励机制：制定合理的激励机制，对积极参与数字化转型并取得成效的员工给予奖励，激发其积极性和创造力。

3）讨价还价阶段

灵活调整：在数字化转型过程中，可能会遇到各种预料之外的问题和挑战。科研机构需要增强灵活性，根据实际情况对数字化转型计划进行适时的调整和优化。

寻求支持：在遇到困难时，积极寻求外部专家、合作伙伴或政府机构的支持和帮助，共同解决难题。

4）抑郁阶段

心理疏导：关注员工的心理健康，提供必要的心理疏导和支持服务，帮助他们缓解数字化转型带来的压力和焦虑。

总结经验：对数字化转型过程中的经验和教训进行总结，及时反思，为后续的改进和优化提供借鉴。

5）接纳阶段

全面推广：在员工逐渐接受数字化转型后，科研机构需要加大推广力度，广泛宣传数字化转型的成果和优势，增强员工的信心和归属感。

持续优化：数字化转型是一个持续的过程，企业需要不断关注市场动态和技术发展，对数字化转型方案进行持续地优化和升级，以保持竞争力和领先地位。

6.1.2 智慧科研的架构治理挑战

国内科研机构信息化一般走过了从无到有，从有到多，从多到散的过程，我们可以称这个过程为"信息化建设阶段"。信息化建设阶段建设了各个部门和各个业务领域的信息系统，但随着业务需求的不断变化、系统的持续增加、流程的不断优化，系统越来越不堪重负，IT 的威望在科研单元创新发展和科研生产管理中越来越低，数字化转型正面临着诸多的挑战。因此，必须通过"应用治理"来优化 IT 架构，提升 IT 价值，智慧科研平台需要进入全面整合的新阶段。

1. 不是没有系统，而是系统缺乏治理

对现阶段的科研机构信息化建设来说，面临的不是没有系统，需要大量建设的问题，而是大量的、低水平的系统被重复建设。其主要原因是 IT 组织体系还比较薄弱，规范的 IT 战略与规划不足，下属各个部门，都是根据本部门的需要提出需求，进行系统开发或者各自采购单一领域的商品化软件。

这些系统的应用水平参差不齐，弃之可惜，但要继续发展或者投资，其架构和应用模式不能满足研究所的整体发展的需要。这些系统之间都相互独立，不能集成，数据不能共享，因而整体的 IT 战略价值很难体现。

如何处理这些复杂的遗留系统，是数字化转型进行整体战略和规划时，首先必须面对和需要解决的问题。

2. 信息爆炸，数据异构，难以共享

伴随着研究所内的信息系统太多的问题，产生的新问题一方面，就是数据太多，信息爆炸，但这些信息之间的关联性小，数据一致性很难保证，而且有用的信息又太少。另一方面，由于各个单元和各个部分独立部署系统，造成这些数据相互分散，相关领导和决策者需要了解的科研生产数据很难及时得到，领导决策层需要的分析数据和报告，很难在已有的系统中快速和准确地提供。

在目前已有信息系统中，基本上处理业务操作层面的基本单据、凭证和账簿等，但管理和控制信息，以及分析和决策信息处理得很少。

在处理结构化数据和非结构化数据方面，对非结构化数据的有效管理和分析利用方面尤其薄弱，而且在协同处理这两种结构类型的数据方面还没有有效的解决方案。

3. 科研机构需要跨领域的协同创新，但技术异构，难以协同

随着信息化的进一步发展，业务协同的范围已经从领域内部走向基于开放、动态的科研生产价值链按需协同。问题在于，IT 系统前所未有的分布和开放的特性，意味着其软件的模型、互操作框架、通信协议等多个方面呈现出显著的多样性和差异性，直接导致了业务流程不能贯穿各个系统，无疑为实现跨流程、跨领域、跨组织与跨系统的全程业务协同运作带来了巨大的技术挑战，亟待解决。

4. 业务变化快，僵化的 IT 基础设施难以迅速响应

传统的 IT 系统，是基于业务需求实现的，它忠实地反映了系统设计的初衷，这也是

IT系统应该做到的,如果业务需求不再发生变化,它将非常完美。但是事与愿违,业务需求远没有那么稳定,它的变化速度远远超出信息系统的能力。

从业务角度,这样快速的变化是正常的,也是科研机构应对技术变化与科研生产任务变化的必然要求。但从现有IT系统来看,业务流程却被固化在IT系统之中,应对变化是极其痛苦的事情,相当多情况下应对业务流程的变化等同于系统再造。

高速的业务发展,灵活的业务流程处理,动态多变的组织架构,低成本的运营体系,构成了协同创新的核心内涵,这就要求与之适应的IT系统必须是动态和随需应变的。现行IT系统僵化严重,面临新挑战显得有心无力。

以上内容,归结于一点,即缺乏整合的应用架构治理。

6.1.3 架构治理的需求与目标

分析科研机构目前信息化的现状,面临的困境和技术挑战,可以发现,如何做好信息化建设的总体规划,避免信息孤岛的产生,以及如何消除已存在的信息孤岛,打造无边界信息流,是数字化转型的必然需求。

应用治理需要解决业务的场景化描述、结构化分析、模型化表达,形成业务模型,并与应用架构的流程、模块、组件进行映射,分析业务的实现与匹配度,并通过应用融合实现互联互通,打破信息孤岛,通过平台融合实现组件共享;指导应用系统的开发与遗留系统的整合(见图6.3)。

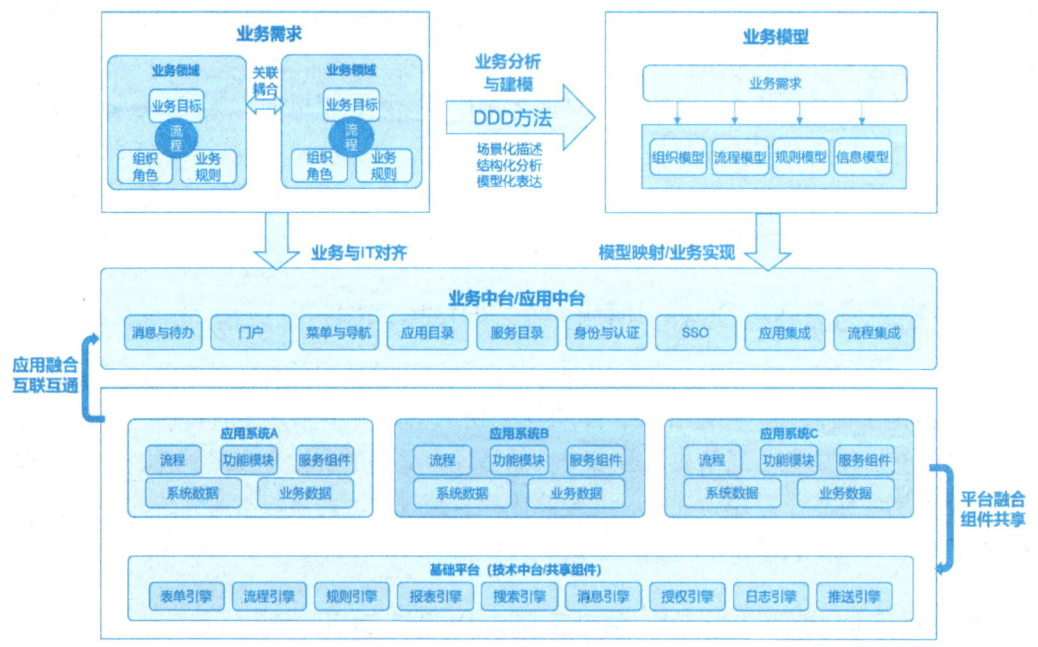

图6.3 数字化转型的应用治理

IT架构整合与应用治理需求的特点表现为以下4个方面。

1. 数字化转型需要全局性的治理

科学的架构治理总体规划方法论是指导信息化建设的根本大法。长期以来，我国大多数机构的信息化建设都是抱着摸着石头过河的心态在进行，信息化总体规划的缺失，催生了分散、凌乱、无序的IT架构，最后将不可避免地导致信息孤岛的产生，使得IT重复建设、信息资源无法共享、业务无法协同、管理层难以作出科学的决策，业务战略执行力也受到严重制约，在当今充满变革和竞争的环境下，将严重削弱创新和发展的竞争力。因此，在科学的方法论指引之下，发展架构治理的总体规划是实现信息化建设正确、有序、协调、可持续发展的必由之路。据IDC《架构企业未来：2010企业架构中国管理者调查报告》，目前国内的以企业架构为代表的IT总体规划方法论的初期普及实施已经开始，超过73%的大型、超大型集团已经开始构建企业架构，相当数量的大型组织已经意识到企业架构对业务及战略的支撑能力，并以此作为组织实现未来竞争力的关键。

2. 应用治理需要基础架构与平台的整合

在信息化建设中，通常70%的IT预算都花在了基础设施采购和数据中心运维方面。就大型组织而言，传统的分散式数据中心的管理缺乏灵活性，资源利用率低，运营成本过高，持续增长的能耗和空间占用不断吞噬着IT投资，这些都已成为制约可持续发展的严重桎梏，亟待改善。有效整合支撑信息系统的服务器、操作系统、数据库、中间件等基础设施资源，改善IT资产利用率，推进大型组织信息化由粗放型、分散型向集约型、整合型模式转变，成为当今数字化转型的迫切需求。

3. 应用治理需要数据整合及再利用

由于信息孤岛的广泛存在，各业务部门之间，总部和部门之间，科研生产各环节之间，其各自的信息资源分散在一个个独立的信息系统内部，无法得到有效的共享。业务运营信息和管理控制信息相对分离，人、财、物料、库存、供应等数据没有得到有效整合。蕴藏在各个分散业务数据资源之间的重要联系和关联信息无法得到及时的分析、呈现和挖掘，导致总部无法及时了解下属机构的运作状况，无法对科研生产过程进行统一的计划和精确地控制，从而难以从整体的高度为科研机构的科学决策提供全面、及时、有效的依据。因此，如何快速而集中聚合重要的业务数据，并将其个性化展现给各关键利益相关者，是实现战略和业务的科学决策，以及规避科研生产风险的不可或缺的重要手段。

4. 应用治理需要业务协同和持续优化

在新形势下抢占科研生产的制高点，跨领域价值链的业务协同需求已经日益明显和紧迫。未来复杂业务模式将不再局限于内部多个业务线的协同，其至还要求跨地域、跨组织、跨系统、跨平台的开放式按需业务协同和运作，即打破层层壁垒，实现内部及产业链上下游各环节之间的端对端全程协同运作。同时，快速适应当今激烈的技术和产业变革，不断创新业务和应用模式，体现出差异化竞争优势是生存和发展的根本。因此，及时调整业务策略，持续改进效率低下的业务流程，提高关键业务绩效，提高产品和服务的时效性，也成为时下新时代管理体系的重要需求。

构建一个融合的信息平台解决信息孤岛问题，整合已有应用资源，需在日益复杂的业务和信息环境下，着力改善洞察力，缩小多元化、跨区域的信息鸿沟，建立科研机构"雷达系统"，提升控制力，保障系统的战略落地和计划实现，将业务管控落地。提升灵活性和协同性，创新业务流程，以满足业务管控和协同的需要。这一切都依赖于一个融合的应用架构。

6.1.4 架构治理的策略

架构治理（Architecture Governance）在数字化转型中起到保障架构一致性、提升变革效能的关键作用。因此，只有制定有效的策略，才能顺利推进架构治理。

1. 构建强大的架构治理组织体系

在架构治理的不同环节中需要设立明确的角色和职责，以确保架构的设计、实施与运营能够实现高效协同。这些角色包括以下 6 种。

1）机构决策者

架构服务的关键对象，数字化转型的决策者或者主管部门，负责提供优先级、偏好和方向等架构决策。作为决策者需要确保架构设计符合科研机构数字化的目标和价值。

2）利益相关者

架构服务最直接的影响者，特别是科研机构的依托单位或关键岗位的管理人等，需要确保架构的合规性和连贯性。

3）领域专家

提供业务领域的专业知识，确保架构设计符合业务需求和发展趋势，一般是核心业务的主导者，对数字化转型负有关键责任。

4）实施者

负责架构变革的实施，确保在项目的推进过程中符合架构规范，包括关键用户与系统承建方及其生态体系。

5）架构师

架构的具体开发者，承担架构设计责任，同时为利益相关者提供专业的技术建议。

6）监督审核者

负责审查架构流程和实施效果，确保每一步变革过程都合规并实现预期的业务价值。

不同角色之间的协同是架构治理成功的关键。在架构治理过程中，各角色需明确沟通，确保决策链的有效性。例如，架构师在设计阶段需定期与机构决策者、利益相关者和业务领域专家沟通，确保设计符合机构发展的目标，并及时获得反馈；而监督审核者在实施过程中需要与实施者保持沟通，以及时发现并解决不合规问题，确保实施的顺利进行。

2. 制定明确的架构治理框架

架构治理框架包括概念框架和组织框架，用于指导架构的创建、实施、监控和优化。通常涉及建立一套参考标准、过程和内容指南，以支持架构的决策、重用、报告和废止等。明确架构治理的目标、原则、方法和步骤，确保架构治理活动与机构战略和业务目标保持一致。

3. 建立有效的管理与运作机制

建立有效的管理与运作机制，确保架构师、开发人员、运维人员、业务人员和利益相关者之间的信息畅通。这包括定期会议、报告和反馈机制等，确保架构治理过程中的信息透明和沟通高效。

4. 提供架构治理的工具和平台

提供架构治理所需的工具和平台，如架构管理工具、数据管理工具、性能监控工具等，并构建或集成架构治理平台，以支持架构的集中管理、监控和优化。

5. 实施架构治理的关键要素

1）领导力的坚实支撑

强有力的领导是架构治理成功的基石，以其高瞻远瞩的视野和坚定不移的决心，为架构治理的推进提供源源不断的动力。往往不成功的架构治理，都是将数字化架构当作纯技术问题，由低级别或纯技术部门进行推动。

2）对组织结构的深入了解

深入了解组织架构是制定有效治理策略的前提，它帮助架构师精准把握各层级、各部门之间的关联与互动，确保治理措施能够有的放矢。

3）战略性IT流程的融合

将架构治理与战略性IT流程紧密结合，确保IT投资与业务需求高度一致，推动科研机构逐步向数字化转型的深水区迈进。

4）角色与职责的清晰界定

明确界定各参与者在架构治理中的角色与职责，建立高效协同的工作机制，确保治理工作能够有条不紊地推进。

架构治理的主要策略涉及构建强大的架构治理组织体系、制定明确的架构治理框架、建立有效的管理与运作机制、提供架构治理的工具和平台，以及实施的关键要素等多个方面。这些策略共同构成了完整的架构治理框架，不仅有助于确保数字化转型的成功，还能为科研机构带来长期的业务价值。

6.1.5 架构治理的技术体系

1. 前台应用体系

前台应用突破单体系统桎梏，基于业务场景开发，对业务能力进行组装、编排和复用，快速落地实施，敏捷迭代，持续改进。

2. 数字化业务中台

数字化统一运营平台是智慧科研平台支撑数字化转型的重要业务平台，通过知识管理工程，融合构建全域知识体系、模型体系、数据体系、流程体系，基于信息化技术平台，提供高质量、可重用的业务能力服务，打造敏捷的数字化生态环境。

数字化统一运营平台的核心构成是知识体系、流程体系、数据体系和业务中台。

（1）知识体系：包括项目、工艺、配方、数据架构模型、业务流程模型等知识库，通过知识驱动为相关前台应用和流程表单提供知识检索、知识推送等定制知识服务，助力解决业务决策、操作所面临的不确定性问题，促进业务创新。

（2）流程体系：流程体系是整个智慧科研平台的"底座"。平台对接流程管理系统，构建我所业务流程模型，通过流程驱动为相关前台应用提供流程知识服务，利用管理工具，半自动生成工作流程和流程表单，为全面实现业务柔性协同创造必要的条件。

（3）数据体系：数据体系是整个智慧科研平台的数据底座，为业务中台和前台应用提供数据能力服务，包括通过数据治理构建数据架构模型、数据资产目录，提供数据架构和资产目录服务；平台对接数据中台，提供主数据管理、数据交换、数据共享等服务。

（4）业务中台：构筑在知识、模型、数据、流程基础上的业务能力共享输出中心，包括业务知识、业务组件和业务服务，体现业务架构的核心价值。

3. 融合的信息技术平台

信息化技术平台是整个智慧科研平台的信息化基础设施，提供科研服务、产品服务、研发服务、财务服务、计划服务和认证服务等共性的技术能力，体现了技术能力平台化的架构思想（见图6.4）。

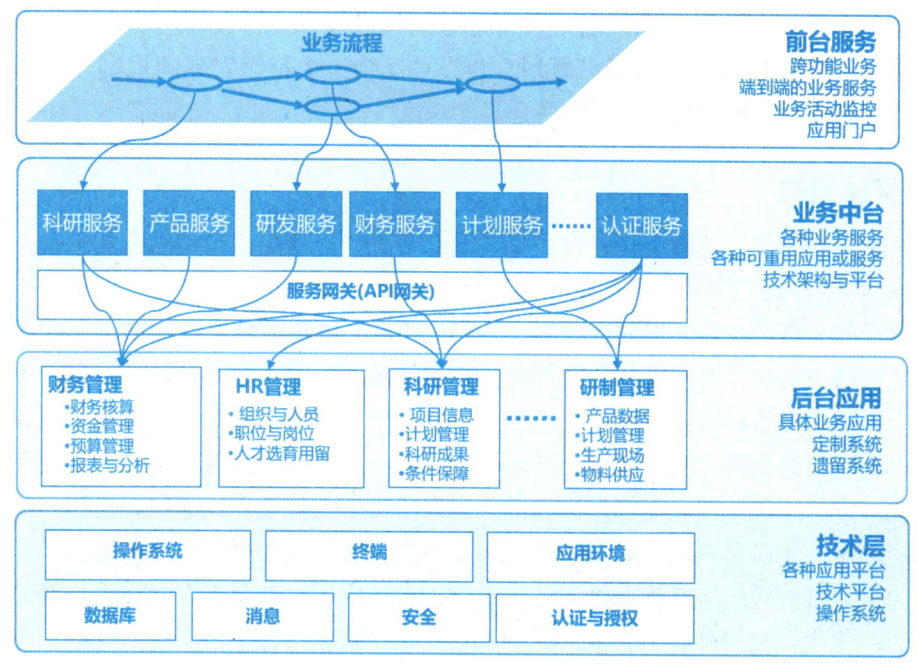

图 6.4　数字化转型的业务流程

6.1.6　架构实现的治理策略

典型的科研机构数字化转型的基本策略（见图 6.5）。

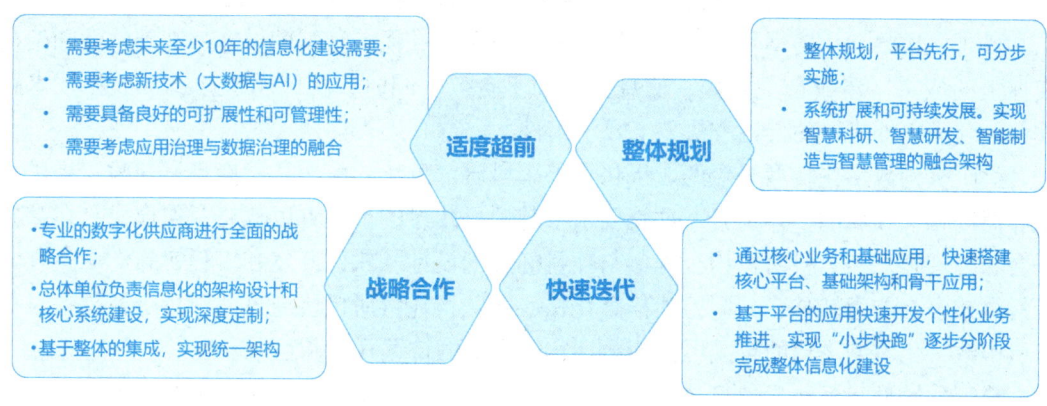

图 6.5　数字化转型的基本策略

1. 适度超前

科研机构智慧化建设需要考虑未来至少 10 年的信息化建设需要。对新技术（大数据与人工智能）的应用，需要在规划上具备足够的先进性，具备良好的可扩展性和可管理性。整个工程建设，需要整体考虑规划、建设、运维等可持续发展的机制，需要综合规划、设计建设应用治理与数据治理的融合。

2. 整体架构

许多新型科研机构的数字化建设，是在没有历史包袱情况下建设的全新平台。这就为科研机构数字化转型提供了难得的机遇，彻底摒弃传统科研信息化先各自建设、造成孤岛、再集成的老路。在整体规划蓝图的指导下，建设一体化的新型智慧科研平台。

智慧科研平台就是要实现科研管理与学科发展的业务之间融合，包括对科研项目、团队成员、预算管理、经费支出、项目资产、科研成果、科研文档与实验数据等领域的业务流程提供端到端的支持。通过业务的微服务化，按照用户的角色进行个性化的流程服务，彻底解决传统信息化按照职能部门进行单独建设所带来的弊端，消除信息孤岛，解决业务流程不能对接、数据不一致、应用体验千差万别的顽疾，实现业务的一体化。

因此，科研机构的信息化需要通过平台化，支持应用个性化开发和应用扩展。支撑核心业务的一体化，包括科研、人事、财务、资产与耗材、行政办公等集成应用，消除信息孤岛，实现端到端的业务流程。

3. 战略合作

科研机构数字化转型平台建设的特殊性决定，它不是采购一套产品（传统的标准化套装商业软件）或一个项目，而是需要选择一个能够从平台建设初期开始，配合科研机构进行长期的战略合作，包括业务模式探索、数据架构规划、应用功能设计、系统架构部署、系统演进跟踪、软件开发、系统实施和系统IT运维等多个领域，开展长期合作。

科研机构数字化转型平台的建设需要充分利用新一代信息基础设施、基础软件和架构支撑上的成果，建成自主可控、信息安全的平台。但同时，要采用全球最开放的技术路线，融合国内外成熟的架构方法、工具、组件，进行开放式整合。

科研机构数字化转型平台的成果将为整个科研信息化的应用和发展积累经验，提供示范和促进相关领域的整体提升。这就要求参与项目建设的承建方以战略合作模式，在基础平台和应用开发上，科研机构全程参与项目的规划设计、软件开发和工程实施，承建方同时提供知识与能力转移，共同组建信息化核心团队，让科研机构通过此项目实施具备对科研机构数字化转型平台的自主可控能力，实现系统的持续开发和运维发展。

数字化转型与新一代信息技术的自主发展能够解决数字经济和数据产业的"卡脖子"难题，本身也是国家创新发展的重大产业难题与战略性新兴产业的机遇。通过科研机构自身的智慧科研平台的开发和建设，培育出数字产业的创新团队与孵化产业发展的新增长点，具有双重的战略价值与效益。

因此，科研机构与实施技术服务方进行全面的战略合作，是建设模式的创新策略。

4. 快速迭代

科研机构在新的科技发展机遇期，各项业务将以跨越式的速度呈现超常规的发展势头，各部门和各科研板块对规范化的信息化建设需求非常紧迫，因此不能按照传统的从规划、设计、招标、建设到运行等信息化建设方式进行长时间的建设。

科研机构的 IT 建设应以成熟的平台与应用为基础，通过快速搭建核心业务和基础应用的骨干平台，或者主干系统；基于核心业务系统平台或主干系统，应用快速开发个性化业务推进，实现"小步快跑"逐步分阶段完成整体信息化建设，大幅缩短整体系统建设周期。

6.2 智慧科研的治理方法

根据业界几十年信息化和数字化转型的成功经验和失败的教训，要实现高质量发展的数字化工程，实非易事。

一个成功的信息化战略离不开三大核心因素。

1. 建立卓越的 IT 治理体系

数字化转型是战略性组织行为，主要领导牵头成立数字化的领导与推进组织体系（CIO 和总师制）、明确的 IT 投资保障与决策体系、技术与业务融合的 IT 能力体系、数字化战略规划与实施管理体系、IT 目标与数字化绩效考核体系、资源集约的生态化与 IT 运营体系。对于这些治理层面的问题，首先需要有个清晰的回答。

2. 设计现代化的 IT 架构

信息化如同建筑工程，整体架构的规划是可持续发展的 IT 架构的基础。建立面向角色服务和价值呈现的业务架构、规划端到端的流程一体化应用架构、构建业务化与资产化的独立数据架构、打造资源集约化的云计算与算力中心和数据中心、搭建基于物联网的泛在通信与连接、营造"人机物融合 / 监管服融合"的数字化环境。从总体上规划 IT 布局，而不是在职能和部门层面提供 IT 工具。

3. 布局可持续的 IT 建设路径

适度超前的规划满足未来 10~20 年的建设需要，需要通过整体规划、平台先行、分步实施、"小步快跑"的策略实现可持续精益化推进。同时，选择可全面持续的专业数字化战略合作伙伴，在新技术应用与成熟产品之间取得平衡。

6.2.1 项目实施的组织管理

1. 构建 IT 战略实施的多层次架构

IT 战略与实施需要强有力的组织体系，建议按照任务层次组建 IT 相关组织，包括领导小组、工作小组、项目总体单位与 IT 生态伙伴。

1）领导小组

作为总体协调组织，其作用必不可少。建议一把手或主要的领导担任组长，各职能部门的主要负责人担任组员，承担起 IT 架构的决策、项目实施的协调和重要业务变革拍板的职责。领导小组需要从战略层面参与架构规划、战略合作伙伴选择、实施路径的规划和考察。

2）工作小组

由信息化负责人、各职能部门的核心骨干组成，负责具体的需求研讨和信息化应用与实施，关键用户组是建设信息化的骨干队伍。

3）项目总体单位与 IT 生态伙伴

项目总体单位（战略合作伙伴）及相关的 IT 供应商组成 IT 生态伙伴，形成项目团队。由 IT 项目团队与工作小组负责相关工作，具体的需求调研、总体方案制定与实施计划等就有了支撑力量。

在智慧科研机构实施推广过程中，项目实施团队的组织机构设置及项目实施运行的控制十分重要。结合科研机构、战略合作伙伴的力量，由业务顾问、技术顾问和用户人员共同参与，是确保项目取得成功的必要条件。

智慧科研项目实施团队架构见图 6.6。

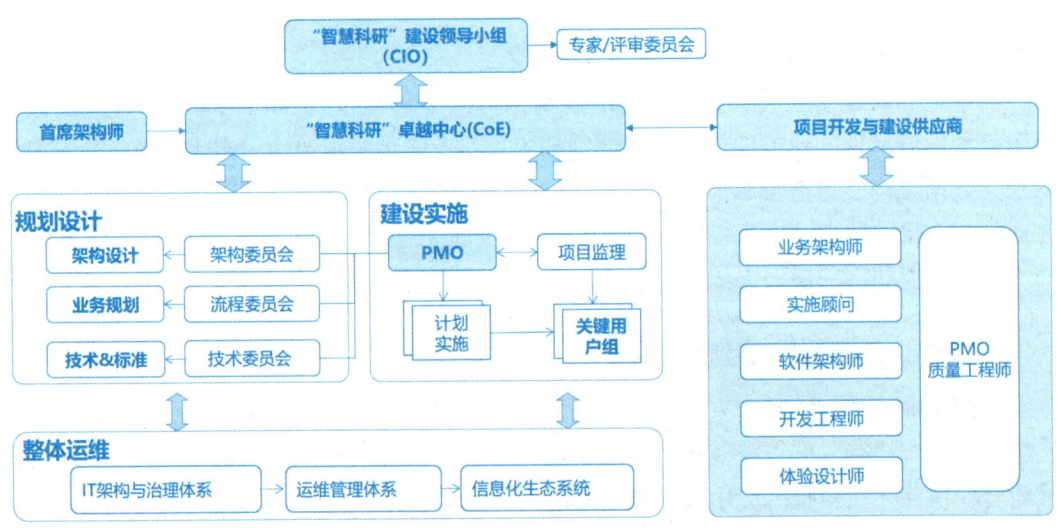

图 6.6　智慧科研项目实施团队架构

架构（EA）设计与治理（包括业务架构、应用架构、数据架构和技术架构等）是基础，也是信息化组织和能力配置的关键。

在架构治理体系中，科研机构负责架构规划与治理、架构的设计与管理；IT 合作伙伴团队负责架构的实现，包括架构设计、核心系统的开发，以及技术攻关和创新。

科研机构信息化建设项目领导小组：负责科研机构信息化建设项目实施的统筹领导，重大事项的决策和监督检查。由科研机构领导、IT 部门等相关业务的领导，以及相关部门的负责人、承建方的负责人和项目总监等组成。科研机构信息化建设项目领导小组定期或不定期地听取项目实施负责人的汇报，解决项目实施中遇到的一些决策方面的问题，确保项目的实施方向、目标、质量和进度。

项目负责人：由科研机构、开发商各出一名项目负责人，组成项目管理小组，科研机构的负责人为项目经理，开发商负责人为项目副经理。项目负责人由具有类似项目实施经验、很强的组织能力，能够协调各职能部门和控制项目进度的人员（主管副总/部门总监）担任，将全权负责处理、协调解决一体化智慧科研平台项目实施过程中出现的各种问题。

项目管理办公室：由科研机构、开发商派出一名工作人员，负责项目的协调和会议组织，督促计划的落实，负责项目文档管理，发布项目的会议纪要和通知，确保项目的进度执行。

工程技术委员会：由科研机构、开发商各派出若干名架构师和核心技术骨干组成，包括业务架构师、应用架构师、数据架构师和技术架构师，负责审核和评审具体项目开发和实施过程中的架构一致性，确保方案的落地与技术的执行。包括方案的细化、过程评审、质量把控等。

业务应用组：熟悉科研机构的科研管理流程且有较强的管理知识背景，建议从科研机构、各科研单元等部门抽调人员，由科研机构主导。配合开发方业务流程咨询顾问对业务流程进行优化、改进，以及对关键绩效指标的收集、整理、确定。负责提供现行系统技术的资料，配合开发商技术顾问的客户化等工作；负责原有数据向一体化智慧科研平台数据的迁移和初始化的任务，参与规划设计一体化智慧科研平台的数据架构，管理一体化智慧科研平台的主数据和数据集成规范，确保一体化智慧科研平台运维的数据质量；负责对项目实施过程中软件和应用方面问题的解决，以及系统的后期业务运维等；应用实施组按照业务领域进行小组划分。

系统运维组：负责一体化智慧科研平台实施过程中的开发和测试的硬件与网络环境，数据中心的环境、硬件与网络系统的规划、设计和建设，并负责网络与系统的安全运维。负责整个系统架构的设计，基础平台的配置，包括网络、服务器与存储、操作系统、数据库、中间件及系统的负载均衡、可靠性设计与安全架构，并负责数据中心的部署与优化，为后期系统运维提供技术支持。

关键用户组：负责一体化智慧科研平台实施过程中，各部门和各单位的业务匹配、流程配置、业务规则配置，应用方案的落地，关键数据的初始化和用户体验的改善，作为系统应用和能力转移的中介，负责培训各部门、各单位的其他用户，制定用户操作和使用的规范，引领业务应用和经验总结与分享。关键用户组由科研机构牵头，按照部门和单位进行小组细分。

业务顾问组：由开发商咨询师组成，负责现场需求调研和需求分析，从业务环节等角度对一体化智慧科研平台的业务流程进行分析与设计，负责分析业务需求。同时，负责现场的培训、系统初始化和数据的准备，实现知识转移，将业务管理思想等知识传递给一体化智慧科研平台的实施人员和用户。

工程实施组：由开发商技术人员组成，负责各业务模块的初始化、数据准备和系统配置，并将知识传递给一体化智慧科研平台实施人员和用户。技术顾问负责项目实施过程中技术方面的工作（客户化、技术架构、数据架构和应用架构），在实施过程中保证工作质量和配合实施进度。同时，实现知识转移，向技术组提供客户化等方面的经验、技巧。

软件开发组：由开发商软件开发人员组成，负责项目实施过程中软件开发的工作（开发架构、详细设计、编程、测试和产品化），在实施过程中认真负责，保证工作质量和配合实施进度，同时，实现知识转移，向技术组提供客户化等方面的经验、技巧。

典型的项目组织岗位职责见表6.1。

表6.1 典型的项目组织岗位职责

序号	岗位	工作说明
1	项目经理	（1）确定项目建设方案与计划
		（2）项目整体工作组织与管理
		（3）项目重大事项决策与指导
2	项目副经理	（1）参与制定项目实施方案与计划
		（2）参与日常项目工作组织与管理
		（3）具体项目工作协调与跟进
		（4）审查和监督项目进度、质量等
3	技术负责人	（1）系统整体技术方案规划与设计
		（2）技术方案评估及确认
		（3）整体开发工作督导
4	业务架构师	（1）调研和分析业务需求
		（2）设计业务流程和业务解决方案
		（3）业务规则初始化和系统配置
		（4）业务培训和业务应用辅导

续表

序号	岗位	工作说明
5	技术架构师	（1）设计系统的架构和方案规划 （2）设计系统的实现方案 （3）负责系统的整体技术控制
6	UI&UE 设计师	（1）业务需求收集与分析 （2）设计系统草图及原型界面 （3）进行系统设计方案编写 （4）跟进系统实现，优化系统设计
7	前端开发工程师	（1）前端开发程序设计 （2）前端功能开发 （3）前端功能单元测试 （4）前端系统问题处理
8	后端开发工程师	（1）后端程序设计 （2）后端业务功能开发 （3）后端功能单元测试 （4）系统问题处理
9	测试工程师	（1）设计测试用例 （2）产品功能测试、集成测试 （3）功能发布申请及清单整理 （4）系统问题处理结果回归测试
10	部署与运维工程师	（1）基础设施和基础系统软件平台的部署 （2）系统调优 （3）应用的部署与运维 （4）系统安全与可靠性设计与测试

2. 关键用户在数字化实施与运营中的核心作用

在所有的数字化实施与运营组织中，关键用户的价值和发挥的作用是不可替代的。

1）深入理解业务需求

关键用户通常是业务领域的专家，他们对科研机构现有的科技创新机制、业务流程、痛点，以及未来发展方向有着深入的了解。他们的参与能够帮助项目团队更准确地把握业务需求，确保数字化解决方案能够真正满足科研机构科技发展的实际需求。

2）提供实际业务和科研管理的实际需求

关键用户在日常工作中积累了丰富的实际操作经验，他们对现有系统的优缺点有切身的体会。他们的参与可以为项目团队提供及时的反馈，帮助团队发现潜在的问题，优化解决方案。

3）推动内部变革

数字化转型往往伴随着科研机构内部的科技变革，包括创新文化、业务流程、科研组织等方面的调整。关键用户作为科研机构内部的重要力量，他们的积极参与和业务决策，可以带动其他员工接受和适应变革，减少转型过程中的阻力。

4）确保项目成功实施

关键用户在项目实施过程中扮演着重要的角色，他们负责业务蓝图确认、应用体验、试用反馈、知识转移等工作。他们的积极参与对确保项目按时、按质、按量完成，提高项目的成功率，不可或缺。

5）如何更好地推进数字化项目的实施

组建跨部门、跨职能的项目团队，可以确保数字化项目的顺利实施。关键用户团队成员应包括业务主管领导、业务专家、技术专家、关键用户等各方代表，共同制定项目计划、推动项目实施。

关键用户团队的参与，可以更明确项目目标和范围。在项目启动阶段，需要明确项目的目标和范围，确保所有团队成员对项目有清晰的认识。同时，要与关键用户充分沟通，确保他们对项目的期望和需求得到充分满足。

可以将详细的实施计划落地。根据项目目标和范围，制定详细的实施计划，包括时间表、里程碑、任务分配等。同时，要确保关键用户了解并认可实施计划，以便他们能够在项目中发挥积极作用。

可以定期组织沟通和知识活动。在项目实施过程中，需要定期组织沟通和培训活动，确保团队成员之间的信息畅通。同时，要对关键用户进行有针对性地培训，提高他们的数字化素养和操作技能，确保他们能够熟练使用新的数字化工具和系统。通过关键用户的知识转移机制，可以更好地将数字化平台的应用落地。

建立有效的反馈机制。在项目实施过程中，要建立有效的反馈机制，鼓励关键用户积极提出意见和建议。项目团队要认真倾听并及时处理关键用户的反馈，不断优化解决方案，确保项目能够取得预期的效果。

更加关注文化变革。数字化转型不仅是技术变革，还是文化变革。在项目实施过程中，要关注科研机构创新文化、业务流程、科研组织等方面的变革，确保变革能够顺利进行。同时，要与关键用户共同推动变革，帮助他们适应新的工作环境和工作方式。

建立持续改进和优化的机制和组织保障。数字化项目的实施是一个持续的过程，需要不断改进和优化。在项目完成后，要对项目进行总结和评估，发现存在的问题和不足，制定改进措施。同时，要与关键用户保持沟通联系，关注他们的反馈和需求变化，确保数字化解决方案能够持续满足科研机构的实际需求。因此，关键用户团队即便在项目实施结束后，也将继续发挥其价值。

6.2.2　项目管理体系

1. 协调沟通机制

1）决策层的沟通机制

建立决策层沟通机制是保证项目顺利实施的必要条件。为此，拟建立"项目管理联席会议"制度，联席会议组成人员包括项目领导小组成员、项目负责人、项目管理组主要负责人。联席会议的主要任务是及时沟通工程进展情况、协调解决工程中出现的重大问题。联席会议原则上每半月召开1次，可根据实际需要进行调整，但会议休会期间不得超过1个月。

2）项目管理层的协同机制

为保证项目操作层面管理工作的协同一致，避免由于沟通障碍产生对工程实施的不利影响，拟在项目管理组实行项目经理组（PMG）负责制，即建设单位和业务单位各1名项目负责人（PM），由建设单位项目负责人任项目经理组组长，负责项目的管理；业务单位PM的主要职责是项目进度和质量的监督，并协助建设单位与各业务部门（科研单元）间的沟通协调及项目组织。

3）执行层的定期汇报机制

为及时、有效控制项目实施的进度和质量，拟在项目的执行层建立项目进展定期汇报制度。各小组每日向对应的项目组报送工作日报；各项目组将下属各小组的日报内容汇总后形成周报，报送项目管理组；项目管理组每月向领导机构报送月报；遇到需要紧急协调处理的事务，各部门可直接与项目管理组联系，项目管理组启动应急响应机制。周报及月报要反映项目实施的进展及实施过程中遇到的问题，力求简明扼要。

2. 工程日常管理

1）任务管理流程

任务管理流程主要用于确定、监控和指导具体的实施工作，项目的总体工作计划在本文档中已初步确定，包括时间、交付成果和里程碑。因此，任务管理主要是明确总体计划下的阶段性工作安排、人员和完成时间等，主要以工作计划表的方式进行管理。根据项目进度的要求，制定切实可行的工作计划，规定每个成员的任务，检查任务完成的情况和质量。

2）项目进程控制流程

项目的进程控制主要通过例会制度来保证，通过每周的项目例会，对实施工作完成情况予以检查并确定下两周的工作计划，同时在项目例会上对提出的争议和问题进行讨论。月度项目进度检查会议主要讨论总体的项目进展、问题、争议和变更的状态、后续的工作进程和任务分配等并形成会议纪要。项目高层管理会议原则上按需举行，主要审议总体项目进展及项目风险和争议问题。

3）项目范围变更管理流程

任何对项目合同、建议书及本文档中已确定的范围、时间和成本的调整和背离，均须遵循本流程。当签署同意变更申请时，表示同意对相关的成本、范围或实施进度的调整。变更申请的审批权限为项目负责人。项目范围变更管理流程包括变更申请、变更处理、变更监控 3 个环节。

6.2.3　项目风险管理

为了保证项目目标的顺利实现，需要对项目实施过程中潜在的、可能出现的风险进行前瞻性的识别和分析，提出应对措施，以最大限度地规避风险，降低风险损失。风险管理主要包括风险识别、风险评估、风险应对和风险监控。项目基本风险管理过程见图 6.7。

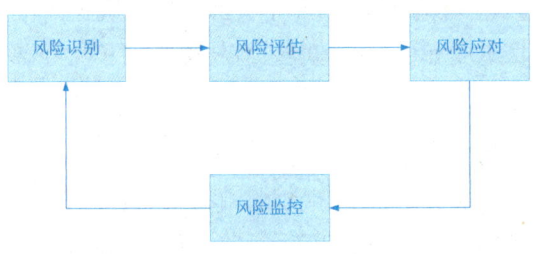

图 6.7　项目基本风险管理过程

对项目过程中发生的或可能发生的各种风险进行管理和控制，是项目管理贯穿项目全过程的重要内容。在智慧科研平台建设过程中，按照项目的组织方式，实行分级的风险管理。由各项目工作小组对项目实施中的具体风险进行滚动识别和评估；由项目管理组对所有风险进行协调整合和综合分析，通过周例会、风险跟踪报告等形式保证信息的及时传递和沟通，时刻监督风险状态；对于重大的风险，需要以最快的速度报告项目领导小组进行决策（见图 6.8）。

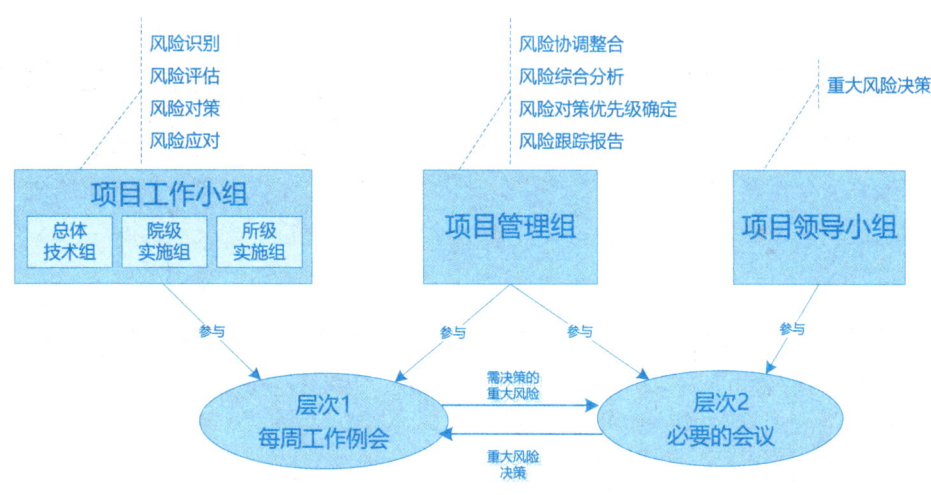

图 6.8　不同层次的风险管理

1. 管理风险

1）风险分析

一体化平台的建设不仅包括产品研发，还包括在全科研机构的实施推广，建设内容多、涉及范围广、业务关系复杂，相关方包括院内的管理部门、业务部门、各院属单位、技术和运维部门，以及建设实施商等。在项目建设实施过程中不可避免的涉及业务流程的优化变革，既存在院内院外的组织协调，又有院内横向纵向的组织协调，关系复杂，需决策的事宜多。一旦协调不力，可能带来项目进度、成本和质量不可控、项目技术状态混乱等问题。

2）风险应对

明确项目组织体系和工作模式、信息沟通渠道和奖惩措施，并对项目过程中的风险进行及时的跟踪监督。具体建议如下。

（1）由科研机构领导、各中心负责领导、各业务部门主管领导，组成项目领导组，负责及时进行决策审核工作。

（2）明确项目的工作模式。例如，项目开展的难点之一是业务流程的梳理和整合工作，由业务部门负责将详细的方案提交项目领导组进行审核，通过后由项目工作小组具体执行。

（3）实行周例会制度，保证信息的上通下达。

（4）将项目的考核纳入单位绩效考核，给予不低于 10 分的分值进行考评。

（5）在项目进展过程中及时进行风险识别和评估，按周 / 月进行滚动风险更新和量化，及时制定应对措施进行风险控制，并由项目管理组对所有风险进行跟踪监督，重大风险由项目领导组进行决策，确保项目的顺利推进。

2. 技术风险

1）风险分析

智慧科研平台将采用一体化多租户的模式设计，运用了大量的新一代信息技术，在科研机构有较高安全保密要求的情况下，存在安全不合规、技术成熟度不够、无法适应技术发展、影响性能和可靠性等风险。

2）应对对策

一体化平台的建设按照"引进、吸收、再创新"的原则，通过借鉴行业先进成熟经验，引进成熟的开发平台，充分利用业界先进的技术和成果，并在平台设计和开发过程中有针对性地加强应用安全设计和可靠性设计，进行功能（业务）-架构（技术）的多次迭代，确保技术稳妥落地。

3. 实施风险

1）项目实施的人力和财力保障风险

（1）风险分析：一体化智慧科研平台的建设是一个系统化的工程，需要进行综合管理全领域业务流程梳理和整合、技术平台和运维体系的建立、相关管理体系和规章制度的建立、培训等工作。这项任务工作量大、牵扯面广、周期长，平台的建立、推广和熟练应用需要半年左右。平台建成后，还需长期的升级和维护，人力和经费投入大。如果人力、财力保障不力，可能产生项目进度受影响、质量不可控等风险。

（2）风险应对：项目的建设经费和后续的运维升级费纳入科研机构及各单位的年度经费预算，保障逐年的稳定经费支撑。同时，成立专项工作组，保障项目建设队伍的稳定。通过稳定的人力、经费保障支撑平台的顺利建设和可持续发展。

2）历史系统的取舍和迁移风险

（1）风险分析：目前业务领域中已有业务系统上线运行，如科研机构财务系统等。本平台上线后，上述系统如何取舍，存在一定的集成迁移风险。

（2）风险应对：首先由业务部门尽早对本部门的历史系统给出明确的取舍迁移结论，并提交总体组审核。对于每个需要迁移或集成的历史系统，技术和运维部门要制定详细可行的迁移方案，明确具体的实施方法、实施工具和迁移步骤，同时加强测试工作，保障系统的平稳切换。

6.2.4 项目质量管控

项目质量管控是项目管理的重要方面，一方面项目工作须达到所要求的质量指标，另一方面项目的质量问题会对项目的进度和成本带来风险。本项目质量管控主要明确项目进程的质量管理和交付成果的质量管理流程,以及系统的测试管理工作标准等。项目实施过程中,将按照软件工程质量管理相关规范进行质量管理和控制。建立项目质量控制体系,定期或不定期针对项目进度、项目计划的执行情况,文档的完备性、完善程度和文档格式等进行检查和控制。

1. 项目过程质量管理

评价与审查是项目进程质量管理的主要手段,项目过程中将主要进行项目技术文档和成果的审查及项目实施过程的审查。

项目技术文档和成果审查要求以项目计划的内容为基础,以目标和方法为依据对所做的各种技术工作进行描述,同时提交执行文档,所有提交审查的记录都将被保存并作为审查线索。

项目实施过程的审查内容主要包括项目计划执行情况与项目管理规范性审查、项目实施方法与标准的审查、项目风险及健康性审查。

项目质量审查分为3个方面。

1)项目质量管理部门

项目质量管理部门是开发商的常设组织,主要定期及在关键节点针对项目范围、项目进度、项目计划、项目交付成果、文档完备性等进行审查。

2)双方项目小组

主要定期或不定期对项目各阶段要求的交付成果、项目的实施方案和技术方案等组织评审。

3)项目领导

项目领导定期或不定期对项目风险审计和项目的健康状况等进行咨询。

2. 系统测试工作管理

系统测试是保障系统研发质量的重要手段。按照把问题控制在用户之前的原则,所有测试工作按照开发商的研发规范及项目实施标准,制定测试方案,明确测试策略、测试范围、测试步骤和方法等,所有的测试过程和结果都将及时形成测试报告。

针对开发的功能,测试按如下步骤执行。

1)单元测试

程序员在完成编码后,对可执行程序进行的单元测试,确认程序功能正常、程序逻辑完整。

2)功能测试

功能开发完成并部署到测试环境后,测试人员制定明确的测试策略、测试范围和测试步骤等,形成测试方案和测试用例。测试组人员按照系统测试方案及测试用例,对完成开发的功能进行全面测试，包括程序缺陷、系统设计满足度、业务需求满足度等。

3）集成测试

测试组将按照设计要求组装起来同时进行测试，主要目的是发现与接口有关的问题。在集成测试中发现有单元测试阶段的问题，则可中止集成测试工作，并要求重新进行单元测试。

4）系统测试

系统测试是测试组对整个基于计算机的系统进行考验的一系列测试，主要对系统的准确性及完整性等方面进行测试。测试类型主要有：恢复测试、安全测试、压力测试、性能测试等，对软件产品还会进行配置测试、安装测试。

测试过程中每个环节产生的问题，都会及时填报相应的问题报告、跟踪问题的解决，形成测试分析报告。所有的测试过程和结果都形成测试报告并经由测试人员签署意见后交给项目经理审阅。

3. 项目审计管理

按照项目管理方案，项目执行过程将由质量控制小组进行质量相关的审计，包括文档审计和项目质量审计等。

文档审计是以计划的内容为基础，以目标和方法为依据，对所做的各种技术工作进行描述，同时提交执行文档，所有提交审查的记录都将被保存并作为审计线索。

项目质量审计内容主要包括项目计划及项目管理审计、实施方法论审计、项目风险及健康性审计等。项目质量审计分为以下3个层次。

项目质量控制小组：主要定期或不定期针对项目进度、项目计划的执行情况，对文档的完备性、完善程度和文档格式等进行审计。

双方项目小组：主要定期或不定期针对项目阶段性重要成果，对关键方案等进行讨论、阶段性验收和审计。

项目领导：定期或不定期进行项目风险审计、健康性审计及争议控制等。

第 7 章
智慧科研的实施方法

7.1 项目建设的方法

7.1.1 项目实施能力部署

要完成智慧科研项目,需要完成三大任务、组建 3 个团队进行协同推进(见图 7.1)。

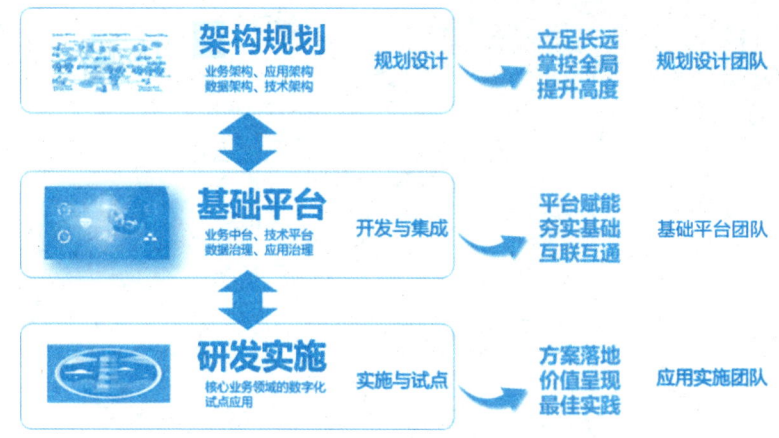

图 7.1　智慧科研的推进层次

整体科研机构智慧化项目实施的任务分为 3 个层次。

1. 架构规划

由科研机构数字化转型规划设计团队,负责科研机构智慧化的整体规划和决策,以及项目管理的领导工作。

架构规划设计的工作目标是要求立足长远、掌控全局、提升高度,主要任务包括业务架构、应用架构、数据架构、技术架构等架构的规划设计与架构体系的治理。

架构规划设计团队的主要职责是制定信息化发展规划;制定信息化规章制度,编制信息化标准规范;负责信息化建设任务的立项和组织实施;协调信息化需求部门和实施团队工作;定期向领导小组汇报信息化项目实施情况。

2. 基础平台

科研机构的基础平台团队,需要实现平台赋能、夯实基础,确保智慧科研的各业务领域和各系统之间的互联互通。

基础平台的建设与治理团队,主要任务是规划设计与建设运维整体的业务中台、技术平台,进行数据治理与应用治理。

基础平台团队由科研机构的 IT 部门、IT 战略合作伙伴的架构师团队共同组成。

3. 研发实施

研发实施团队推进具体 IT 项目的实施、交付与运维的管理，以实现方案落地、价值呈现，并形成优质实践。

研发实施团队由科研机构的信息化部门与信息化专业人才组成，主要职责是成为业务 BP（业务伙伴），将信息系统与业务进行结合，通过 IT 应用，辅导业务人员的信息化能力，支撑业务的发展，实现 IT 价值，同时从业务创新的角度提出信息化的建议与体验改善计划。

各业务部门参与的关键用户组，由各研究单元或职能处室的关键人员担任，要求对业务熟悉、对信息化有热情，有很好的信息化基础和一定的 IT 能力，可以担任业务与 IT 匹配的关键人员，相应单位系统应用的内部导师，系统不断改善的需求整理者。

信息化能否落地，最终产生价值，关键用户组的组建不但是必须的，而且非常重要，建议科研机构能够对关键用户组进行适当的激励。

专业的软件供应商负责技术保障与软件开发与实施服务，负责具体的项目建设和 IT 系统的架构设计、需求分析、系统开发和项目实施等具体的技术保障工作，并负责 IT 系统的运维和持续优化。

7.1.2　项目实施方法论

按照软件工程项目与产品研发的流程与方法论（见图 7.2），整个系统的开发按照多个阶段进行。

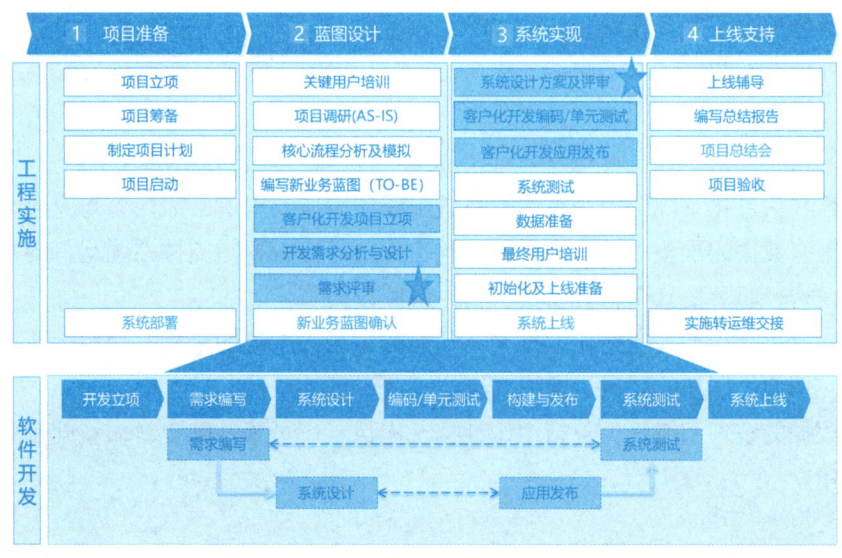

图 7.2　智慧科研的典型实施方法论

1. 项目准备

根据工程实施与研发方法论，本阶段的工作主要是完成项目实施的项目组织、研发方案、研发目标、验收标准、研发计划等工作。项目准备主要完成项目启动前，对科研项目进行的前期准备工作。主要包括项目立项分析、项目组织的建立、项目前期文档分析、产品概念设计研究、项目实施策略定义、项目实施方案制定和项目实施总体计划草稿编写。

根据项目建设方案，详细调研智慧科研的产品总体规划、优化和细化技术方案中的总体架构，包括业务架构、应用架构、数据架构和技术架构，以及安全保密方案与系统实施方案等。

2. 蓝图设计

分析产品的应用场景、主要业务需求，建立业务模型；调研产品开发的详细需求。在此基础上进行系统设计，包括数据对象模型及设计、应用场景分析与设计、组件架构与设计、流程设计、报表与分析设计和安全保密设计。

3. 个性化设计与二次开发

分析确认系统需求；编写系统详细地设计文档；代码开发（包括前端和后端微服务）；单元测试。

需求设计与开发采用快速迭代的方式同步进行，按照前后端分离的开发模式，先设计数据对象、前端应用、流程建模、报表；然后再开发后端微服务。

4. 集成测试与保密评测

分析经双方确认的系统需求；编写测试用例与计划；各模块从业务角度进行业务集成测试、性能测试和安全测评。

定制部分开发和完成单元测试工作。

5. 数据准备与系统初始化

根据客户信息化系统的应用范围及系统上线阶段所要求的必需内容与完成时间，完成科研机构静态数据的准备和历史数据的迁移工作。静态数据指支撑系统运行的基础数据，包括组织架构、职员信息、薪资项目、初始余额数据等。

系统初始化是指准备初始化数据并将初始数据录入系统的过程。初始化数据类型包括静态数据，例如，期初的职员、课程、岗位、薪资等。

基础数据的整理和编码，包括组织架构、岗位、职员等基础资料；基础业务流程的整理和模型建立。

静态数据的录入和导入。

基础数据和基础业务流程的导入系统。

历史数据的迁移及验证。

系统的部署和参数配置。

工作重点和难点是组织和人员信息的准备与导入、项目信息（特别是项目进度、预算、执行数据）的准备与导入、涉密资产的清理和数据准备与导入（工作量比较大）。

6. 最终用户培训

最终用户培训就是对系统上线后应用系统的一线操作人员进行的培训，该培训包括的内容主要有应用信息化系统后的业务规程培训、软件操作培训及信息化系统应用策略与规程培训。

上线准备阶段的最终用户培训活动的常规策略：最终用户（全员）的操作培训一定由项目组成员完成，顾问方的工作是给出必要的资料，包括培训的标准课件、新业务操作规程及信息化系统应用策略与规程。最终用户培训后一定要组织严格的考试，防止不合格的应用人员操作信息化系统。

7. 系统试运行

系统试运行是指系统初始化完成后，科研机构按业务蓝图及系统功能进行系统运行与操作。

7.2 实施路径与架构融合策略

科研机构智慧科研项目的架构实施策略包括以下 4 个方面（见图 7.3）。

（1）统一的平台与基础架构。

（2）核心系统一体化建设。

（3）学科专业系统迭代开发。

（4）非核心的专用系统采用通用软件进行集成。

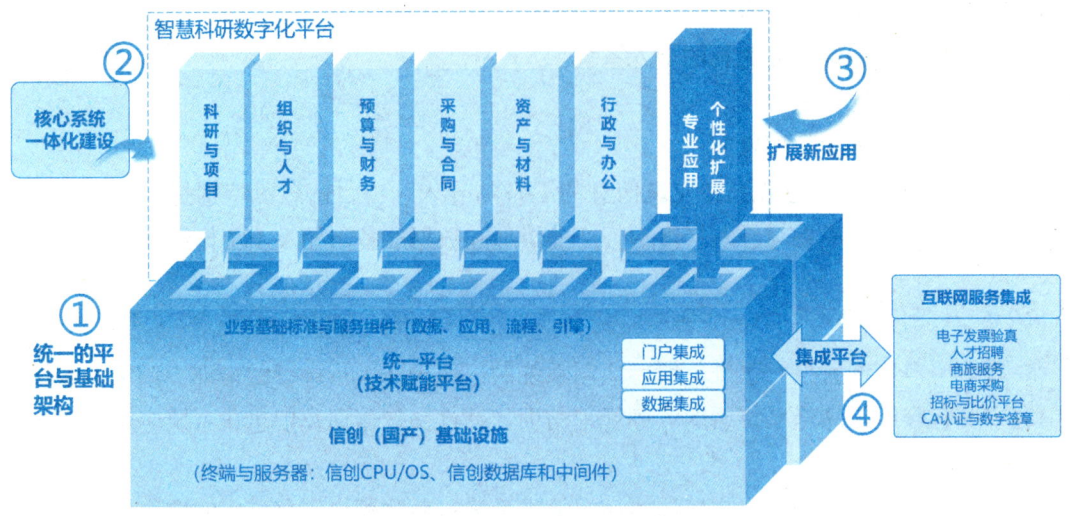

图 7.3 智慧科研项目的架构实施策略

7.2.1 统一的平台与基础架构

统一的平台与基础架构是确保一体化融合、消除信息孤岛的最核心的策略。

1. 完成信息化调研与 IT 规划

通过高层调研，梳理核心诉求，明确项目建设总体目标；通过业务调研，调研新型科研机构信息化建设，学习先进经验；通过对承建商与战略伙伴调研，选择合作伙伴和产品供应商。

2. 建立信息化流程体系

通过科研机构信息化项目建设管理体系，按照信息化项目立项流程、信息化项目开发流程、信息化项目上线流程确保系统建设统筹规划。

3. 基础架构的先行

制定统一的基础数据标准化管理策略，符合业务需求，具有实用性和可操作性；符合数字化转型设计理念和思路。

制定统一的平台与基础设施，包括网络、数据中心和技术架构的基础平台。

制定规范的业务管理流程，业务流程和单据、资料、数据的标准体系；业务共享和风险控制点的标准化。

制定统一的基础服务平台，基础数据（元数据、字典数据、主数据等）的集中统一管理，业务数据的接口、服务和安全控制的平台。

基础平台通过将基础组件封装、规范基础数据的访问 API，利用无代码、低代码、代码开发等多种开发平台，实现系统的扩展与核心系统的无缝对接。

基础平台实施阶段的任务是完成战略理解与问题分析，对当前大型信息系统技术发展的趋势进行分析，并客观分析这些技术对科研机构信息化平台发展的影响。结合科研机构的需求分析，体现创新要求，反映科研管理新模式，制定全面融合管理改革需求和新兴技术的信息化平台解决方案。

7.2.2 核心系统一体化建设

技术架构中的统一技术平台，如技术架构平台成为智慧科研系统建设的基础，所有的信息系统都会架构在这个平台上（见图 7.4）。

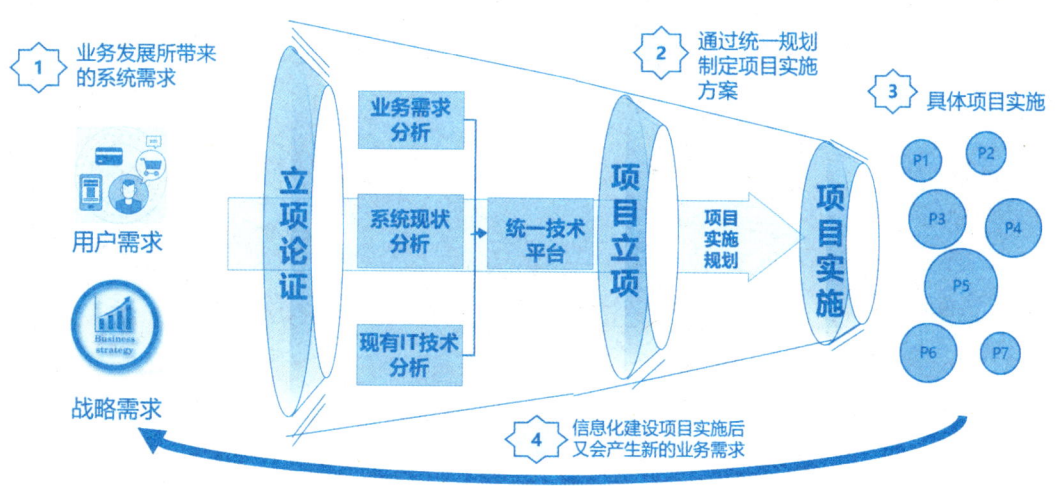

图 7.4　智慧科研实施的项目布局

架构治理体系能够得到贯彻实施，基本策略就是核心业务的一体化建设，实现智慧科研、智慧管理、智慧研发、智慧制造、智慧运维、智慧园区在统一平台上采用成熟的解决方案，结合科研机构的战略需求与具体的业务个性化，实现核心系统的自主可控与持续发展的平衡。

科研机构智慧科研的核心业务构建在统一的基础架构与平台之上，实现科研与项目、组织与人才、预算与财务、采购与合同、资产与耗材、计划与生产、装备与运维、成果与转化、行政与办公等业务一体化。

7.2.3　学科专业系统迭代开发

学科专业系统可以通过基础平台中的开发工具，进行系统性的迭代开发，适应智慧科研从综合管理到科研创新的扩展需求，为科研人员在学科创新上提供信息化、数字化、智能化的支撑。

7.2.4　专用系统的集成

对于智慧科研中的非核心、相对独立的商品化软件（会计核算、档案管理、图书管理等系统）可以与一体化平台进行集成。

第 8 章
智慧科研的应用实践

8.1 广东省科学院 GAOP 平台

8.1.1 广东省科学院简介

为应对新一轮全球科技革命和产业变革、加快实施创新驱动发展战略，2015年初，广东省政府决定组建新的广东省科学院（见图8.1），赋予其聚焦产业发展的应用技术研究及重大技术应用的基础研究，更好地确定满足广东省经济社会发展的实际需求的发展定位，目标是打造广东高层次人才集聚高地、产学研合作与科研成果转化应用的组织载体、创新驱动发展的枢纽型高端平台，为广东省科学院注入了产业创新的基因。新的广东省科学院由原广东省科学院（与中国科学院广州分院分离）、广东省工业技术研究院（广州有色金属研究院）、中国广州分析测试中心、广东省石油化工研究院等研究院所整合而成。广东省科学院是广东省政府直属科研事业单位，围绕广东省构建"基础研究＋技术攻关＋成果转化＋科技金融＋人才支撑"全过程创新链。

(a)

(b)

图 8.1 广东省科学院

广东省科学院现已发展成为国内一流的省级科学院，是广东实施创新驱动发展的重要战略科技力量。广东省科学院目前形成了涵盖科技智库与服务、生物健康与现代种业、资源与环境、新材料与绿色化工、高端装备与先进制造、智能与芯片六大创新板块的17个科研机构；在微生物安全与健康、现代材料表面工程、无人机与空间智能、农田重金属污染治理、光电材料与器件、先进焊接技术及材料、合金材料与加工、复杂工业过程建模与优化控制、生物育种、动物保护与繁育等学科和技术领域，已达到全国水平；拥有一支由7名院士领衔"杰出科学家＋科技领军人才＋骨干科研人才＋青年科技人才＋技术经纪人"梯度式4 000余人的创新人才队伍；拥有国家、省部级科技创新与服务平台223个（其中国家级 25 个）；累计获国家级奖励 9 项（其中包括 3 项国家科技进步奖二等奖），省部级奖励 102 项（其中有 1 项省科技进步奖特等奖，12 项自然科学奖一等奖）。

8.1.2　广东省科学院数字化转型背景

随着新的广东省科学院的组建，对于其核心科研业务发展有了更高的要求，在科研业务上要继承发展，同时在服务管理层面要以管理创新为核心。结合国家深化科研体制机制改革的需求，以及新一代信息技术发展的强劲态势，科研机构对于科研管理信息化环境的变革要求也越来越紧迫。在此背景下，省科学院从 2018 年 12 月开始规划建设一体化综合管理服务平台（GAOP），希望打造省科学院实现现代化、科学化、信息化管理的重要支撑平台，全面提高科研管理工作效率，促进向现代科研机构管理方式的转变。

省科学院采用一体化平台架构规划的思想，从省科学院院所两级法人治理结构出发，以科研项目实施与管理为核心，综合运用创新的管理理念和先进的信息技术，对全院人才资源、科研经费、科研基础条件等要素的配置及相关管理流程进行整合与优化，构建信息管理与决策支持平台。

8.1.3　广东省科学院数字化转型总体规划

广东省科学院数字化整体架构以 GAOP 一体化平台为基础，规划了以下的信息化总体策略。

1）战略驱动、业务驱动

广东省科学院数字化支撑省院新的定位、新的战略发展规划；全面梳理院所两级业务的流程。

2）发挥优势、延续成果

充分利用广东省科学院与中国科学院广州分院合署办公时，参与中国科学院新一代 ARP 的规划设计研发的有利条件和基础继续进行创新。

3）整体规划、分步建设

按照一体化平台、专业化应用进行整体规划，平台先行；分阶段实施、快速见效、小步快跑。

4）战略合作、整合资源

核心系统选择专业厂商（科南软件有限公司）进行全面的战略合作；整合相关的供应商资源，形成信息化的生态体系。

广东省科学院的数字化建设已经按规划实现了三期工程。

1）GAOP 第一期：实现运营管理一体化

2018 年 11 月启动，2019 年 3 月试点试用，2019 年全院上线，实现了业务运营管理的 IT 基础架构与平台：科研项目及成果管理、人力资源管理、预算管理、财务管理、资产与耗材管理、采购与合同管理、公文与办公协作等核心业务院所两级一体化管理。

2）GAOP 第二期：深化业务运营信息化

2020 年实现了 GAOP 与 NC 财务系统集成，与广东省财政厅实现业务协同与数据交换；2022 年 2 月启动扩展项目，完善电子发票的扩展功能，加强科研成果转化的生命周期管理。2023 年第二期，完成电子签章与数字档案、院科技创新专项与开放课题在线申报与评审、绩效评估、科研成果创新服务平台等系统的扩展。

3）GAOP 第三期：全面数字化和智能化

逐步实现 GAOP 的智能化应用，包括财务智能化、发票管理、财务档案自动化，以及电商采购的集成等。系统安全性强化，建设仪器设备共享与实验管理平台，优化完善经费包干模式、收入与横向课题税务处理等。

8.1.4　广东省科学院数字化转型的主要成果

广东省科学院 GAOP 平台对科研活动及其相关的资源进行综合管理，基于移动互联网的信息平台，该平台以科研管理为核心全面整合、优化贯穿整个科研活动的人、财、物等的管理流程，为科研管理者提供计划、预算、执行、监控、决策、检查评价等综合服务，从而提高资源调控能力和利用率，合理地配置资源，提高和改善科学研究管理工作的效率和效果，最终充分发挥综合优势，提升了院综合管理水平和竞争实力。

平台建设的业务管理与服务包括科研项目管理、人力资源管理、综合财务管理、科研条件管理及协同办公等业务领域，融合为一个综合的一体化的信息服务平台。

通过本项目的实施，广东省科学院原分散的信息化系统统一到 GAOP，实现业务的全院协同、数据的全院共享、管控的实时在线，显著提高了运作效率和业务合规性，软硬件建设成本减少，运维的费用大幅降低，并为未来的智能服务和科学决策提供了基础平台（见图 8.2）。

广东省科学院新一代信息化建设相对于一般企业的信息化如 ERP 系统，有科学事业单位管理的特殊性。通过本平台建设，解决了科研信息化过程中的几个难点并把握了几个重点。

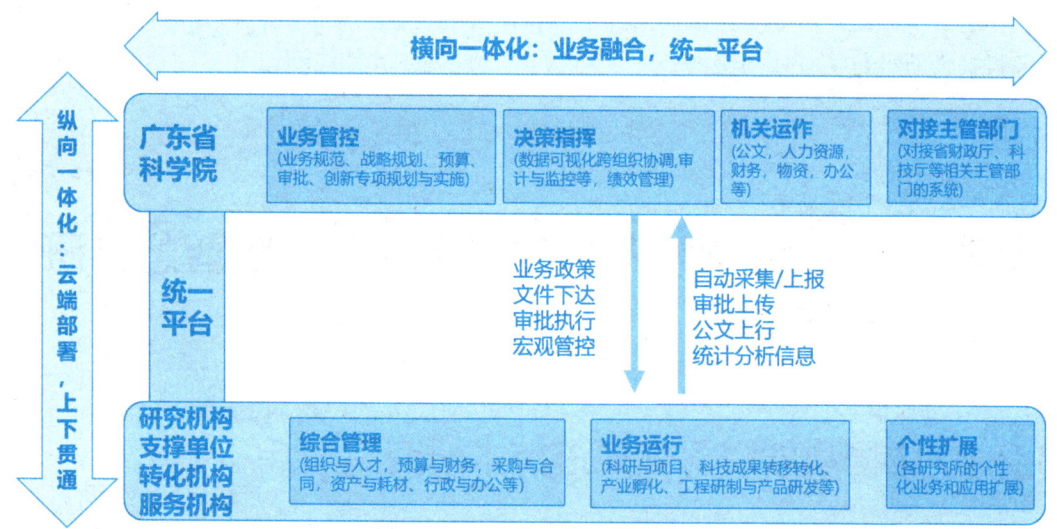

图 8.2　GAOP 的一体化架构

1）实现院所两级管理模式

通过私有云中心部署模式，实现院所两级的跨法人组织的业务流程审批，院所两级的业务规则控制和院所两级数据的实时汇集、统计报表及实时的数据查询与业务监控，实现网络化和数字化的监管、监察和审计等管控功能。

2）以科研项目为中心

科研管理中的人员组织、立项评审、财务核算、预算控制、成本分摊和成果统计等各项资源管理和研究所运营管理，贯穿以科研项目为主线的管理维度。

3）严格预算制度

作为科研事业单位，预算和核算的一体化管理是突出的难点和重点。各项费用的支出要以预算为依据，按照项目核算，符合审计对合规性和预算匹配度的要求。按照项目核算的管理要求，实现了政府会计制度与科研经费管理的全过程，同时，也实现了财务业务的一体化。

4）全成本管控

随着科研项目的经费管理体制改革，全成本核算体系和计划性，精细化要求非常高。解决了全成本过程监控的难度和精细化的管控矛盾。

5）实现全终端的应用体验一体化

无论是手机、平板计算机还是 PC 端都可以无障碍地进行全部功能的使用，实现了随时随地的信息化服务，并实现了全员的信息化覆盖，运作效率和业务合规性大幅提升。

广东省科学院的一体化智慧科研管理架构应用与实践探索，实现了在移动互联网环境、私有云中心统一部署、大数据支撑下的科研管理与业务服务优化,为科研信息化支撑服务科技创新进行了有效的探索。

8.2 中国科学院深圳先进技术研究院智慧科研平台

8.2.1 中国科学院深圳先进技术研究院简介

根据中央建设创新型国家的总体战略目标和国家中长期科技发展规划纲要,结合中国科学院科技布局调整的要求,围绕深圳市实施创新型城市战略。2006年2月,中国科学院、深圳市人民政府及香港中文大学友好协商,在深圳市共同建立中国科学院深圳先进技术研究院(以下简称"深圳先进院"),实行理事会管理,探索体制机制创新。

深圳先进院的宗旨是提升粤港地区及我国先进制造业和现代服务业的自主创新能力,推进我国自主知识产权的新型工业化建设,成为国际一流的工业研究院(见图8.3)。

图 8.3 深圳先进院园区

建院目标突出"引领、接轨、一流和能力"。

一个引领:在国家创新体系和区域源头创新活动中起骨干和引领作用,包括核心技术、产业共性技术、人才教育、企业孵化等多方面的示范作用,努力成为新型国家级研究机构的典范。

两个接轨:它们与国际学术水平接轨、与珠三角的产业接轨,这是实现"一个引领"的前提条件,顶天才能立地。

三个一流:"人才一流、科研一流、管理一流",这是实现"两个接轨"的基础。

四个能力:发挥学科交叉特色、形成集成创新优势、建立经济预测机制、培养市场拓展的能力(见图8.4)。

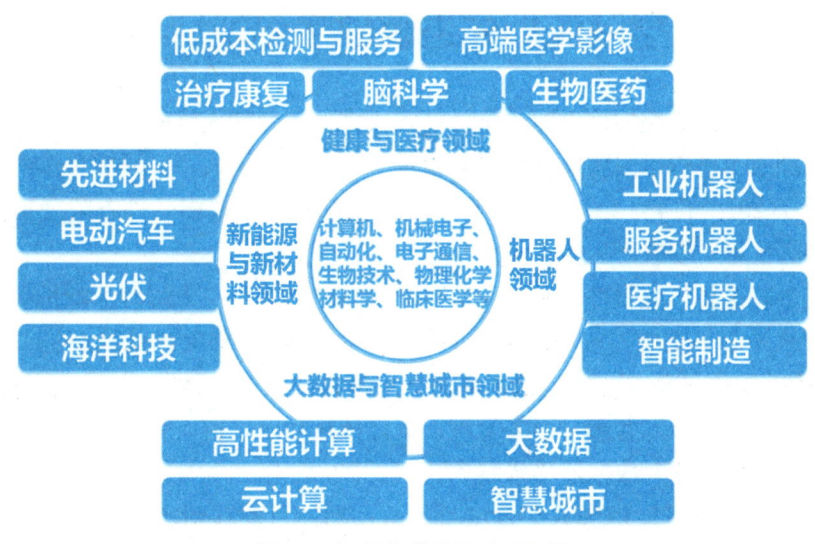

图 8.4　深圳先进院的科研布局

8.2.2　中国科学院深圳先进院数字化转型背景

深圳先进院原有信息化系统已不能满足其快速发展需要。其中央法人使用中国科学院 ARP 2.4(Oracle EBS 版)信息化系统,该系统面向科研部门的功能有限,导致科研部门与职能部门之间的信息沟通不畅。深圳先进院地方法人采用"OA 系统 + 金蝶 KIS 财务系统"的信息化组合方式,无法满足业务流程化运行,大量科研与管理的协作依赖邮件沟通。原有信息化系统对于提升深圳先进院的管理效率,规范办公流程起到一定的作用,但随着先进院的科研业务开展和单位规模不断壮大,各种问题也凸显出来。

(1)未能实现以科研项目和预算为核心的管理需求,课题量大,调账压力巨大。

(2)科研项目进展情况无法把控:科研项目执行情况难以掌握,项目协作存在困难,项目情况的统计分析困难;项目费用的使用情况不清晰;科技计划和分支机构的项目状态需要加强监管;决策分析数据搜集汇总困难且不便捷;费用审批和合同签订依赖手工操作,缺乏系统化管理。

（3）科研档案管理手段落后，数据来源不明确。
（4）一套人马多个法人，系统分离，导致频繁切换系统，效率低下。
（5）系统性能低，用户数多时系统经常崩溃。
（6）二次开发效率低，与系统集成性不够，信息孤岛特别严重。

从2018年5月起，配合中国科学院新一代ARP试点，开启信息化的整体升级换代的进程。

8.2.3 中国科学院深圳先进院数字化规划与策略

为了促进深圳先进院的信息化水平，并解决其科研管理面临的多法人（中央法人和地方法人及深圳3个基础研究院的独立核算单位）、人员规模大、在研项目多的多重压力，深圳先进院于2018年4月启动招标程序。通过招标选择了科南软件有限公司作为中标合作方，并签订了第一期项目实施合同。

深圳先进院选择科南软件，基于中国科学院ARP 3.0及在中国科学院长春光机所与中国科学院网络中心等院所的应用版本上的科研一体化平台AOP产品及实施，完全替换掉ARP 2.4。第一期项目涵盖范围包括中央法人与地方法人的一体化管理，业务领域覆盖了科研项目管理、人力资源管理、财务管理、会计核算系统、资产管理、耗材管理、协同办公管理等模块，以及原有数据迁移等服务。

随着"一体化科研管理服务平台项目"第一期项目的顺利实施，深圳先进院根据需求，实现了系统扩展。

（1）实验动物管理平台：深圳先进院公共技术服务平台下设的实验动物管理办公室建设了实验动物管理平台，用以提升实验动物管理服务水平，更好地保障和促进深圳先进院内外科研业务的工作开展。

（2）银企互联平台：解决了从业务审批到财务核算，再到资金拨付的全自动化流程，实现了中央法人与地方法人在银行的账户，通过银企互联平台，自动的进行资金收付。

（3）新会计制度开发实施：为应对国家从2019年1月起科研事业单位启用新的政府会计制度改革，会计管理系统进行了新会计制度的适应性软件升级的开发与实施服务。目标是构建统一、科学、规范的政府会计准则体系和财务报告编制办法，适度分离政府财务会计与预算会计、政府财务报告与决算报告功能，全面、清晰地反映政府财务信息和预算执行信息。

（4）新三院的系统实施：随着深圳先进院筹建深圳市基础研究机构，包括深圳市合成生物学创新研究院、深港脑科学创新研究院、深圳先进电子材料国际创新研究院等"新三院"的业务开展。新三院将依托深圳先进院地方法人的独立核算研究机构进行信息化管理。

8.2.4 中国科学院深圳先进院数字化转型应用成果

深圳先进院 AOP 上线以来，通过院内各部门、各科研单元与科南软件的紧密合作，进一步提升了深圳先进院的信息化建设水平，在中国科学院兄弟单位和同类科研机构中处于领先地位，先后接待过多个科研机构前来考察学习和交流经验。

1. 完成主体业务的数字化运作

深圳先进院 AOP 第一期项目于 2018 年 8 月 15 日上线以来，用户突破了 4 500 人，支撑了 8 000 多项科研项目的运作管理，运行经费超过 80 亿元，管理超过 43 000 台套仪器设备，支撑运行了 200 多项数字化业务管理流程，每年处理约 20 万条业务审批量，每年系统流水约 15 亿元，管理 1 万多件专利等知识产权和科研成果（见图 8.5）。

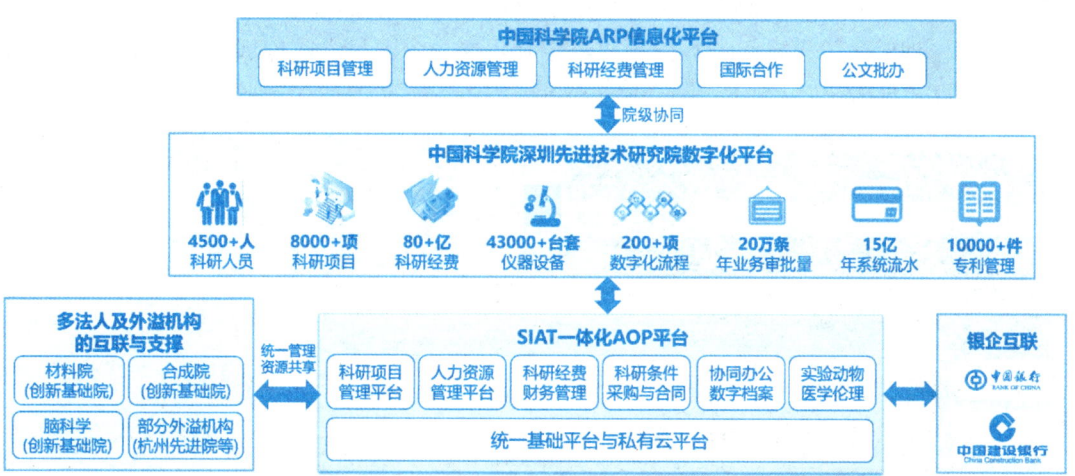

图 8.5 深圳先进院 AOP 应用成效

2. 实现多法人、多实体的一体化运作

深圳先进院作为中国科学院在深圳特区建立的新型科研机构，已经发展成为独具特色的多法人、多实体和多学科的大型集团化科研机构。针对这种科研课题和经费来源多样化，在研项目数量大、科研经费资金量大、科研人员的规模大、管理创新和运作效率高、支撑和辅助人员少等特点与运作体系，信息化的难度大。国内和中国科学院内缺乏可参照的成功案例。通过 AOP 的实施和探索，成功地研发和实施，满足了深圳先进院的会计制度转变、新三院的设立等挑战，顺利完成了全院全组织、全类型项目、全流程和全要素的集成化、一体化的运作（见图 8.6）。

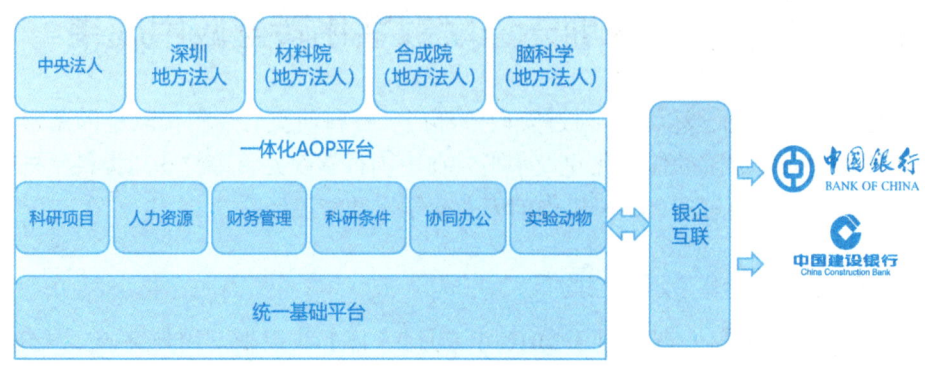

图 8.6　深圳先进院 AOP 应用架构

通过统一管理集团化的组织架构，人员在不同法人单位的兼职来实现多法人身份的业务管理。通过一个账户/密码，一次登录后，切换多个法人的操作环境，实现不同法人单位的业务处理，各法人之间的数据和权限相互隔离。中国科学院深圳先进院采用 AOP 多法人运作模式见图 8.7。

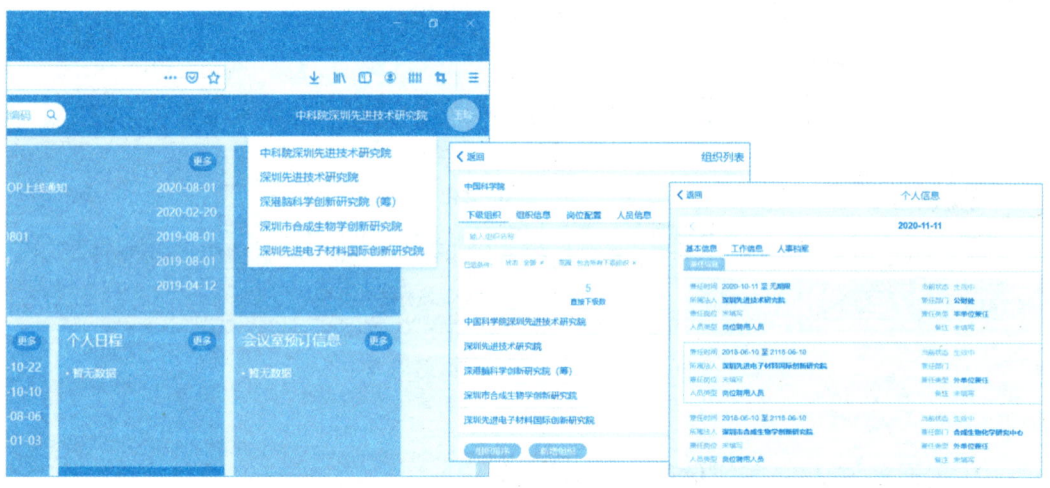

图 8.7　中国科学院深圳先进院采用 AOP 多法人运作模式

3. 强化业务运作的合规性，提高运作效率

通过数字化的业务申请、在线和移动化的审批，业务管理的效率大幅提升，特别是科研经费的支出报销与行政审批的流程，有数量级上的提升。

通过业务的自动化流程和规范的业务政策的融合，业务的合规性得到明显改善，提升了深圳先进院的治理水平。

8.3 光明实验室一体化智慧科研平台

8.3.1 光明实验室简介

人工智能与数字经济广东省实验室（深圳）（以下简称"光明实验室"）为广东省政府批准建设的第三批广东省实验室之一（见图 8.8）。光明实验室面向世界人工智能与数字经济的前沿理论和未来技术发展趋势，致力于服务国家重大发展战略和需求，依托深圳地区产业优势、地缘优势和政策优势，聚集全球科研力量，充分激发科技创新资源的集聚效应。实验室围绕国产人工智能算力生态建设的核心任务，以多模态人工智能技术与应用生态建设为关键牵引，通过突破一批关键技术、催生一批原创成果，持续推进科技创新和产业赋能，加快人工智能技术在多元应用供给与全场景渗透，实现科技创新与产业驱动的互动，不断促进以人工智能为引擎的新质生产力的生成。

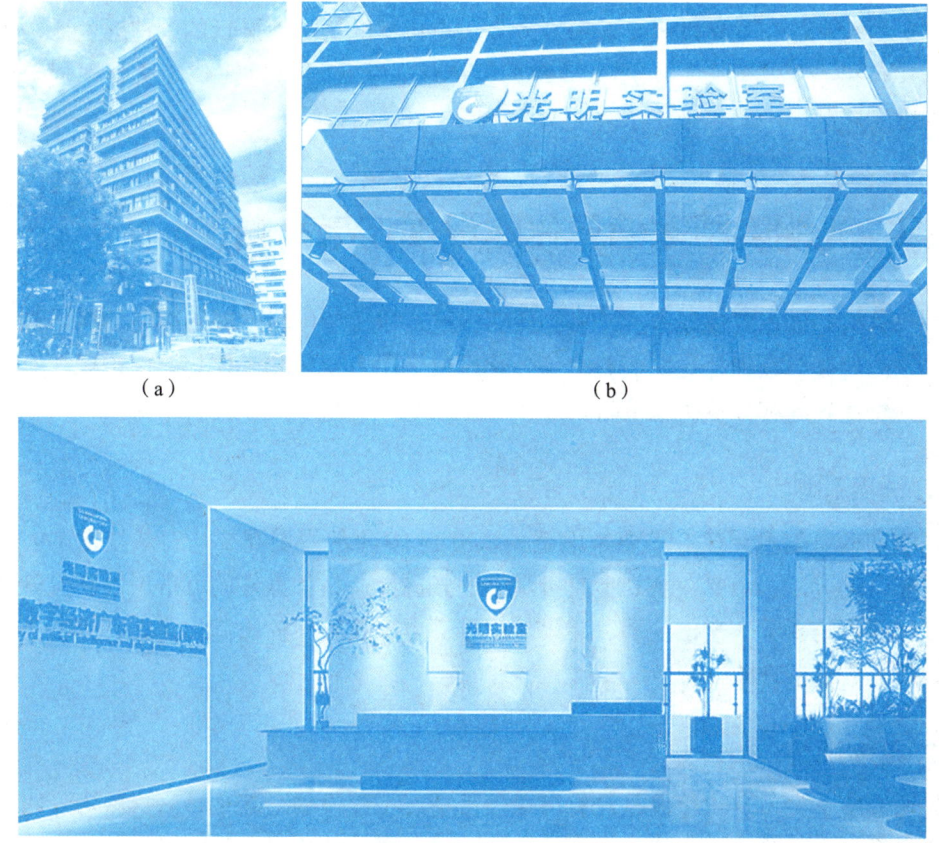

图 8.8 光明实验室

光明实验室开展基础研究、应用基础研究、应用开发研究，落地应用和成果孵化的全链条研究；重点突破人工智能与数字经济相关的基础理论，产生具有原始创新和自主知识产权的重大科研创新成果，充分围绕人工智能与数字经济进行学科交叉方面的突破，建成一支高素质人才队伍，为地方相关高校、科研单位乃至社会输送高水平的创新型人才；面向世界人工智能与数字经济的前沿理论和未来技术发展趋势，瞄准国家重大发展战略和重大需求，重点突破人工智能与数字经济相关的基础理论、核心算法与器件、关键系统与重大装备、产业化应用示范，产生具有原始创新和自主知识产权的重大科研创新成果；采用政府支持与高效运营管理相结合的模式，注重产学研结合，致力于同粤港澳大湾区龙头企业合作，服务于大湾区经济发展，建造创新人才聚集和培养的基地。

8.3.2　光明实验室信息化建设背景

为满足光明实验室的快速发展与规范运行的高标准要求，对于信息化平台的建设，从应用和技术架构上需要在业务模式创新与新一代技术的应用上进行融合，建设面向未来的光明实验室一体化智慧管理平台。

光明实验室的信息化建设是在没有太多历史包袱的情况下进行的，这样就无须重走其他类似单位的弯路。因此，光明实验室的整体信息化建设可以实现"从容规划、整体设计、有序实施"。

8.3.3　光明实验室信息化建设规划与策略

综合分析和借鉴其他国家实验室和省实验室，以及中国科学院等领先的科研机构的信息化建设的经验与教训。光明实验室信息化可以采用专业化和一体化的架构模式，进行一步到位的整体规划和分步实施策略。

1. 适度超前

光明实验室信息化建设需要考虑至少未来 5~10 年的发展需要。对新技术（大数据与人工智能）的应用，需要在规划上具备足够的先进性，具备良好的可扩展性和可管理性。整个工程建设需要整体考虑规划、建设、运维等可持续发展的机制的建立，综合考虑建设应用治理、数据治理的融合。

2. 整体架构

光明实验室的信息化建设是没有历史包袱情况下建设的全新平台，这就为光明实验室信息化平台提供了难得的机遇，不走传统企业或科研信息化先各自建设、造成孤岛、再集成的老路，而是在整体规划蓝图的指导下，建设一体化的新型智慧管理平台。

一体化智慧管理平台是以科研管理为中心，集成行政办公、人事管理、财务管理、资产与耗材管理、采购管理等应用管理模块使业务流程一体化，实现各业务流程信息共享，各管理模块数据一致，解决了传统信息化按照职能部门进行单独建设弊端，消除信息孤岛，解决业务流程不能对接、数据不一致、应用体验差异大等顽疾，使业务管理环环相扣、简洁高效。

3. 战略合作

光明实验室信息化平台建设的特殊性决定，它不能是采购一套产品（传统的标准化套装商业软件）或一个项目，而是需要选择一个能够从平台建设初期开始，配合光明实验室进行长期的战略合作，包括业务模式探索、数据架构规划、应用功能设计、系统架构部署、系统演进跟踪、软件开发、系统实施和系统 IT 运维等一系列咨询、设计、开发、实施、服务等多个领域的长期合作。

光明实验室信息化平台的建设希望能够为光明实验室充分利用新一代信息基础设施、基础软件和架构支撑上的成果，建成自主可控、信息安全的平台。但同时，要采用全球最开放的技术路线，融合国内外成熟的架构方法、工具、组件，进行开放式整合。

光明实验室信息化平台的成果将为整个科研信息化的应用和发展积累经验，提供示范和促进相关领域的整体提升。这就要求参与项目建设企业以战略合作模式，在基础平台和应用开发上，实验室全程参与项目的规划设计、软件开发和工程实施，公司同时提供知识与能力转移，共同组建信息化核心团队，让实验室通过此项目实施具备对光明实验室信息化平台的自主可控能力，实现系统的持续开发和运维发展。

数字化转型与新一代信息技术的自主发展，解决数字经济和数据产业的"卡脖子"难题，本身也是国家创新发展的重大产业难题与战略性新兴产业的机遇，通过光明实验室自身的智慧管理平台的开发和建设，培育出数字产业的创新团队与孵化产业发展的新增长点，具有双重的战略价值与效益。

4. 快速迭代

光明实验室正式成立之后，各项业务将以跨越式的速度实现超常规的发展势头，各部门和各科研板块对规范化的信息化建设非常紧迫，因此不能按照传统的企业信息化从规划、设计、招标、建设和运行等方式进行长时间的建设。

光明实验室的 IT 建设应以成熟的平台与应用为基础，通过对核心业务和基础应用的快速搭建骨干平台；基于平台的应用快速开发个性化业务，实现"小步快跑"，逐步分阶段完成整体信息化建设，大大缩短整体系统建设周期。

8.3.4 光明实验室信息化建设成果

通过与战略合作伙伴深圳市科南软件有限公司的合作,光明实验室在科南一体化智慧科研平台的基础上,只用 3 个月时间就搭建起数字化运作平台,快速支撑了实验室筹建阶段的快速发展。

光明实验室信息化平台构建了科研项目管理的全程协同,以项目为中心的经费预算、费用支出、财务核算和项目决算的闭环式科研经费管理与服务体系,实现资产、仪器设备与实验耗材的采购、使用、核算到成本分摊的物资全生命周期管理,实现合规性管理,以人为中心的人才全职业生涯管理的全程服务,满足了办事、办会、办文和沟通的协作办公需求。通过在科研管理、条件保障、采购合规化等方面的全方位支持,该平台支撑了实验室的战略发展与内控管理,构建了一个全面的数字化平台(见图 8.9)。

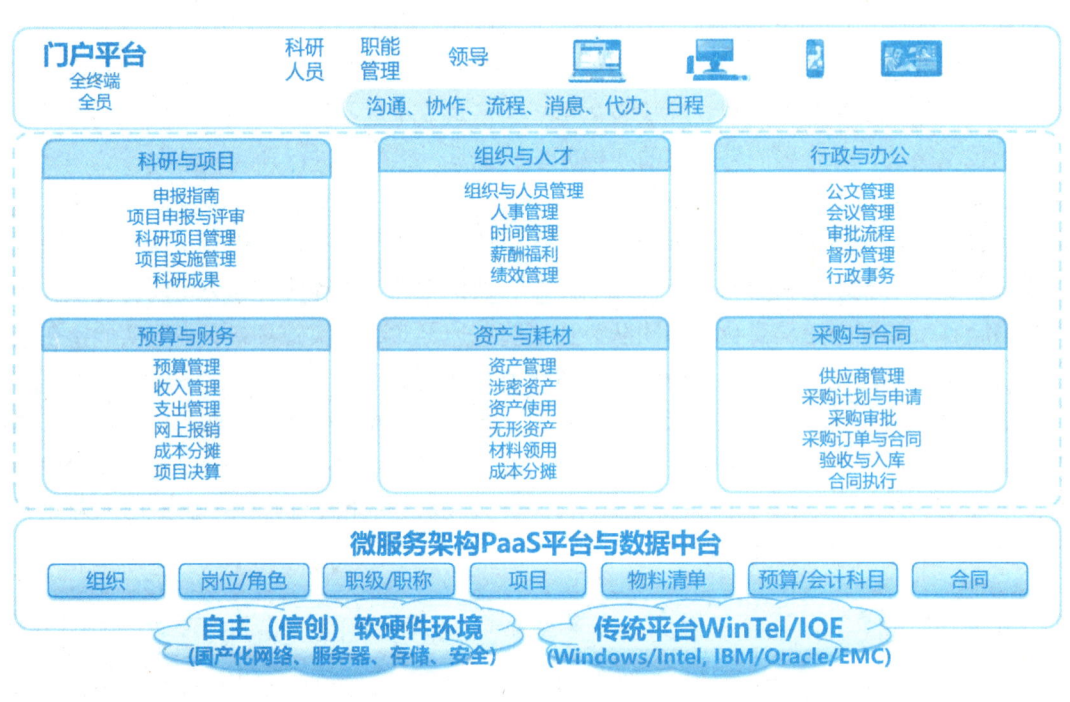

图 8.9 光明实验室一体化架构

(1)光明实验室的信息化通过平台化,支持应用个性化开发和应用扩展;支撑核心业务的一体化,包括科研、人事、财务、资产与耗材、行政办公等集成应用,消除信息孤岛,实现端到端的业务全流程管理。

(2)建立合规内控模型体系。科研经费管理建立预算机制、审批机制、支出策略机制,实现事前、事中、事后全过程的闭环内控体系建设。

(3)数字化流程驱动的业务运作。纸质表单和制度流程实现变为业务流程的自动控制和智能化的量化执行、流程驱动体系。

①数字化流程建模：通过流程引擎，业务流程自动化执行，提高效率和运行合规性。

②规则指引业务：根据用户的身份/角色，业务类型，发生区域，设置不同的业务规则和政策，如差旅标准等。

③预警促进合规：对于合规性有问题的申请，在申请环节和审批环节都会及时进行预警，在事中进行合规性管理。

光明实验室信息化建设为新型科研机构，快速低成本建设、全面一体化和专业化的数字化探索出了全新的样例。

参考文献

[1] 国务院. "十三五" 国家信息化规划 [R]. 国务院国发〔2016〕73号. [2016-12-15].

[2] WINSLOW P. The Apps Revolution Manifesto—Volume 1: The Technologies [M]. [S.L.]: Credit Suisse, 2012.

[3] 埃森哲. 信息技术服务观点报告, 应用软件, 步入未来: 三大战略构建高速运作的软件驱动型业务 [R]. 2015.

[4] 张亚平, 谭铁牛. 国家科研信息化战略研究咨询报告 [R]. [2015-04-13].

[5] 谭铁牛. 科研信息化发展态势与发展模式分析. 中国科研信息化蓝皮书2016 [R]. 北京: 科学出版社, 2016: 325-331.

[6] 陈明奇, 褚大伟, 洪学海, 等. 科研信息化发展态势和思考 [J]. 中国科学院院刊 2016, 31 (6): 608-613.

[7] Johannes Thönes. Microservices. IEEE SOFTWARE [J]. IEEE SOFTWARE, 2015: 113-115.

[8] KEAHEY K, FIGUEIREDO R, FORTES J, et al. Science Clouds: Early Experiences in Cloud Computing for Scientific Applications [C]. Cloud Computing & Its Applications, 2008.

[9] 韦永诚, 杨丽娟, 陈元辉, 国内外重点科研机构的现状与发展态势 [J]. 世界科技研究与发展, 2001 (1): 96-103.

[10] 何慧芳, 龙云凤. 国内新型科研机构发展模式研究及建议 [J]. 科技管理研究, 2014 (13): 23-26.

[11] 张星瑞, 陈书智. 我国科研机构发展趋势的研究 [J]. 哈尔滨科学技术大学学报. 1990, 14 (3).

[12] 温珂, 蔡长塔, 潘韬, 等. 国立科研机构的建制化演进及发展趋势 [J]. 中国科学院院刊, 2019 (1): 79-86.

[13] 诸玲, 王强. 我国科研机构分类改革研究 [D]. 南京: 南京大学, 2011.

[14] 王益苓. 国外科研机构类型与管理 [J]. 科学学研究, 1991 (3): 104-115.

[15] 胡智慧, 王建芳, 张秋菊, 等. 世界主要国立科研机构管理模式研究 [M]. 北京: 科学出版社, 2016.